U0389111

深入浅出通信原理

陈爱军◎著

清華大學出版社
北京

内容简介

本书的主要内容源于作者在通信人家园论坛上的“深入浅出通信原理”系列连载，继承了连载图文并茂、深入浅出、理论联系实际的特点，并在连载内容的基础上进行了补充和完善。本书从信号和频谱讲起，以通信模型为主线，对信道、信源编码、信道编码和交织、脉冲成形、调制、天线技术、复用和多址技术等内容做了系统讲解。

本书针对希望真正搞清楚通信原理的读者编写，适用于高等院校通信、信息、电子等专业本科生和研究生，以及在职的电信行业工程师，也适用于对通信原理具有浓厚兴趣的非通信专业人士。

图书在版编目(CIP)数据

深入浅出通信原理 / 陈爱军著. — 北京：清华大学出版社，2018（2024.11重印）
ISBN 978-7-302-48386-1

Ⅰ. ①深… Ⅱ. ①陈… Ⅲ. ①通信原理 Ⅳ. ①TN911

中国版本图书馆 CIP 数据核字（2017）第 216731 号

责任编辑：刘 洋
封面设计：李召霞
版式设计：方加青
责任校对：王荣静
责任印制：刘海龙

出版发行：清华大学出版社
网 址：https://www.tup.com.cn，https://www.wqxuetang.com
地 址：北京清华大学学研大厦 A 座　　邮 编：100084
社 总 机：010-83470000　　邮 购：010-62786544
投稿与读者服务：010-62776969，c-service@tup.tsinghua.edu.cn
质 量 反 馈：010-62772015，zhiliang@tup.tsinghua.edu.cn
印 装 者：大厂回族自治县彩虹印刷有限公司
经 销：全国新华书店
开 本：187mm×235mm　　印 张：24　　字 数：452 千字
版 次：2018 年 2 月第 1 版　　印 次：2024 年 11 月第 16 次印刷
定 价：89.00 元

产品编号：074140-01

通信人家园论坛网友精彩回帖摘录

1914#（通信行业的《X朝那些事儿》）

bdlipx 发表于 2010-9-8 09:54:21

希望在平凡中——通信老生写在急功近利的年代（节选）

虽然现在的垃圾书很多，可更加适合现代人阅读习惯的书籍也正由新一代的人们写出来，开启一个新的时代。从《水煮三国》之类的颠覆经典的著作开始，《百家讲坛》的那些老师们也顺势而为。当年明月的《明朝那些事儿》是一个高峰，也是一个里程碑。号称高科技行业的通信行业有丁奇的《大话无线通信》和杨波的《大话通信》等书，近年来陈爱军连载的《深入浅出通信原理》，堪称这些书中的翘楚。这些书一点一点地影响着阅读他们的人，影响范围也一点点地扩大。当量变产生质变，才是复兴的开始。希望也正是在这些平凡的人们之中。

2255#（本科到研究生一直在跟帖）

timthorpe 发表于 2010-10-19 14:02:17

看楼主的文章有一段时间了，有一种酣畅淋漓的感觉，很想一下子就看完。以前学信号与系统、通信原理、数字信号处理的时侯总感觉中间隔了好多东西，理解不透彻。现在读了您的文章，豁然开朗，感谢楼主的无私分享，相信无数像我一样迷茫的通信学子读了之后会大有裨益。

发表于 2010-10-26 12:22:53

楼主的人气很高啊，年度最热帖，像当年的《大话无线通信》那样，大家受益匪浅啊……

楼主的文章让我对自己的专业认识有了彻底的改观……

陈老师，看了您讲的东西后，再看课本上的东西，发现以前的那层隔阂已经没有了，对基本的概念有了新的更深的体会，向您致敬！

发表于 2013-5-5 14:00:02
陈老师，大三时就看您的帖子，如今研一都快结束了，回首过往，好多感动。

2660#（对通信原理由恨到爱）
qiqige774 发表于 2010-11-25 22:44:04
因为要考博，继续考通信原理，研究生期间考北京邮电大学的通信原理，还是跨专业，想死的心都有，昨天晚上刚发现楼主的帖子，一口气看了 30 个，豁然开朗呀，楼主加油，通信原理让我又爱又恨呢，现在终于爱死它了。

2803#（参加工作前的充电）
084 发表于 2010-12-10 13:35:14
太激动了，论坛第一帖，顶楼主！
今年要博士毕业去华为了，虽然本科是 EE 专业的，但这几年没做通信，本科学的通信原理之类的知识已经忘光了，工作应该是去做无线上层的东西，但心里还是很慌，很想补一下原来的通信基础知识，翻以前的教材实在翻不下去了，刻板难读，就在这时候看到了楼主的帖子，深入浅出，把深奥的知识用最直观简单的方式讲述出来，并且在知识内容的结构和组织上也有独到之处，非常适合像我这样想再去捡回知识的人，非常感谢楼主，会坚持拜读下去，也希望楼主能坚持下去，更希望楼主能出书，肯定畅销！出的话我肯定会买来支持的，哈哈 ~~

2992#
newstorm2003 发表于 2010-12-28 22:06:17
非常喜欢楼主的帖子，当年一直抱怨通信业教育的失败。如果早有楼主这样的人在学校里当教授，将现实中的案例和几门理论结合在一起，肯定有学生爱学！另外，曾经我也一直爱好通信原理，最早的动力就是从疑惑带宽和速率的关系开始的。也是看了 MP3 那些参数后才开始真正研究信号与系统，继而通信原理，然后是数字信号处理。到数字信号处理的时候，我已经没啥精力了。毕业到现在也三年多了，这些知识都荒废了，只剩下书架里还摆着那些我当年购买的国外电子通信教材系列的书本。感谢楼主的讲解，让我想起那些美好的回忆，那些充实的日子，那些真正值得留恋的日子。

3010#（对研究生的学习和课题有很大帮助）

tuohuangniu 发表于 2010-12-30 21:46:24

哈哈，前两天考现代通信技术用到了老师讲的一些东西，并没有像其他人那样死记硬背，考得很轻松，更重要的是对知识的理解更深刻了，谢谢陈老师！

发表于 2011-5-6 10:10:33

跟着老师学习快半年了，真的受益匪浅，有的知识点看了好几遍，这些理论上的理解和巩固对我在研究生期间的学习和课题有很大帮助，衷心感谢陈老师！

3392#

不是那条鱼 发表于 2011-2-13 13:18:30

很高兴能看到这样的帖子，在中国这个到处是“开心”“人人”“种菜”“养牛”的网络时代能够看到这样的文章我着实惊叹了一把，虽然我对通信一窍不通，而且我也刚毕业半年，目前处于寻找工作的状态，出于偶然的机会看到了陈老师的分享帖子，我决定要跟着陈老师一直学习下去，即使很多专业名称我都不知道，但是起码我知道波、三角函数，陈老师加油，我会跟进学习的，有不懂的地方还请老师不吝赐教。既然不能从兴趣中找到工作，那就从工作中找到兴趣。

3541#（谈了自己对深入浅出的理解）

simon_lau6 发表于 2011-3-1 08:51:49

喜欢深入浅出的学习方式，强烈支持楼主。我个人特别喜欢深入浅出的学习过程，只有深入地研究并理解了，才能浅显易懂地表述出来。

3667#（通俗易懂，非通信专业也可以看懂）

gaqzcb 发表于 2011-3-14 20:56:05

陈老师，您好！ 我是自动化专业的，刚刚接触通信这方面的知识，前阵子买了通信原理方面的经典书籍来看，看得我特别郁闷，虽然自身数学基础挺好，但是好多东西理解不了，没两天就把买来的书扔在一边了，恰好非常幸运地看到了这个帖子，老师的讲解非常通俗易懂，比我们老师讲的好多了，责任心非常强，我由衷地祝福您！请您一定要保重身体！

3673#（对通信产生了浓厚的兴趣）

zjdayy 发表于 2011-3-15 01:27:04

陈老师不仅做学问严谨，做人也很厚道。现在我正努力准备考研复试，这个连载对我而言简直就是一极品茗香。我一直非常喜欢通信，看了您的连载，对通信越发产生了浓厚的兴趣，很多知识点描述得比书上晦涩的理论更加生动形象。谢谢您的无私奉献。

3943#

xiya_ang 发表于 2011-4-9 09:17:15

陈老师，您该给我们大学生出本教科书了！为什么我们现在的专业教材那么晦涩难懂？本来是可以一针见血、言简意赅地把原理点出，却浪费着大量的篇幅；本该重点详细地对原理进行解释，深入分析，所见字段却很少。老师在讲解的时候也是如此：浅显的原理，我们一点就透，但每到该详细讲解的时候，老师都会含糊其辞，一笔带过，真是纠结啊。

4049#（找回了学习通信的自信）

lemon0553 发表于 2011-4-20 23:08:02

看到楼主深入浅出、通俗易懂的讲解，让我又找回了学习移动通信的自信啊！原来书本上感觉很深奥的东西，各种公式一大堆，看得脑袋都大，怎么跟着楼主就学得很轻松呢！

4066#（将过去学的课程连贯串通起来）

潘帕斯牧羊人 发表于 2011-4-22 09:34:55

回想起来，楼主讲的东西其实都是过去学过的，只是过去学的课程都太割裂了，有可能其中一些课程学得还不错，但是缺乏连贯的思维，好比一堆珍珠没有用线穿起来一样。楼主从初中数学最简单的多项式乘法说起，一步一步加深并融会贯通，让人有一种醍醐灌顶、豁然开朗的感觉。我真的感受到，原来我们从初中到高中再到大学，其实每一门课程都没有白学，前面的课程就是后面的基础，只是我们过去理解不到这一点，变成了死记硬背加套用公式，把一个本来有趣的学习变成了枯燥的记忆和解题，学的时候很痛苦，学完之后赶快扔掉再也不愿去想。过去也从来没有一个老师能够这样讲授过课程，往往就是一来就给出一大堆公式定律，然后就让人云里雾里了。说实话我在大学里面学得算是还将就的，毕竟从来没有挂过科，个别课程还考过年级前几名（自夸一下），但是一样的考完试就绝对不愿意再去想它。再次感谢楼主和其他热心回帖者，你们写的内容让我找回了久违的对技术的热情，使我对这些公式不再感到恐惧——反而有一些亲切了。

4080#（讲解形象、生动，让人印象深刻）

zj2081 发表于 2011-4-24 01:38:48

感谢陈老师，写得非常精彩。最近看到您的帖子，仔细拜读了几遍。和您一样，我也是一名基站研发的工程师。从本科到硕士，有两本《通信原理》，学了好几遍。不得不说，您的讲解形象、生动，让人印象深刻。如果您出书，我一定买一本珍藏，也希望有机会多和您交流。

4082#（把云里雾里的东西讲得谁都能明白）

witkeysai 发表于 2011-4-24 12:32:09

谁是大师？看了楼主的解释，心中豁然开朗，作为通信学子，真心为有这么通俗易懂的解释而高兴。心中也有些感慨：谁是大师？大师不是搞些谁都不明白的理论，而是把云里雾里的东西讲得谁都能明白！！！楼主就是这样的大师！

4639#（深入浅出、利于理解）

lqx2274 发表于 2011-7-12 22:43:48

只看了几帖就迫不及待想留言，感慨现行的通信教科书要像楼主这样深入浅出，一切从利于理解的角度编写就好了，强烈建议楼主将自己的智慧结晶集结成书，相信更多陷入深奥晦涩通信教材泥沼的学子们定会茅塞顿开、受益匪浅，如此这般定会功德无量的！期盼中……

4644#（真正理解了“信号处理”和“信号与系统”）

li_li_an 发表于 2011-7-13 16:48:41

上海交大的同学在看的，冒泡哈！不久前才发现有这么好的帖子，我本科的时候学的自动化，现在基本上转无线通信了，本科学信号处理和信号系统就从来没学得太明白，学了也容易忘记，现在通过楼主的讲解真正地理解了信号处理、通信这些概念的物理意义，尤其是真正理解了傅里叶变换、欧拉公式在通信中的地位，将信号用简单的数学形象地讲解，让我们收获很大。谢谢楼主的无私奉献。

4689#（原理和应用结合起来讲解）

zrcoolhappy 发表于 2011-7-18 13:47:25

赞，确实如您所说：讲原理的书没结合应用，讲应用的书没把原理说透，您的这些连载真的是非常吸引我，原理和应用穿插着讲！我建议您可以整理一下大家的问题和建议，然后出一本书，应该会很受欢迎，最重要的是给想学习通信知识的人提供方便。

5319#（将抽象的内容用图画出来）

cgl304 发表于 2011-10-23 03:09:36

我真的有话说：看了楼主这么辛苦地分享知识，不是一般人能做的啊，楼主很用心，从讲解到画图，无一不是用心在做。大学里学的东西包括通信原理、数字信号处理、信号与系统、高数，但都如蜻蜓点水，自己不努力是第一，再有就是教科书中为什么不能加入一些对这些原理的应用介绍，做一点力所能及的形象化，比如楼主将极其抽象的东西尽可能地用图像画出。大学里懂知识的教授不少，但是用心讲课，会讲课的教授真的不多。再次表示感谢，希望楼主能继续下去。

5418#（一位老师的点评，通信课程很好的参考）

lcs199771 发表于 2011-11-2 20:33:11

总算看到了陈老师 11 月 1 日的“深入浅出通信原理”连载，毫无疑问这是在通信方面一个很好的参考。多人留帖，多人看帖，不管哪种方式都是对通信事业的极大支持。我在通信最火的 2010 年选择了在高校教书。其间教过“信号与系统”“通信原理”“信息论”。多年的教师生涯使我深知我国高校教育的缺陷，正如各位感受的一样，我们要大力赞扬陈老师。但是我们一定要感恩我们的老师，不管他们书教得怎样，他们绝大多数人是认真的。儿时我不知道学算术做什么，后来我知道了学算术可以数钱；中学我不知道学几何做什么，后来我知道几何可以丈量土地；高中我不知道学政治做什么，后来我知道了可以得分考大学；上了大学我更是迷惑多多，学高数做什么、学信号与系统做什么、学通信原理做什么，后来我知道了学这些是要为通信行业服务。我总是那么滞后，总是怀疑我老师的水平，总是指手画脚，结果如今我空空如也。陈老师绝对称得上是技术专家，理论水平也很深，做了件功德无量的事情！但愿那些在大学里听过信号与系统及通信原理课程的学子，在工作的岗位上聆听陈老师的教诲后，可以在自己的行业建功立业。

5596#（对考研的专业课很有帮助）

jck2 发表于 2011-11-20 22:57:09

我是大三的学生，陈老师您比我们老师讲得详细得多，我们通信专业讲数字通信原理的时候很多东西都是一带而过，而且没有讲模拟通信直接就讲数字通信的话，很多东西都没有弄懂，而且学时少了，很多东西都需要自学，老师你讲得很好、很详细，对我们现在考研的专业课很有帮助。

5859#（创立了通信课程全新的教学模式）

s29952 发表于 2011-12-28 01:05:32

通信难学的根源在于没有实际性的感性认识，缺少一条线串起来，其实数学原理并不复杂。陈大侠先建立感性概念，再进行讲解，创立了通信课程全新的教学模式，了不起！

6092#（将多门课程串起来讲解）

阿邓 发表于 2012-2-13 13:09:48

毕业工作后想重温通信原理的时候，却发现需要将线性代数、复变函数、信号与线性分析等教材结合在一起才能搞清楚当年通信原理到底学了些什么，现在楼主把通信原理涉及的相关数学基础知识串连延伸讲解，真是让我们这些想重学通信原理的人省心！省力！省时！望继续保持呀。

6243#（对自己的工作很有帮助）

20032021 发表于 2012-3-8 21:47:22

毕业后做了两年 RRC，做了一年 RRM，过完年高高兴兴地来到公司，谁知领导说，物理层很缺人呀，你去物理层吧，就这么来到了物理层。结果新老大扔给我两本参考书就出差去了，天哪，那两本是纯英文的呀，我从来没学过通信原理，也不知道数字信号分析是什么东西！整天看得头晕脑胀，都想自杀了！幸好同事推荐了陈老师的帖子，救世主呀，现在终于走上正路了，每天都能感到自己在进步，感觉真的很不错！

6715#（培养了对通信和技术的兴趣，增添了克服困难的勇气）

atpains 发表于 2012-6-13 00:04:47

到今天为止，囫囵吞枣地把楼主帖子看了一遍，感到很受益，以后会再不断复习和学习，争取有朝一日可以跨过通信知识的门槛，登堂入室。感谢陈老师，有幸现场听过您的讲座，真正的良师益友，从您身上学到了很多。从您身上获得了知识，更重要的是，培养了我对通信和技术的兴趣，增添了克服困难的勇气。真正的勇气是心怀畏惧，但仍然选择前行。在您身上有很多闪光点：首先自己懂，所以不至于误人子弟；其次可以讲清楚，让别人听懂，不是每一个自己懂的人都可以给别人讲明白，也不是每一个自己懂的人都愿意给别人讲解。敏而好学，不耻下问；人无完人，学无止境，别人指出错误，如果确实错了，不会生气，也不会假装谦虚，真正做到人不知而不愠，不亦君子乎；如果别人的理解深度不够，指出错误的地方没有问题，也会耐心回应；会有意识地宣传自己，但实事求是；懂得控制自己的情绪和措辞，有智商，有情商；不会为了和气而放弃辩论，以学心听，以公心辩。连续两年多坚持下来，需要毅力和自律，这本身也是一种值得学习的品质。

6963#（对研究生毕业论文有帮助）

GGaFish 发表于 2012-10-15 13:27:25

正好研究生毕业论文方向就是 OFDM，现在感觉这篇帖子真的是好，虽然内容不深，但是在继续深入学习 OFDM 的过程中，遇到想不通的相关问题的时候，找出这篇帖子来看看最基本的原理，对于问题的理解帮助特别大。别看内容简单，我现在已经是第五六遍回头看了，结合遇到的问题，还是发现了以前学习的时候没有发现的细节，重新加深了对知识的理解，确实不错。

7388#

liyan19871224 发表于 2013-1-16 10:31:41

今天才看见这个帖子，有种相见恨晚的感觉，学了几年的通信，虽然考试都拿高分，但是对很多原理的东西，真心理解不了，估计是课本上的内容解释得太官方太拗口，非常难理解。看了这个帖子才知道原来这些知识可以这么简单地理解，真心感谢陈老师，如果陈老师出书我一定第一个支持！

7673#（对通信原理从厌烦到喜欢）

s46037 发表于 2013-3-21 18:35:25

陈老师，我今年大三，正开始学通信原理，看了您的贴子，我翻出《信号与系统》《数字信号处理》《积分变换》还有《通信原理》几本书一块学，真是越学越有成就感，从原来的厌烦、学不会，到现在的喜欢，变化之大令人难以想象，我已经决定考这方面的研究生了，真的可以说，您的这个帖子改变了我的一生，感激之情无以言表！

7765#（搞清楚物理意义很重要）

zhuxinsir 发表于 2013-4-9 06:21:22

陈老师，您太强了，我数学出身，当时学的时候这些公式也懂，不过学完了就忘，从来没有从物理意义上去追究其意义，今天听完你的课，受益匪浅，正可谓：听君一席话，胜读十年书。

8030#（把晦涩的通信知识讲得生动形象）

pobenliu 发表于 2013-5-26 18:07:23

感谢陈老师，把晦涩的通信知识讲得如此生动形象，以至于周末我也可以坐在实验室花上整天的时间来学习，这种思考的乐趣真是一种享受，让我一个通信科班出身的学生，重新萌发出对这个学科的兴趣。看着陈老师的连载，想起了自己追的漫画《海贼王》，日本漫画一般都是一周出一话，也就是一个连载，现在人气最高的《海贼王》从 1997 年连载至今已经到 709 话了，俨然是日本的国民级漫画了。真心希望陈老师的这个帖子也能继续连载下去，成为通信界的国民级神帖。

8188#（将通信原理和信号与系统联系了起来）

新手程序猿 发表于 2013-7-19 15:49:54

这本书真心适合深入学习通信原理啊！一层一层地剥开核心的东西，还把我本科时候不知道有什么关系的两大巨头课程——“通信原理”和“信号与系统”联系了起来！楼主真是下了很大的功夫啊！在工作之余每天跟进一些，收获很大！

8406#（原来听不懂的课都能听懂了）

通信大学生 123 发表于 2013-10-21 19:09:53

感谢楼主哈，现在大三正在学通信原理、数字信号处理等知识，看了您的连载之后觉得以前听不懂的课都能听懂了。

8439#（讲解了好多教材都没有讲解的疑难内容）

v_p_m_qd 发表于 2013-11-12 18:35:59

陈老师，您写得太深刻了，找了好多教材都没找到的疑难点内容您在连载中都讲解了，正在努力学习中！

8550#（把本科的通信知识都串起来了）

laotu1990 发表于 2014-3-8 11:38:46

陈老师，您好。我是在校研一学生，读完您的连载，感觉本科学的通信知识全都串起来了，谢谢您帮我把之前学习中的困惑解决掉了。

8980#（讲解方法让人上瘾）

SmartMonkey525 发表于 2014-12-15 20:13:33

在理解虚数 j 的基础上，明白了傅里叶级数；在看到了三维的频谱图时，对傅里叶变换有了更深入的理解。陈老师的讲解简直一绝啊，看得我都上瘾了。

9333#（理解公式的内在含义后再讲解出来）

thinkfree 发表于 2015-6-14 08:53:16

楼主前辈的这种奉献精神和耐心太让人佩服了，真正理解公式背后内在含义的人本来就少，而理解了又愿意花这么多的心思和精力将其耐心地讲解出来的人就更是凤毛麟角了。本人自己即这样，虽然理解了，但是用简单的几句话表达出来都觉得累，更不用说花时间做这么多形象的图表，一步一步耐心地推导了。佩服楼主深厚的专业功底，更佩服楼主不辞辛劳地奉献的精神。无以回报，只能多回帖。

10292#（给非通信专业学生入职后学习通信知识带来了福音）

MrsBean 发表于 2017-9-5 14:32:02

陈老师您好，先感谢您这么多年坚持下来的分享，我是今年毕业的研究生，本来就是非通信专业毕业的，所以入职后学习通信相关知识的过程更加痛苦，直到 8 月的某一天，突然在网上发现了您的帖子。可以说是它真正让我在专业上有这么直观的感受，了解了您的事迹后更是十分佩服您的为人。非常感谢您的分享，私下以为我们这些网友作为您的学生，最好的感恩方式就是好好把学到的知识运用到实际工作之中。最后，出书了一定要叫我们大家来买！万分感谢！

前　言

随着电话和互联网的普及，特别是手机和移动互联网的普及，越来越多的人接触到通信，不少人都想搞清楚通信的基本原理，找一些通信原理方面的书来看，但很多书中充斥的大量繁杂的数学公式让很多人望而却步。

和大家一样，我在学习通信原理的过程中也遇到了同样的困难，大家一定很好奇我是如何克服这些困难的，下面我就对自己学习通信原理的经历和体会做一个介绍，希望对大家学好通信原理有所启发。

一、通信原理学习经历

说起通信，作为一名“70 后”，我接触通信的时间最早可以追溯到小学的时候。家里有一台熊猫牌电子管收音机，后来又新买了一台红灯牌电子管收音机，如图 1 所示。

图 1　熊猫牌和红灯牌电子管收音机

低年级时我特别喜欢收听小喇叭节目，听孙敬修老爷爷讲故事，“嗒嘀嗒，嗒嘀嗒，小喇叭开始广播了”至今还在耳边回响。到了高年级之后，收听最多的节目就是单田芳老师讲的评书，每次还没听够呢，一句“欲知后事如何，且听下回分解”就结束了。

我的父亲是一名复员军人，在部队当兵时自学了无线电技术，经常为邻居修理收音机等家用电器。家里常年订阅《无线电》和《家用电器》杂志，如图 2 所示。

图 2　《无线电》和《家用电器》杂志

受父亲影响，我从小就对无线电产生了浓厚的兴趣，很想搞清楚声音是怎么从广播台传到收音机并通过喇叭播放出来的。虽然通过初中和高中物理课学了一些电压、电流、电阻、电容、电感等电路知识和电磁学方面的知识，但我的疑惑还是没能完全解开。于是高考填报志愿时几个志愿全部填了与无线电技术相关的专业，最终如愿考入西安交大信息与控制工程系无线电专业。

当时对无线电的认识也就是无线电广播和电视，想着大学毕业后回家搞家电维修去。正是因为这个想法，我参加了学校的电子学会，把大学期间的大部分课余时间都花在帮同学和老师修单放机、电视机方面了。当时大家都是使用单放机来听音乐和学英语，最常见的单放机牌子要数索尼和爱华，如图 3 所示。

图 3　索尼和爱华单放机

大二时一次偶然的机会，从即将毕业的学长摆的旧书摊上买到了一本《电子世界》的创刊号，发现这本杂志对三极管等电子技术知识讲得通俗易懂，我如饥似渴地把从创刊号开始的每一期杂志全部搜集齐了来看，如图 4 所示。

图 4 《电子世界》杂志

也正是通过《电子世界》这本杂志，我第一次接触到了四位单片机，搞清楚了单片机的工作原理，后来一鼓作气把大四才学的 8031 单片机原理给学完了。这为我后来毕业被华为录取埋下了伏笔——画出 8031 最小系统并讲清楚工作原理就是 1997 年应聘华为时面试官楚庆给我出的一道题。当然单放机和电视维修所展现的动手能力也为我应聘进华为起了很大作用。

进入华为后，最初在无线业务部从事 GSM 硬件开发工作，开发基站控制器 BSC 上的单板。当时的 BSC 是基于 C&C08 交换机开发的，主管尹志刚给我安排了一项任务：给 1998 年报到的无线新员工讲 C&C08 交换机工作原理。说老实话，虽然大学时学过程控交换原理，但当时真没理解，以七号信令系统为例，只知道它是通信系统的神经系统，由于根本没接触过实际的通信设备，根本不知道说的是啥，为了准备那次培训，我找了大量培训资料来学习，包括 C&C08 硬件总体架构，主控板、时钟板、信令板、中继板、用户板、交换网板等各种单板（如图 5 所示）的功能介绍和配置方法，电话网组网，电话区号编码，打通电话的流程等。结合大学学过的理论知识，我终于把程控交换原理彻底搞清楚了。

至今我还记得那次培训，培训时间为 1998 年 9 月 22 日。我清楚地记得，那次培训的结尾我讲了一个例子，从我的老家吉林延边拨打深圳的电话，中间途经了哪些设备，电话是如何一步一步接续成功的。培训结束时我说：今天正好是我进无线业务部满一年的日子，很高兴有这样一个机会给大家分享我对 C&C08 交换机的理解，你们在这么短的时间内就掌握了我花了半年时间才搞清楚的知识，相信你们在无线业务部工作满一年时会有更大收获！令我没有想到的是，多年以后还有人记得那次培训。一次偶遇同事谢寿波，他说，“我参加过 1998 年的那次培训，那是我加入华为进入无线业务部参加的第一个培训，至今仍记忆犹新，通过那次培训我真正搞明白了程控交换原理，受益匪浅！”听了他的话我非常感动。

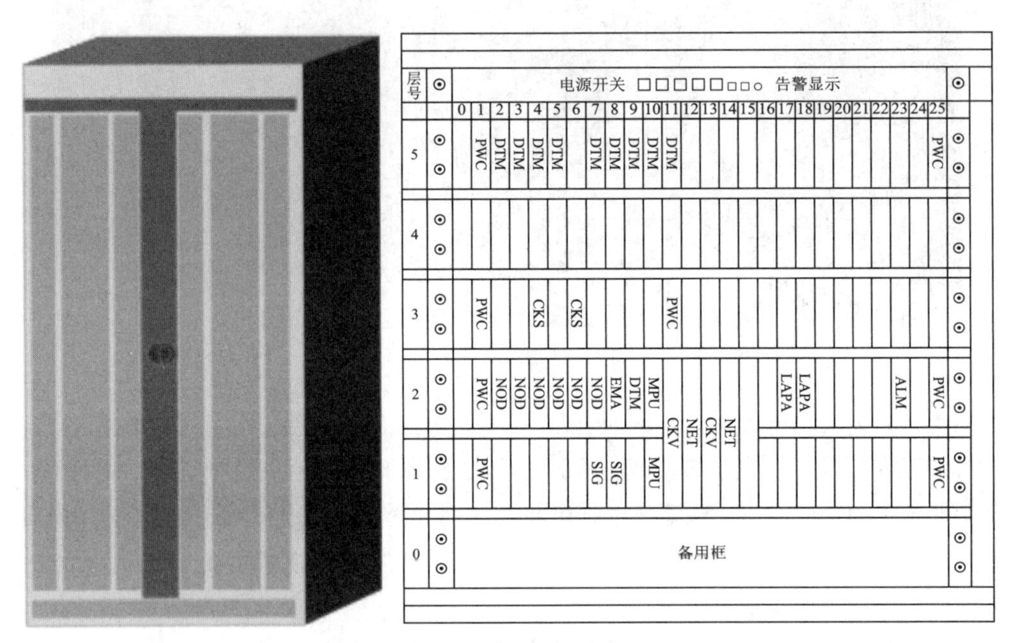

图 5　C&C08 交换机机柜和单板配置

后来随着计算机和互联网的普及，开始接触到上网。当时想上网，除了要有计算机以外，还要买一个猫 (MODEM) 接到计算机的串口上，再买一张上网卡，凭卡上的账号和密码拨号上网，如图 6 所示。

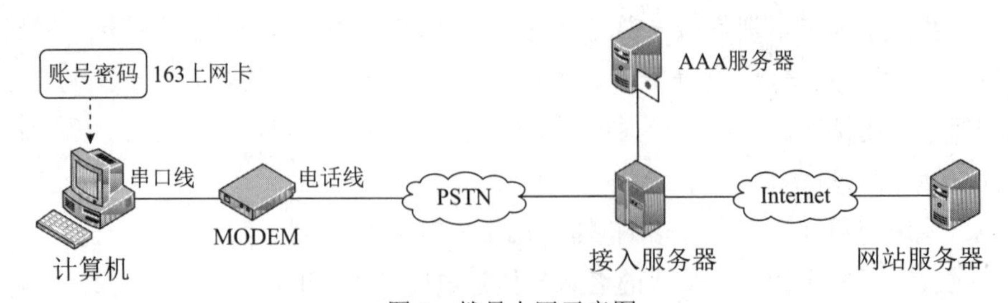

图 6　拨号上网示意图

当时的上网速率一般只有 33.6kbit/s，后来出现一种 56k MODEM，最高速率可以达到 56kbit/s。我特别想搞清楚为什么一般 MODEM 上网速率最高只能达到 33.6kbit/s，而 56k MODEM 最高能达到 56kbit/s。可惜由于当时掌握的知识太有限，没能搞明白这些问题，直到去年处理一个机顶盒通过 MODEM 与服务器通信的问题时才彻底弄明白了这些问题。

2003 年我转入新成立的 CDMA 解决方案测试部，负责终端兼容性测试。让我感到郁闷的是，每次发现异常都要找同事来帮忙分析跟踪到的信令信息，定位问题出在哪儿了，麻烦别人次数多了，自己都觉得不好意思了。为了系统地熟悉信令流程，部门领导邓泰华安排我到 CBSC 产品测试部做了半年的产品测试，在凌湘寿的指导下，我把 CDMA 标准信令流程（如图 7 所示）和 CBSC 内部各模块的信令处理流程都搞得一清二楚，从那之后我终于可以做到对信令流程问题不求人了！

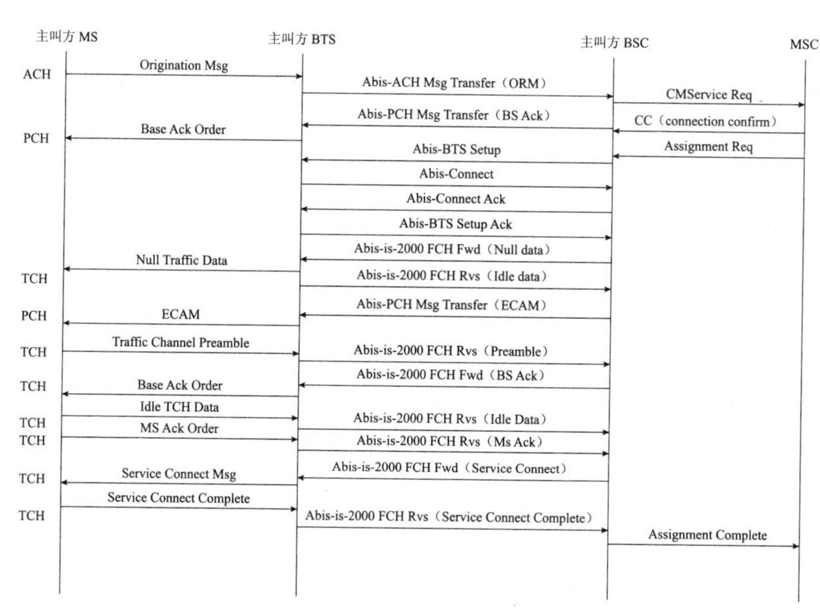

图 7　移动台发起呼叫信令流程图

再后来我转入 CDMA 性能测试组，做性能算法测试，开始定位一些数据传输速率方面的问题。速率低时首先看的就是 E_c/I_o，但 E_c/I_o 到底是什么一直没搞清楚。另外，码分多址是什么？码分多址是利用扩频通信实现的，扩频通信的原理是什么？为什么 CDMA 频谱占用的带宽是 1.23MHz？为什么 CDMA 1X 的速率可以达到 153.6kbit/s？等等，有太多的问题没弄明白。

考虑到很多问题都与频谱有关，我决定把频谱作为一个切入点来研究。频谱与傅里叶系数和傅里叶变换有关。虽然大学时学过信号与系统，知道傅里叶级数展开和傅里叶变换，但说老实话，当时没有真正学明白，例如，为什么会有负频率？复信号是如何在通信系统中传输的？这些很基本的问题以前都没搞清楚。真心感谢万能的互联网，让我搜索到了西安电子科技大学陈怀琛老师的文章《负频率频谱究竟有没有物理意义》和西安理工大学张华容老师的文章《为“复信号”正名之辩》，才终于弄明白了负频率和复信号的物理意义。

但是对于复信号表达式中的虚数 j，我一直耿耿于怀。虚数是高中解一元三次方程组时，为了给 j 的平方等于 -1 一个解而引入的，j 的意义到底是什么压根没有说清楚。一次逛书店时我偶然发现了《虚数的故事》这本书。此书对虚数的来龙去脉进行了系统的介绍，我终于弄清楚了虚数 j 的物理意义：一个复数与 j 相乘就相当于这个复数对应的向量在复平面上逆时针旋转 90°。搞清楚这一点后，$j^2=-1$ 就很好解释了，如图 8 所示。

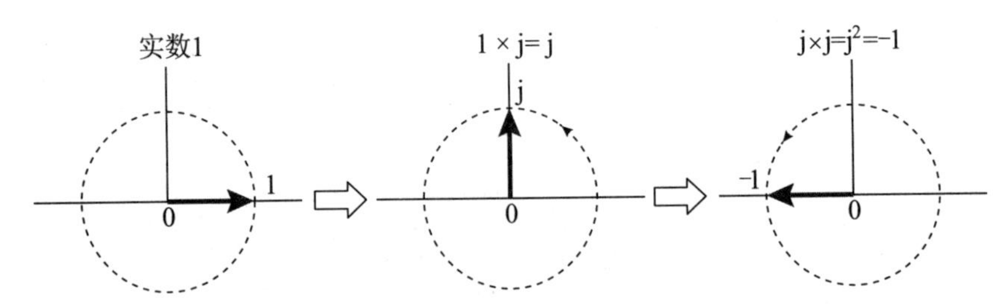

图 8　为什么虚数 j 的平方等于 -1

学习傅里叶级数展开时，我发现：两个周期信号相乘可以转化为两个多项式相乘，多项式的系数就是傅里叶系数。再结合“两个多项式乘积的系数等于这两个多项式系数的卷积”（如图 9 所示），得到：两个周期信号相乘相当于这两个周期信号的傅里叶系数做卷积！

$$\begin{array}{r} 6+5x+x^2 \\ 3x+2 \\ \hline 3x^3 \end{array} \Rightarrow 3x^3$$

$$\begin{array}{r} 6+5x+x^2 \\ 3x+2 \\ \hline 15x^2+2x^2 \end{array} \Rightarrow 17x^2$$

$$\begin{array}{r} 6+5x+x^2 \\ 3x+2 \\ \hline 18x+10x \end{array} \Rightarrow 28x$$

$$\begin{array}{r} 6+5x+x^2 \\ 3x+2 \\ \hline 12 \end{array} \Rightarrow 12$$

图 9　两个多项式乘积的系数等于两个多项式系数的卷积

我以“深入浅出通信原理”为题，把这个发现分享到通信人家园论坛（http://bbs.c114.net/thread-394879-1-1.html），受到大量网友的围观，大家都说第一次看到这么直观地利用多项式乘法来理解《信号与系统》中所讲的“时域相乘相当于频域卷积”，激发了很多人学习通信原理的兴趣。

从那以后，每天下班回家，就算再晚我也要研究一个通信原理的小知识点并分享到通信人家园论坛，逐渐形成了一个系列连载。不断增加的访问量和网友的肯定与支持大大激发了我的学习热情，我对通信原理的深入研究一发不可收拾。

数据传输速率问题除了涉及无线通信原理外，还涉及数据通信原理，我利用业余时间对数据通信原理进行了深入研究，包括以太网交换机、路由器等数通设备的工作原理，互联网上广泛使用的TCP/IP协议、HTTP协议、FTP协议等，搞清楚了客户端、交换机、路由器、服务器的协议栈等，如图10所示。

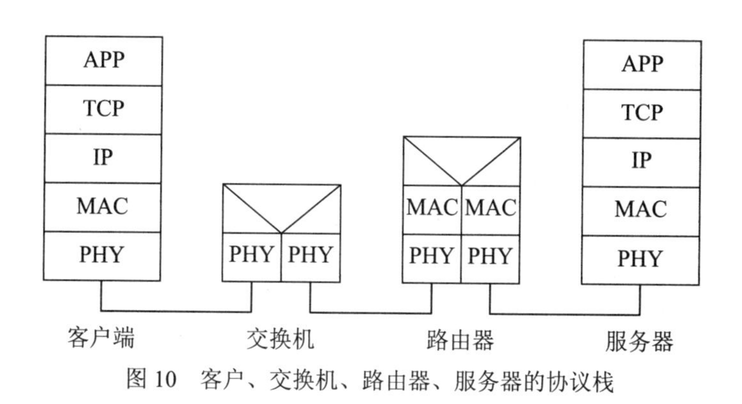

图10　客户、交换机、路由器、服务器的协议栈

由于掌握的知识比较全面，从客户端、终端、基站、核心网到服务器，从信令面到用户面，从物理层、链路层、传输层到应用层，出现数据传输速率问题时，我总能在大家走投无路时找到突破点，连公司的IT部门遇到疑难问题时都来找我帮忙解决，就这样我逐步在公司范围内树立了自己的专家形象和技术影响力。

上面讲了我研究通信原理的过程。下面针对很多人提的通信原理太难学、没时间学的问题谈一下我的经验和体会。

二、通信原理的学习经验和体会

关于通信原理难学的问题，我的建议如下所述。

（1）多问几个为什么。一定要保持你的好奇心。天天挂在嘴边的词你不一定真正懂了，要多问一些为什么，要有打破砂锅问到底的精神。例如 CDMA 中的 E_c/I_o，不要以为理解为接收信号强度就算明白了，要进一步问问：E_c 是什么，I_o 又是什么？如图 11 所示。

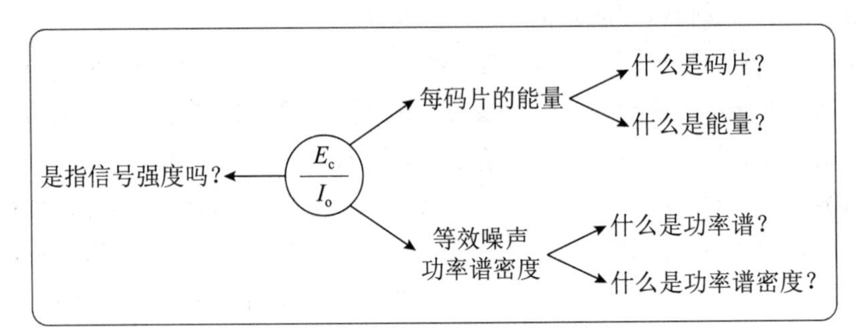

图 11　E_c/I_o 的含义是什么？

（2）透过公式看本质。非常复杂的公式背后往往隐藏了很简单的道理。学好通信原理的关键就在于透过公式看本质，千万不要被繁杂的公式蒙蔽了双眼。

例如：傅里叶级数展开式

$$f(t)=\sum_{k=-\infty}^{\infty} c_k \mathrm{e}^{\mathrm{j}k\omega_0 t}$$

看着很复杂，实质上就是将周期信号分解成一系列旋转向量之和，各旋转向量的角速度分别为 $\pm\omega_0, \pm 2\omega_0, \pm 3\omega_0, \cdots, \pm k\omega_0$，$t=0$ 时刻的初始向量就是傅里叶系数 c_k，如图 12 所示。

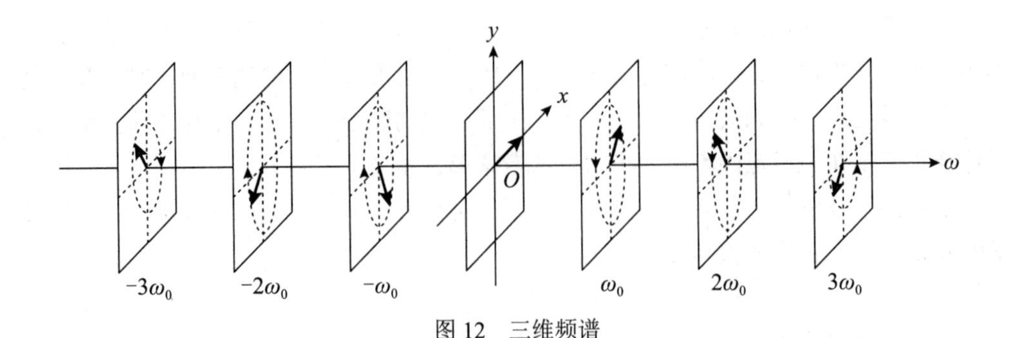

图 12　三维频谱

（3）以不变应万变。虽然移动通信技术的发展日新月异，从 2G、3G 到 4G，4G 还没商用多久，5G 又要来了，但是移动通信系统的端到端网络架构变化不大，基本保持着客户端＋终端＋基站＋传输＋核心网＋互联网＋服务器的形态，如图 13 所示。

图 13 移动通信系统端到端网络架构

（4）利用工具辅助学习。在学习通信原理过程中，我发现 Matlab 是一个很好的工具，不但支持仿真，还可以将很多表达式以二维或三维曲线方式呈现出来，使枯燥的式子变得非常直观而有趣，于是我自学了 Matlab，并使用 Matlab 画图来辅助理解通信原理。另外，学习数据通信协议时，利用 Wireshark 抓包和分析也是一种效果很好的学习方法。

利用 Matlab 进行频谱分析和利用 Wireshark 进行抓包分析的界面如图 14 所示。

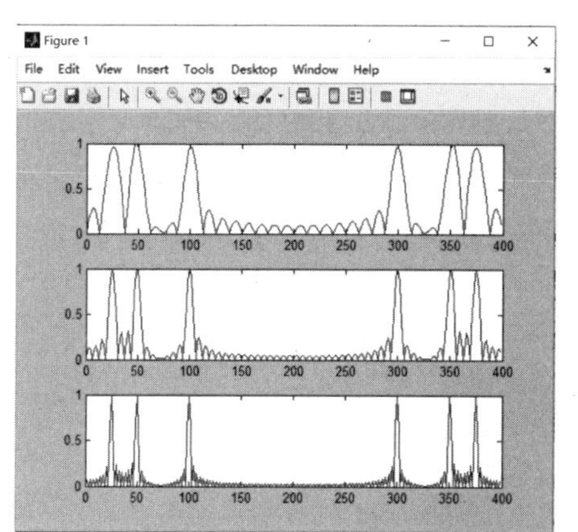

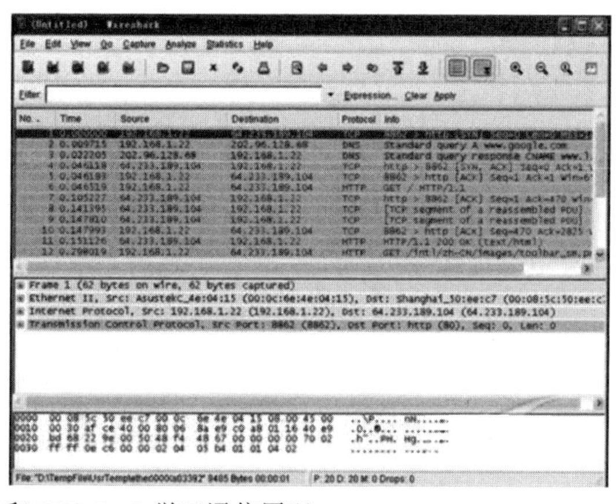

图 14 利用 Matlab 和 Wireshark 学习通信原理

（5）化繁为简。把一个大目标分解成很多小目标，把复杂的通信原理知识分解成一个一个小的知识点，这样每个知识点就没那么难了，如图 15 所示。

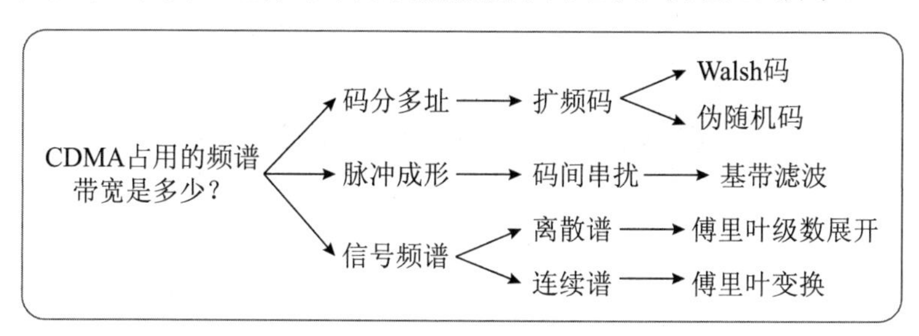

图 15 把一个问题层层分解成多个小知识点

（6）简单的事情重复做。坚持每天研究一个小知识点，长年累月积累起来，最终会实现从量变到质变。关于这一点，跟着“深入浅出通信原理”系列连载（如图 16 所示）学习通信原理的网友很有体会，每次发一个连载，有些网友说内容少、不过瘾，坚持学下来才发现不知不觉学了很多知识。

连载539：OFDM信号表达式
连载540：OFDM基带信号的实部与虚部
连载541：LTE采样频率
连载542：LTE采样与CPRI接口
连载543：LTE FFT点数
连载544：OFDM射频信号表达式
连载545：OFDM射频信号的频谱

连载546：上变频和下变频（一）
连载547：上变频和下变频（二）
连载548：上变频和下变频（三）
连载549：上变频和下变频（四）
连载550：上变频和下变频（五）

连载551：SC-FDMA（一）
连载552：SC-FDMA（二）
连载553：SC-FDMA（三）
连载554：SC-FDMA（四）
连载555：SC-FDMA（五）
连载556：SC-FDMA（六）
连载557：SC-FDMA（七）
连载558：SC-FDMA（八）
连载559：SC-FDMA（九）

连载560：信息度量之信息量
连载561：信息度量之信源的熵
连载562：信息传输之基本概念

图 16　“深入浅出通信原理”系列连载

（7）多看书。很多人说“书非借不能读也”，我觉得此言差矣。建议大家有时间多转转实体书店或网上书店，发现好书之后立即买下来，否则过几年等你想看时再买，很有可能就买不到了。网友推荐给我的好书中就有几本买不到了，很可惜。我的部分藏书如图 17 所示。

图 17　部分藏书

（8）多记笔记。好记性不如烂笔头，注意把想明白的问题随手记录下来，做成笔记。一来避免自己忘记；二来便于回过头去翻阅和查找。

（9）多总结。没有总结就没有提高。通过归纳总结可以发现自己还有哪些东西没搞懂，把没搞懂的东西弄懂，技术水平自然就提高了。

（10）多分享。总结的东西要多分享。分享的形式很多，讲课、论坛发帖、写博客等，都可以，总之不要捂在自己手里。分享之后会有很多人问你问题，可以检验你是否真明白了。如果答不上来，赶紧去学习。学习明白了，你就又进步了。

关于没有时间学习通信原理的问题，我不是太认同。“时间是弹簧，你弱它就强”。当你坐公交车时，当你等电梯时，当你躺在床上睡不着觉时，你在干什么？相信很多人都在看手机！有时间刷朋友圈，没时间学通信原理？大家相信吗？反正我不信！建议大家把碎片化的时间利用起来学习通信原理。

上面讲了我的技术成长经历，还谈了我学习通信原理的一些经验和体会。下面对本书的成书过程做一下简要介绍。

三、成书过程

“深入浅出通信原理”系列连载于2010年4月8日在通信人家园论坛上线，受到广大网友的热烈欢迎。很多网友回帖表示肯定和支持，也给了不少改进建议。例如，有网友反馈：连载讲了很多通信原理的知识点，每个知识点以图文并茂的方式讲得很清楚，但这些知识点在通信系统的哪个地方会用到缺少必要的说明，希望能够出书，对通信原理知识进行更系统、更全面的介绍。

为了将连载的内容集结成书，我利用周末和节假日的时间，以通信系统模型为主线，对连载内容进行了系统梳理和查缺补漏，补充了信源编码、信道编码、天线技术、复用和多址技术等方面的很多内容。

经过多年的酝酿和积累，《深入浅出通信原理》这本书终于即将出版了。2017年8月14日是我进入华为工作满20周年的日子，《深入浅出通信原理》这本书的出版也算是我20年工作和学习的经验总结，非常具有纪念意义。

四、致谢

最后我要向为本书出版做出贡献的家人、朋友和同事致谢！

感谢我的父亲！没有您的潜移默化，我不可能喜欢上无线电，更不可能进入通信行业。

感谢我的父母、老婆和孩子！谢谢你们对我出书的大力支持、为我写书创造的良好环境！同时也请你们原谅，我把很多本该陪伴你们的时间都用来研究通信原理了。

谢谢通信人家园论坛，特别是通信原理与基础版的版主！谢谢你们搭建了一个很好的通信原理学习和交流的平台，没有这个平台，就没有“深入浅出通信原理”系列连载，更不会创造单帖 800 万人次的阅读量！

感谢本书策划编辑刘洋老师！“深入浅出通信原理”在通信人家园论坛开始连载以后，是您第一时间与我联系出书事宜，和我一起讨论本书的定位和读者群，确定本书的主要内容和主体框架。是您作为本书的策划和第一位读者，提出了很多非常专业的改进建议！把连载的帖子转化成书要补充很多新内容，由于我投入写书的时间有限，导致书稿的交稿时间一拖再拖，有几次我自己都想撂挑子不干了，是您一直不离不弃，动之以情、晓之以理，鼓励我把书写完。可以毫不夸张地说，没有您就不会有《深入浅出通信原理》这本书！

感谢华为无线网络业务部人力资源部部长孙承，谢谢您极力推荐我负责《无线通信原理基础》MOOC 课程内容的开发！还要感谢 MOOC 课程线上培训的助教季超老师，感谢参加 MOOC 课程线上培训的所有华为同事！ MOOC 课程的主要内容取自本书初稿，你们反馈的建议使本书内容得以进一步完善。

感谢《大话无线通信》的作者丁奇！谢谢您为本书提出的非常有价值的改进建议！

感谢通信人家园论坛的广大网友！没有你们的肯定、支持和鼓励，这本书不可能出版！

陈爱军

2017 年 10 月

目 录

第 1 章 通信原理概述

1.1 什么是通信

所谓的通信就是指信息的传递和交流，如图 1-1 所示。

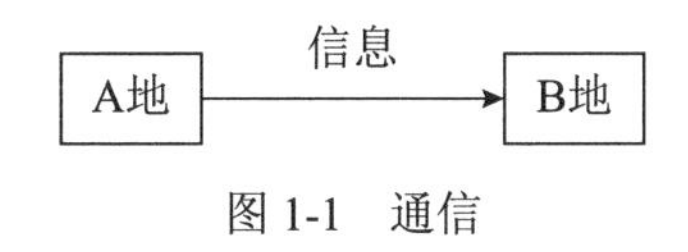

图 1-1 通信

一、广义的通信

广义的通信：无论采用什么方法、使用什么传输媒介，只要将信息从一地传送到另一地，均可称为通信。从这个意义讲，古代的飞鸽传书和利用烽火传递信息都属于通信。

古人将书信绑在鸽子腿上，通过鸽子将书信从一个地方传递到另外一个地方，这就是飞鸽传书，如图 1-2 所示。

古代边防前线发现敌情时，点燃烽火台上的烽火，利用浓烟将敌人入侵的消息传递到后方，这就是烽火通信，如图 1-3 所示。

图 1-2 飞鸽传书

图 1-3 烽火通信

二、狭义的通信

狭义的通信只包括电信和广播电视。

1. 电信

电信是指利用“电”来传递信息的方法，如电报和电话通信。
电报通信中的发报机如图 1-4 所示。电话通信中的电话机如图 1-5 所示。

图 1-4　发报机

图 1-5　电话机

2. 广播电视

广播：听众使用如图 1-6 所示的收音机来收听广播电台的声音节目。
电视：观众使用如图 1-7 所示的电视机来收看电视台的视频节目。

图 1-6　收音机

图 1-7　电视机

1.2　什么是通信系统

实现信息传递所需的一切技术设备和传输媒质被统称为通信系统。电话通信系统就是指实现声音传递的通信系统，如图 1-8 所示。

图 1-8　电话通信系统

我们在日常生活中接触到的通信系统都比较复杂，但这些复杂的通信系统并不是一蹴而就的，它经历了由简单到复杂、由有线到无线、由模拟到数字的发展历程。

为了更好地理解通信原理，下面回顾一下通信系统的演变历史。

一、有线模拟通信系统

1875 年，贝尔发现电流的强弱可以模拟声音大小的变化，由此想到了利用电流来传送声音，发明了电话。最简单的有线电话通信系统如图 1-9 所示，主要由话筒、听筒及二者之间的电话线组成。

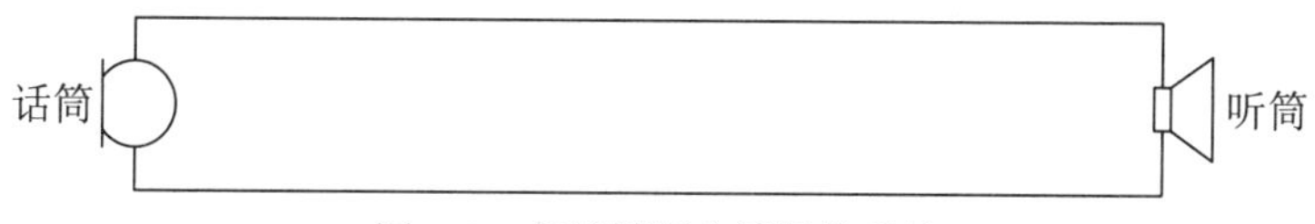

图 1-9　有线模拟电话通信系统

1. 话筒

话筒又被称为麦克风、送话器，负责将声音的变化转换为电流的变化。

曾经在电话通信系统中广泛应用的碳粒式麦克风如图 1-10 所示。

图 1-10　碳粒式麦克风

其工作原理如图 1-11 所示：当声波作用于震动膜片，碳粒被挤压变得紧密，电阻随之减小，电流增大；当声音变小时，碳粒变得疏松，电阻随之增大，电流减小。

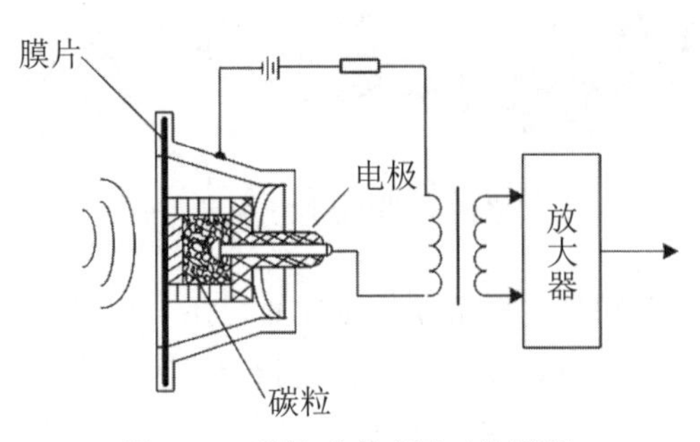

图 1-11　碳粒式麦克风工作原理

2. 听筒

听筒又被称为扬声器、喇叭、受话器，负责将电流的变化转换为声音的变化。如图 1-12 所示的就是一种很常见的扬声器，被称为动圈式扬声器。

其工作原理如图 1-13 所示：扬声器里有一个线圈，镶嵌在环形磁体的空隙里，当有音频电流通过时，就产生一个随电流规律变化的磁场，在环形磁铁的共同作用下，线圈带动纸盆振动，发出声音。

图 1-12　动圈式扬声器

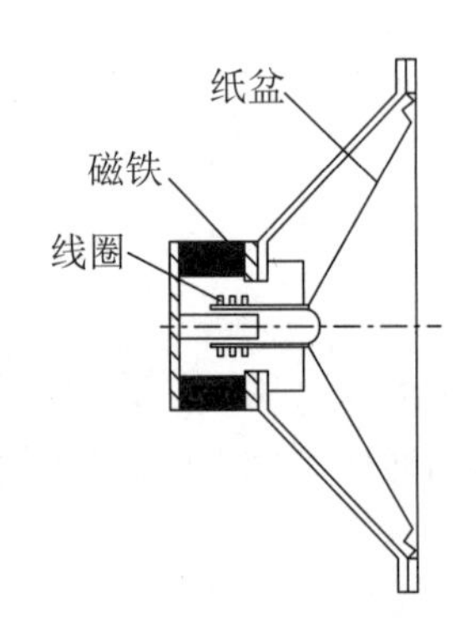

图 1-13　动圈式扬声器工作原理

二、无线模拟通信系统

有线电话通信需要架设很长的电话线路，部署起来很不方便。1887 年赫兹通过试验证实了电磁波的存在。马可尼受赫兹的电磁波试验的启发，1894 年开始进行无线电通信试验，并于 1896 年发明了无线电报，1899 年首次完成了英国与法国之间国际性的无线电通话。

无线电话通信系统如图 1-14 所示，主要由话筒、调制器、发射天线、接收天线、解调器和听筒组成。

图 1-14　无线电话通信系统

最初的通信系统是用模拟电路实现的，其中传输的信号都是模拟信号，因此被称为模拟通信系统。

模拟信号存在一个缺点，那就是抗干扰能力差，很容易在传输的过程中受到干扰影响而产生失真。假定从话筒输出一个音频信号，其波形如图 1-15 所示。

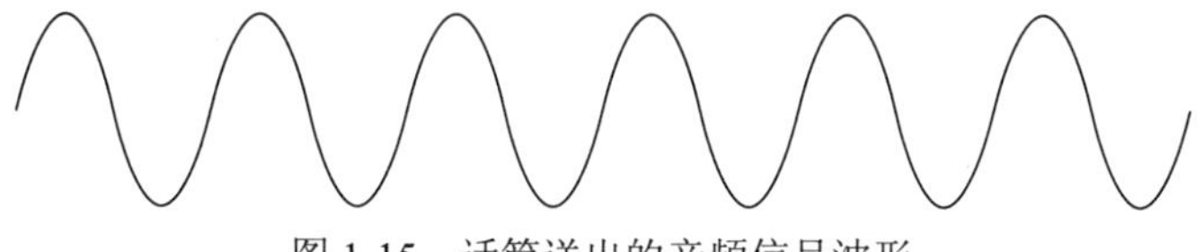

图 1-15　话筒送出的音频信号波形

信号经过传输到达听筒，波形很容易发生失真，如图 1-16 所示。

图 1-16　到达听筒的音频信号波形

三、有线数字通信系统

相对于模拟信号，数字信号有很多优点。

1. 数字信号抗干扰能力强

数字信号的抗干扰能力很强。以最常见的二进制数字信号为例，其使用高电平和低电平两种电平分别代表二进制数字 0 和 1。接收端只需关注采样时刻的电平值，能够区分出高电平和低电平就可以了，并不需要对接收信号的波形太关心，因此信号波形失真对数字信号的影响很小。

假定发送端发出一串二进制数字 010101…，其波形如图 1-17 所示。

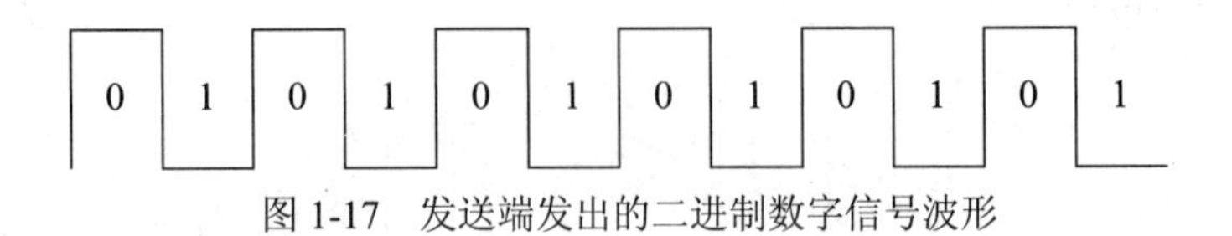

图 1-17　发送端发出的二进制数字信号波形

经过传输到达接收端的信号很容易发生失真，波形如图 1-18 所示。

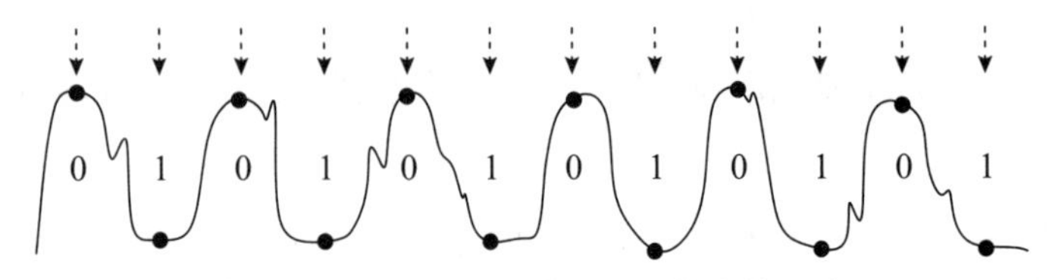

图 1-18　到达接收端的二进制数字信号波形

只要传输线路比较短，信号衰减程度比较小，信号波形失真不是太严重，二进制数字 010101…很容易在接收端被正确恢复出来。但如果传输线路很长，信号衰减程度很大，信号到达接收端时波形失真很严重，二进制数字很难被正确恢复出来。有没有什么解决办法呢？

只要在信号衰减到一定程度、波形失真还不是太严重时插入数字中继器，对数字信号进行放大，恢复理想脉冲波形，再转发出去即可，这就是数字信号的再生，如图 1-19 所示。

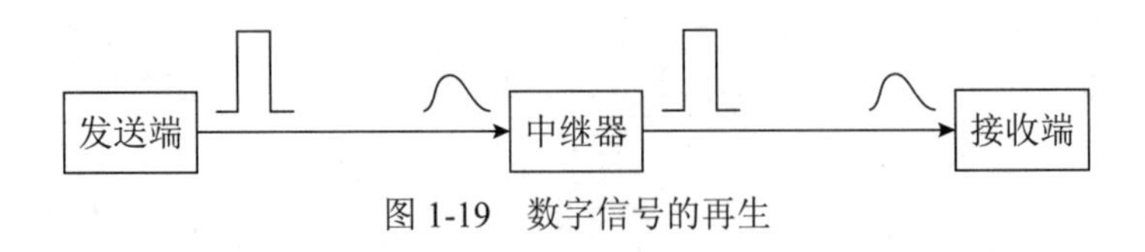

图 1-19　数字信号的再生

由此可见，数字信号通过再生很容易实现远距离传输。

有人会说：模拟信号也可以采用类似的方法来实现远距离传输啊，只要在中途对模拟信号进行放大即可，如图 1-20 所示。

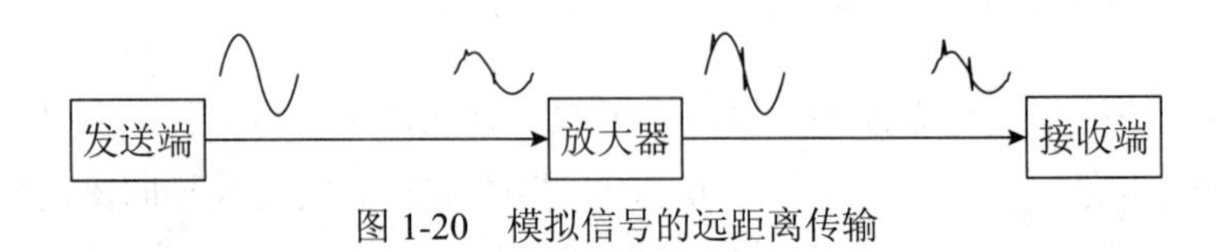

图 1-20　模拟信号的远距离传输

表面上看似可行，实际上存在一个问题：对模拟信号进行放大的同时，叠加在上面的噪声也会被放大，而且累积的噪声会随着传输距离的增加而越来越多，信号质量会越来越差。而数字信号则不同，通过中继器放大时，可以恢复出理想脉冲波形，叠加在脉冲信号上的噪声不会被累积。

2. 数字信号便于复用传输

数字信号还便于实现多路信号的复用传输。

以 4 路信号的并行传输为例，如图 1-21 所示，4 路信号只要按时间错开、轮流占用传输线路，即可实现 4 路信号的复用传输。

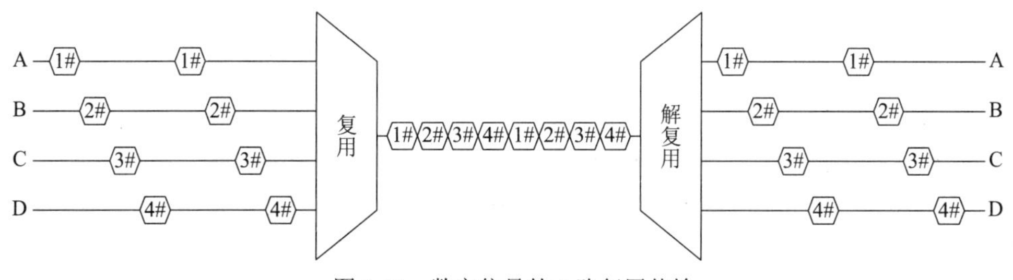

图 1-21　数字信号的 4 路复用传输

3. 数字信号便于交换

数字信号很容易利用时隙交换实现用户间的数据交换。

假定甲用户的数据在 A 线路的 1# 时隙中传输，乙用户的数据在 H 线路的 3# 时隙中传输。通过时隙交换，很容易将 A 线路 1# 时隙中的内容交换到 H 线路 3# 时隙中，如图 1-22 所示。

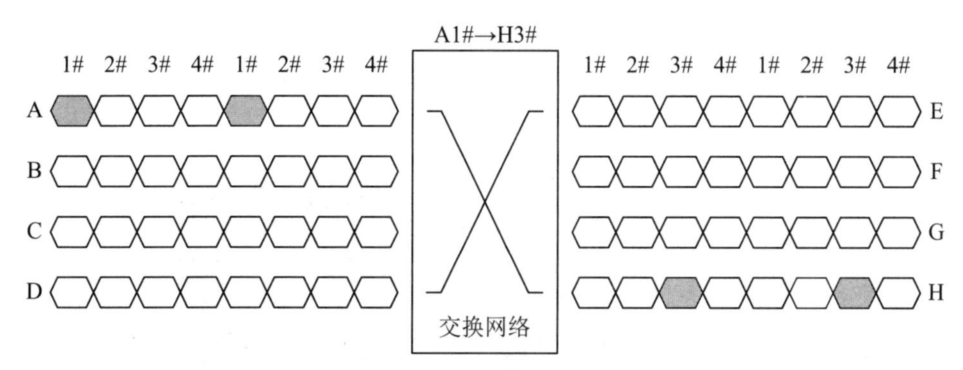

图 1-22　数字信号的时隙交换

4. 数字信号便于加密

数字信号还便于进行加密和解密。

对称加密是一种很常见的加密算法，其工作原理如图 1-23 所示。

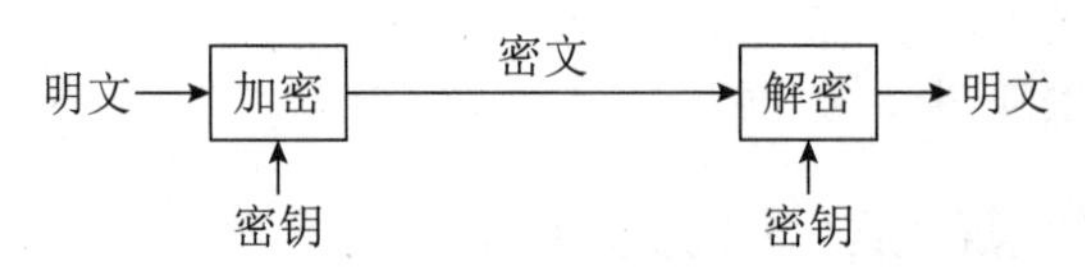

图 1-23　对称加密原理

加密：发送方将明文和加密密钥一起经过特殊加密算法处理后，使其变成复杂的加密密文发送出去。

解密：接收方收到密文后，使用相同的密钥及相同算法的逆算法对密文进行解密，将明文恢复出来。

下面看一个例子：明文为 101101011011，密钥为 011010101001，对二者进行异或运算，得到密文 110111110010，这就完成了加密；只要用相同的密钥与密文进行异或运算，就可以得到明文，完成解密，如图 1-24 所示。

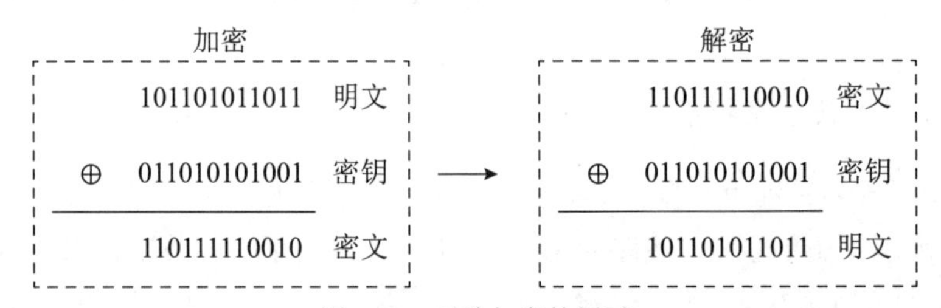

图 1-24　对称加密的例子

5. 数字信号便于存储

数字信号可以很方便地保存在如图 1-25 所示的 VCD/DVD 光盘、U 盘、硬盘或者网盘中。一个小小的 U 盘就可以轻松存储几百首歌。

图 1-25　光盘、U 盘和硬盘

相对来讲，模拟信号的存储就没有那么方便了。图 1-26 所示就是过去常见的录音带和录像带，一盘录音带或录像带一般只能存储个把小时的模拟声音信号或模拟视频信号。

图 1-26 录音带和录像带

6. 数字电路的优点多

处理模拟信号的电路被称为模拟电路；处理数字信号的电路被称为数字电路。数字电路相对于模拟电路有很多优点，如表 1-1 所示。

表 1-1 数字电路和模拟电路对照表

类 别	数 字 电 路	模 拟 电 路
电路组成	主要由大量晶体管构成	主要由晶体管、电容、电阻、电感等模拟元器件构成
电路功耗	工作电压低，电流小，电路功耗低	工作电压高，电流大，电路功耗高
电路集成度	数字电路的集成度很高	模拟电路的集成度很低
电路可靠性	电源电压的小幅波动对数字电路没有影响，温度和工艺偏差对数字电路工作的可靠性影响小	电源电压的波动、温度和工艺偏差对模拟电路工作的可靠性影响比较大
电路设计	设计过程自动化程度高，对设计人员要求低	通常需要很多手工运算，设计过程自动化程度低，对设计人员水平要求高

正是由于数字信号具有上述诸多优点，数字信号开始在通信系统中得到应用，模拟通信系统逐渐演变为数字通信系统。

采用了数字通信技术的电话通信系统如图 1-27 所示。

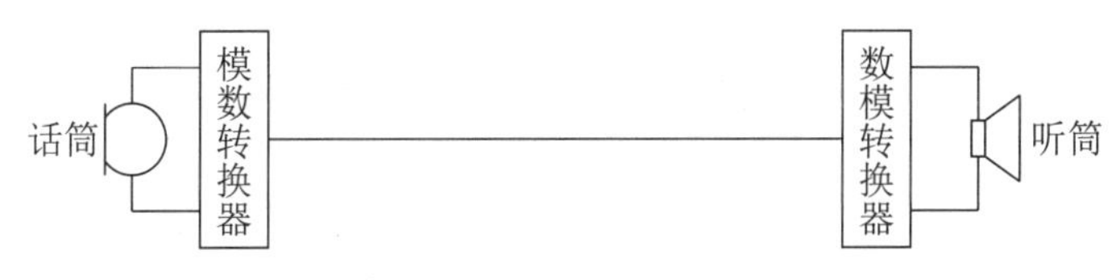

图 1-27 有线数字电话通信系统

相对于有线模拟电话通信系统：在发送端增加了模 / 数转换器用于将模拟语音信号转换成数字信号；在接收端增加了数 / 模转换器，用于将数字信号转换回模拟语音信号。

四、无线数字通信系统

数字通信技术引入无线通信系统后，无线通信系统也由模拟通信系统演变为数字通信系统，如图 1-28 所示。

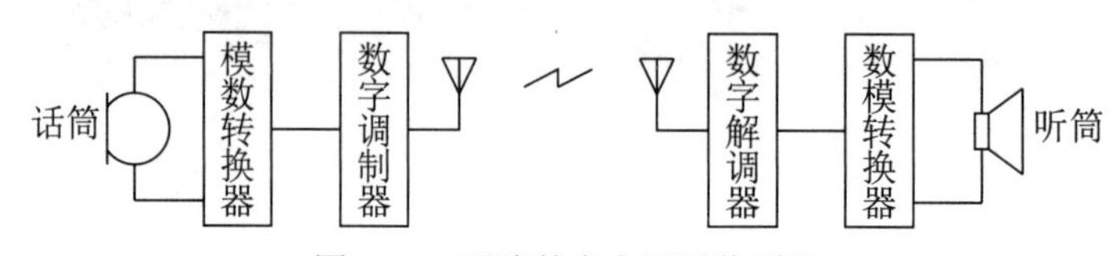

图 1-28　无线数字电话通信系统

相对于无线模拟电话通信系统：在发送端增加模 / 数转换器用于将模拟语音信号转换成数字信号，同时将模拟调制器更改为数字调制器；在接收端将模拟解调器更改为数字解调器，同时增加数 / 模转换器，用于将数字信号转换回模拟语音信号。

1.3　通信系统模型

通信的过程就是信源和信宿通过信道收发信息的过程。基本的通信系统模型如图 1-29 所示。

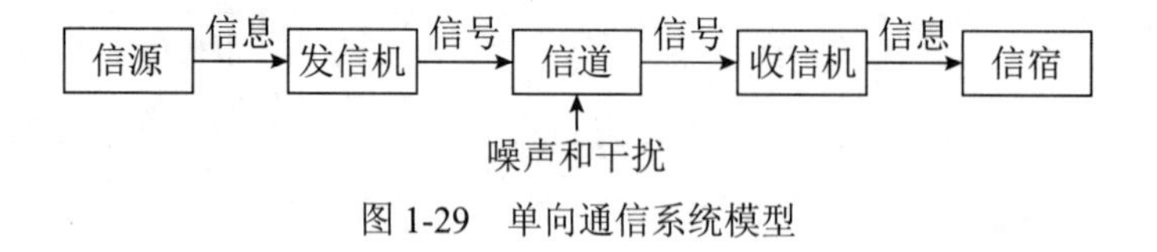

图 1-29　单向通信系统模型

图 1-29 是一个单向通信系统。广播、电视都属于这类。商用的移动通信系统一般都是双向通信系统，如图 1-30 所示。

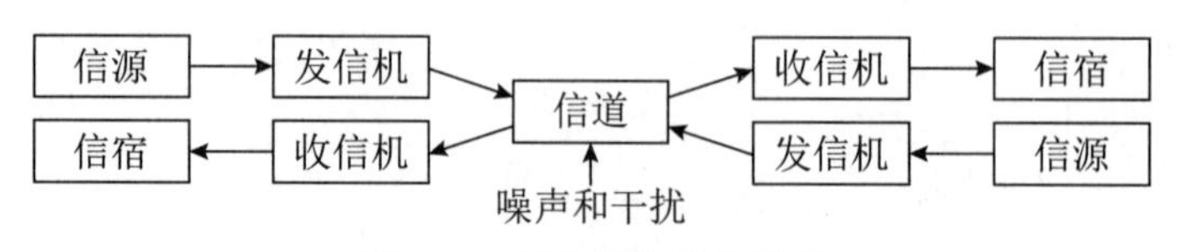

图 1-30　双向通信系统模型

一、信源和信宿

信源和信宿位于通信系统的两端，如图 1-31 所示。

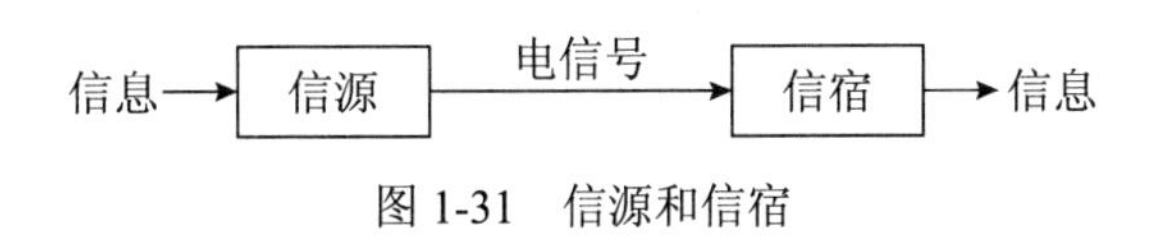

图 1-31　信源和信宿

信源：位于发送端，负责将原始信息转换为电信号。
信宿：位于接收端，负责将电信号转换回原始信息。
下面以无线话筒、视频监控、电报通信为例，介绍一下信源和信宿。

1. 无线话筒

麦克风作为信源，将声音转换为声音信号发送出去；扬声器作为信宿，将接收到的声音信号转换回声音，如图 1-32 所示。

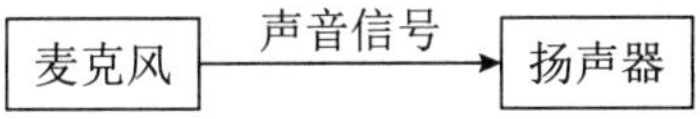

麦克风　声音信号　扬声器

图 1-32　无线话筒

2. 视频监控

摄像头作为信源，将图像转换为图像信号发送出去；显示器作为信宿，将接收到的图像信号转换回图像，如图 1-33 所示。

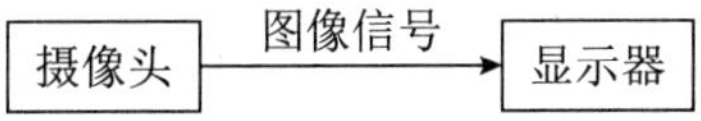

摄像头　图像信号　显示器

图 1-33　视频监控

3. 电报通信

发报机作为信源，将携带了文字信息的莫尔斯码转换为脉冲信号发送出去；收报机作为信宿，将接收到的脉冲信号转换回莫尔斯码，如图 1-34 所示。

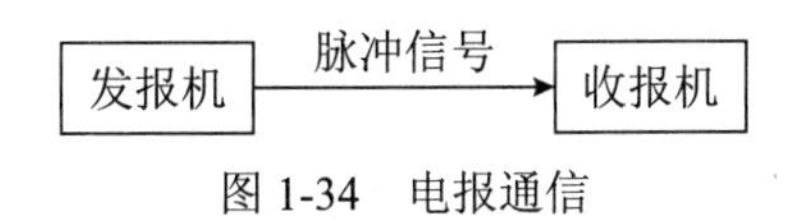

图 1-34　电报通信

二、信道

信道就是指信息的传输通道。信道对传输的信号是有要求的，信息必须转换成满足信道要求的信号才能在信道中传输，如图 1-35 所示。

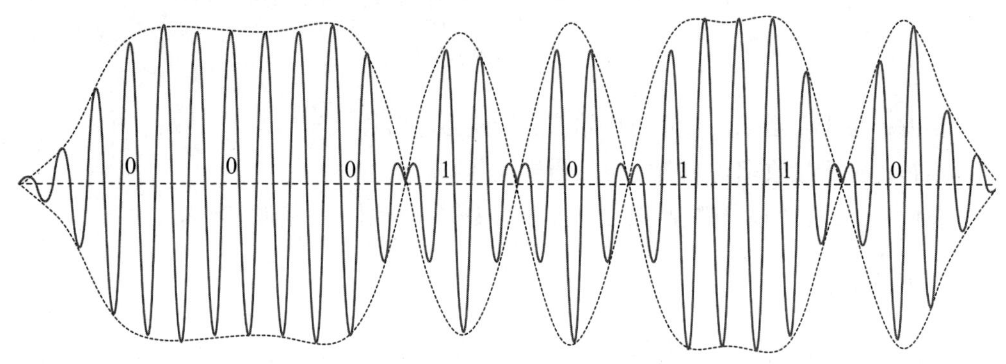

图 1-35　发送信号

信号通过信道传输时会出现衰减，而且信道上的干扰和噪声也会对信号产生影响，导致信号失真，如图 1-36 所示。

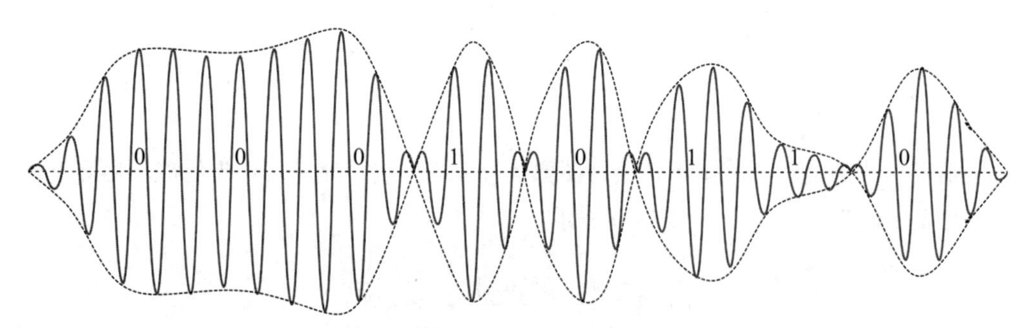

图 1-36　接收信号

信号失真严重时会导致误码。要想实现无误码的信息传输，通信系统设计时必须考虑检错和纠错处理。

三、发信机和收信机

1. 发信机

发信机对信源发出的信息进行必要的检错和纠错编码等处理后，将其转换成适合在信道上传输的信号，发送到信道上，如图 1-37 所示。

信源 —信息→ 发信机 —信号→ 信道

图 1-37　发信机

2. 收信机

收信机负责从信道上接收信号，进行检错和纠错处理后，将信息恢复出来发给信宿，如图 1-38 所示。

信道 —信号→ 收信机 —信息→ 信宿

图 1-38　收信机

1.4　信道

信道的特性决定了信息在信道上的传输形式，而信道的特性又取决于传输媒介。按照传输媒介的不同，通信信道分为有线信道和无线信道。

一、有线信道

有线信道的传输媒介为电话线、网线和光纤等导线。

1. 电话线

电话线通常作为电话通信中用户侧的传输媒介，如图 1-39 所示。

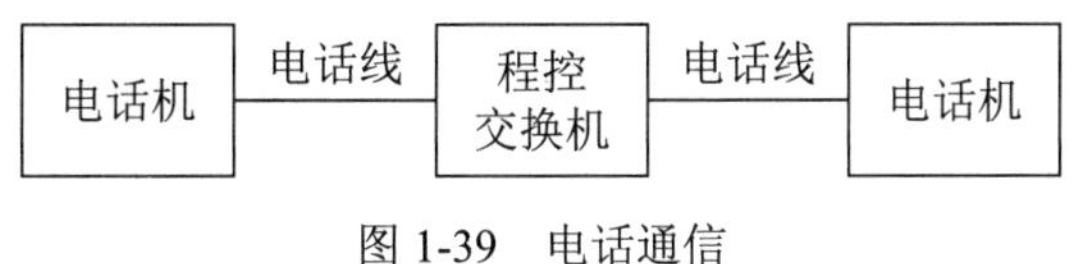

图 1-39　电话通信

常见的电话线如图 1-40 所示。

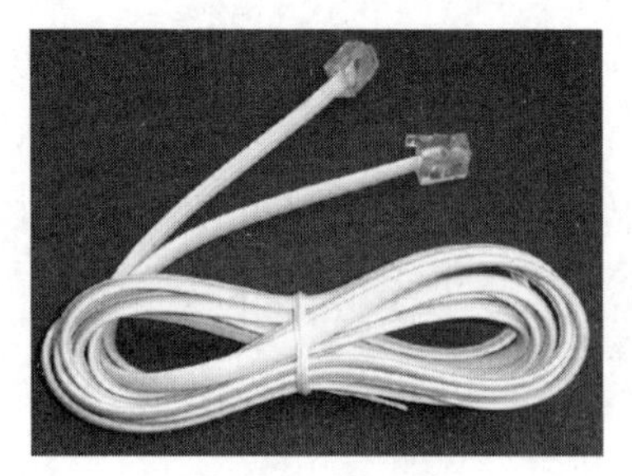

图 1-40　电话线

2. 网线

网线通常作为计算机之间通信的传输媒介。

计算机之间通过以太网交换机相连，计算机和以太网交换机之间的传输媒介一般采用网线，如图 1-41 所示。

图 1-41　计算机通信

常见的网线如图 1-42 所示。

图 1-42　网线

3. 光纤

光纤通常作为光传输设备之间、通信设备之间的传输媒介。

LTE 基站和核心网设备 SGW 之间通过传输设备相连，基站和核心网设备 SGW 与传输设备之间采用的传输媒介一般都是光纤，如图 1-43 所示。

常见的光纤如图 1-44 所示。

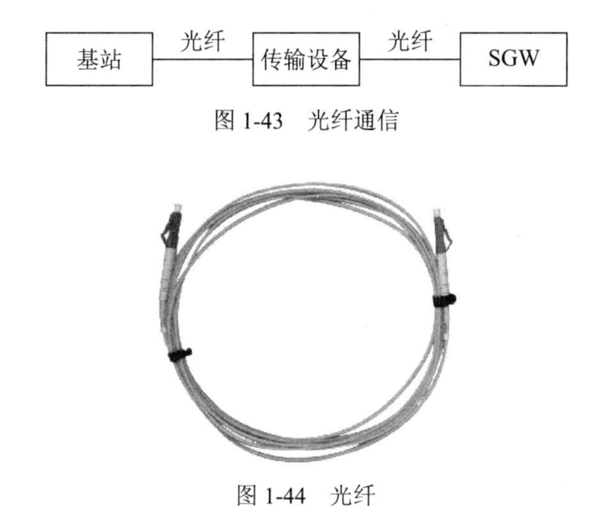

图 1-43　光纤通信

图 1-44　光纤

二、无线信道

无线信道的传输媒介为自由空间的电磁波。

电磁波按照波长的不同分为无线电波、光波、X 射线、γ 射线。电磁波谱图如图 1-45 所示。

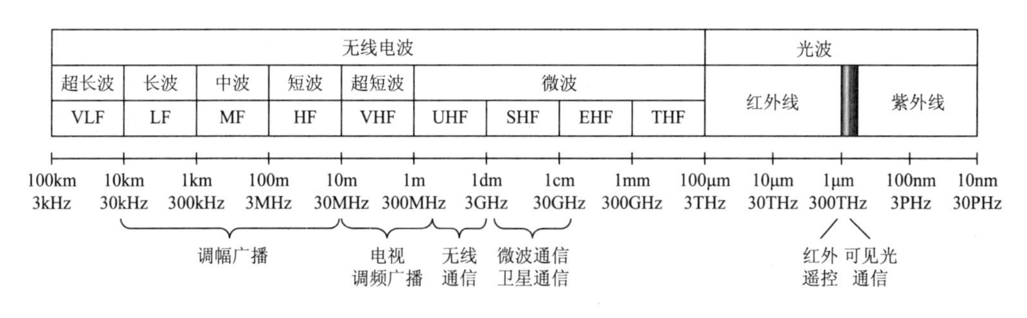

图 1-45　电磁波谱图

通信中主要用到了无线电波和光波。

1. 无线电波

无线电波按波长分为超长波、长波、中波、短波、超短波和微波。

1）调幅广播

使用长波、中波或短波进行通信，如图 1-46 所示。

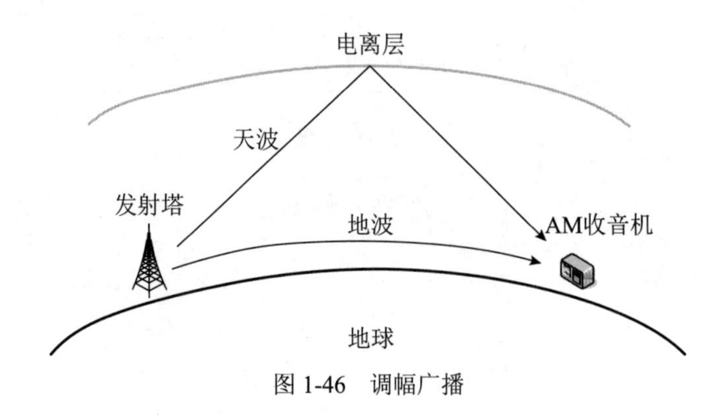

图 1-46　调幅广播

2）调频广播

使用 VHF 频段 87~108MHz 的微波进行通信，如图 1-47 所示。

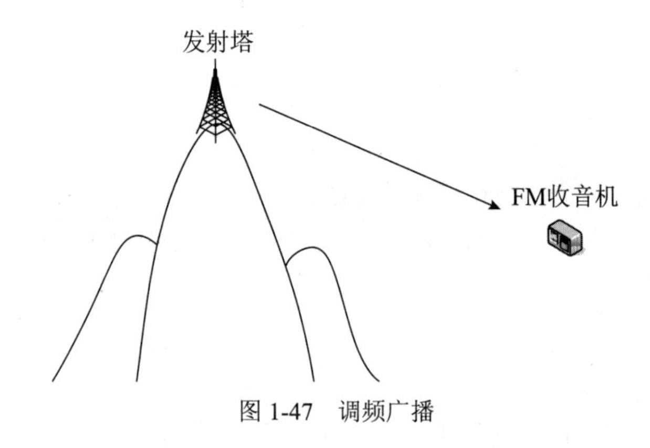

图 1-47　调频广播

3）电视

使用 VHF 频段 48.5~92 MHz 和 167~223MHz、UHF 频段 223~870MHz 的微波进行通信，如图 1-48 所示。

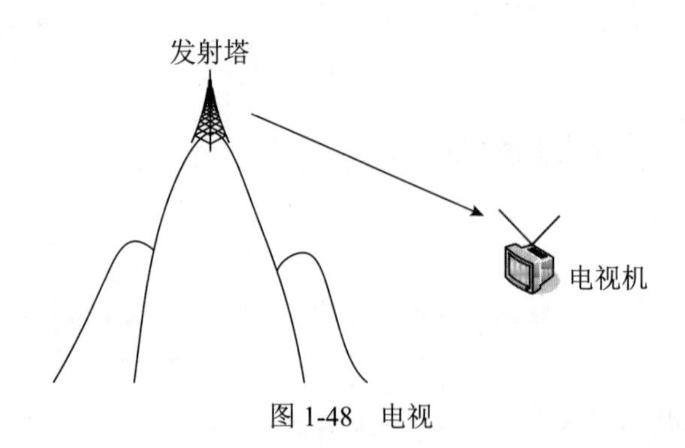

图 1-48　电视

4）无线通信

Wi-Fi：主要使用 UHF 频段的 2.4GHz 微波和 SHF 频段的 5GHz 微波进行通信，如图 1-49 所示。

图 1-49　Wi-Fi 通信

GSM：主要使用 UHF 频段的 900MHz/1800MHz 微波进行通信，如图 1-50 所示。

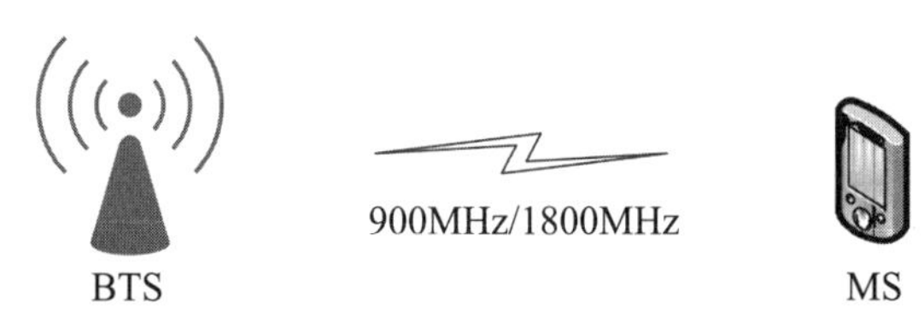

图 1-50　GSM 通信

LTE：主要使用 UHF 频段的 2.5GHz 微波进行通信，如图 1-51 所示。

图 1-51　LTE 通信

5）微波和卫星通信

使用 SHF 和 EHF 频段的 7~38GHz 微波进行通信。微波接力通信如图 1-52 所示。

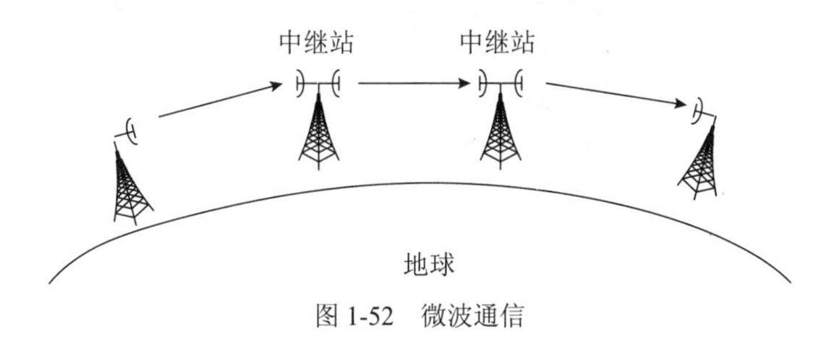

图 1-52　微波通信

卫星通信如图 1-53 所示。

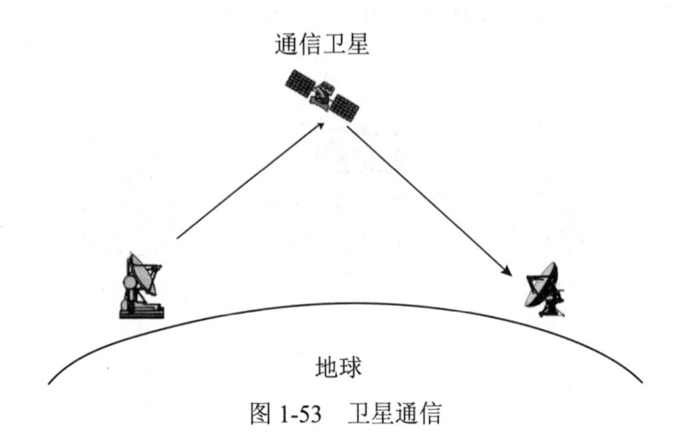

图 1-53　卫星通信

2. 光波

1）可见光通信

使用光波中的可见光进行通信。

LiFi 就是一种提出不久的可见光通信技术，如图 1-54 所示。

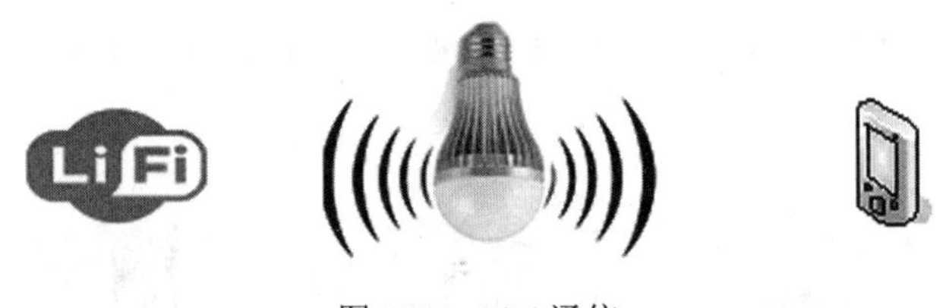

图 1-54　LiFi 通信

2）红外通信

红外遥控：使用波长为 940nm 的红外线进行通信，如图 1-55 所示。

图 1-55　红外遥控

1.5　信号变换

承载信息的信号在发信机中要经过哪些处理才能转换成适合信道传输的信号形式，到了接收端，收信机要做哪些处理才能将信息恢复出来呢？

发信机和收信机对信号所做的处理如图 1-56 所示。

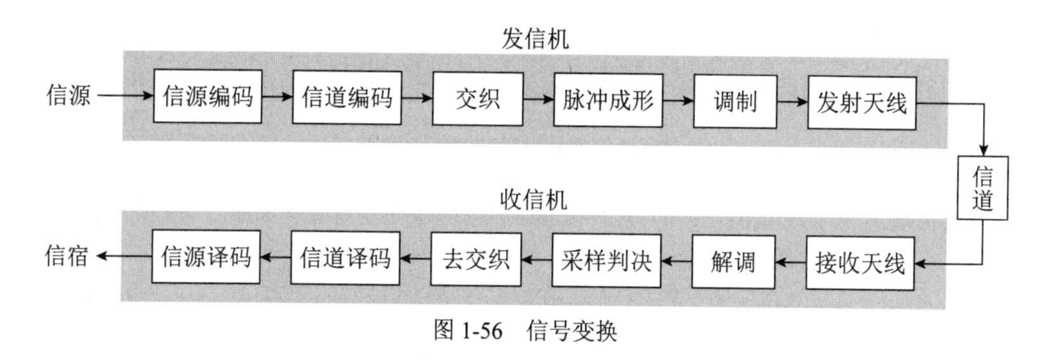

图 1-56　信号变换

发信机进行的信号处理：信源编码、信道编码、交织、脉冲成形、调制。

收信机进行的信号处理：解调、采样判决、去交织、信道译码和信源译码。

一、信源编码

对于模拟信源，一般先进行模 / 数转换，将模拟信号数字化，再进行压缩编码，尽量剔除冗余信息，减少对传输带宽的占用，如图 1-57 所示。

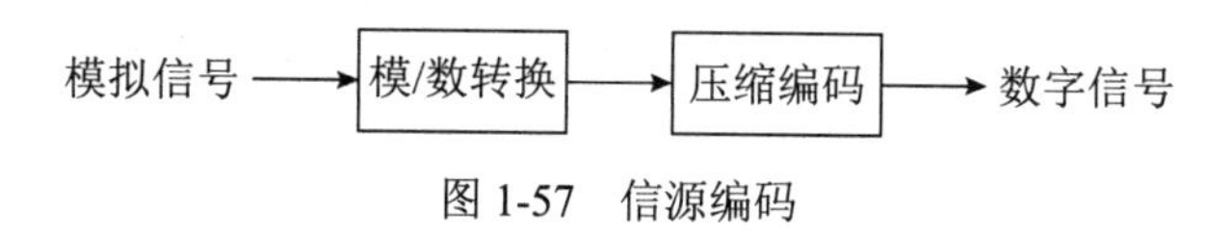

图 1-57　信源编码

例如，GSM 中先通过 PCM 编码将模拟语音信号转换成 104kbps 的二进制数字码流，再利用 RPE-LTP 算法对其进行压缩，最终输出 13kbps 的码流，压缩比为 8:1。

二、信道编码和交织

通过添加冗余信息，以便在接收端进行纠错处理，解决信道的噪声和干扰导致的误码问题，这就是信道编码。

一般的信道译码只能纠正零星的误码，对于连续的误码无能为力。

例如：

输入序列：11011，信道编码输出码元：11 01 01 00 01

通过信道传输，到达接收端时：

如果有1个码元出错：11 01 01 10 01，信道译码时可以检测并纠正错误，如图1-58所示。

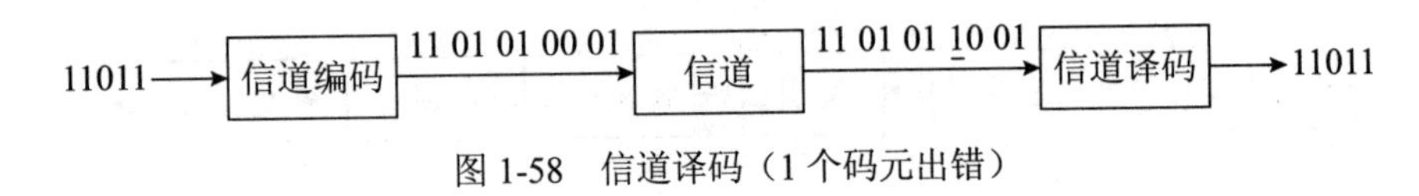

图1-58　信道译码（1个码元出错）

如果连续3个码元出错：11 01 01 11 11，信道译码会出错，如图1-59所示。

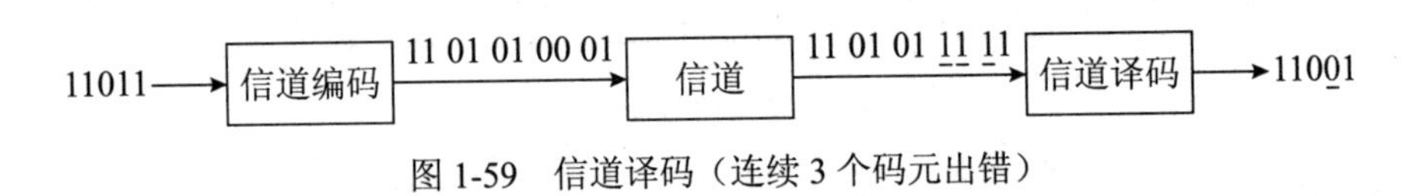

图1-59　信道译码（连续3个码元出错）

为了解决连续误码问题，需要将信道编码之后的数据顺序按照一定规律打乱，这就是交织。到了接收端，在信道译码之前先将数据顺序复原，这就是去交织，这样连续的误码到了接收端就变成了零星的误码，信道译码就可以正确纠错了，如图1-60所示。

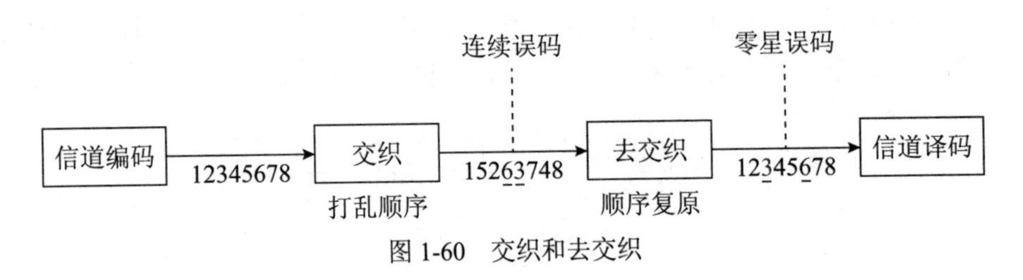

图1-60　交织和去交织

三、脉冲成形

数字信号要想在信道中传输，必须先转换成合适的脉冲波形，这就是脉冲成形。

最容易想到的脉冲波形就是矩形脉冲了，其波形如图1-61所示。

数字信号00010110对应的连续多个矩形脉冲波形，如图1-62所示。

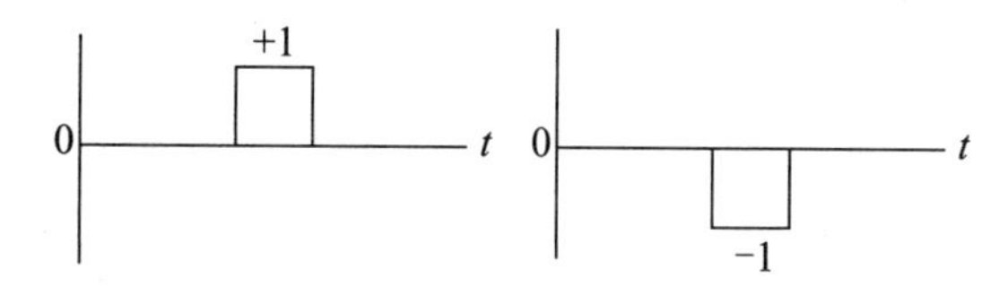

图 1-61　矩形脉冲波形

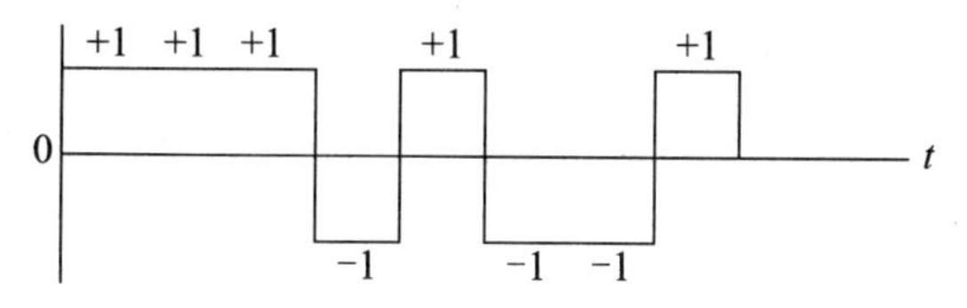

图 1-62　连续多个矩形脉冲波形

四、调制

将信息承载到满足信道要求的高频载波信号上的过程就是调制。

为什么要对信号进行调制呢？

1. 无线通信

无线通信是用空间辐射的方式传送信号的，由电磁波理论可以知道：天线尺寸为被辐射信号波长的十分之一或更大些，信号才能被有效地辐射。

以语音信号为例。人能听见的声音频率范围为 20Hz ～ 20kHz，假定我们要以无线通信方式直接发送一个频率为 10kHz 的单音信号出去。

该单音信号的波长为：

$$\lambda = \frac{c}{f} = \frac{3\times10^{8}\,\text{m/s}}{10\times10^{3}/\text{s}} = 30\text{km}$$

其中，

c：光速，一般认为电磁波在空间的传播速度等于光速。

f：信号的频率。

如果不经过调制直接在空间发送这个单音信号，需要的天线尺寸至少要几公里，显而易见，实际上根本不可能制造出这样的天线。

通过调制将信号频谱搬移到较高的频率范围，如图 1-63 所示，这样信号就很容易以电磁波形式辐射出去。

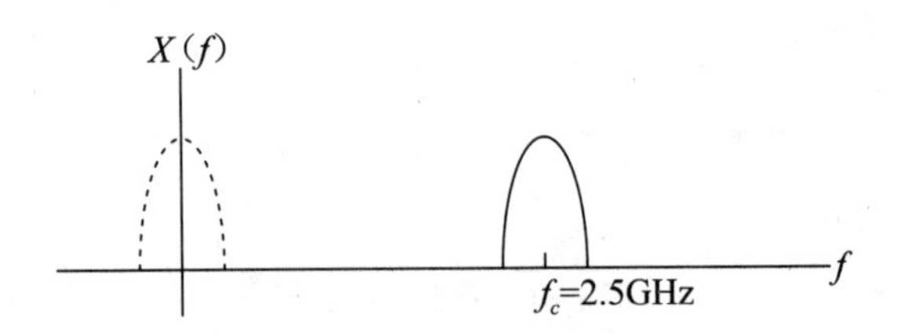

图 1-63　信号频谱搬移

另外，还可以通过调制把多路信号频谱搬移到不同的频率范围内，实现多路频分复用（FDM），如图 1-64 所示。

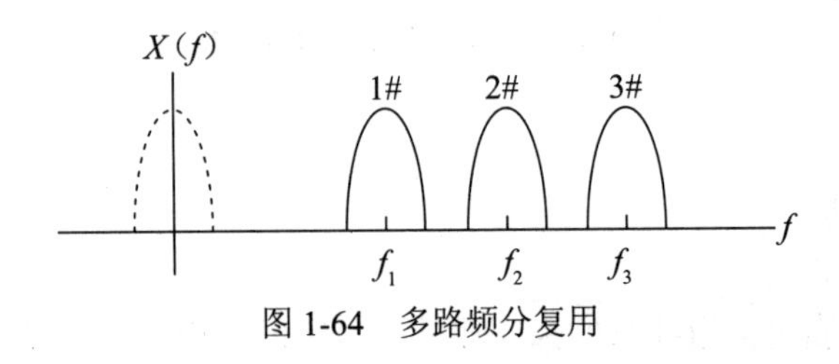

图 1-64　多路频分复用

2. 有线通信

与无线通信的原理类似，有线通信要通过调制将信号频谱搬移到合适的频率范围内，以满足有线信道的频率要求。

以电话通信为例。

电话线允许频率低于 3 400Hz 的信号直接通过。发送端的麦克风进行声电转换，只要转换后的音频信号最高频率不超过 3 400Hz，就可以通过电话线传送给接收端，由喇叭进行电声转换把话音恢复出来，如图 1-65 所示。

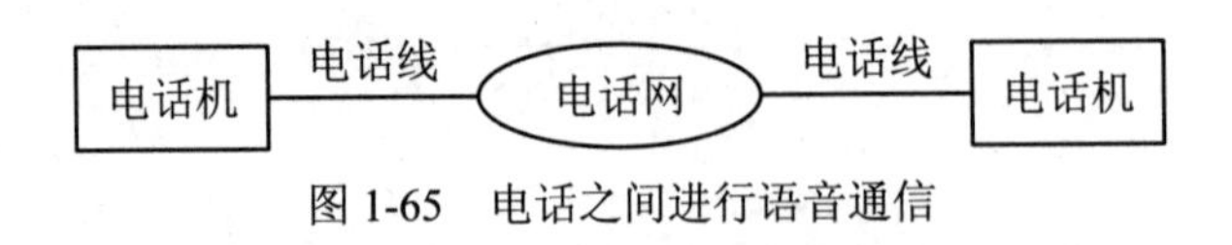

图 1-65　电话之间进行语音通信

要想通过电话线传输 010010111 这样的二进制数据怎么办？在发送端，利用调制器将数据调制到音频载波上，通过电话线传送给接收端，由解调器将调制在音频载波上的数据恢复出来，如图 1-66 所示。

但这样做存在一个问题：打电话时不能传数据，传数据时不能打电话。

有没有办法可以做到语音和数据两不误？答案是：可以利用电话线的低频部分传

输话音，高频部分传输数据，如图 1-67 所示。

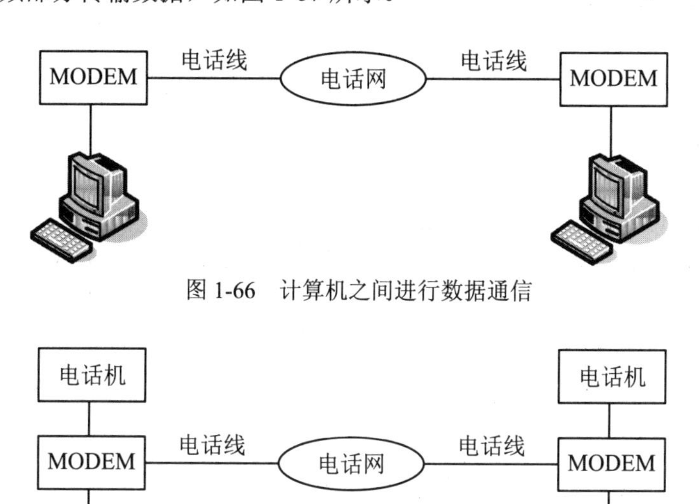

图 1-66　计算机之间进行数据通信

图 1-67　语音和数据通信同时进行

实际上 ADSL 就是这么做的，其频谱分配情况如图 1-68 所示。

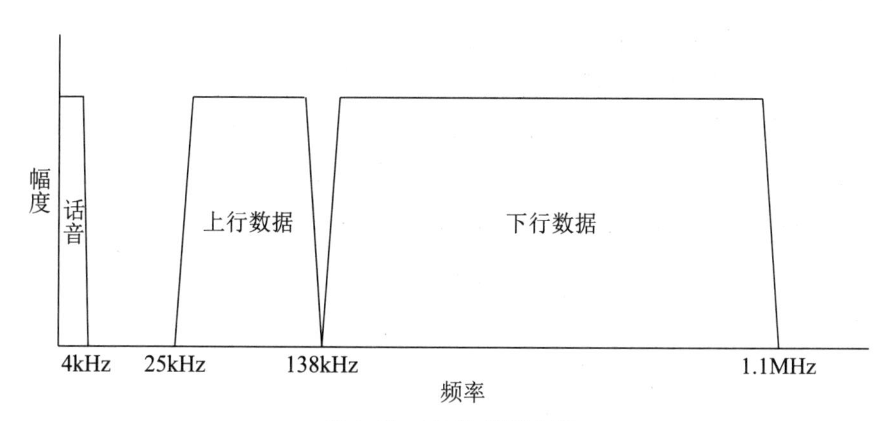

图 1-68　ADSL 频谱分配

0 ～ 4kHz：用于传输话音。

25 ～ 138kHz：用于传输上行数据。

138kHz ～ 1.1MHz：用传输下行数据。

五、天线技术

无线通信系统中，调制得到的已调信号要转换成电磁波才能在空间中进行传输。

1. 电磁波

电磁波是由同相振荡且互相垂直的电场与磁场在空间中以波的形式移动，其传播方向垂直于电场与磁场构成的平面，可以有效地传递能量，如图 1-69 所示。

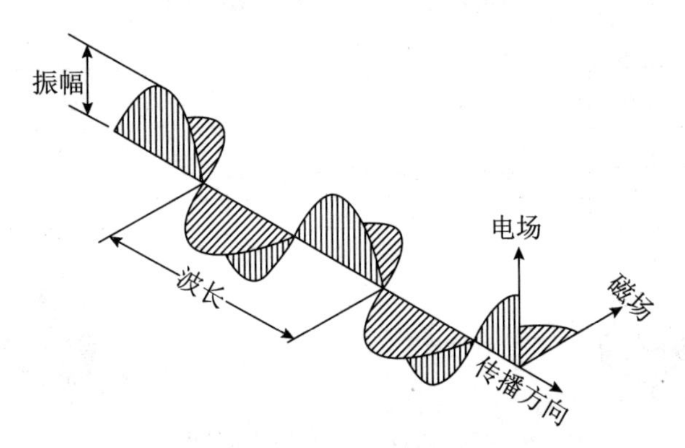

图 1-69　电磁波的传播

1）传播速度

电磁波的传播速度 v 与传输媒介有关：

真空中：电磁波的传播速度等于光速，即 30 万千米 / 秒。

空气中：电磁波的传播速度略小于光速，不过一般都按光速来计算。

2）波长

在传播速度一定的前提下，电磁波的波长与频率成反比：

$$\lambda = \frac{v}{f}$$

其中，

v：电磁波的传播速度。

f：电磁波的频率，等于已调信号的频率。

以 Wi-Fi 所用的 2.4GHz 信号为例，对应的电磁波波长为：

$$\lambda = \frac{v}{f} = \frac{3\times10^{8}\mathrm{m/s}}{2.4\mathrm{GHz}} = 0.125\mathrm{m} = 12.5\mathrm{cm}$$

3）振幅

电磁波的振幅会随着传播距离的增加而衰减。

衰减快慢与电磁波的频率有关：在传播距离相同的情况下，频率越高，振幅衰减越快。

换句话说：频率越高，覆盖性能越差。以 GSM 为例，900MHz 频段的覆盖性能就比 1 800MHz 频段的覆盖性能要好，如图 1-70 所示。

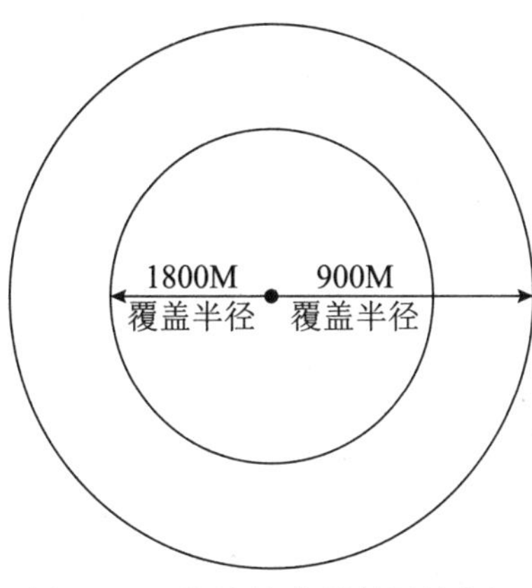

图 1-70　不同频率信号的覆盖半径

2. 发射天线

发射天线负责将调制器发来的电信号转换为电磁波发射出去，如图 1-71 所示。

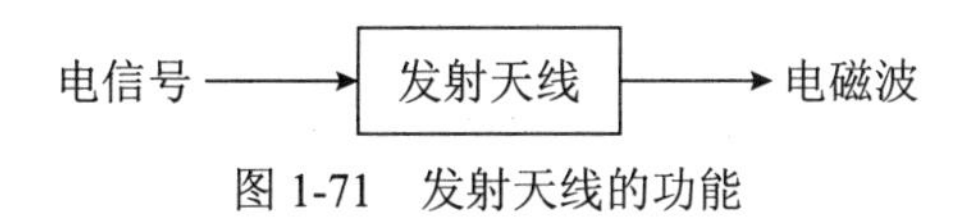

图 1-71　发射天线的功能

3. 接收天线

接收天线负责将接收到的电磁波转换回电信号发送给解调器，如图 1-72 所示。

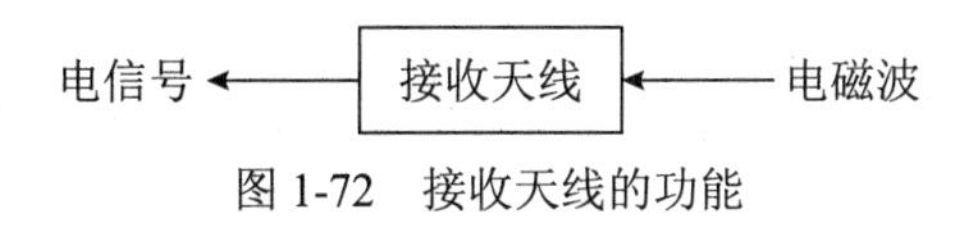

图 1-72　接收天线的功能

1.6　复用和多址技术

一条信道上只传输一路数据的情况下，信源发出的信号经过信源编码、信道编码和交织、脉冲成形、调制之后就可以发送到信道上进行传输了。如果需要在一条信道上同时传输多路数据，还要用到复用和多址技术。

一、复用技术

复用技术是指一条信道同时传输多路数据的技术，如图 1-73 所示。

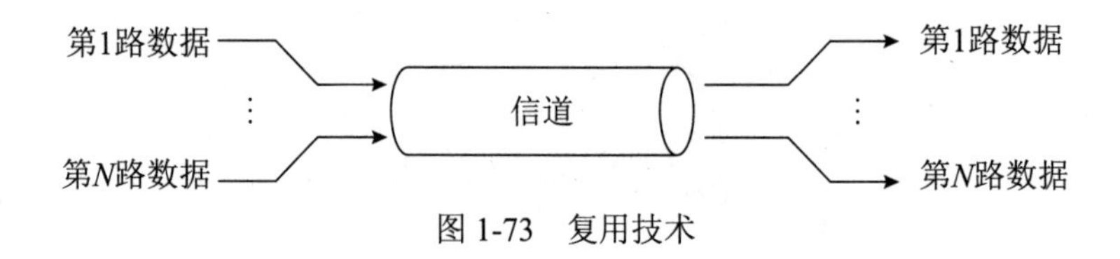

图 1-73　复用技术

TDM（时分复用）、FDM（频分复用）、CDM（码分复用）是最常见的 3 种复用技术。

前面所讲的 ADSL，实际上就用到了频分复用技术，语音和数据采用不同频率的信号传输，实现了语音信号和数据信号在一条电话线上并行传输。

二、多址技术

多址技术是指一条信道同时传输多个用户数据的技术，如图 1-74 所示。

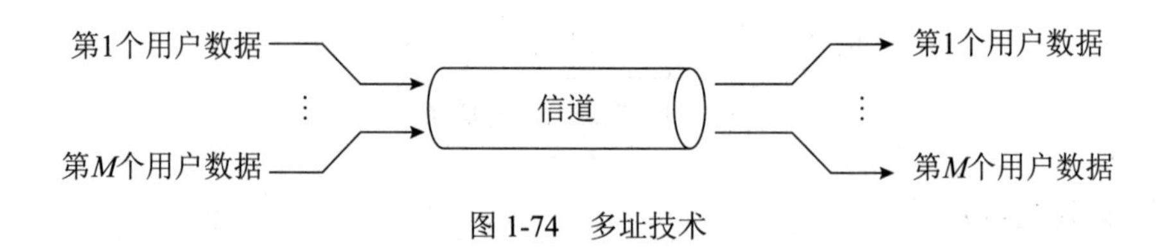

图 1-74　多址技术

TDMA（时分多址）、FDMA（频分多址）、CDMA（码分多址）是最常见的 3 种多址技术。

一个用户对应一路数据，多个用户就对应多路数据，因此多址技术是以多路复用技术为基础的。

除此之外，多址技术还会关注信道资源的分配算法。例如，CDMA 中用到了 Walsh 码，会关注 Walsh 码的分配算法。

第2章
信号与频谱

2.1 概述

通过第 1 章的介绍可以知道：信息传输的过程就是信号变换和处理的过程。如何观察这个过程中信号发生了什么变化？一种方法是在时域观察信号波形的变化，另一种方法是在频域观察信号频谱的变化。

信号的波形很直观、好理解，信号的频谱如何理解呢？

中学物理中学过光的色散：白光通过三棱镜分解成红、橙、黄、绿、青、蓝、紫七种颜色的单色光，如图 2-1 所示。

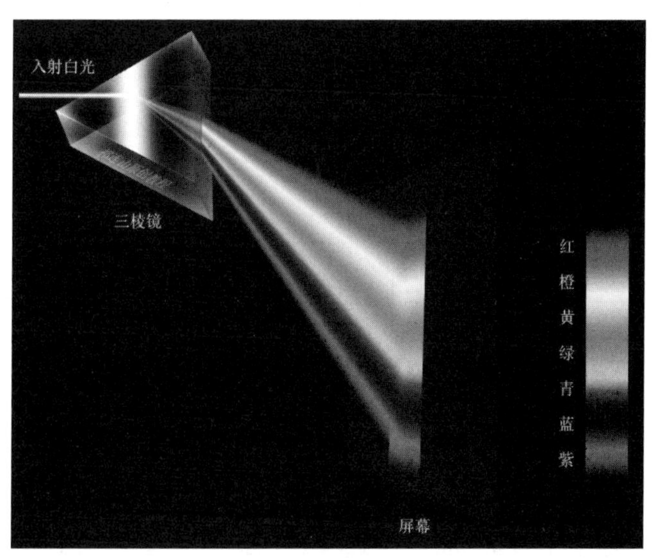

图 2-1　光的色散和光谱

显示在屏幕上的七彩光带，被称为光谱。和光分解成单色光类似，任何复杂的信号都可以分解成一系列不同频率的基本信号之和，一般用频谱来反映构成信号的所有频率成分。

最常见的基本信号非正弦信号莫属。

2.2 正弦信号

正弦信号和余弦信号仅在相位上相差$\frac{\pi}{2}$，因此经常统称为正弦信号。

一、正弦信号的波形

1. 正弦信号

$s(t)=A\sin(2\pi ft+\varphi)$，其中 A 是幅度，f 是频率，φ 是初相，如图 2-2 所示。

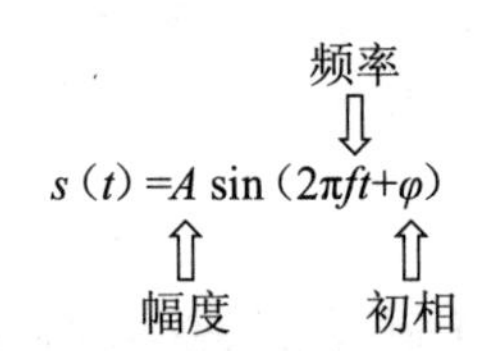

图 2-2　正弦信号表达式

假定：A=1，f=1Hz，φ=0

则：$s(t)=\sin2\pi ft$，其波形如图 2-3 所示。

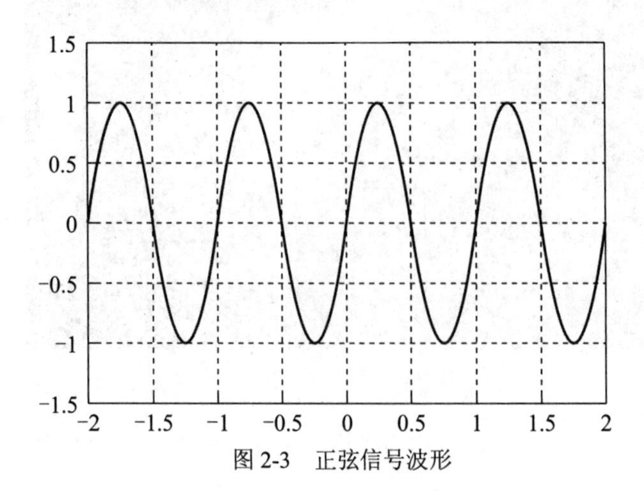

图 2-3　正弦信号波形

2. 余弦信号

$s(t)=A\cos(2\pi ft+\varphi)$，其中 A 是幅度，f 是频率，φ 是初相，如图 2-4 所示。

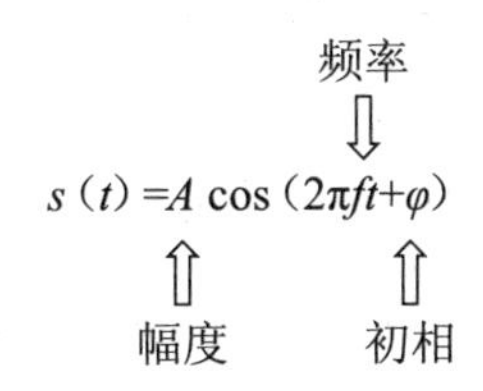

图 2-4　余弦信号表达式

假定：$A=1$，$f=1\text{Hz}$，$\varphi=0$
则：$s(t)=\cos 2\pi ft$，其波形如图 2-5 所示。

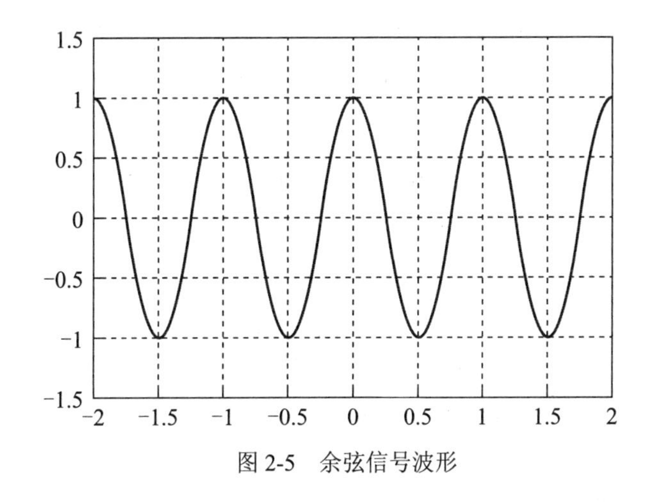

图 2-5　余弦信号波形

二、正弦信号的特性

1. 正弦信号的积分特性

正弦信号有一些非常好用的性质，其中一个就是积分特性。
对一个正弦信号做积分，当积分区间取正弦信号周期的整数倍时，积分结果为零。
正弦信号：$s(t)=A\sin(2\pi f_0 t+\varphi)$

在整数个周期做积分：$\int_{nT_0} s(t)\mathrm{d}t = A\int_{nT_0} \sin(2\pi f_0 t+\varphi)\mathrm{d}t = 0$

其中，

n 是整数；

T_0 是正弦信号的周期：$T_0 = \dfrac{1}{f_0}$。

根据积分的几何意义：信号波形与时间轴的积分区间部分围出一个封闭图形，对信号求积分就是求这个封闭图形面积的代数和。上述结论显然是成立的，由正弦信号的周期性和对称性直接就可以得到，如图 2-6 所示。

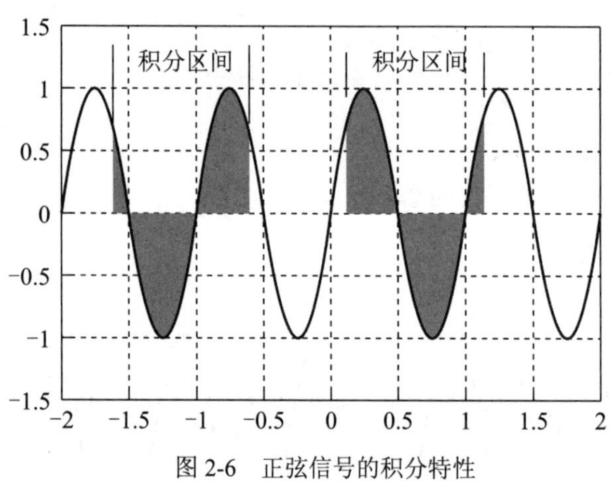

图 2-6　正弦信号的积分特性

2. 正弦信号的正交特性

正弦信号的另外一个非常好用的性质就是正交特性：正弦信号集合 $\{\sin 2\pi f_0 t$，$\cos 2\pi f_0 t$，$\sin 4\pi f_0 t$，$\cos 4\pi f_0 t$，$\sin 6\pi f_0 t$，$\cos 6\pi f_0 t$，$\cdots\}$ 由基波 $\{\sin 2\pi f_0 t$，$\cos 2\pi f_0 t\}$ 和二次谐波 $\{\sin 4\pi f_0 t$，$\cos 4\pi f_0 t\}$ 等各次谐波组成。

在这个正弦信号集合中：

- 任意 2 个正弦信号的乘积在基波周期内的积分结果都为 0。

$$\int_{T_0} \sin 2m\pi f_0 t \sin 2n\pi f_0 t \mathrm{d}t = 0 \quad (m \neq n)$$

$$\int_{T_0} \cos 2m\pi f_0 t \cos 2n\pi f_0 t \mathrm{d}t = 0 \quad (m \neq n)$$

$$\int_{T_0} \sin 2m\pi f_0 t \cos 2n\pi f_0 t \mathrm{d}t = 0$$

- 任意 1 个正弦信号与自身的乘积在基波周期内的积分结果都为 $\dfrac{T_0}{2}$。

$$\int_{T_0} \sin 2m\pi f_0 t \sin 2n\pi f_0 t \mathrm{d}t = \frac{T_0}{2} \quad (m = n)$$

$$\int_{T_0} \cos 2m\pi f_0 t \cos 2n\pi f_0 t \mathrm{d}t = \frac{T_0}{2} \quad (m = n)$$

证明：

由三角函数的两角和差公式：

$$\cos(\alpha+\beta)=\cos\alpha\cos\beta-\sin\alpha\sin\beta$$

$$\cos(\alpha-\beta)=\cos\alpha\cos\beta+\sin\alpha\sin\beta$$

$$\sin(\alpha+\beta)=\sin\alpha\cos\beta+\cos\alpha\sin\beta$$

$$\sin(\alpha-\beta)=\sin\alpha\cos\beta-\cos\alpha\sin\beta$$

很容易推导出三角函数的积化和差公式：

$$\sin\alpha\sin\beta=\frac{1}{2}[\cos(\alpha-\beta)-\cos(\alpha+\beta)]$$

$$\cos\alpha\cos\beta=\frac{1}{2}[\cos(\alpha-\beta)+\cos(\alpha+\beta)]$$

$$\sin\alpha\cos\beta=\frac{1}{2}[\sin(\alpha-\beta)+\sin(\alpha+\beta)]$$

将 $\alpha=2m\pi f_0t$，$\beta=2n\pi f_0t$ 代入积化和差公式，得

$$\sin 2m\pi f_0t\sin 2n\pi f_0t=\frac{1}{2}[\cos 2(m-n)\pi f_0t-\cos 2(m+n)\pi f_0t] \tag{2-1}$$

$$\cos 2m\pi f_0t\cos 2n\pi f_0t=\frac{1}{2}[\cos 2(m-n)\pi f_0t+\cos 2(m+n)\pi f_0t] \tag{2-2}$$

$$\sin 2m\pi f_0t\cos 2n\pi f_0t=\frac{1}{2}[\sin 2(m-n)\pi f_0t+\sin 2(m+n)\pi f_0t] \tag{2-3}$$

当 $m\neq n$ 时，分别对式 (2-1)、(2-2)、(2-3) 在基波周期内进行积分，由于 $m-n$ 次谐波分量和 $m+n$ 次谐波分量的积分结果都是 0，因此得：

$$\int_{T_0}\sin 2m\pi f_0t\sin 2n\pi f_0t=0\quad (m\neq n)$$

$$\int_{T_0}\cos 2m\pi f_0t\cos 2n\pi f_0t=0\quad (m\neq n)$$

$$\int_{T_0}\sin 2m\pi f_0t\cos 2n\pi f_0t=0\quad (m\neq n)$$

当 $m=n$ 时，式 (2-1)、(2-2)、(2-3) 三个式子化为：

$$\sin 2m\pi f_0t\sin 2n\pi f_0t=\frac{1}{2}[1-\cos 2(m+n)\pi f_0t] \tag{2-4}$$

$$\cos 2m\pi f_0t\cos 2n\pi f_0t=\frac{1}{2}[1+\cos 2(m+n)\pi f_0t] \tag{2-5}$$

$$\sin 2m\pi f_0t\cos 2n\pi f_0t=\frac{1}{2}[\sin 2(m+n)\pi f_0t] \tag{2-6}$$

分别对式 (2-4)、(2-5)、(2-6) 在基波周期内进行积分，由于 $m+n$ 次谐波分量的积分结果都是 0，所以得：

$$\int_{T_0} \sin 2m\pi f_0 t \sin 2n\pi f_0 t = \frac{T_0}{2} \quad (m=n)$$

$$\int_{T_0} \cos 2m\pi f_0 t \cos 2n\pi f_0 t = \frac{T_0}{2} \quad (m=n)$$

$$\int_{T_0} \sin 2m\pi f_0 t \cos 2n\pi f_0 t = 0 \quad (m=n)$$

至此，正弦信号的正交特性证明完毕。

2.3 复指数信号

使用正弦信号作为基本信号进行频谱分析时会涉及三角函数运算，比较烦琐。

欧拉发现欧拉公式之后，人们开始注意到复指数信号。复指数信号作为基本信号进行频谱分析时使用复指数运算，比较简洁，很快取代了正弦信号的基本信号地位。

一、欧拉公式

著名的欧拉公式：

$$e^{j\theta}=\cos\theta+j\sin\theta$$

1. 欧拉公式的几何意义

$\cos\theta+j\sin\theta$ 是一个复数，实部为 $\cos\theta$，虚部为 $\sin\theta$，在复平面上对应单位圆上的一个点。根据欧拉公式，这个点可以用复指数 $e^{j\theta}$ 表示，如图 2-7 所示。

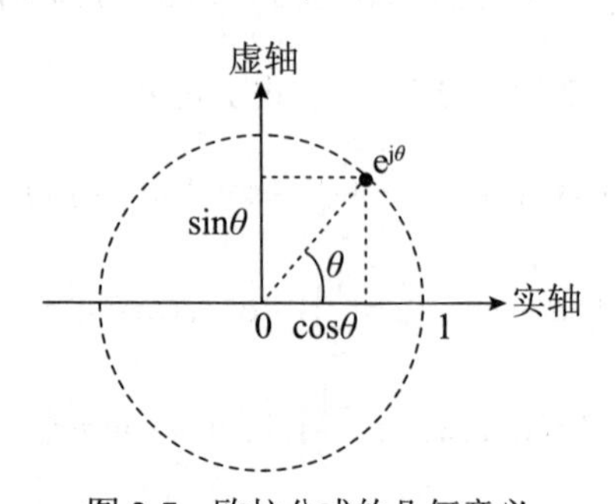

图 2-7　欧拉公式的几何意义

2. 欧拉公式的证明

下面利用泰勒级数展开对欧拉公式进行证明。

$$\mathrm{e}^{z}=1+z+\frac{z^{2}}{2!}+\frac{z^{3}}{3!}+\frac{z^{4}}{4!}+\cdots$$

令 $z=\mathrm{j}x$，则

$$\begin{aligned}\mathrm{e}^{\mathrm{j}x}&=1+\mathrm{j}x+\frac{(\mathrm{j}x)^{2}}{2!}+\frac{(\mathrm{j}x)^{3}}{3!}+\frac{(\mathrm{j}x)^{4}}{4!}+\frac{(\mathrm{j}x)^{5}}{5!}+\frac{(\mathrm{j}x)^{6}}{6!}+\frac{(\mathrm{j}x)^{7}}{7!}\cdots\\&=1+\mathrm{j}x-\frac{x^{2}}{2!}-\mathrm{j}\frac{x^{3}}{3!}+\frac{x^{4}}{4!}+\mathrm{j}\frac{x^{5}}{5!}-\frac{x^{6}}{6!}-\mathrm{j}\frac{x^{7}}{7!}+\cdots\\&=1-\frac{x^{2}}{2!}+\frac{x^{4}}{4!}-\frac{x^{6}}{6!}+\cdots+\mathrm{j}\left(x-\frac{x^{3}}{3!}+\frac{x^{5}}{5!}-\frac{x^{7}}{7!}+\cdots\right)\\&=\cos x+\mathrm{j}\sin x\end{aligned}$$

推导过程中用到了：

$$\cos x=1-\frac{x^{2}}{2!}+\frac{x^{4}}{4!}-\frac{x^{6}}{6!}+\cdots$$

$$\sin x=x-\frac{x^{3}}{3!}+\frac{x^{5}}{5!}-\frac{x^{7}}{7!}+\cdots$$

证明完毕。

二、如何理解复数

欧拉公式涉及复数，如何理解复数呢？

1. 复数的几何意义

为了便于理解，通常用复平面上的向量来表示复数。

复指数 $\mathrm{e}^{\mathrm{j}\theta}$ 对应的向量：始端为原点，长度为 1，辐角为 θ，如图 2-8 所示。

引入向量之后，复数与复指数 $\mathrm{e}^{\mathrm{j}\theta}$ 相乘就可以用向量旋转来理解。

复数：$z=r(\cos\varphi+\mathrm{j}\sin\varphi)$

直接套用欧拉公式，可得：$z=r\mathrm{e}^{\mathrm{j}\varphi}$

复数 z 与复指数 $\mathrm{e}^{\mathrm{j}\theta}$ 相乘：

$$z\mathrm{e}^{\mathrm{j}\theta}=r\mathrm{e}^{\mathrm{j}\varphi}\mathrm{e}^{\mathrm{j}\theta}=r\mathrm{e}^{\mathrm{j}(\varphi+\theta)}$$

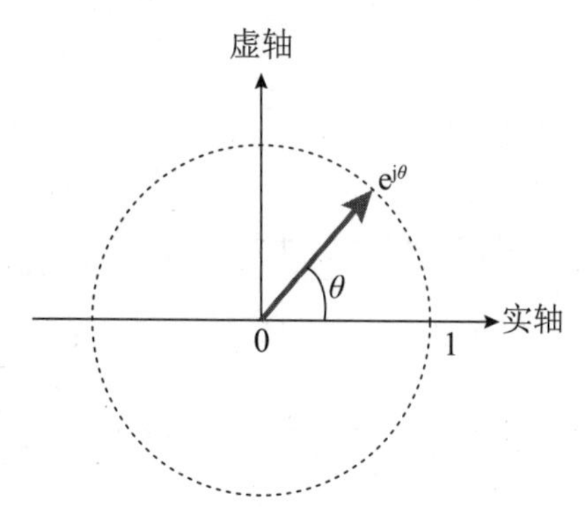

图 2-8　复指数信号的向量表示

也就是说：

复数与复指数 $e^{j\theta}$ 相乘，相当于复数对应的向量旋转角度 θ：

$\theta>0$ 逆时针旋转

$\theta<0$ 顺时针旋转

如图 2-9 所示。

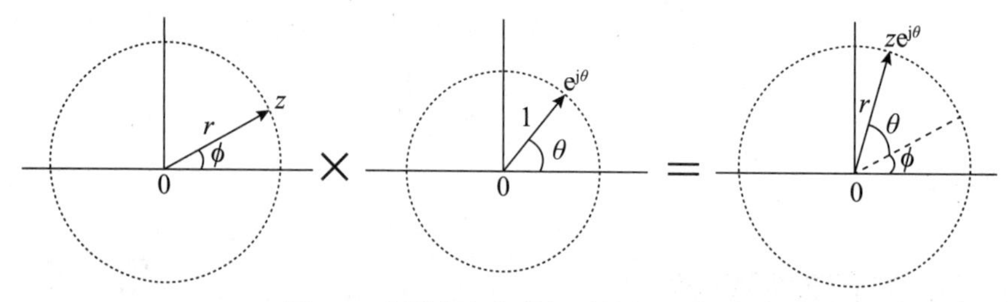

图 2-9　复数与复指数相乘的向量表示

2. 如何理解虚数

复指数 $e^{j\theta}$ 中引入了虚数 j，如何理解这个虚数 j 呢？

讲到这里也许有人会问：数学中的虚数一般用“i”表示，为何物理中一般用“j”表示呢？这是因为物理中经常用 “i”表示电流。

关于虚数，如果追溯起来，在高中的时候我们就接触过了。具体说来，应该是在解一元三次方程的时候涉及的。

已知：$x^3-2x^2+x-2=0$

求：x

解：

由：$x^3-2x^2+x-2=0$

得：$x^2(x-2)+x-2=(x-2)(x^2+1)=0$

由：$x-2=0$

得：$x=2$（实根）

由：$x^2+1=0$，$x^2=-1$

得：$x=\pm\mathrm{i}$（虚根）

感觉高中课本纯粹就是为了给 $x^2=-1$ 一个解，才定义了虚数 i，其平方为 -1，至于虚数 i 有什么物理意义就不得而知了。

按一般的理解：一个数和它自己相乘，应该得到一个正数才对，例如：2×2=4，（-1）×（-1）=1。为什么虚数 i 和自己相乘会得 -1 呢？

虚数刚被提出时，也曾经困扰了很多数学家，被大家认为是“虚无缥缈的数”，直至欧拉发现“欧拉公式”后，人们才对虚数的物理意义有了清晰的认识。

下面我们来看看如何利用欧拉公式理解虚数。

在欧拉公式中，令 $\theta=\dfrac{\pi}{2}$，得：

$$\mathrm{e}^{\mathrm{j}\frac{\pi}{2}}=\cos\frac{\pi}{2}+\mathrm{j}\sin\frac{\pi}{2}=\mathrm{j}$$

即：$\mathrm{j}=\mathrm{e}^{\mathrm{j}\frac{\pi}{2}}$

> 复数与 j 相乘，就是与复指数 $\mathrm{e}^{\mathrm{j}\frac{\pi}{2}}$ 相乘，相当于复数对应的向量逆时针旋转 90°。

也就是说，复数与 j 相乘的过程，也就是向量旋转的过程，如图 2-10 所示。

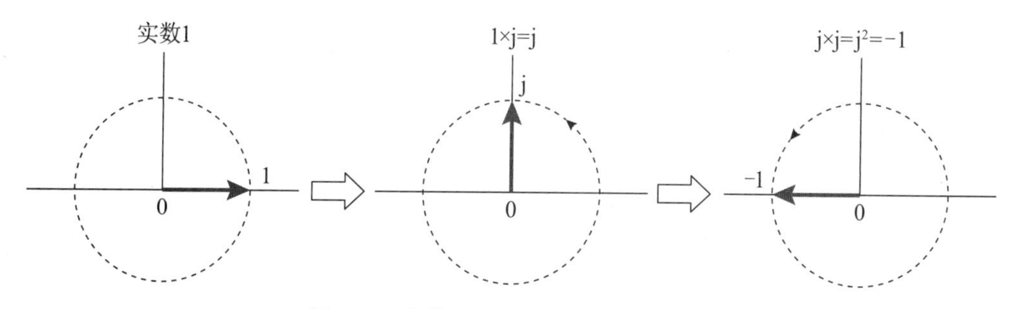

图 2-10　虚数的平方等于 -1 的向量表示

根据前面的分析，可以得到：

实数 1 对应的向量逆时针旋转 90°，得到虚数 j，即：1×j=j

虚数 j 对应的向量再逆时针旋转 90°，得到实数 -1，即：$\mathrm{j}\times\mathrm{j}=\mathrm{j}^2=-1$

至此，我们解释清楚了为什么虚数 j 的平方等于 −1。

三、如何理解复信号

当 θ 以角速度 ω_0 随时间变化时，复指数 $e^{j\theta}$ 就成了复指数信号。

复指数信号：$s(t)=Ae^{j(\omega_0 t+\varphi)}$，其中 A 是幅度，ω_0 是角速度，φ 是初相，如图 2-11 所示。

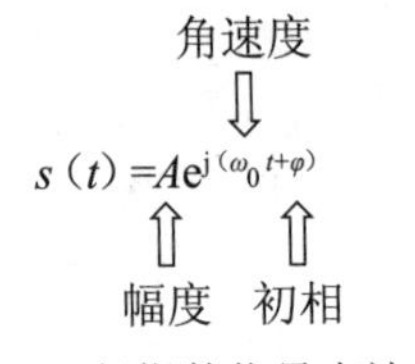

图 2-11　复指数信号表达式

如何理解这个复指数信号呢？

1. 复指数信号的几何意义

复平面上的一个长度为 A 的旋转向量，始端位于原点，从角度 φ 开始，以角速度 ω_0 围绕原点旋转，其末端在复平面上的轨迹就是复指数信号 $s(t)=Ae^{j(\omega_0 t+\varphi)}$。

0 时刻：复指数信号 $s(0)=Ae^{j\varphi}$，对应的向量如图 2-12 所示。

t 时刻：复指数信号 $s(t)=Ae^{j(\omega_0 t+\varphi)}$，对应的向量如图 2-13 所示。

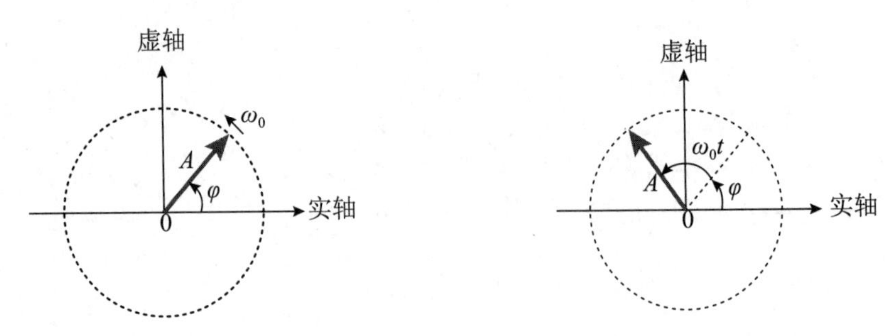

图 2-12　复指数信号对应的旋转向量（0 时刻）　图 2-13　复指数信号对应的旋转向量（t 时刻）

假定：$A=1$，$\omega_0=2\pi$，$\varphi=0$

则：$s(t)=e^{j2\pi t}$，这个复指数信号随时间变化的轨迹如图 2-14 所示。

这个复指数信号在复平面上的投影是个单位圆，如图 2-15 所示。

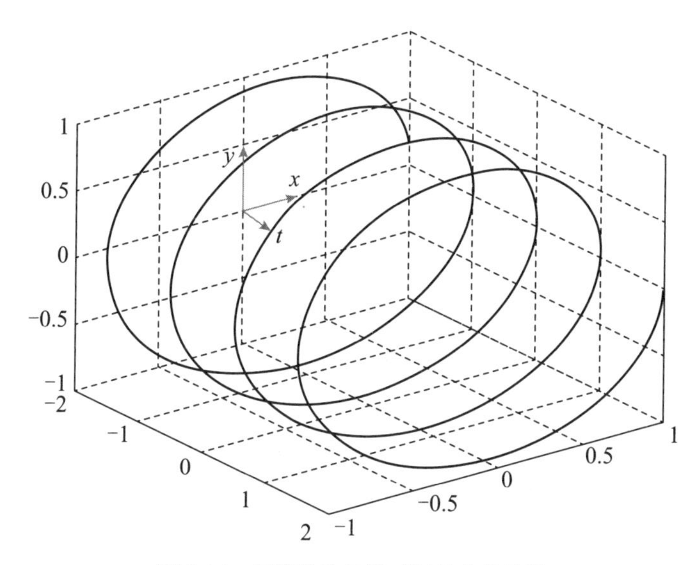

图 2-14　复指数信号随时间的变化轨迹

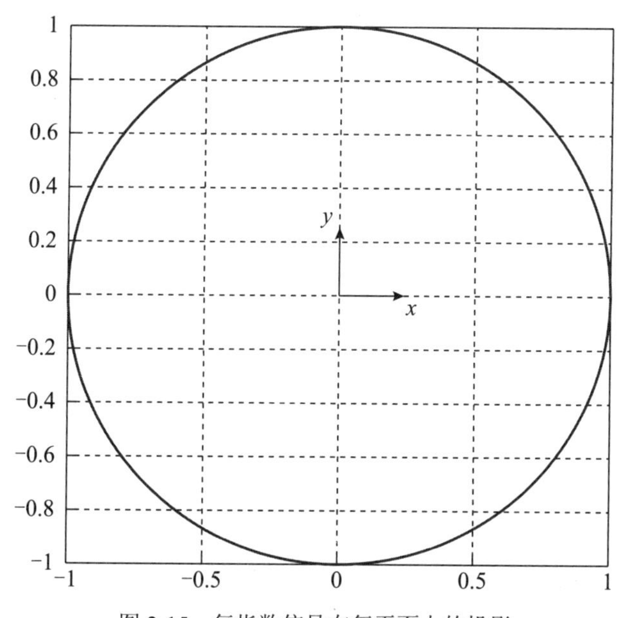

图 2-15　复指数信号在复平面上的投影

这个复指数信号在实轴（x 轴）上的投影随时间变化的曲线如图 2-16 所示。

这个复指数信号在虚轴（y 轴）上的投影随时间变化的曲线如图 2-17 所示。

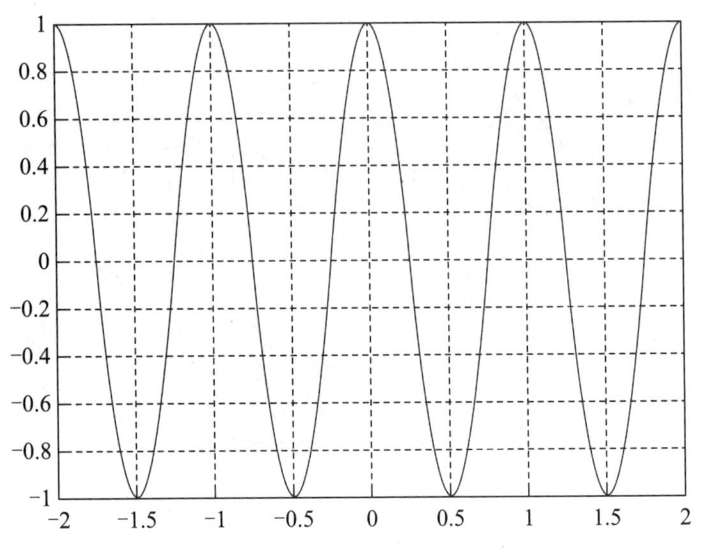

图 2-16　复指数信号在实轴上的投影随时间变化的曲线

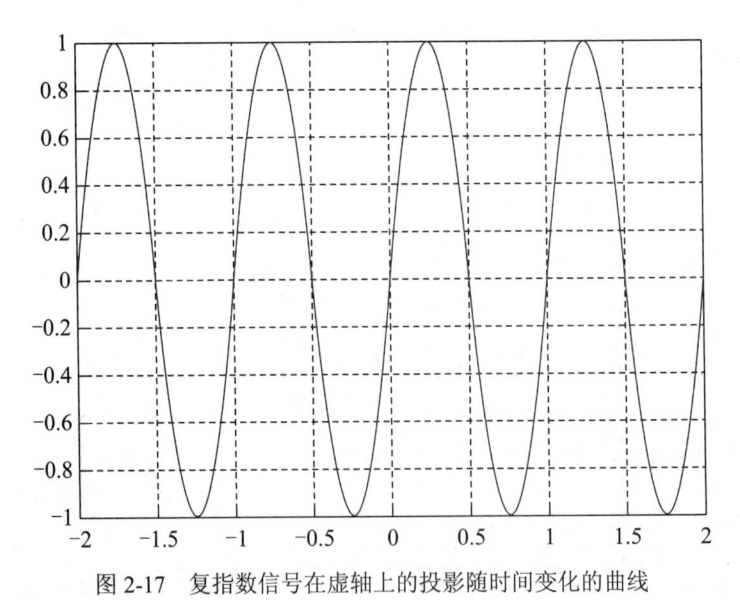

图 2-17　复指数信号在虚轴上的投影随时间变化的曲线

由复指数信号在复平面上的投影是个圆，很容易让人想起物理中学过的李萨育图形。

2. 李萨育图形

使用互相成谐波频率关系的两个信号 $x(t)$ 和 $y(t)$ 分别作为 X 和 Y 偏转信号送入示波器，如图 2-18 所示。

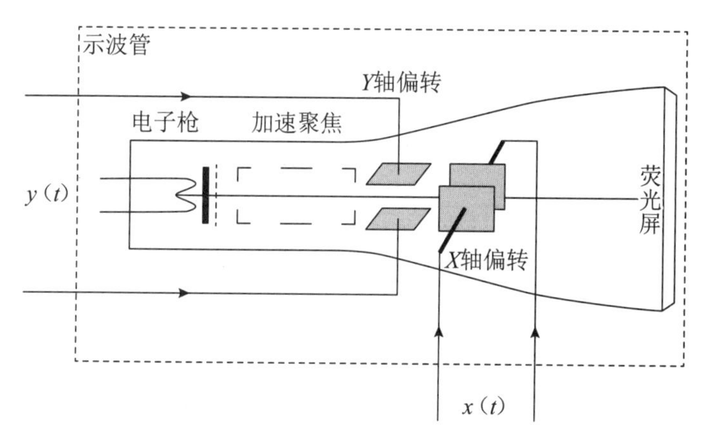

图 2-18　示波器工作原理

这两个信号分别在 X 轴、Y 轴方向同时作用于电子束而在荧光屏上描绘出稳定的图形，这些稳定的图形就叫“李萨育图形”，如图 2-19 所示。

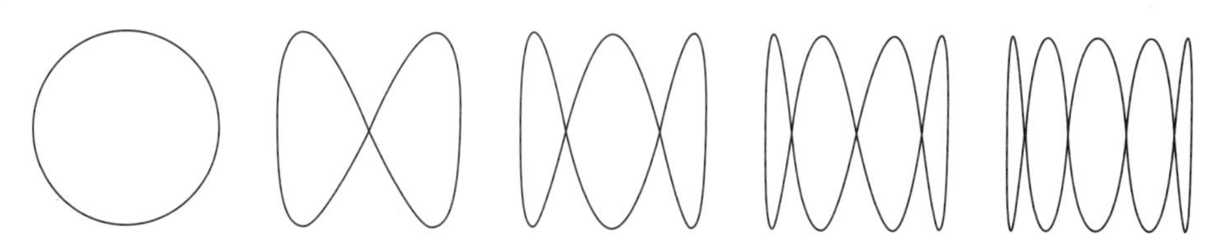

图 2-19　李萨育图形

各种李萨育图形对应的 X 轴和 Y 轴输入信号、电子束运动轨迹函数如表 2-1 所示。

表 2-1　示波器输入信号和电子束运动轨迹函数

李萨育图形	X 轴输入信号 $x(t)$	Y 轴输入信号 $y(t)$	电子束运动轨迹函数 $f(t)$
	$\cos(2\pi ft)$	$\sin(2\pi ft)$	$\cos(2\pi ft)+\mathrm{j}\sin(2\pi ft)$
	$\cos(2\pi ft)$	$\sin(4\pi ft)$	$\cos(2\pi ft)+\mathrm{j}\sin(4\pi ft)$
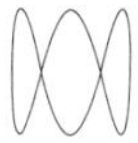	$\cos(2\pi ft)$	$\sin(6\pi ft)$	$\cos(2\pi ft)+\mathrm{j}\sin(6\pi ft)$
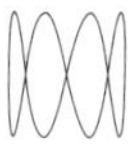	$\cos(2\pi ft)$	$\sin(8\pi ft)$	$\cos(2\pi ft)+\mathrm{j}\sin(8\pi ft)$
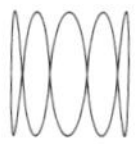	$\cos(2\pi ft)$	$\sin(10\pi ft)$	$\cos(2\pi ft)+\mathrm{j}\sin(10\pi ft)$

表中第一个李萨育图形实质就是复指数信号 $e^{j2\pi ft}$ 在复平面上的投影。

再来看一下第二个李萨育图形，其实质就是复信号 $f(t)=\cos(2\pi ft)+j\sin(4\pi ft)$ 在复平面上的投影，如图 2-20 所示。

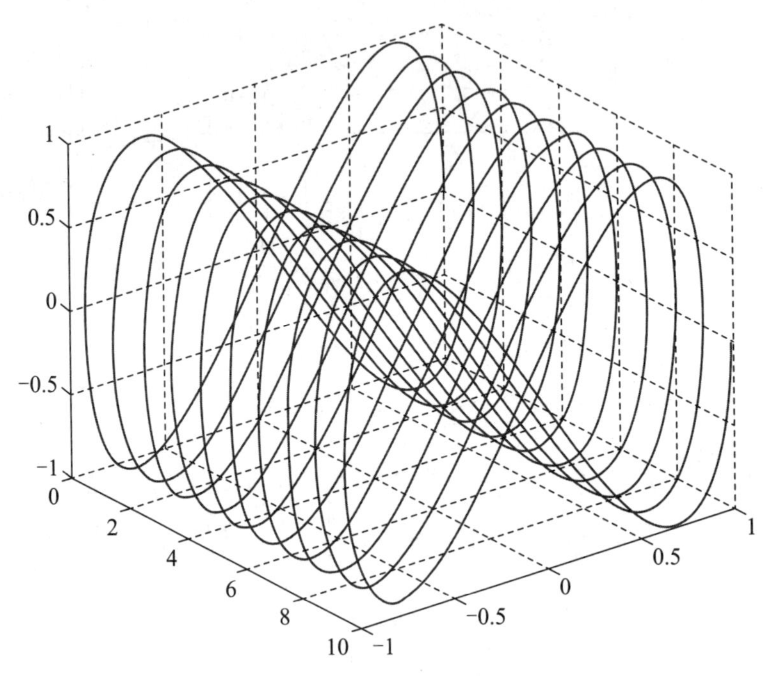

图 2-20 一个复信号的三维波形

3. 什么是复信号

通过上面的讲解，可以发现：

> 复信号的本质就是并行传输的 2 路实信号。之所以被称为复信号，只是因为这个信号可以用复数来表示而已。

假定：$x(t)$ 和 $y(t)$ 是并行传输的 2 路实信号。

这两路实信号用一个复信号来表示就是：

$$f(t)=x(t)+jy(t)$$

需要注意的是：

> 引入复信号只是为了便于描述和处理信号而已，实际通信系统中都是并行传输 2 路实信号，并没有传输虚数 j。

如图 2-21 所示。

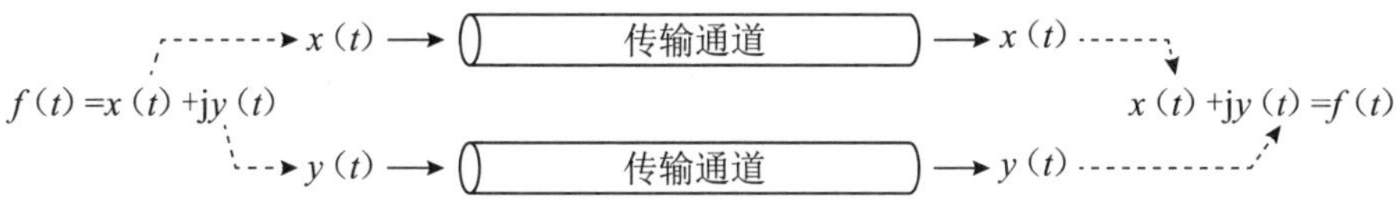

$x(t)$ → 传输通道 → $x(t)$

$f(t)=x(t)+\mathrm{j}y(t)$　　　　$x(t)+\mathrm{j}y(t)=f(t)$

$y(t)$ → 传输通道 → $y(t)$

图 2-21　复信号的传输

四、复指数信号的特性

1. 复指数信号的积分特性

复指数信号有一些很好用的性质，积分特性就是其中一个：

对一个复指数信号做积分，当积分区间取复指数信号周期的整数倍时，积分结果为零。

复指数信号：$s(t)=A\mathrm{e}^{\mathrm{j}(\omega_0 t+\varphi)}$

在整数个周期内做积分：

$$\int_{nT_0} s(t)\mathrm{d}t = A\int_{nT_0} \mathrm{e}^{\mathrm{j}(\omega_0 t+\varphi)}\mathrm{d}t = A\int_{nT_0}\left[\cos(\omega_0 t+\varphi)+\mathrm{j}\sin(\omega_0 t+\varphi)\right]\mathrm{d}t$$

根据正弦信号的积分特性，上式的积分结果为 0，即

$$\int_{nT_0} s(t)\mathrm{d}t = A\int_{nT_0} \mathrm{e}^{\mathrm{j}(\omega_0 t+\varphi)}\mathrm{d}t = 0$$

其中，

n 是整数；

T_0 是复指数信号的周期：$T_0=\dfrac{2\pi}{\omega_0}$。

2. 复指数信号的正交特性

复指数信号的另外一个很好用的性质是正交特性：

复指数信号集合 $\{\mathrm{e}^{\mathrm{j}\omega_0 t}, \mathrm{e}^{\mathrm{j}2\omega_0 t}, \mathrm{e}^{\mathrm{j}3\omega_0 t}, \cdots\}$ 由基波 $\mathrm{e}^{\mathrm{j}\omega_0 t}$ 和二次谐波 $\mathrm{e}^{\mathrm{j}2\omega_0 t}$ 等各次谐波组成。

在这个复指数信号集合中：

- 任意 1 个复指数信号与另 1 个复指数信号共轭的乘积在基波周期内的积分结果都为 0。

$$\int_{T_0} \mathrm{e}^{\mathrm{j}m\omega_0 t}\mathrm{e}^{-\mathrm{j}n\omega_0 t}\mathrm{d}t = 0 \quad (m \neq n)$$

- 任意 1 个复指数信号与自身共轭的乘积在基波周期内的积分结果都为 T_0。

$$\int_{T_0} e^{jm\omega_0 t} e^{-jn\omega_0 t} dt = T_0 \quad (m=n)$$

证明：

$$\int_{T_0} e^{jm\omega_0 t} e^{-jn\omega_0 t} dt = \int_{T_0} e^{j(m-n)\omega_0 t} dt = \int_{T_0} [\cos(m-n)\omega_0 t + j\sin(m-n)\omega_0 t] dt$$

当 $m \neq n$ 时，根据正弦信号的积分特性，上式的积分结果为 0

即：$\int_{T_0} e^{jm\omega_0 t} e^{-jn\omega_0 t} dt = 0 \quad (m \neq n)$

当 $m=n$ 时，余弦项变为 1，正弦项变为 0，得：

$$\int_{T_0} e^{jm\omega_0 t} e^{-jn\omega_0 t} dt = \int_{T_0} e^{j(m-n)\omega_0 t} dt = \int_{T_0} [1] dt = T_0$$

即：$\int_{T_0} e^{jm\omega_0 t} e^{-jn\omega_0 t} dt = T_0 \quad (m = n)$

证明完毕。

2.4 信号的相和相位

一、概述

前面讲解正弦波时，提到了正弦波的表达式：

$$s(t)=A\sin(2\pi ft+\varphi)$$

并指出其中 φ 是初相。

其实还有一点没有讲，那就是正弦波在 t 时刻的相位：

$$\phi=2\pi ft+\varphi$$

假设：

$A=1$，$\varphi=\pi/4$，$f=1\text{Hz}$

则该正弦波的表达式为：

$$s(t)=\sin(2\pi t+\pi/4)$$

该正弦波的波形如图 2-22 所示。

波形画出来很容易，可是如何理解相位和初相呢？如何从这张波形图中看出初相是多少，某时刻的相位又是多少呢？

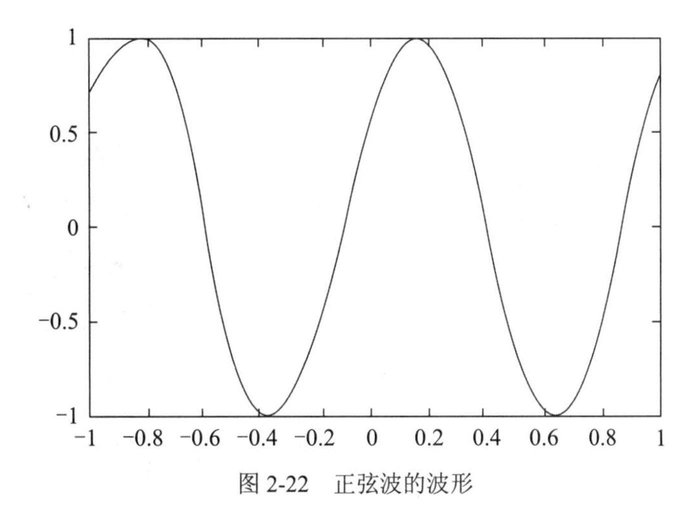

图 2-22　正弦波的波形

下面先从英文单词 Phase 讲起。

二、什么是Phase

Phase 这个英文单词在物理学中有以下两种含义。

第一种：相，有规律的循环变化周期中的一个特定现象或状态。

a particular appearance or state in a regularly recurring cycle of changes.

第二种：相位，从指定参考点开始测量的完整周期已经过去的部分，通常用角表示，所以又被称为相角。

The fraction of a complete cycle elapsed as measured from a specified reference point and often expressed as an angle.

由此可见，虽然相和相位在英文中对应同一个单词，在中文中也只差一个字，但是它们的含义是完全不同的。

三、月亮的相和相位

下面以月亮为例，来看看什么是“相”和“相位”。

1. 月亮的相

月相是天文学中对于地球上看到的月球被太阳照亮部分的称呼。月球绕地球运动，使太阳、地球、月球三者的相对位置在一个月中有规律地周期变动，因此月相也就有了周期性的变化，如图 2-23 所示。

图 2-23　月相的变化

注意：月相不是由于地球遮住太阳所造成的（这是月食），而是由于我们在地球上只能看到月球上被太阳照到发光的那一部分所造成的，其阴影部分是月球自己的阴暗面。

月球位于特定位置的月相有专门的名称，如图 2-24 所示。

2. 月亮的相位

根据前面的定义，相位是从指定参考点开始测量的完整周期已经过去的部分。

月相周期为 30 天，特定位置月亮的相位可以用月历来表示。我国古代把月亮称为太阴，因此月历又被称为阴历。阴历初一到三十的月相图如图 2-25 所示。

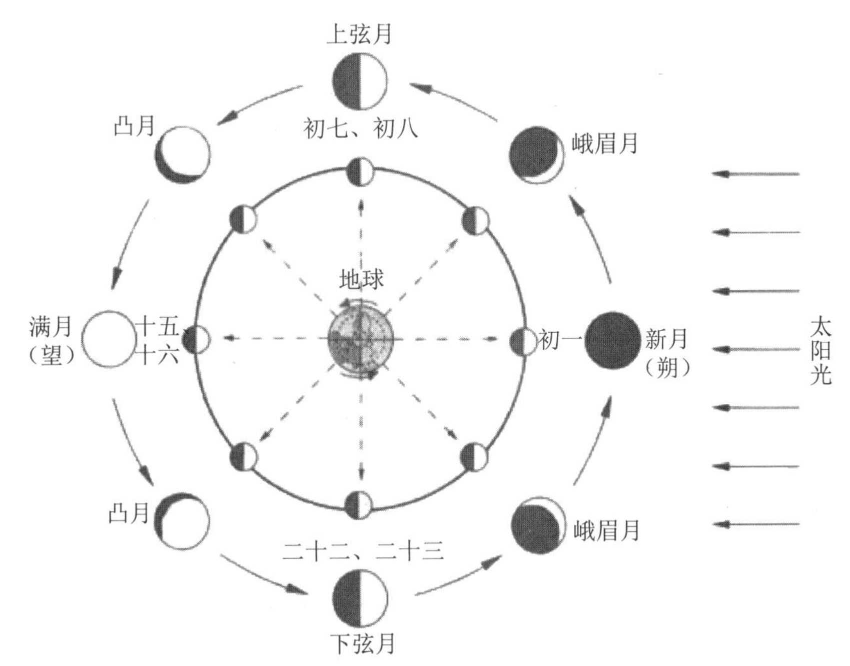

图 2-24　月球位于特定位置的月相名称

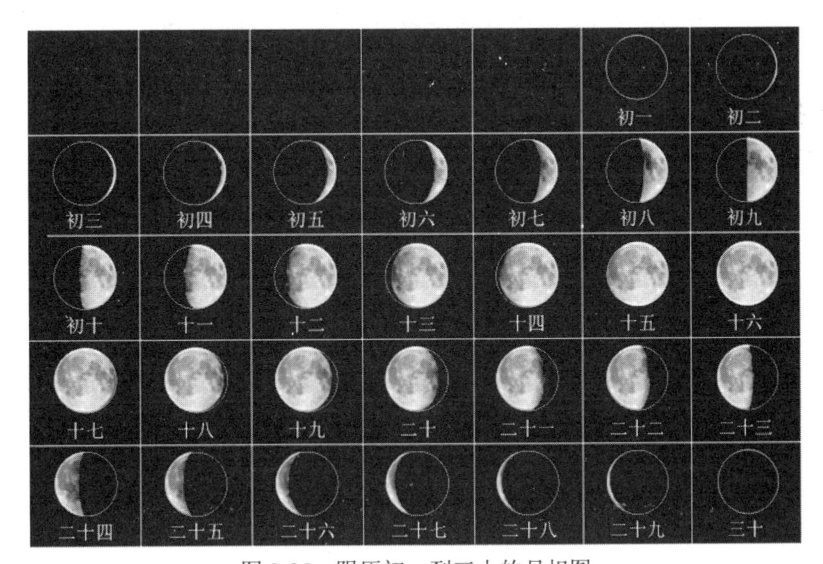

图 2-25　阴历初一到三十的月相图

以阴历十五为例。月相为满月，刚好位于月相周期（30 天）一半的位置，该月相对应的相位为阴历十五。

四、什么是相

与月相类似，通信系统中使用“相”来描述正弦波的状态：随着时间的推移，正弦波的幅值从零变到最大值，从最大值变到零，又从零变到负的最大值，从负的最大值变到零……不断循环，如图 2-26 所示。

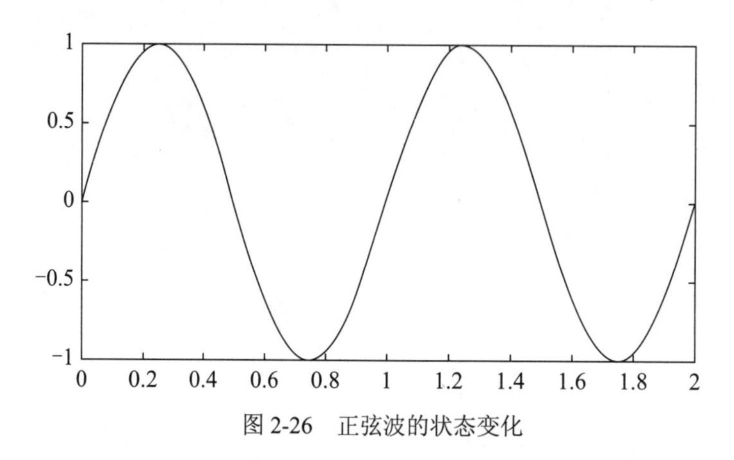

图 2-26　正弦波的状态变化

正弦波在特定时刻所处的特定状态，例如：幅值是正的还是负的，是在增大的过程中还是在减小的过程中，等等，就是正弦波在这一时刻的“相”。

以图 2-27 中的 A 点和 B 点为例。

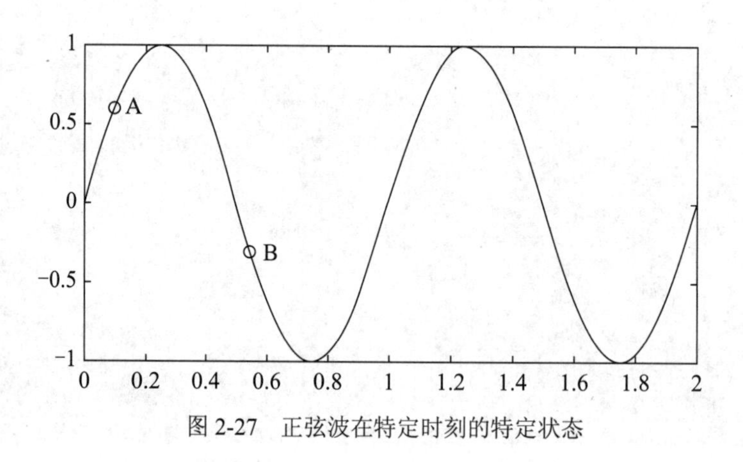

图 2-27　正弦波在特定时刻的特定状态

这两个特定点所处的状态不同：

- A 点幅值为正，B 点幅值为负；
- A 点处在增大过程中，B 点处在减小过程中。

因此，A 点和 B 点对应的“相”是不同的。

五、什么是相位

相位：是指对于一个正弦波，特定的时刻在它循环中的位置：波峰、波谷或它们之间的某点。相位通常用角表示，因此也称作相角。一个循环是 360°。

以图 2-28 所示的正弦波为例：某时刻相位为 90° 就意味着该时刻正弦波处于波峰位置，270° 就意味着处于波谷位置，450° 就意味着处于波峰位置。

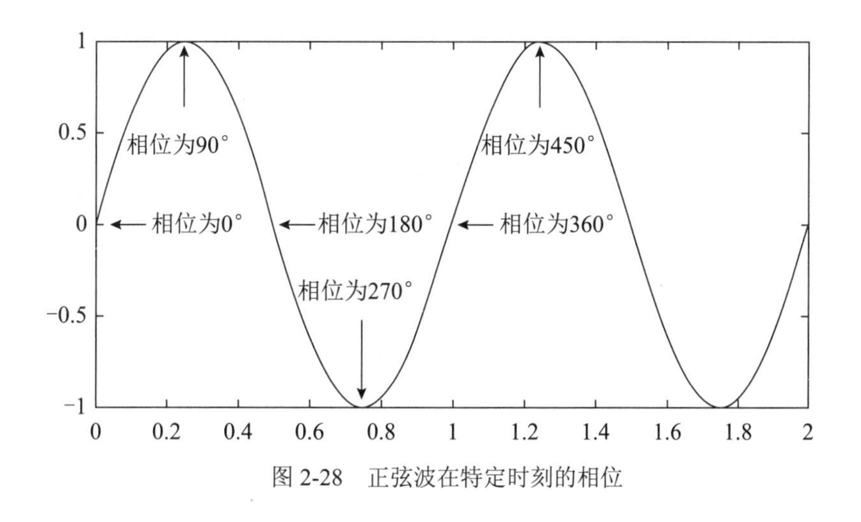

图 2-28　正弦波在特定时刻的相位

1. 如何确定零相位

表面上看上面描述清楚了相位，但实际上还不清楚。因为正弦波是周期信号，到底哪个波峰的相位算 90°，哪个波谷的相位算 270°？还没说清楚。说不清楚的原因归根结底在于零相位没有明确。

做如下约定：

起始点离 t=0 时刻最近的那个完整周期的起始点相位为零。

注意其中的完整周期：正弦信号和余弦信号的完整周期是不同的。对于正弦信号来讲，在 f>0 和 f<0 情况下的完整周期也是不同的。

f>0 时，正弦信号的一个完整周期如图 2-29 所示。

f<0 时，正弦信号的一个完整周期如图 2-30 所示。

余弦信号的一个完整周期如图 2-31 所示。

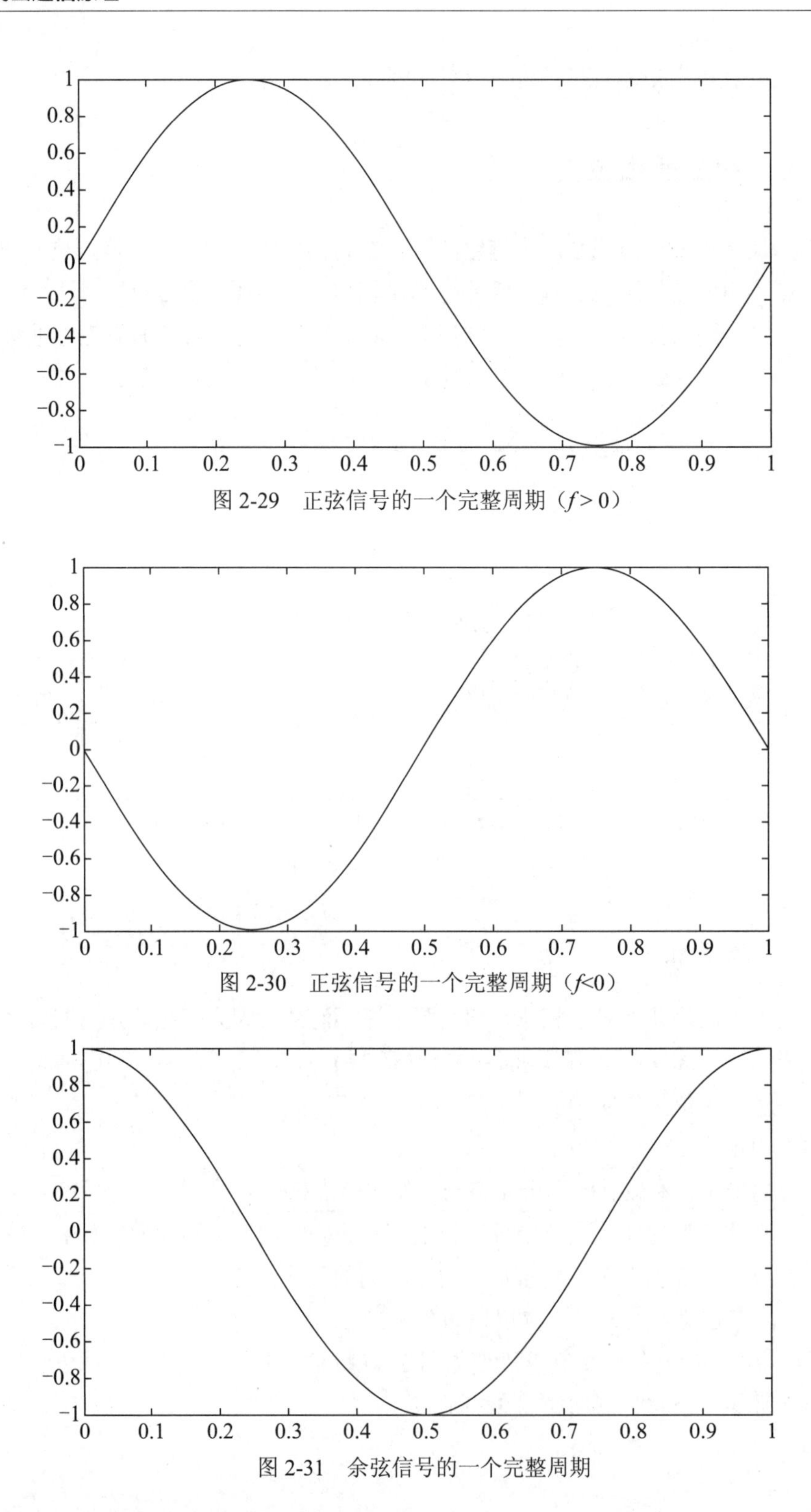

图 2-29　正弦信号的一个完整周期（$f>0$）

图 2-30　正弦信号的一个完整周期（$f<0$）

图 2-31　余弦信号的一个完整周期

以图 2-32 中这个波形为例。

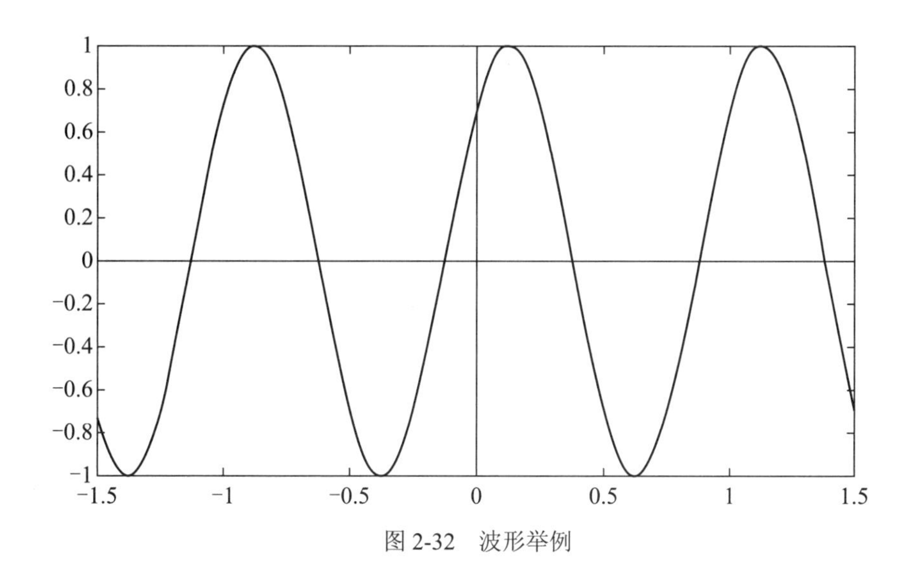

图 2-32　波形举例

如果这个波形是频率大于零的正弦波，则其零相位点如图 2-33 所示。

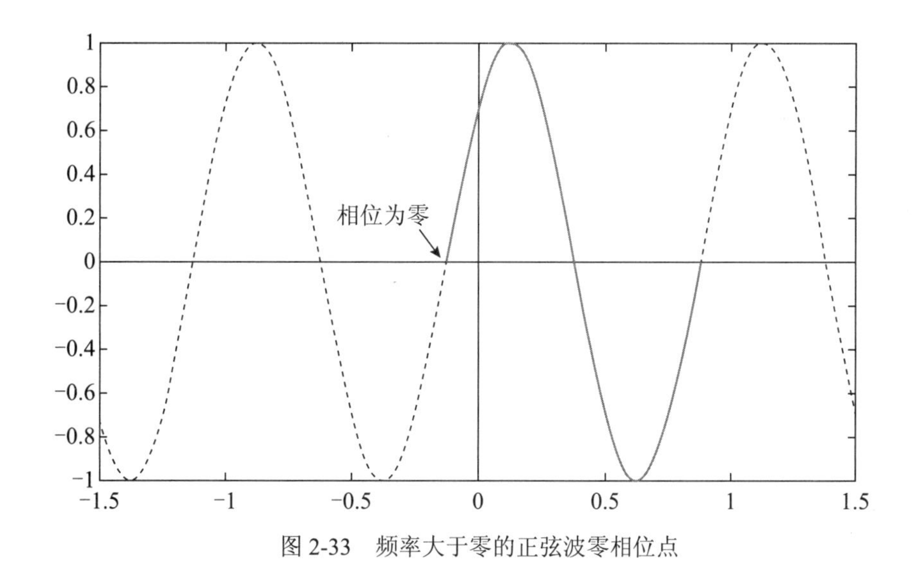

图 2-33　频率大于零的正弦波零相位点

如果这个波形是频率小于零的正弦波，则其零相位点如图 2-34 所示。

如果这个波形是个余弦波，则其零相位点如图 2-35 所示。

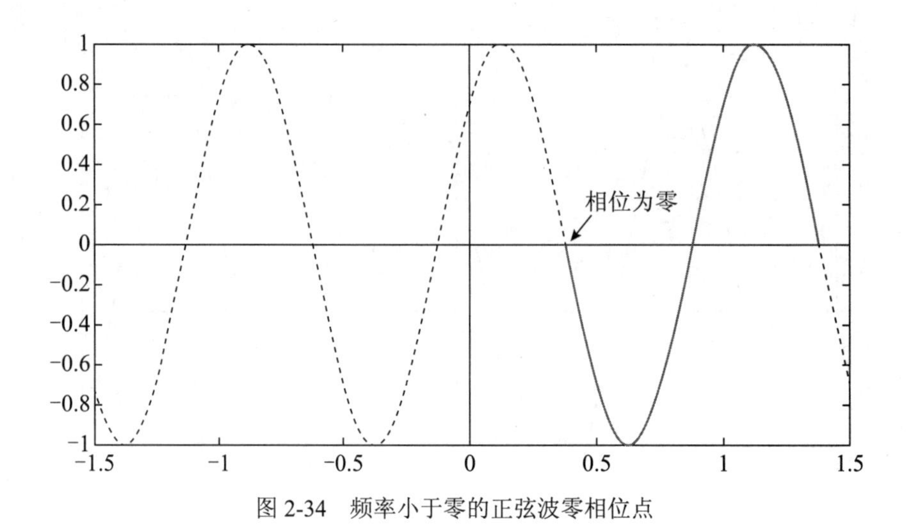

图 2-34　频率小于零的正弦波零相位点

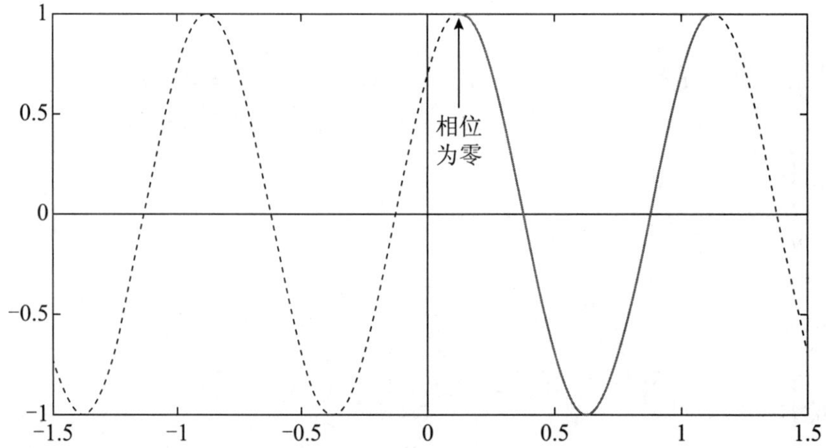

图 2-35　余弦波零相位点

2. 如何理解正相位和负相位

1）相位的正负

零相位点确定之后，波形上其他点的相位就确定了，相位的正负规定如下所述。

$f>0$：沿时间轴正方向，相位逐渐增大，如图 2-36 所示。

- 零相位点右侧波形上各点的相位为正；
- 零相位点左侧波形上各点的相位为负。

$f<0$：沿时间轴正方向，相位逐渐减小，如图 2-37 所示。

- 零相位点左侧波形上各点的相位为正；
- 零相位点右侧波形上各点的相位为负。

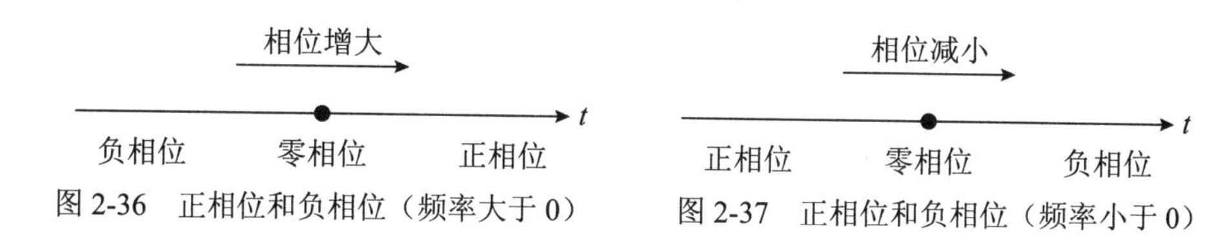

图 2-36　正相位和负相位（频率大于 0）　　图 2-37　正相位和负相位（频率小于 0）

2）相位的取值

相位的值取决于该点和零相位点之间的距离：

- 距离为 1 个周期时，相位为 360°；
- 距离为 n 个周期时，相位为 $360n$°；
- 距离为 1/2 个周期时，相位为 180°；
- 距离为 1/4 个周期时，相位为 90°。

以此类推。

以图 2-38 中这个频率大于零的正弦波为例，距离零相位点半个周期的右侧那个点的相位是 180°，距离零相位点半个周期的左侧那个点的相位是 -180°。

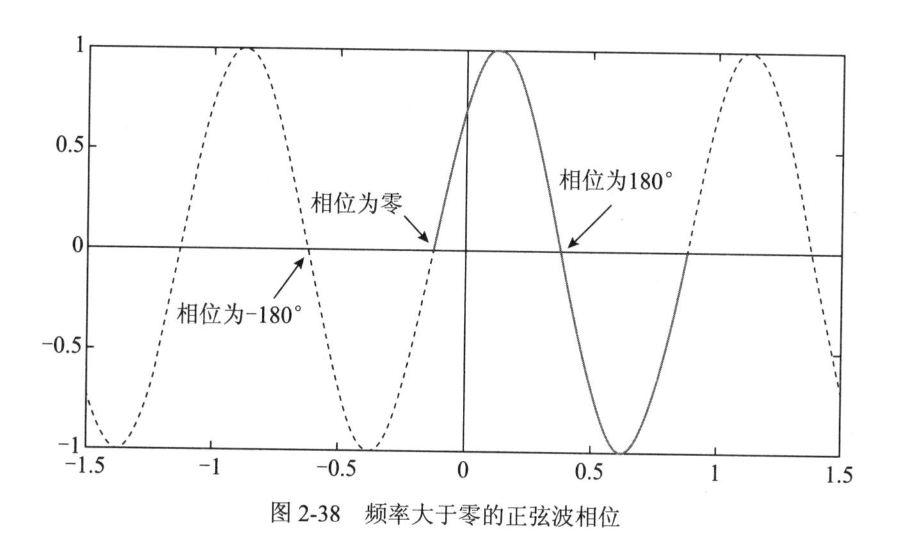

图 2-38　频率大于零的正弦波相位

以图 2-39 中这个频率小于零的正弦波为例，距离零相位点半个周期的右侧那个点的相位是 -180°，距离零相位点半个周期的左侧那个点的相位是 180°。

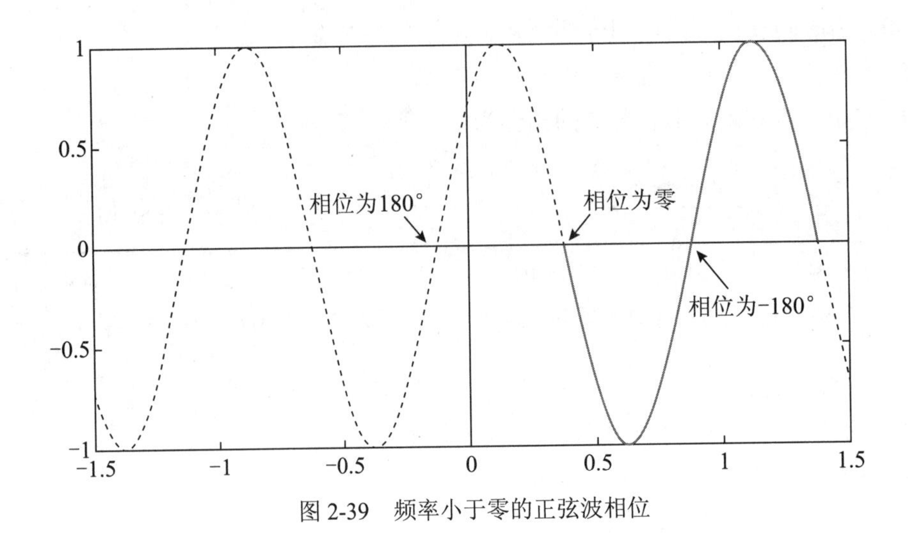

图 2-39　频率小于零的正弦波相位

3. 如何理解初始相位

零相位、正负相位都清楚了，下面看一下什么是初始相位。

初始相位就是指 t=0 时刻的相位。

由于选取零相位点时，选择了离 t=0 时刻最近的那个完整周期的起始点，因此 t=0 时刻的相位绝对值不会大于 180°，即：$|\varphi| \leqslant 180°$。

以图 2-40 中这个频率大于零的正弦波为例，其初始相位为 45°。

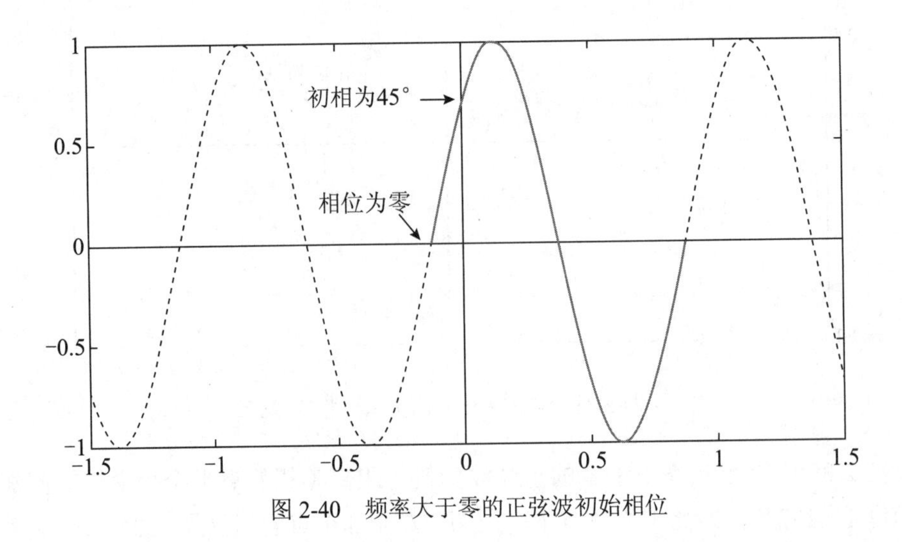

图 2-40　频率大于零的正弦波初始相位

以图 2-41 中这个频率小于零的正弦波为例，其初始相位为 135°。

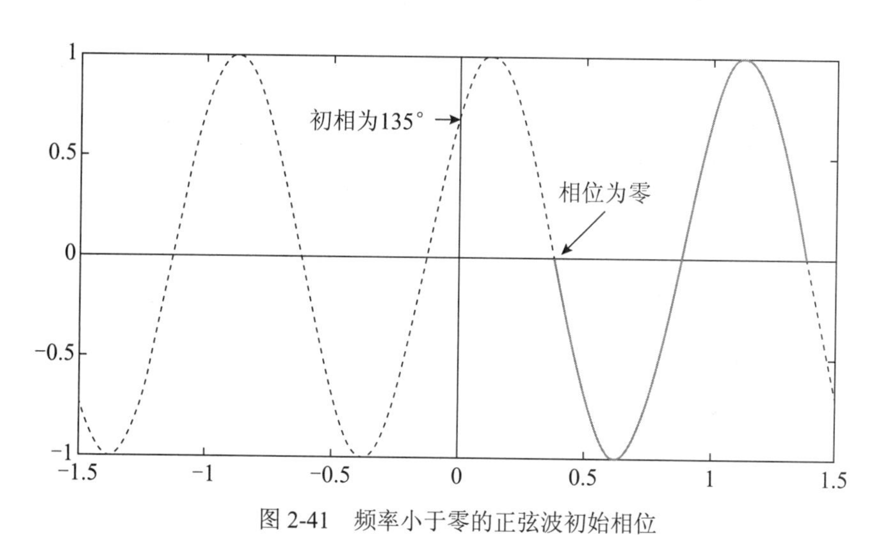

图 2-41　频率小于零的正弦波初始相位

通过上面的介绍，大家应该对相和相位有了初步认识。

下面我们利用旋转向量来进一步深入理解一下相位。

4. 利用旋转向量理解相位

正弦波：$s(t)=A\sin(2\pi ft+\varphi)$

该正弦波可以看成是一个长度为 A、角速度为 $\omega=2\pi f$、围绕原点旋转的向量在虚轴上的投影。

相位和初相要分 4 种情况。

1）频率大于零且初相大于等于零

如图 2-42 所示：$\omega>0$，旋转向量逆时针旋转。

0 时刻：旋转向量所在位置如虚线向量所示，φ 就是初相：$0 \leqslant \varphi \leqslant \pi$。

t_0 时刻：旋转向量所在位置如实线向量所示，$\omega t_0+\varphi$ 就是 t_0 时刻的相位。

2）频率大于零且初相小于零

如图 2-43 所示：$\omega>0$，旋转向量逆时针旋转。

0 时刻：旋转向量所在位置如虚线向量所示，φ 就是初相：$-\pi<\varphi<0$。

t_0 时刻：旋转向量所在位置如实线向量所示，$\omega t_0+\varphi$ 就是 t_0 时刻的相位。

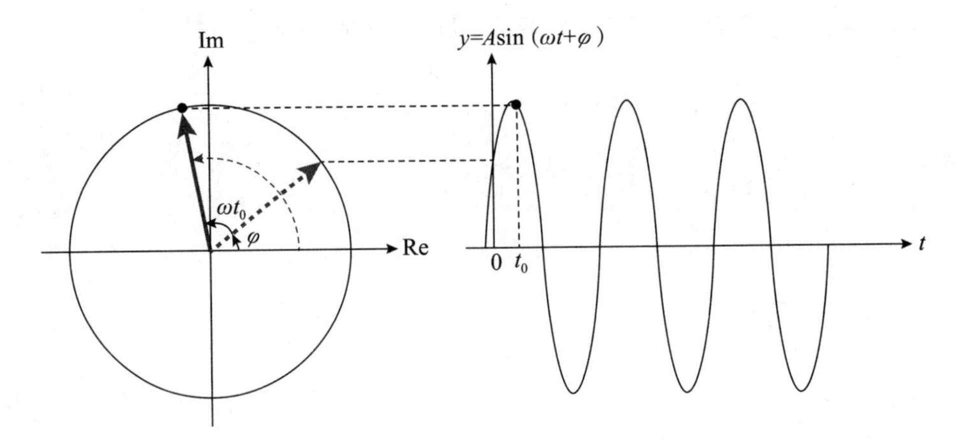

图 2-42　正弦波的初相和相位（频率大于 0，初相大于等于 0）

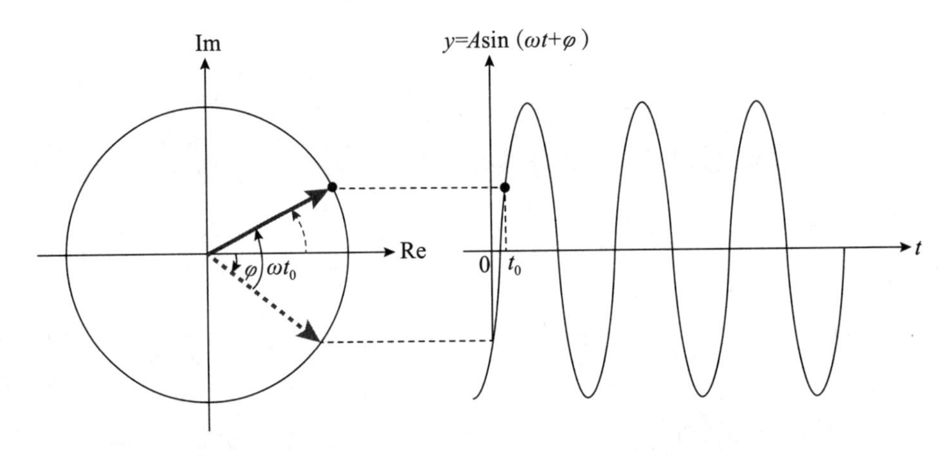

图 2-43　正弦波的初相和相位（频率大于 0，初相小于 0）

3）频率小于零且初相大于等于零

如图 2-44 所示：$\omega<0$，旋转向量顺时针旋转。

0 时刻：旋转向量所在位置如虚线向量所示，φ 就是初相：$0 \leqslant \varphi \leqslant \pi$。

t_0 时刻：旋转向量所在位置如实线向量所示，$\omega t_0+\varphi$ 就是 t_0 时刻的相位。

4）频率小于零且初相小于零

如图 2-45 所示：$\omega<0$，旋转向量顺时针旋转。

0 时刻：旋转向量所在位置如虚线向量所示，φ 就是初相：$-\pi<\varphi<0$。

t_0 时刻：旋转向量所在位置如实线向量所示，$\omega t_0+\varphi$ 就是 t_0 时刻的相位。

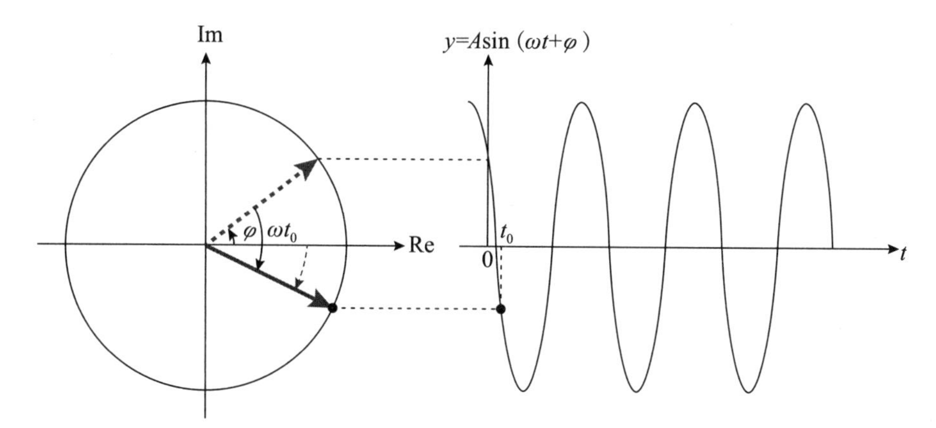

图 2-44　正弦波的初相和相位（频率小于 0，初相大于等于 0）

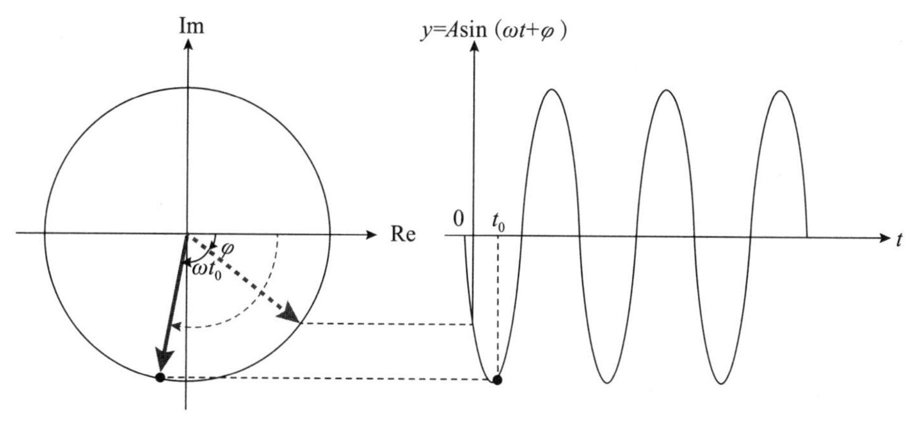

图 2-45　正弦波的初相和相位（频率小于 0，初相小于 0）

六、什么是相位差

两个同频信号的相位之差就是相位差。

注意：当我们说相位差的时候，已经隐含了两个信号频率相同的意思。

两个同频信号：

$$s_1(t)=A_1\sin(2\pi ft+\varphi_1)$$
$$s_2(t)=A_2\sin(2\pi ft+\varphi_2)$$

相位差：

$$\Delta\varphi=(2\pi ft+\varphi_1)-(2\pi ft+\varphi_2)=\varphi_1-\varphi_2$$

也就是说：两个同频信号的相位差就等于初相之差，如图 2-46 所示。

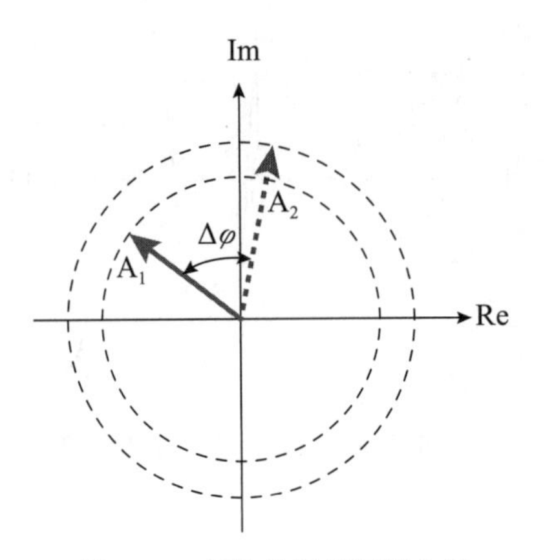

图 2-46　相位差等于初相之差

以图 2-47 所示的三相交流电为例：

虚线波形的初相为 2π/3，实线波形初相为 0，点划线波形初相为 −2π/3。

虚线波形和实线波形的相位差为：2π/3−0=2π/3。

实线波形和点划线波形的相位差为：0−(−2π/3）=2π/3。

虚线波形和点划线波形的相位差为：2π/3−(−2π/3）=4π/3。

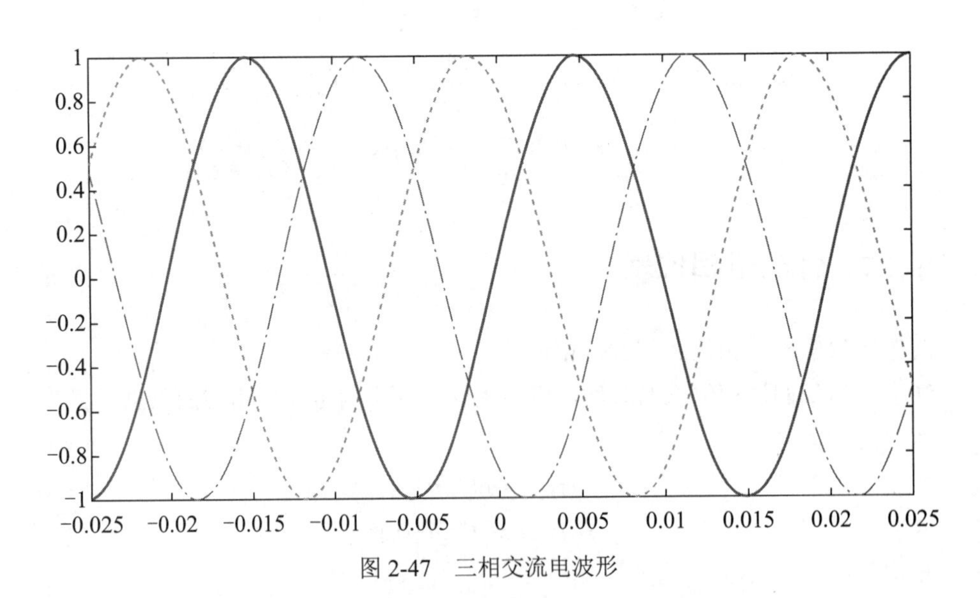

图 2-47　三相交流电波形

当两个同频信号的相位差取某些特定的值时，这两个同频信号的相之间具有特定的关系，因此被赋予了特定的名称。

1. 相位差为 0

当两个同频信号之间的相位差为 0 时，这两个信号对应的旋转向量每时每刻方向都相同，如图 2-48 所示。

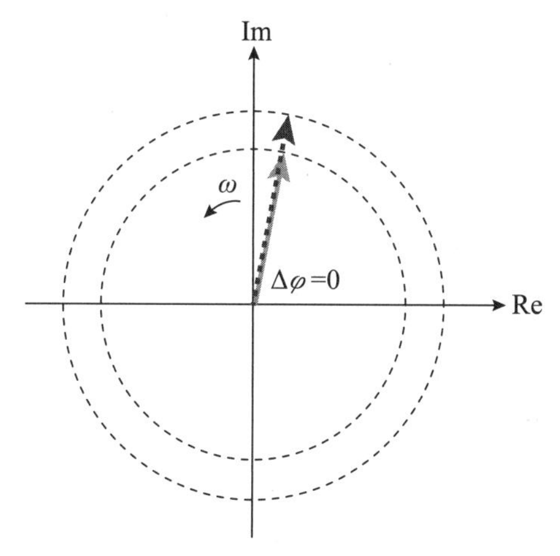

图 2-48　两个同相信号对应的旋转向量

这两个信号每时每刻的“相”都相同，如图 2-49 所示，因此我们称这两个信号“同相”。

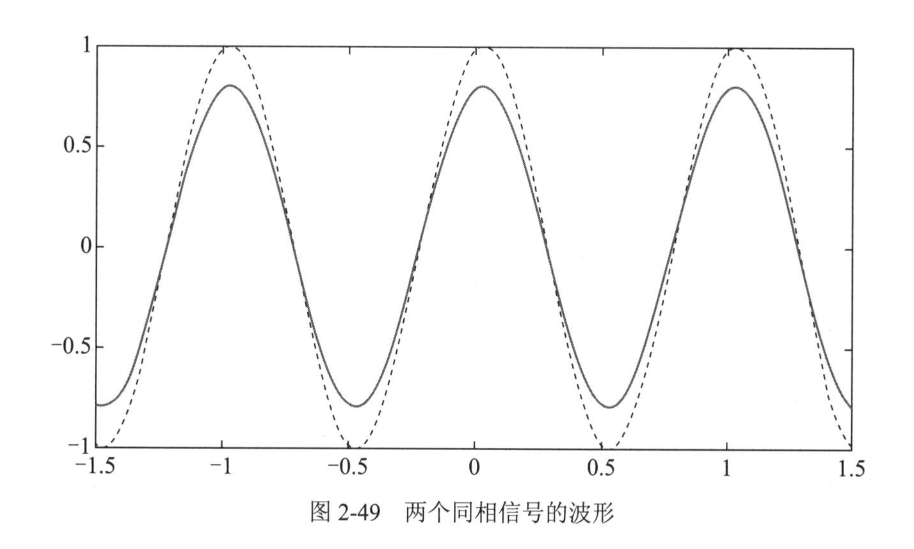

图 2-49　两个同相信号的波形

而所谓“相”相同，就是指任意时刻两个信号的状态都是相同的：

- 一个取值为正，另一个取值也为正；一个取值为负，另一个取值也为负。
- 一个处在增大过程中，另一个也处在增大过程中；一个处在减小过程中，另一个也处在减小过程中。

2. 相位差为 $\pm\pi$

当两个信号之间的相位差为 $\pm\pi$ 时，这两个信号对应的旋转向量每时每刻方向都相反，如图 2-50 所示。

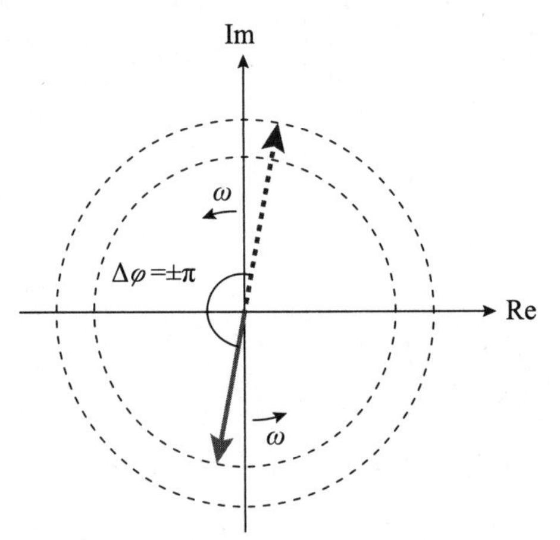

图 2-50　两个反相信号对应的旋转向量

这两个信号每时每刻的“相”都相反，如图 2-51 所示，因此我们称这两个信号“反相”。

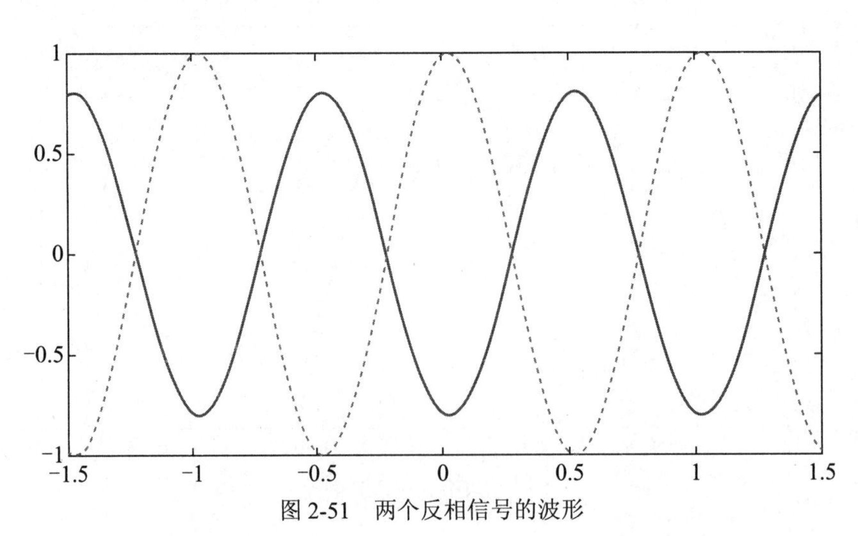

图 2-51　两个反相信号的波形

而所谓“相”相反，就是指任意时刻两个信号的状态都是相反的：

- 一个取值为正，另一个取值必为负；一个取值为负，另一个取值必为正。
- 一个处在增大过程中，另一个必处在减小过程中；一个处在减小过程中，另一个必处在增大过程中。

3. 相位差为 $\pm\pi/2$

当两个信号之间的相位差为 $\pm\pi/2$ 时，对应的两个旋转向量每时每刻方向都垂直，如图 2-52 所示。因此我们称这两个信号“正交”。

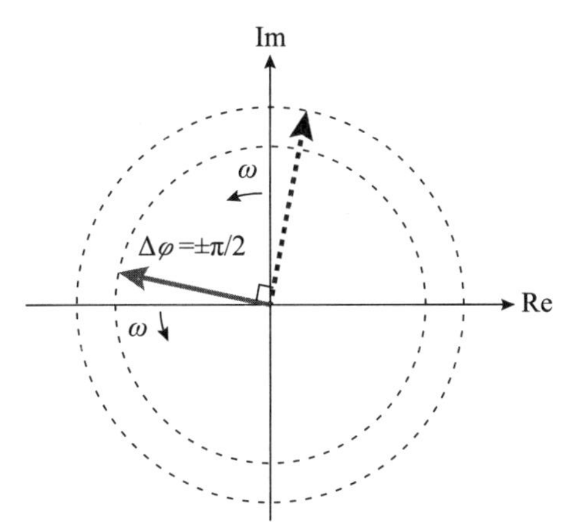

图 2-52　两个正交信号对应的旋转向量

这两个正交信号的波形如图 2-53 所示，很明显正交信号波形具有如下规律：当一个取值达到正的最大值或负的最大值时，另一个取值必为零。

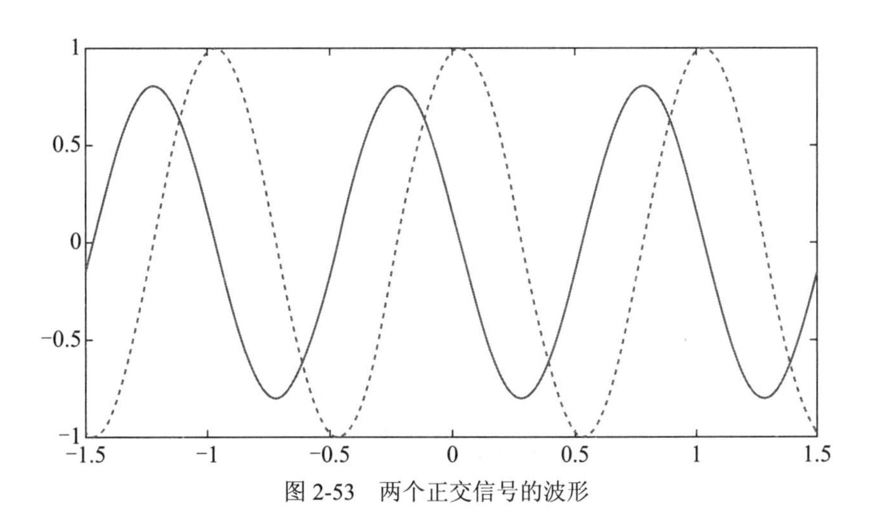

图 2-53　两个正交信号的波形

4. 超前和滞后

1）相位差绝对值小于 π

当两个信号对应的旋转向量在 0 时刻的位置如图 2-54 所示时，我们称信号 S1 超前信号 S2，或者称信号 S2 滞后信号 S1。

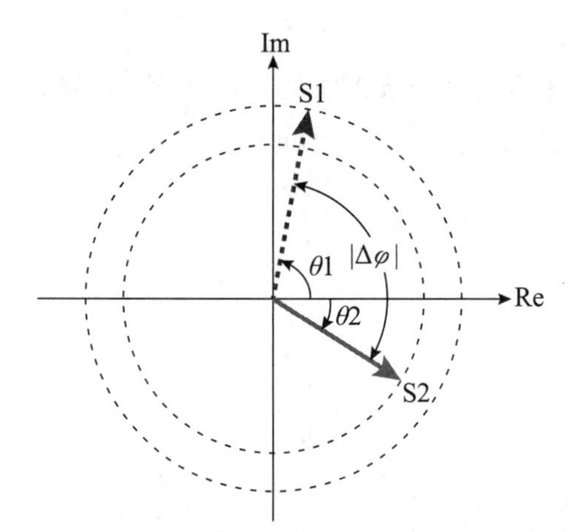

图 2-54　超前和滞后向量图（相位差绝对值小于 π）

这两个信号的波形如图 2-55 所示。

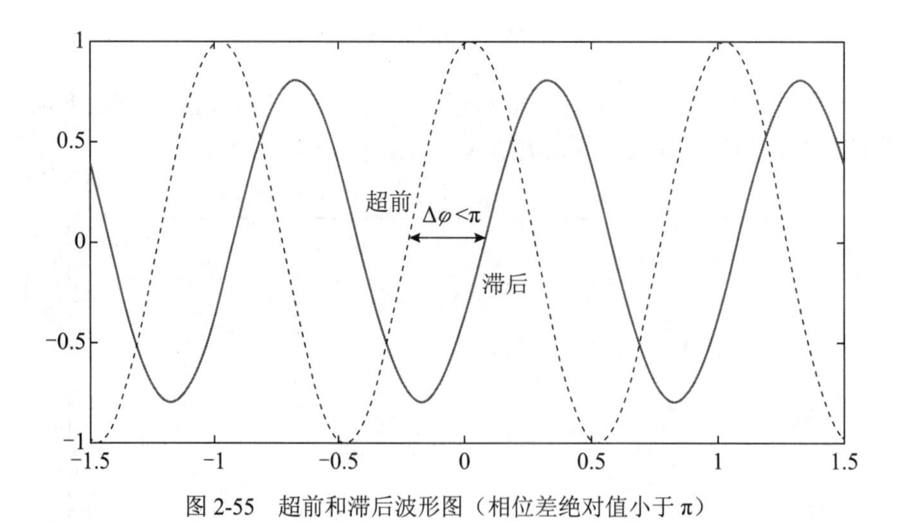

图 2-55　超前和滞后波形图（相位差绝对值小于 π）

2）相位差绝对值大于 π

当两个信号对应的旋转向量在 0 时刻的位置如图 2-56 所示时，我们称信号 S2 超前信号 S1，或者称信号 S1 滞后信号 S2。

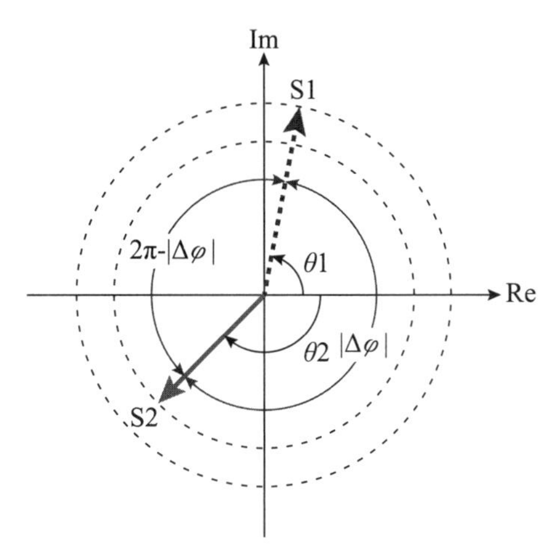

图 2-56　超前和滞后向量图（相位差绝对值大于 π）

这两个信号的波形如图 2-57 所示。

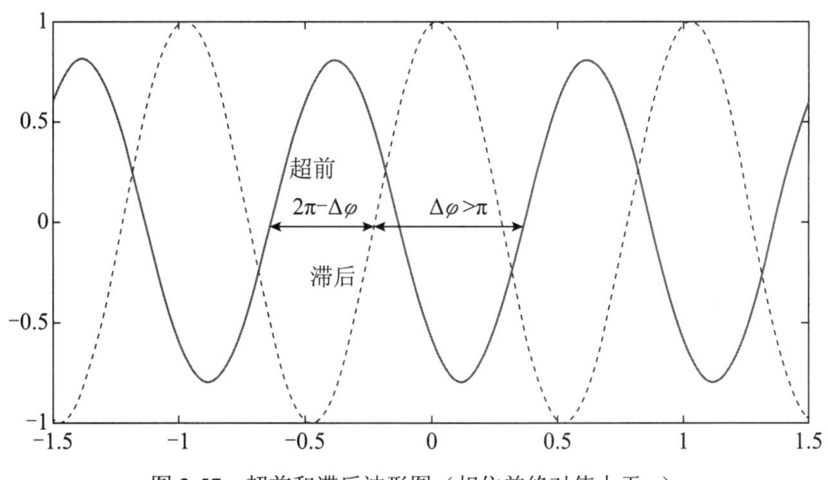

图 2-57　超前和滞后波形图（相位差绝对值大于 π）

七、波的干涉

前面研究了两个同频且具有恒定相位差的正弦波信号波形之间的联系，如果两个同频且具有恒定相位差的正弦波信号在同一点相遇会发生什么情况呢？

1. 概述

位于 A 点和 B 点的波源同时发出同频同相的正弦波：

$$s(t)=A\sin(2\pi ft+\varphi)$$

由于各个位置的点到两个波源的距离不同，接收到的来自两个波源的信号存在相位差。

如图 2-58 所示，P 点到 A 点的距离为 d_1，到 B 点的距离为 d_2。

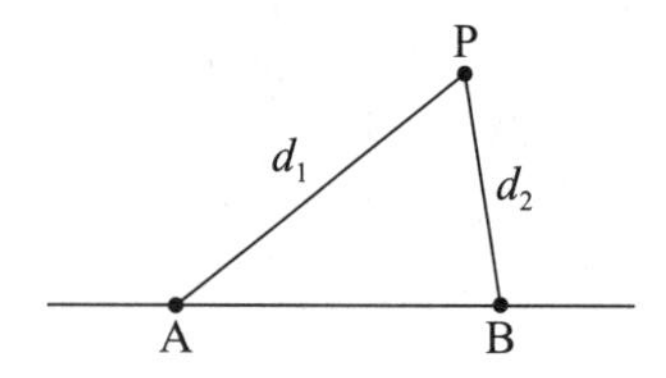

图 2-58　各个位置的点到两个波源的距离不同

P 点接收到的来自 2 个波源的信号：

$$s_1(t)=A_1\sin(2\pi ft+\varphi-\frac{2\pi d_1}{\lambda})$$

$$s_2(t)=A_2\sin(2\pi ft+\varphi-\frac{2\pi d_2}{\lambda})$$

令

$$\varphi_1=\varphi-\frac{2\pi d_1}{\lambda}$$

$$\Delta\varphi=\frac{2\pi\left(d_1-d_2\right)}{\lambda}$$

则

$$s_1(t)=A_1\sin(2\pi ft+\varphi_1)$$

$$s_2(t)=A_2\sin(2\pi ft+\varphi_1+\Delta\varphi)$$

这两个信号具有恒定的相位差，如图 2-59 所示。

叠加：$s(t)=A_1\sin(2\pi ft+\varphi_1)+A_2\sin(2\pi ft+\varphi_1+\Delta\varphi)$

对应的向量合成图如图 2-60 所示。

合成向量的旋转角速度不变，向量的长度与两个信号的相位差有关：

$$\Delta\varphi=\frac{2\pi\left(d_1-d_2\right)}{\lambda}=\frac{2\pi f\left(d_1-d_2\right)}{c}$$

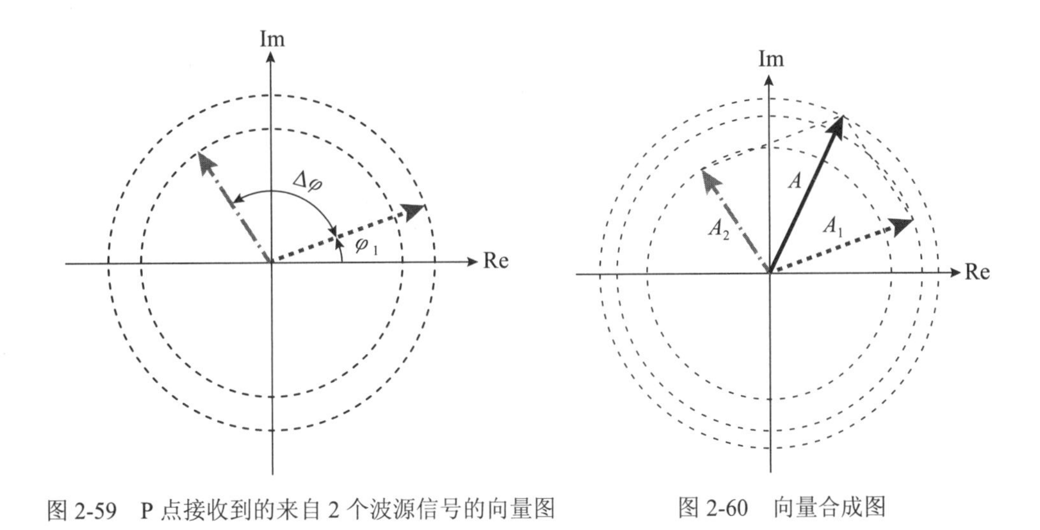

图 2-59　P 点接收到的来自 2 个波源信号的向量图　　　　图 2-60　向量合成图

其中：

$$\lambda = \frac{c}{f}$$

归根结底向量的长度与 P 点到两个波源的距离差和信号频率有关。

因此各个位置合成信号的幅度各不相同，在某些位置合成信号幅度大，在另一些位置合成信号幅度小甚至幅度为 0，而且合成信号幅度大的区域和幅度小的区域相互隔开，这种现象称为波的干涉，如图 2-61 所示。

图 2-61　波的干涉现象

产生相干现象的波叫相干波。

波的相干条件：频率相同，相位差恒定，振动方向相同。

不论是光波、水波还是电磁波，只要是波，而且满足相干条件，都会产生干涉现象。

2. 相长干涉

如图 2-62 所示，P1 点到 A 点的距离：d_1=8λ，到 B 点的距离：d_2=6λ。

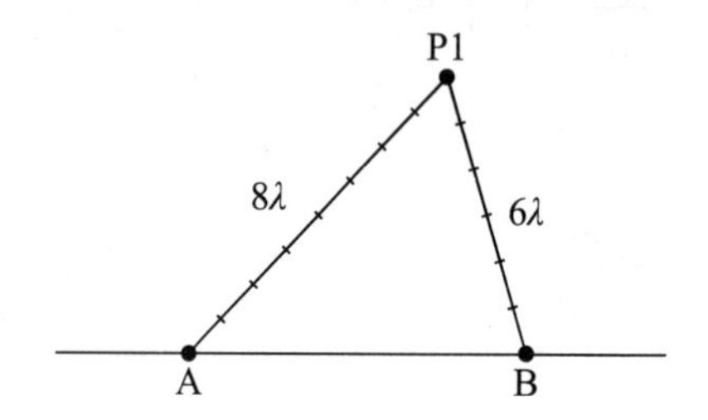

图 2-62　同频同相正弦波叠加

两个正弦波到达 P1 点时，刚好同相：

$$s_1(t) = A_1\sin(2\pi ft+\varphi-\frac{2\pi d_1}{\lambda}) = A_1\sin(2\pi ft+\varphi)$$

$$s_2(t) = A_2\sin(2\pi ft+\varphi-\frac{2\pi d_2}{\lambda}) = A_2\sin(2\pi ft+\varphi)$$

P1 点的波形：

$$s(t)=s_1(t)+s_2(t)=(A_1+A_2)\sin(2\pi ft+\varphi)$$

正弦波的幅度是来自两个波源的正弦波的幅度之和。

接收到的两个波源信号正好同相，合成信号幅度等于二者幅度之和，这种情况被称为相长干涉。

3. 相消干涉

如图 2-63 所示，P2 点到 A 点的距离：d_1=6.5λ，到 B 点的距离：d_2=2λ。

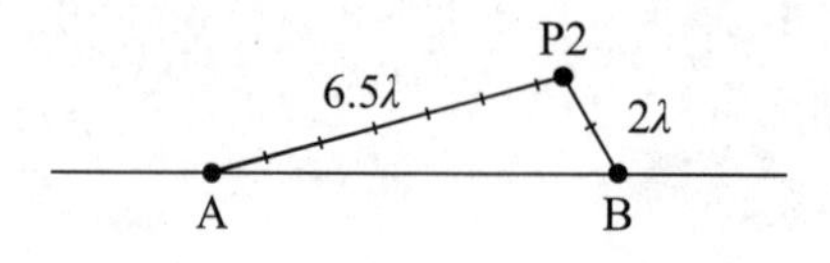

图 2-63　同频反相正弦波叠加

两个正弦波到达 P2 点时，刚好反相：

$$s_1(t)=A_1\sin(2\pi ft+\varphi-\frac{2\pi d_1}{\lambda})=A_1\sin(2\pi ft+\varphi-\pi)=-A_1\sin(2\pi ft+\varphi)$$

$$s_2(t)=A_2\sin(2\pi ft+\varphi-\frac{2\pi d_2}{\lambda})=A_2\sin(2\pi ft+\varphi)$$

P2 点的波形：

$$s(t)=s_1(t)+s_2(t)=(A_2-A_1)\sin(2\pi ft+\varphi)$$

正弦波的幅度是来自 2 个波源的正弦波的幅度之差。

接收到的两个波源信号正好反相，合成信号幅度等于二者幅度之差，这种情况被称为相消干涉。

2.5　信号的分解与合成

一、正弦信号作为基本信号

下面以周期方波信号为例，看看使用一系列余弦信号合成方波信号的过程。

假定方波信号的周期为 1s，如图 2-64 所示。

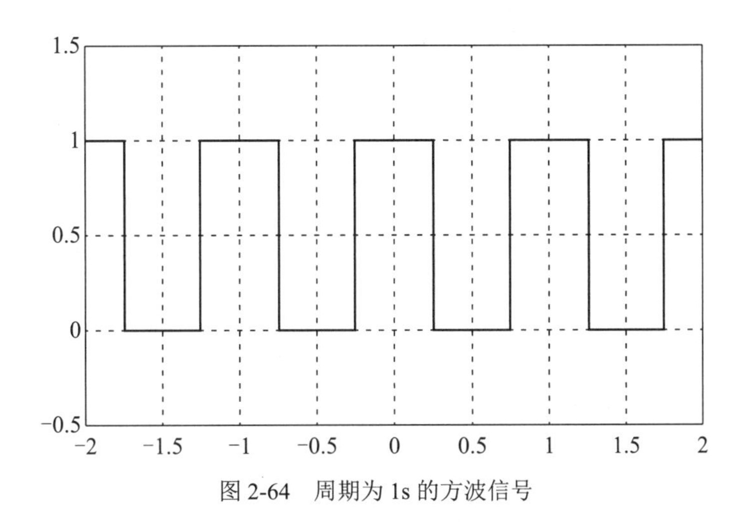

图 2-64　周期为 1s 的方波信号

幅度为 0.5 的直流信号，如图 2-65 所示。

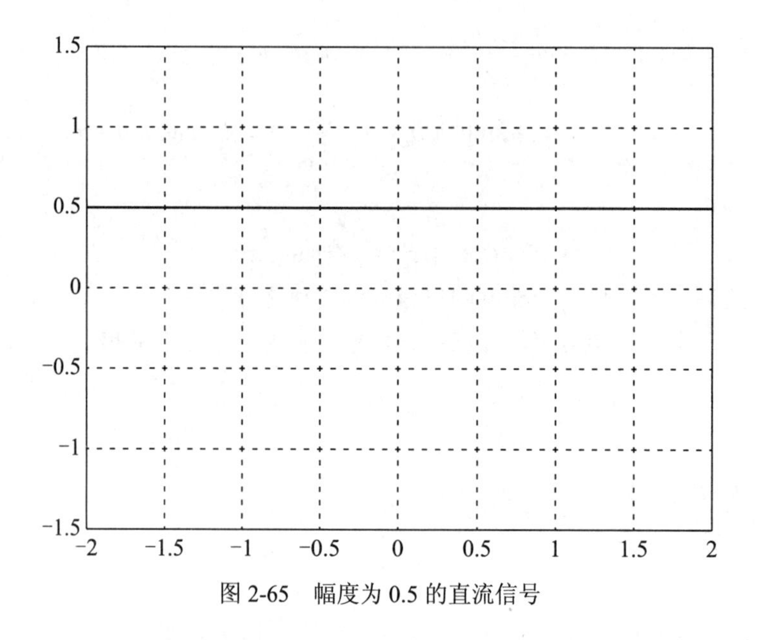

图 2-65　幅度为 0.5 的直流信号

叠加 1 个幅度为 0.637、频率为 1Hz 的余弦信号，如图 2-66 所示。

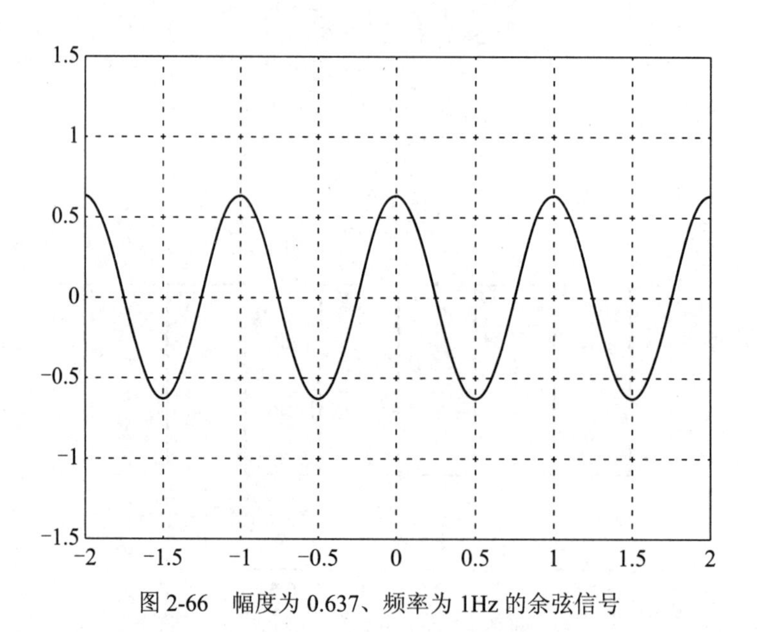

图 2-66　幅度为 0.637、频率为 1Hz 的余弦信号

合成信号波形如图 2-67 所示。

再叠加一个幅度为 −0.212、频率为 3Hz 的余弦信号，如图 2-68 所示。

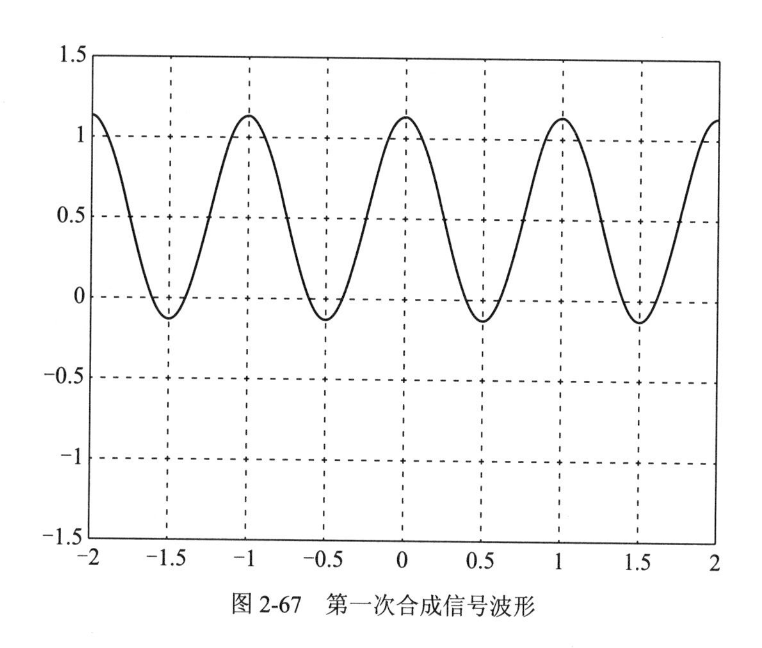

图 2-67　第一次合成信号波形

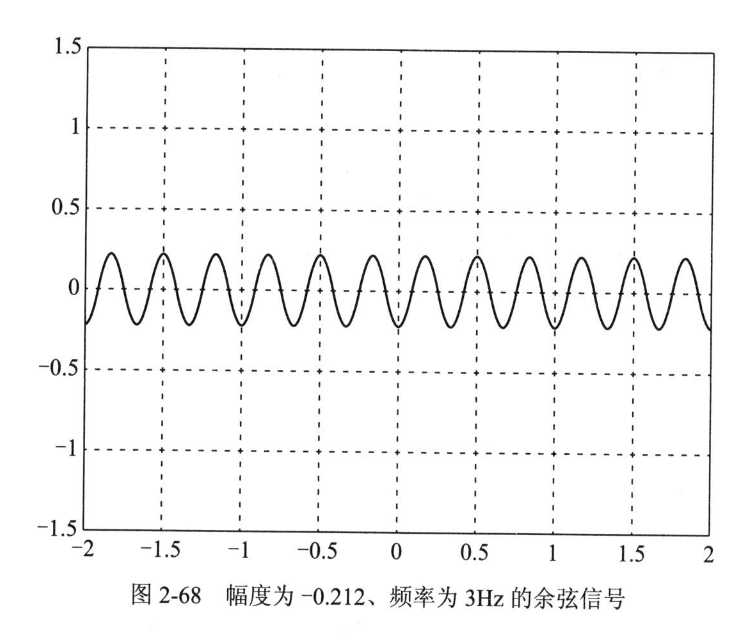

图 2-68　幅度为 −0.212、频率为 3Hz 的余弦信号

合成信号波形如图 2-69 所示。

再叠加一个幅度为 0.127、频率为 5Hz 的余弦信号，如图 2-70 所示。

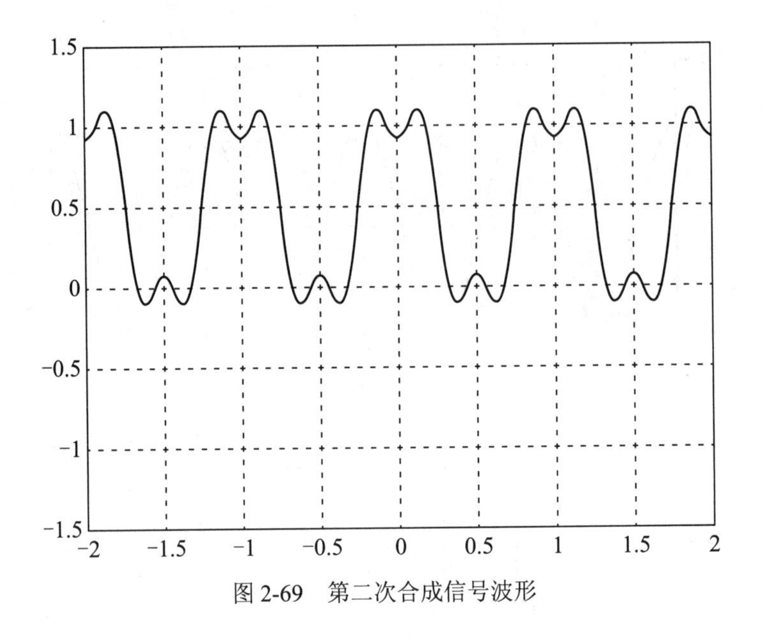

图 2-69　第二次合成信号波形

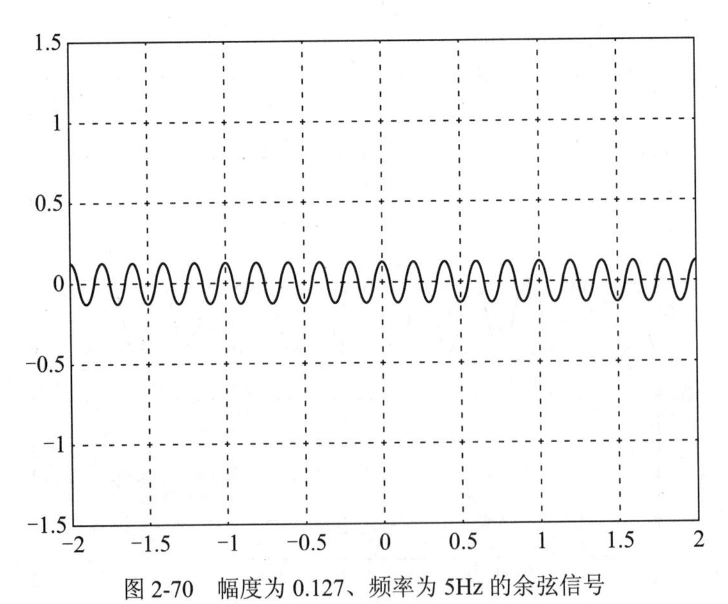

图 2-70　幅度为 0.127、频率为 5Hz 的余弦信号

合成信号波形如图 2-71 所示。

可以想象，随着叠加的余弦信号越来越多，合成信号的波形越来越逼近一个方波，这从一个侧面说明了：可以将方波信号分解成一个直流分量和一系列余弦波分量之和。

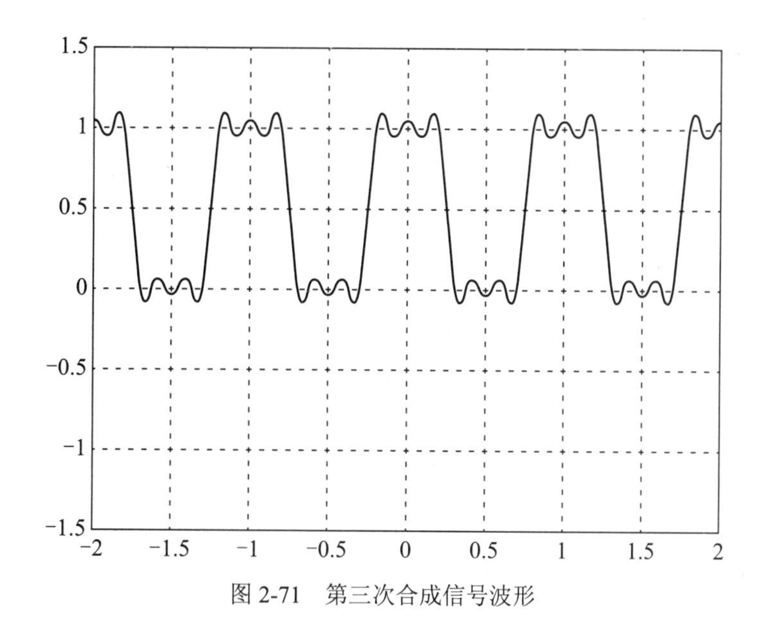

图 2-71　第三次合成信号波形

二、复指数信号作为基本信号

还是以周期方波信号为例，看看使用一系列复指数信号合成方波信号的过程。

幅度为 0.5 的直流信号如图 2-72 所示。

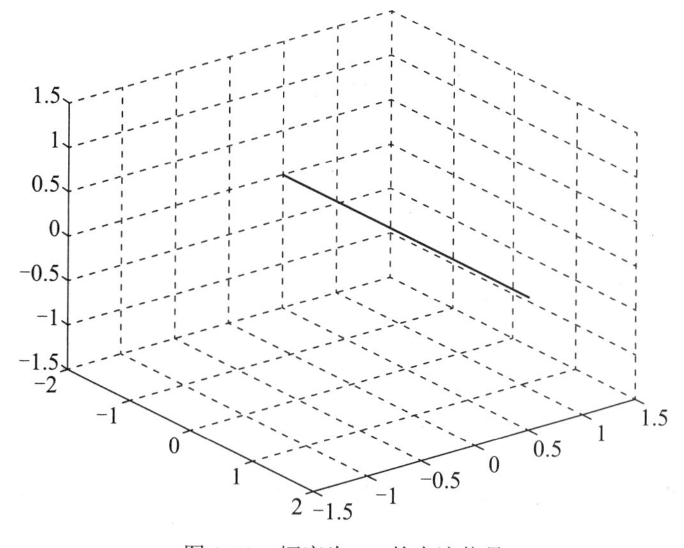

图 2-72　幅度为 0.5 的直流信号

幅度为 0.318、频率为 1Hz 的复指数信号，如图 2-73 所示。

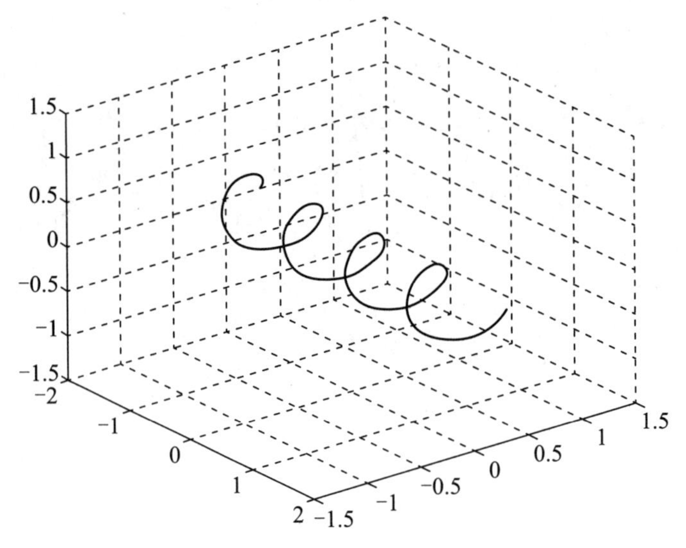

图 2-73　幅度为 0.318、频率为 1Hz 的复指数信号

幅度为 0.318、频率为 −1Hz 的复指数信号，如图 2-74 所示。

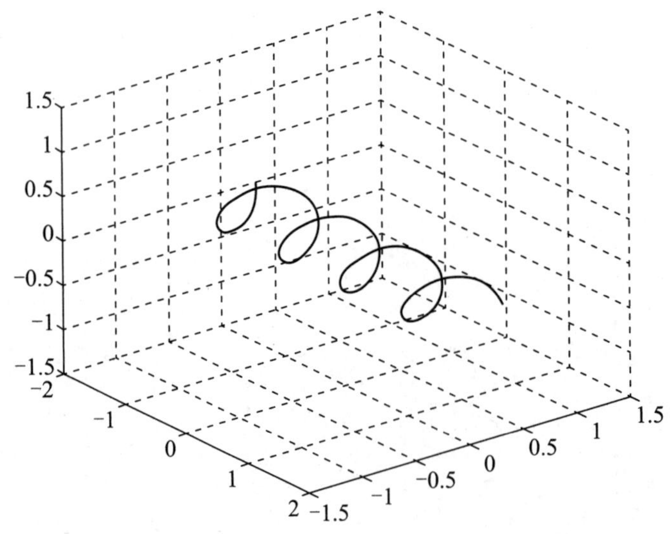

图 2-74　幅度为 0.318、频率为 −1Hz 的复指数信号

两个幅度为 0.318 的复指数信号合成结果如图 2-75 所示。

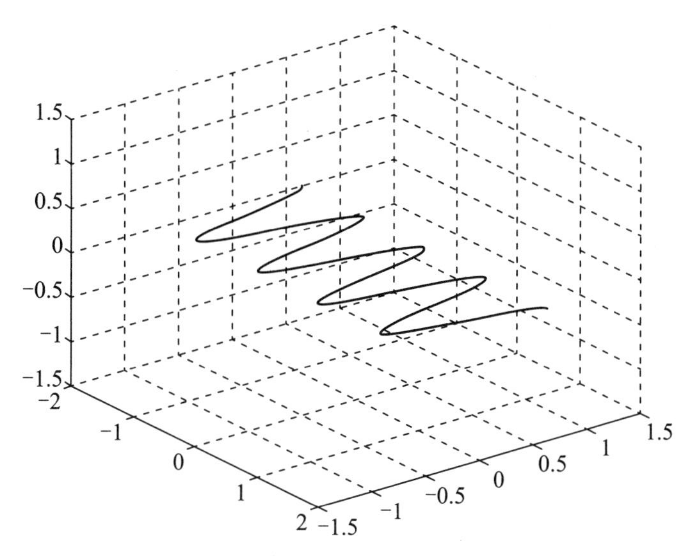

图 2-75　两个幅度为 0.318 的复指数信号合成信号

与前面的直流信号叠加，合成信号如图 2-76 所示。

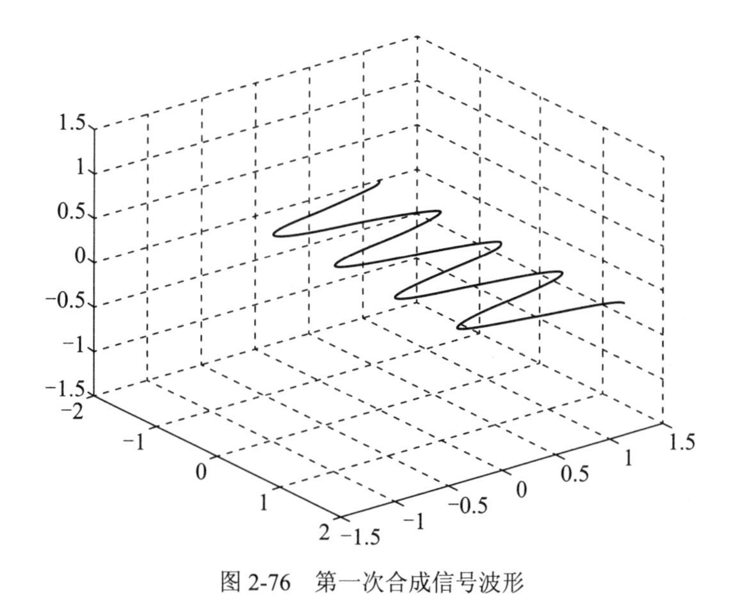

图 2-76　第一次合成信号波形

幅度为 −0.106、频率为 3Hz 的复指数信号，如图 2-77 所示。

幅度为 −0.106、频率为 −3Hz 的复指数信号，如图 2-78 所示。

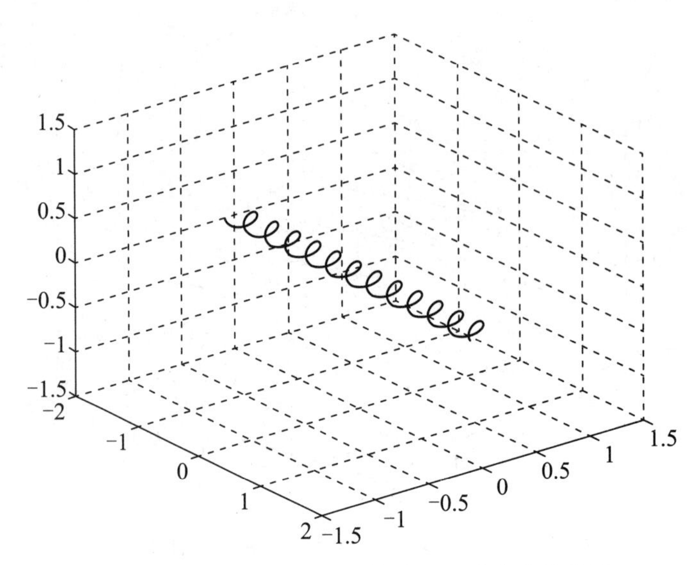

图 2-77 幅度为 −0.106、频率为 3Hz 的复指数信号

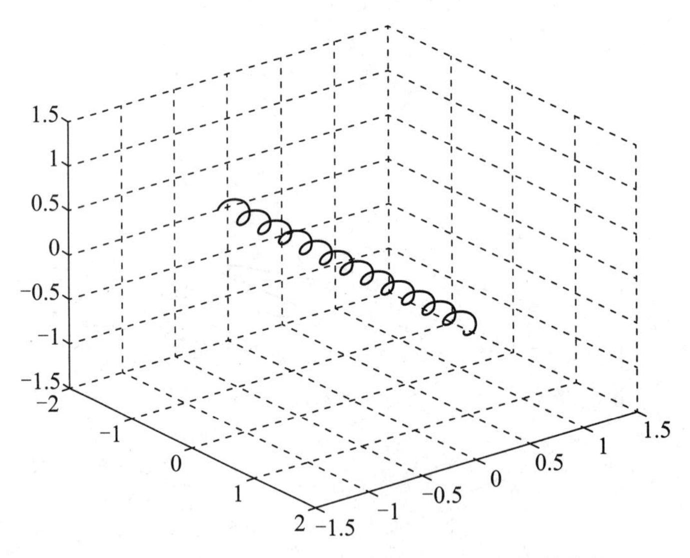

图 2-78 幅度为 −0.106、频率为 −3Hz 的复指数信号

两个幅度为 −0.106 的复指数信号合成结果如图 2-79 所示。

叠加到第一次合成信号上去，结果如图 2-80 所示。

幅度为 0.063、频率为 5Hz 的复指数信号如图 2-81 所示。

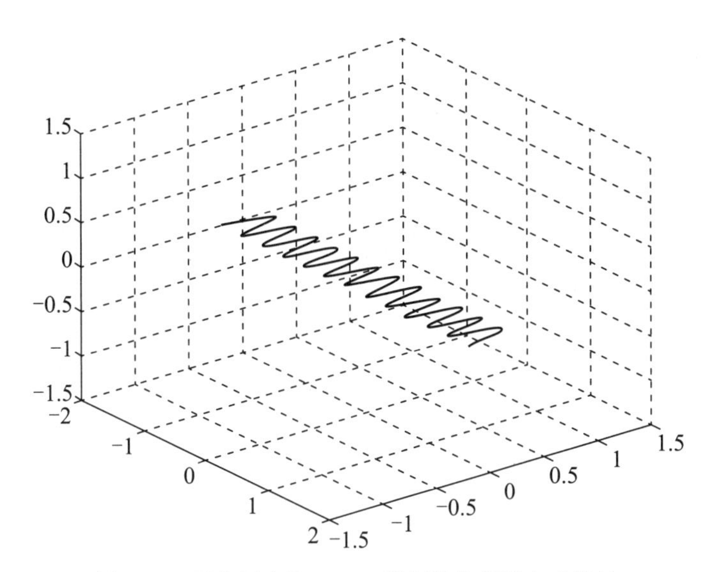

图 2-79　两个幅度为 −0.106 的复指数信号合成信号

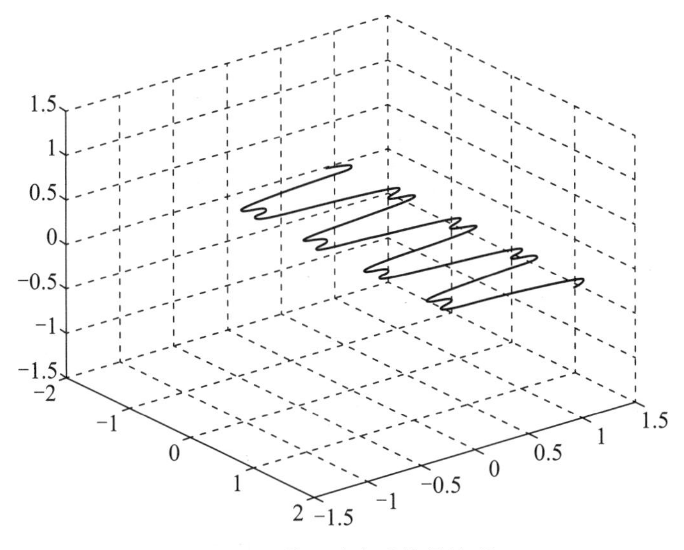

图 2-80　第二次合成信号波形

幅度为 0.063、频率为 −5Hz 的复指数信号如图 2-82 所示。

两个幅度为 −0.106 的复指数信号合成结果如图 2-83 所示。

叠加到第二次合成信号上去，结果如图 2-84 所示。

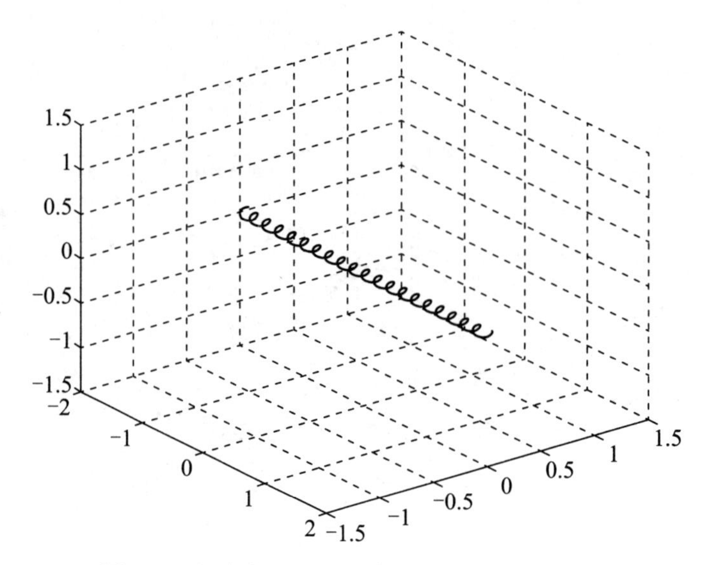

图 2-81　幅度为 0.063、频率为 5Hz 的复指数信号

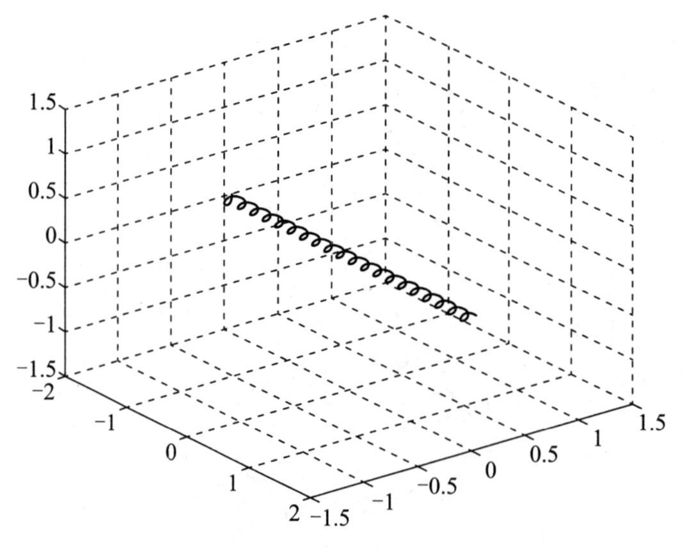

图 2-82　幅度为 0.063、频率为 −5Hz 的复指数信号

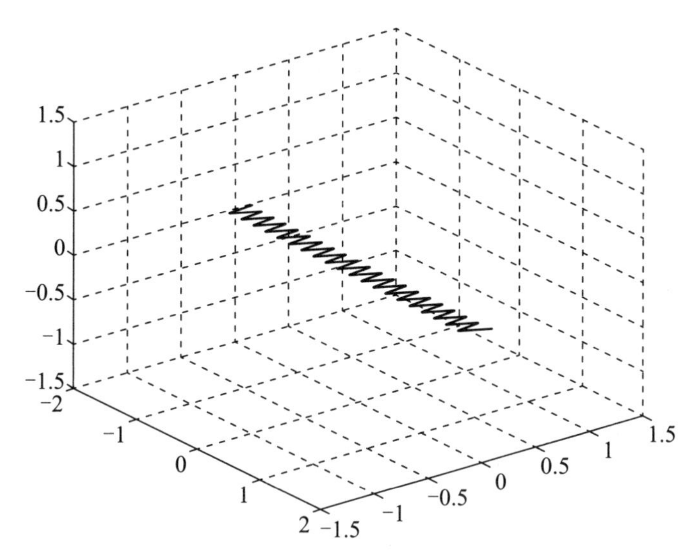

图 2-83 两个幅度为 −0.106 的复指数信号合成信号

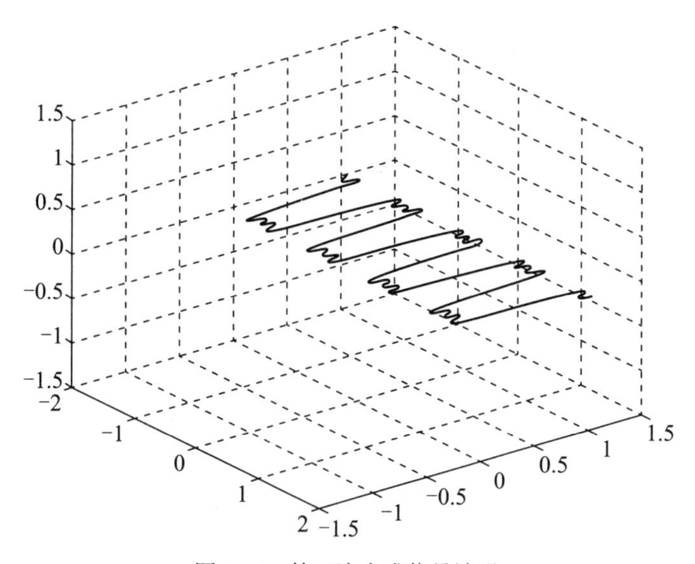

图 2-84 第三次合成信号波形

可以想象，随着叠加的复指数信号越来越多，波形越来越逼近一个方波，这从一个侧面说明：可以将方波信号分解成一个直流分量和一系列复指数信号分量之和。

2.6 周期信号的傅里叶级数展开

一、傅里叶级数展开的定义

将一个周期信号分解为一个直流分量和一系列复指数信号分量之和的过程被称为傅里叶级数展开。

周期信号 $f(t)$ 的傅里叶级数展开式为：

$$f(t)=\sum_{k=-\infty}^{\infty}c_k\mathrm{e}^{\mathrm{j}k\omega_0 t}$$

其中：

ω_0：$\omega_0=\dfrac{2\pi}{T}$，周期 T 确定了 ω_0 就确定了。

c_k：就是傅里叶系数，c_0 是直流分量。

二、傅里叶级数展开的几何意义

傅里叶级数展开的本质就是用一系列角速度为 $\omega=k\omega_0$ 的旋转向量 $c_k\mathrm{e}^{\mathrm{j}k\omega_0 t}$ 来合成周期信号。旋转向量在 t=0 时刻对应的向量就是傅里叶系数 c_k，如图 2-85 所示。

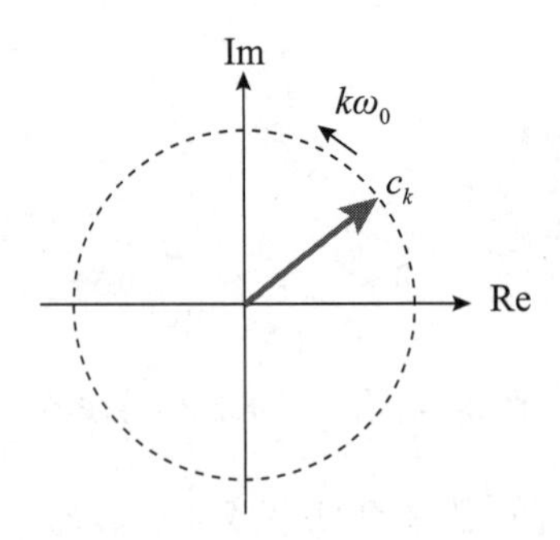

图 2-85 傅里叶系数的几何意义

通常 c_k 是个复数。

如何求傅里叶系数呢？

三、傅里叶系数计算公式

傅里叶系数的计算公式如下：

$$c_k = \frac{1}{T}\int_{-T/2}^{T/2} f(t)\mathrm{e}^{-\mathrm{j}k\omega_0 t}\mathrm{d}t \qquad (k=0, \pm 1, \pm 2, \cdots)$$

这个公式是怎么得来的呢？

（1）将傅里叶级数展开式中 $k=m$ 那一项单独列出来：

$$f(t) = \sum_{k=-\infty}^{\infty} c_k \mathrm{e}^{\mathrm{j}k\omega_0 t} = c_m \mathrm{e}^{\mathrm{j}m\omega_0 t} + \sum_{\substack{k=-\infty \\ k\neq m}}^{\infty} c_k \mathrm{e}^{\mathrm{j}k\omega_0 t}$$

（2）两端乘以 $\mathrm{e}^{-\mathrm{j}m\omega_0 t}$：

$$f(t)\mathrm{e}^{-\mathrm{j}m\omega_0 t} = c_m \mathrm{e}^{\mathrm{j}m\omega_0 t}\mathrm{e}^{-\mathrm{j}m\omega_0 t} + \sum_{\substack{k=-\infty \\ k\neq m}}^{\infty} c_k \mathrm{e}^{\mathrm{j}k\omega_0 t}\mathrm{e}^{-\mathrm{j}m\omega_0 t} = c_m + \sum_{\substack{k=-\infty \\ k\neq m}}^{\infty} c_k \mathrm{e}^{\mathrm{j}(k-m)\omega_0 t}$$

（3）在基波周期内对两端进行积分：

$$\int_{-T/2}^{T/2} f(t)\mathrm{e}^{-\mathrm{j}m\omega_0 t}\mathrm{d}t = \int_{-T/2}^{T/2} c_m \mathrm{d}t + \int_{-T/2}^{T/2} \sum_{\substack{k=-\infty \\ k\neq m}}^{\infty} c_k \mathrm{e}^{\mathrm{j}(k-m)\omega_0 t}\,\mathrm{d}t$$

根据复指数信号的正交性，上式中求和项的积分为 0，因此：

$$\int_{-T/2}^{T/2} f(t)\mathrm{e}^{-\mathrm{j}m\omega_0 t}\mathrm{d}t = \int_{-T/2}^{T/2} c_m \mathrm{d}t = c_m T$$

（4）求出 c_m：

$$c_m = \frac{1}{T}\int_{-T/2}^{T/2} f(t)\mathrm{e}^{-\mathrm{j}m\omega_0 t}\mathrm{d}t$$

将 m 更换为 k，即得傅里叶系数的计算公式。

四、方波信号的傅里叶系数

下面以方波信号为例，求其傅里叶系数。

方波信号 $x(t)$ 的波形如图 2-86 所示，周期为 T，幅度为 1，脉宽为 τ。对方波来讲，占空比为 1/2，因此：$T=2\tau$。

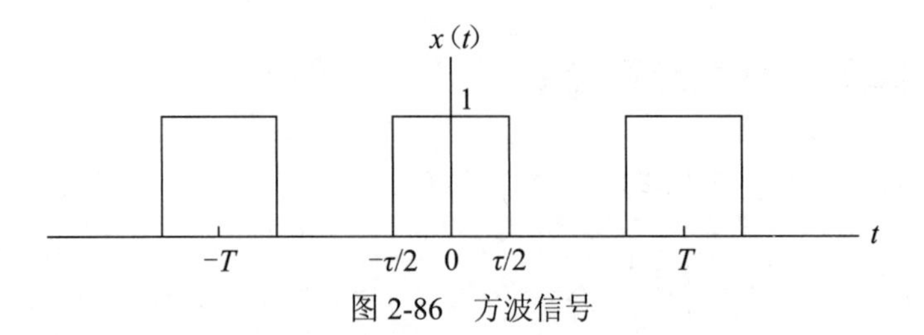

图 2-86　方波信号

（1）先来求 c_0

$$c_0 = \frac{1}{T}\int_{-\tau/2}^{\tau/2} x(t)\mathrm{d}t = \frac{1}{T}\int_{-\tau/2}^{\tau/2} 1\mathrm{d}t = 0.5$$

这说明幅度为 1 的方波信号的直流分量为 0.5。

（2）再来求 c_k

$$\begin{aligned} c_k &= \frac{1}{T}\int_{-\tau/2}^{\tau/2} x(t)\mathrm{e}^{-\mathrm{j}k\omega_0 t}\mathrm{d}t = \frac{1}{T}\int_{-\tau/2}^{\tau/2} (\cos k\omega_0 t - \mathrm{j}\sin k\omega_0 t)\mathrm{d}t \\ &= \frac{1}{T}\int_{-\tau/2}^{\tau/2} \cos k\omega_0 t\mathrm{d}t - j\frac{1}{T}\int_{-\tau/2}^{\tau/2} \sin k\omega_0 t\mathrm{d}t \\ &= \frac{1}{T}\int_{-\tau/2}^{\tau/2} \cos k\omega_0 t\mathrm{d}t \\ &= \frac{2}{k\omega_0 T}\int_0^{\tau/2} \cos k\omega_0 t\mathrm{d}(k\omega_0 t) \\ &= \frac{2}{k\omega_0 T}\sin(k\omega_0 t)\big|_0^{\tau/2} \\ &= \frac{\sin(k\omega_0\tau/2)}{k\omega_0 T/2} \end{aligned} \tag{2-7}$$

由：$\omega_0 = 2\pi/T$，得：$\omega_0 T = 2\pi$

又因为：$T = 2\tau$，所以：$\omega_0 2\tau = 2\pi$，得到：$\omega_0\tau = \pi$

代入式 (2-7)，得

$$c_k = \frac{1}{2}\cdot\frac{\sin(k\pi/2)}{k\pi/2} = \frac{1}{2}\mathrm{sinc}\left(\frac{k}{2}\right)$$

TIPS：sinc 函数的定义

$$\mathrm{sinc}\,(x) = \frac{\sin(\pi x)}{\pi x}$$

$\sin(\pi x)$ 是个等幅振荡信号，$\sin(\pi x)/\pi x$ 是个振荡衰减信号，如图 2-87 所示。

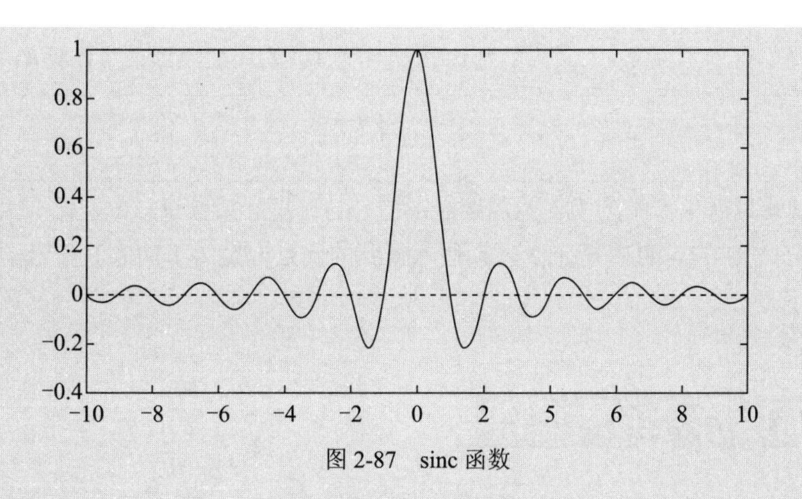

图 2-87　sinc 函数

因为：$\sin(\pi x)$ 在 $x=\pm 1$，± 2，$\pm 3\cdots$ 时的值为 0

所以：

$\text{sinc}\,(x)=0$（当 $x=\pm 1$，± 2，$\pm 3\cdots$ 时）

因为：当 $x\to 0$ 时，$\sin(\pi x)\to \pi x$，$\text{sinc}\,(x)\to 1$

所以：

$\text{sinc}\,(x)=1$（当 $x=0$ 时）

五、周期矩形信号的傅里叶系数

在方波信号的傅里叶系数推导过程中，我们用 τ 表示脉冲的宽度，用 T 表示脉冲的周期，得出傅里叶系数的表达式：

$$c_k=\frac{\sin(k\omega_0\tau/2)}{k\omega_0 T/2}$$

回顾整个推导过程可以发现，这个结果对幅度为 1、脉宽为 τ、周期为 T 的周期矩形信号也是适用的。

因为：$\omega_0=2\pi/T$，所以：$\omega_0 T=2\pi$

假定占空比为 $1/n$，即：$T=n\tau$，所以：$\omega_0 n\tau=2\pi$，得到：$\omega_0\tau=2\pi/n$，代入上面的傅里叶系数表达式，得

$$c_k=\frac{1}{n}\cdot\frac{\sin(k\pi/n)}{k\pi/n}=\frac{1}{n}\text{sinc}\left(\frac{k}{n}\right)$$

至此我们得到了幅度为 1、脉宽为 τ、占空比为 $1/n$ 的周期矩形信号的傅里叶系数：

$$c_k=\frac{1}{n}\text{sinc}\left(\frac{k}{n}\right)$$

从上式可以看出：幅度为 1 的周期矩形信号的傅里叶系数只与占空比有关。

当占空比为 1/2，也就是 $n=2$ 时，代入得到的就是幅度为 1 的方波信号的傅里叶系数。

2.7　周期信号的离散谱

构成周期信号的所有复指数信号成分可以用傅里叶系数来描述，但是傅里叶系数不够直观，有没有什么办法可以把傅里叶系数直观地呈现出来呢？这就引出了频谱。

一、两类频谱

1. 三维频谱

以频率为横轴，将所有 c_k 画到 $\omega=k\omega_0$ 处与横轴垂直的复平面上，就得到了三维频谱，如图 2-88 所示。

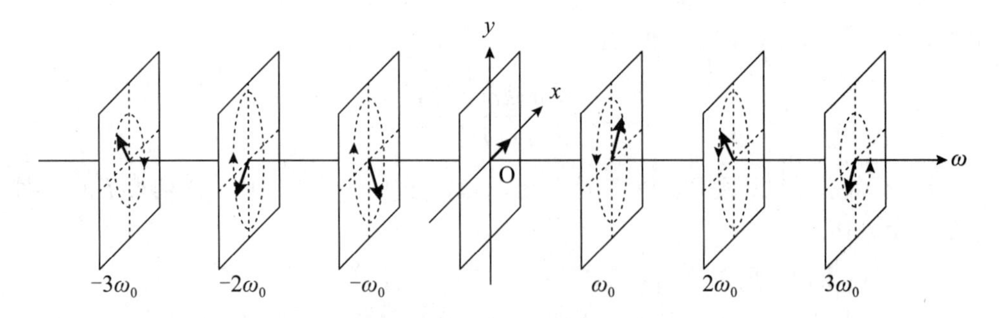

图 2-88　三维频谱

接着前面的例子，周期为 1s 的方波信号，其三维频谱如图 2-89 所示。

仔细观察可以发现：方波信号的傅里叶系数 c_k 是实数，不是复数，因此只需画出实轴和频率轴即可，如图 2-90 所示。

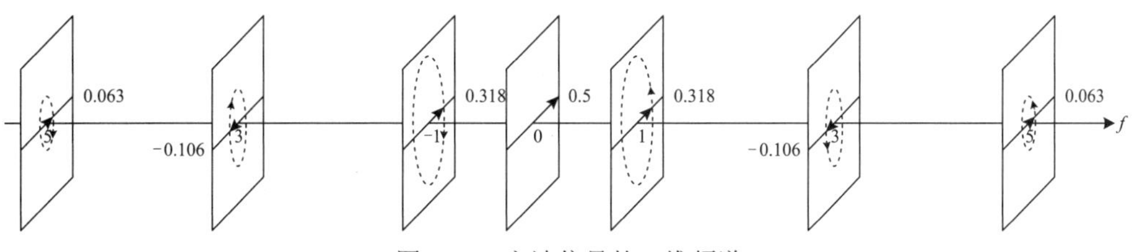

图 2-89　方波信号的三维频谱

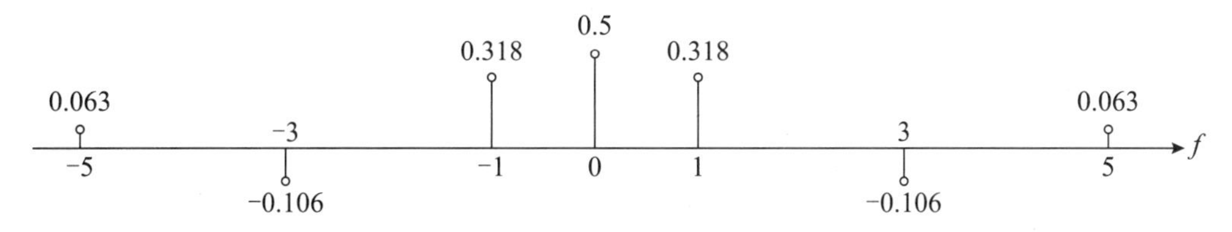

图 2-90　方波信号的三维频谱（只画实轴和频率轴）

需要指出的是，虽然在 c_k 是实数的情况下三维频谱只画了两维，但本质上还是三维频谱，只是虚轴没有画出来而已。注意与后面讲到的幅度谱区分开。

三维频谱非常直观，但绘制起来不方便，很多书中都是使用幅度频谱和相位频谱来进行频谱分析。

2. 幅度频谱和相位频谱

1）幅度谱

以频率为横轴，以幅度为纵轴，将所有 c_k 的幅度（也就是模）画到一张图中，这就是幅度谱。

周期为 1s 的方波信号幅度谱如图 2-91 所示。

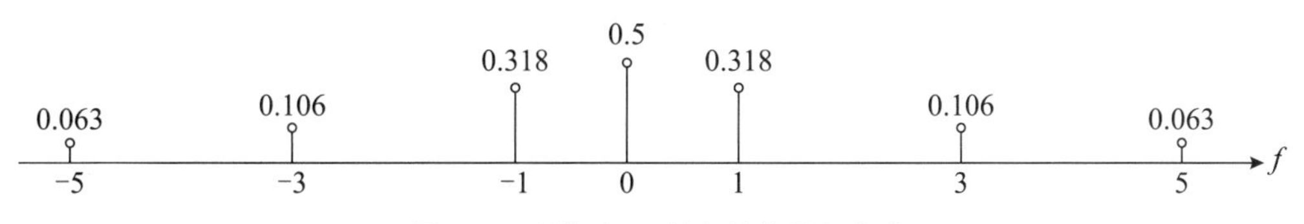

图 2-91　周期为 1s 的方波信号幅度谱

2）相位谱

以频率为横轴，以初相为纵轴，将所有 c_k 的初相画到一张图中，这就是相位谱。

周期为 1s 的方波信号相位谱如图 2-92 所示。

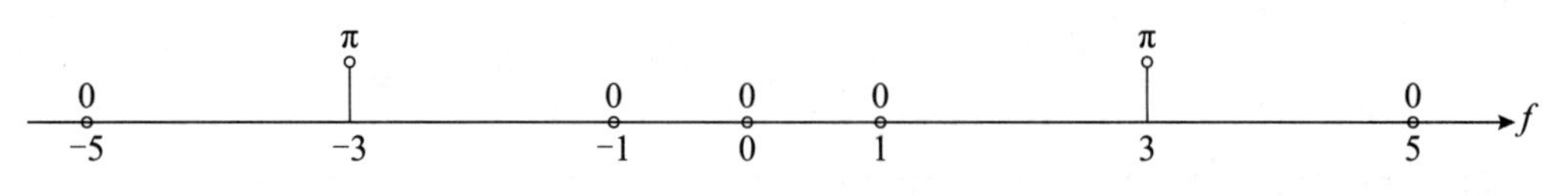

图 2-92　周期为 1s 的方波信号相位谱

二、常用周期信号的频谱

1. 余弦信号的频谱

余弦信号：

$$f(t)=\cos\omega_0 t=\frac{1}{2}\mathrm{e}^{\mathrm{j}\omega_0 t}+\frac{1}{2}\mathrm{e}^{-\mathrm{j}\omega_0 t}$$

1）三维频谱

余弦信号的三维频谱如图 2-93 所示。

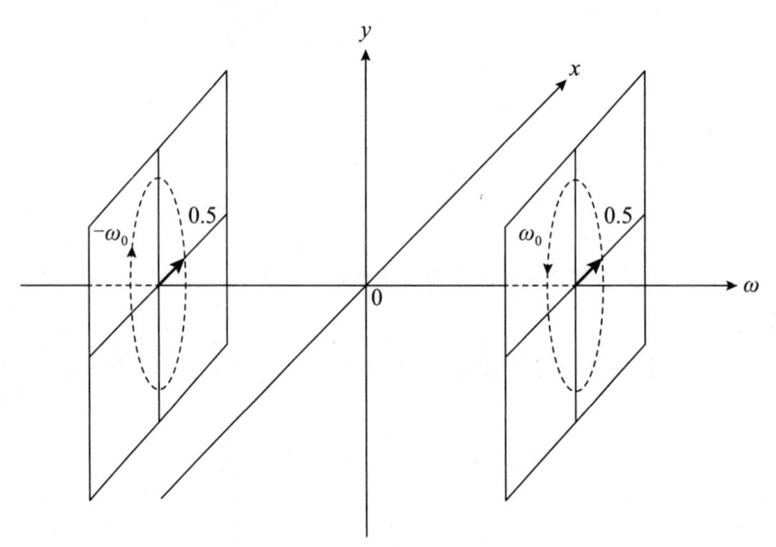

图 2-93　余弦信号的三维频谱图

2）幅度谱

余弦信号的幅度谱如图 2-94 所示。

3）相位谱

余弦信号的相位谱如图 2-95 所示。

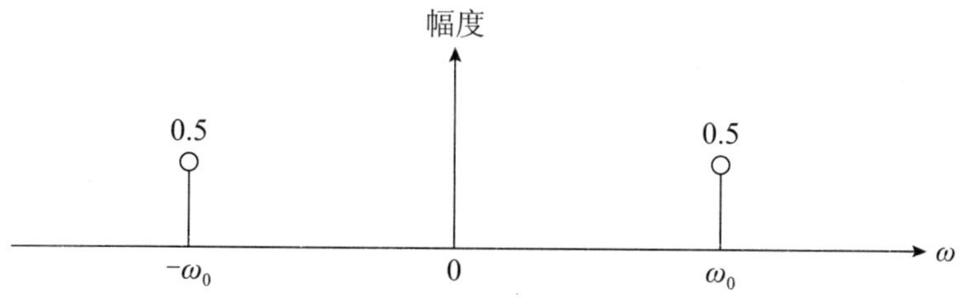

图 2-94　余弦信号的幅度谱

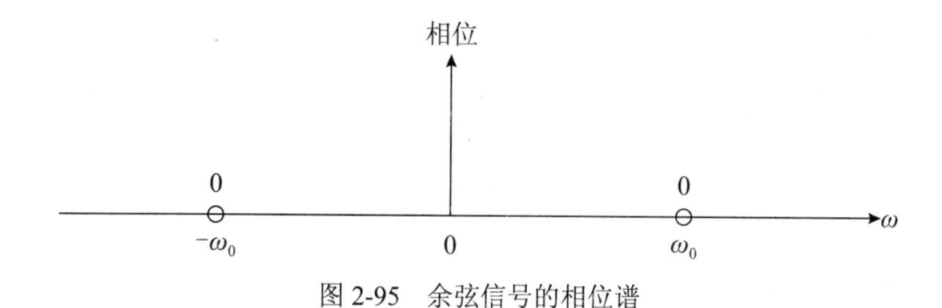

图 2-95　余弦信号的相位谱

2. 正弦信号的频谱

正弦信号：

$$f(t) = \sin \omega_0 t = \frac{1}{2\mathrm{j}}\left(\mathrm{e}^{\mathrm{j}\omega_0 t} - \mathrm{e}^{-\mathrm{j}\omega_0 t}\right) = -\frac{\mathrm{j}}{2}\mathrm{e}^{\mathrm{j}\omega_0 t} + \frac{\mathrm{j}}{2}\mathrm{e}^{-\mathrm{j}\omega_0 t}$$

1）三维频谱

正弦信号的三维频谱如图 2-96 所示。

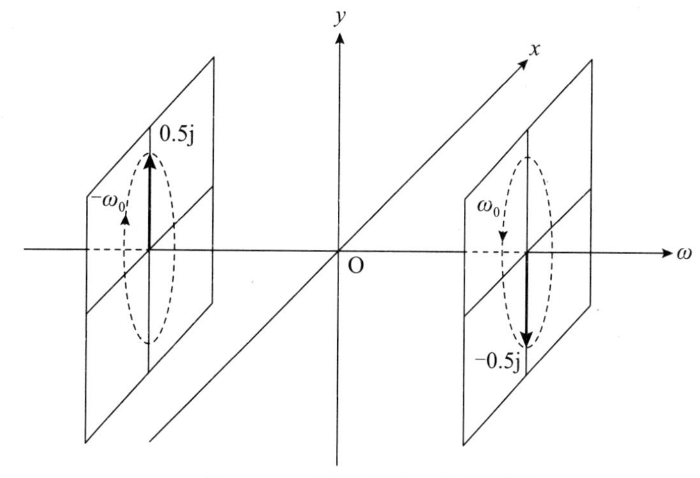

图 2-96　正弦信号的三维频谱图

2）幅度谱

正弦信号的幅度谱如图 2-97 所示。

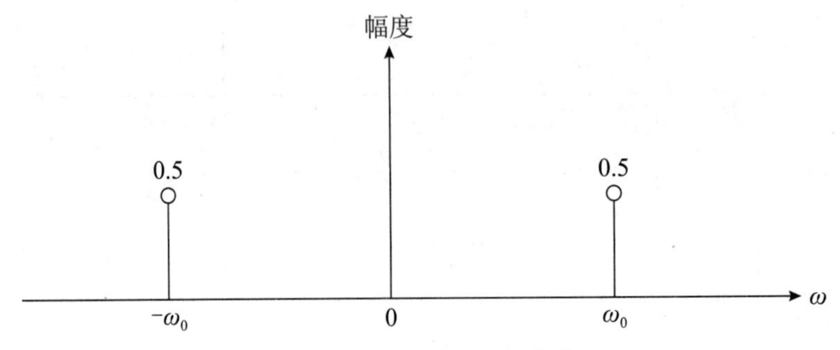

图 2-97　正弦信号的幅度谱

3）相位谱

正弦信号的相位谱如图 2-98 所示。

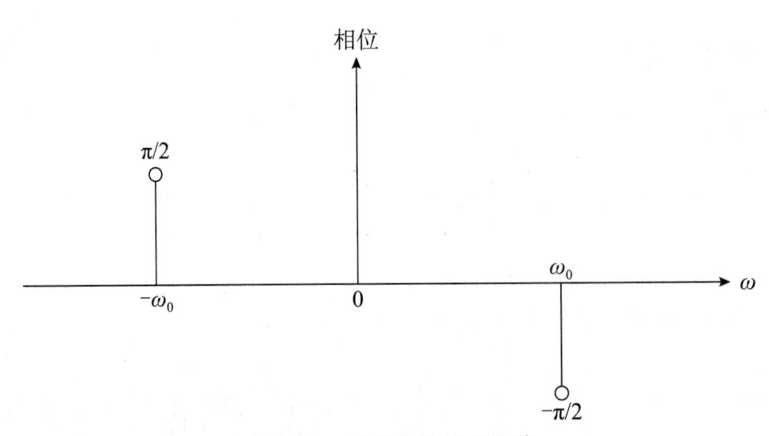

图 2-98　正弦信号的相位谱

3. 方波信号的频谱

周期为 1s 的方波信号如图 2-99 所示。

周期：T=1，脉冲宽度：τ=0.5，占空比：$1/n=\tau/T=1/2$

根据周期矩形信号傅里叶系数表达式：

$$c_k = \frac{1}{n}\operatorname{sinc}\left(\frac{k}{n}\right)$$

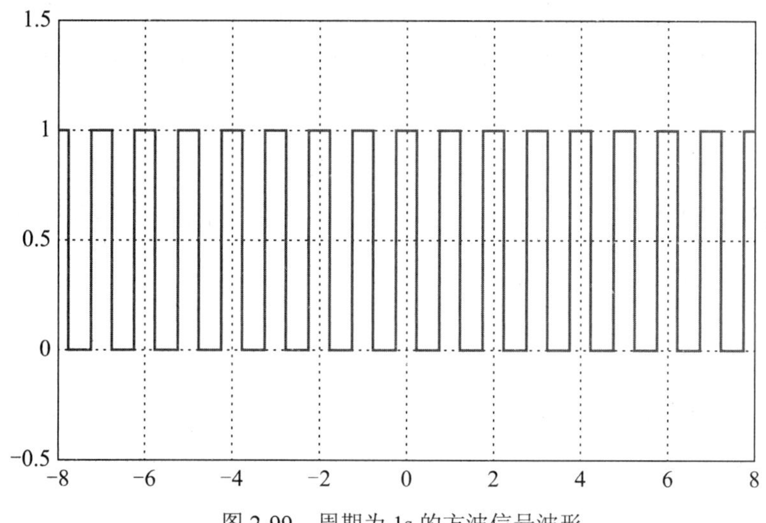

图 2-99　周期为 1s 的方波信号波形

将 n=2 代入，得

$$c_k = \frac{1}{2}\text{sinc}\left(\frac{k}{2}\right)$$

以频率为横轴，傅里叶系数 c_k 为纵轴，画出其三维频谱，如图 2-100 所示。

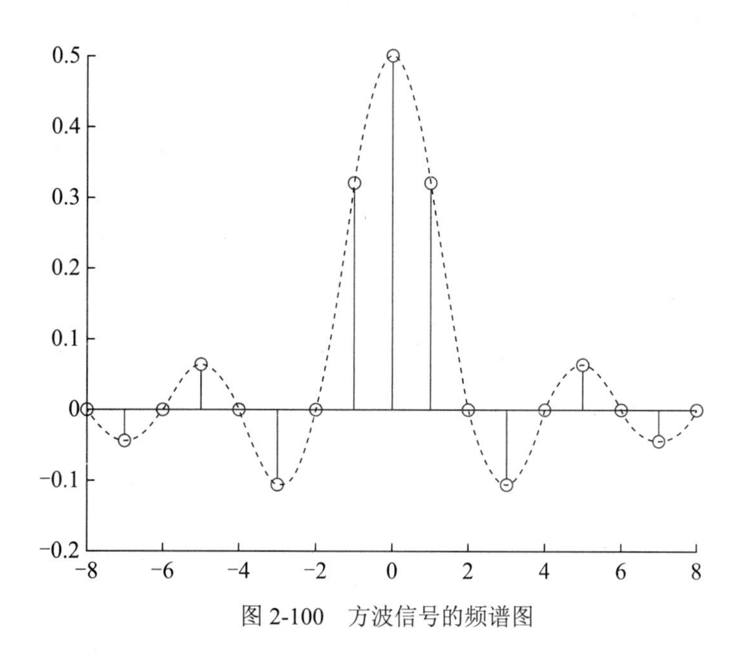

图 2-100　方波信号的频谱图

横轴的单位是 ω_0，也就是说坐标轴上的 k 对应的频率为 $k\omega_0$，k 和 k+1 对应的频率间隔为基波频率 ω_0。换句话说，谱线之间的频率间隔就是基波频率。

其中：$\omega_0 = \dfrac{2\pi}{T}$，$T$ 是周期信号的周期。

值得注意的是：只有 c_k 为实数的情况下才能这样画三维频谱。

仔细观察可以发现：对于幅度为 1、周期为 1s 的方波信号，其离散谱就是对 $\dfrac{1}{2}\text{sinc}\left(\dfrac{1}{2}f\right)$ 的采样，采样间隔为 f_0。

4. 周期矩形信号的频谱

周期矩形信号的傅里叶系数：

$$c_k = \frac{1}{n}\text{sinc}\left(\frac{k}{n}\right)$$

将

$$n = \frac{T}{\tau} = \frac{1}{\tau f_0}$$

代入上式 sinc 函数中，得

$$c_k = \frac{1}{n}\text{sinc}\left(\tau k f_0\right)$$

也就是说：

幅度为 1、脉宽为 τ、占空比为 $1/n$ 的周期矩形信号的离散谱就是对 $\dfrac{1}{n}\text{sinc}\left(\tau f\right)$ 的采样，采样间隔为 f_0。

下面接着前面周期方波信号的例子。保持脉宽不变，逐步增大周期，得到不同占空比的周期矩形信号，对其频谱进行对比。

1）占空比为 1/4 的周期矩形信号

保持脉宽不变，周期增大一倍，得到占空比为 1/4 的周期矩形信号，如图 2-101 所示。

周期：T=2，脉冲宽度：τ=0.5，占空比：$1/n=\tau/T$=1/4

根据周期矩形信号傅里叶系数表达式：

$$c_k = \frac{1}{n}\text{sinc}\left(\frac{k}{n}\right)$$

将 n=4 代入，得

$$c_k = \frac{1}{4}\text{sinc}\left(\frac{k}{4}\right)$$

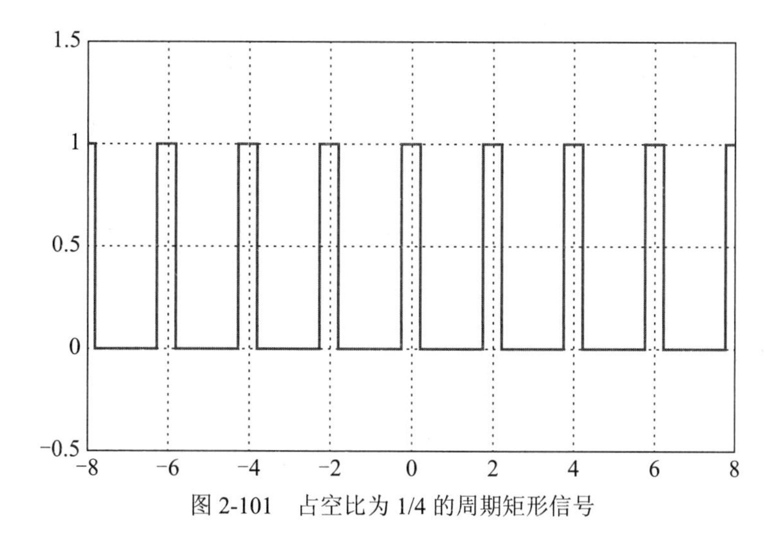

图 2-101　占空比为 1/4 的周期矩形信号

其三维频谱如图 2-102 所示。

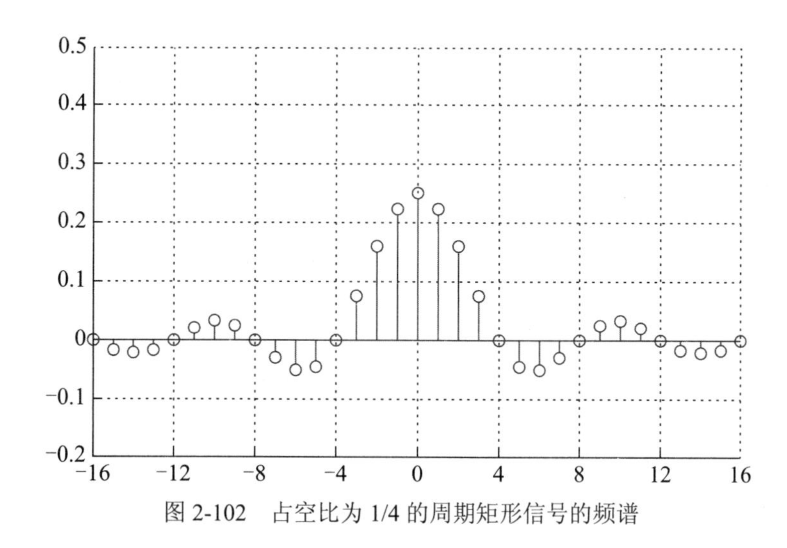

图 2-102　占空比为 1/4 的周期矩形信号的频谱

由于周期增大一倍，基波频率减小一半，谱线间隔也随之减小一半。

2）占空比为 1/8 的周期矩形信号

保持脉宽不变，周期再增大一倍，得到占空比为 1/8 的周期矩形信号，如图 2-103 所示。

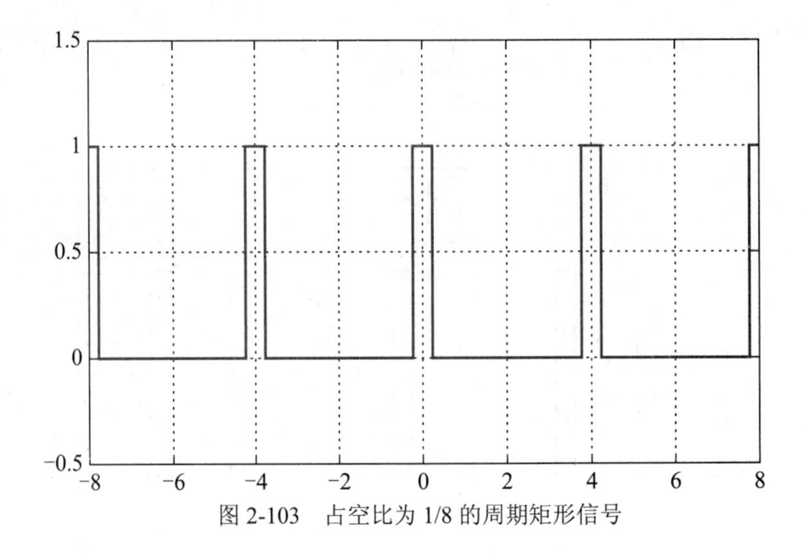

图 2-103　占空比为 1/8 的周期矩形信号

周期：T=4，脉冲宽度：τ=0.5，占空比：$1/n=\tau/T=1/8$

根据周期矩形信号傅里叶系数表达式：

$$c_k = \frac{1}{n}\mathrm{sinc}\left(\frac{k}{n}\right)$$

将 n=8 代入，得

$$c_k = \frac{1}{8}\mathrm{sinc}\left(\frac{k}{8}\right)$$

其三维频谱如图 2-104 所示。

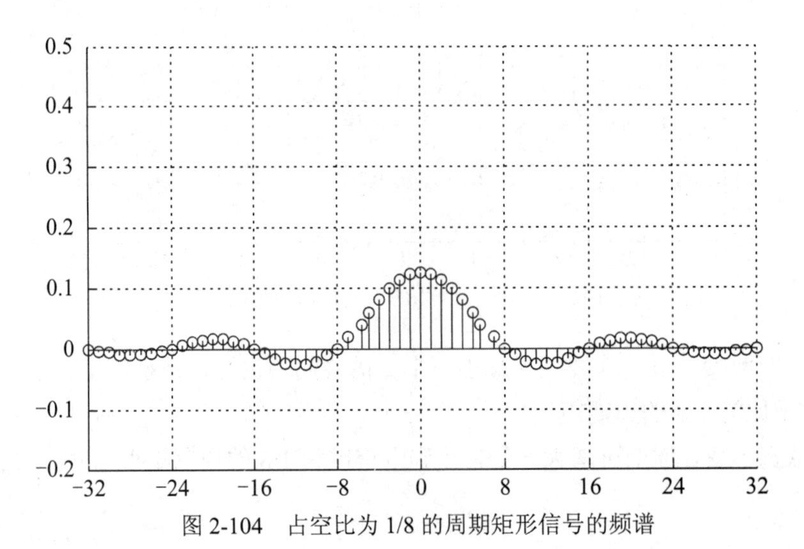

图 2-104　占空比为 1/8 的周期矩形信号的频谱

由于周期又增大一倍，基波频率又减小一半，谱线间隔也随之减小一半。

3）频谱对比

将脉宽相同、占空比不同的三个周期矩形信号的波形画到一起，如图 2-105 所示。

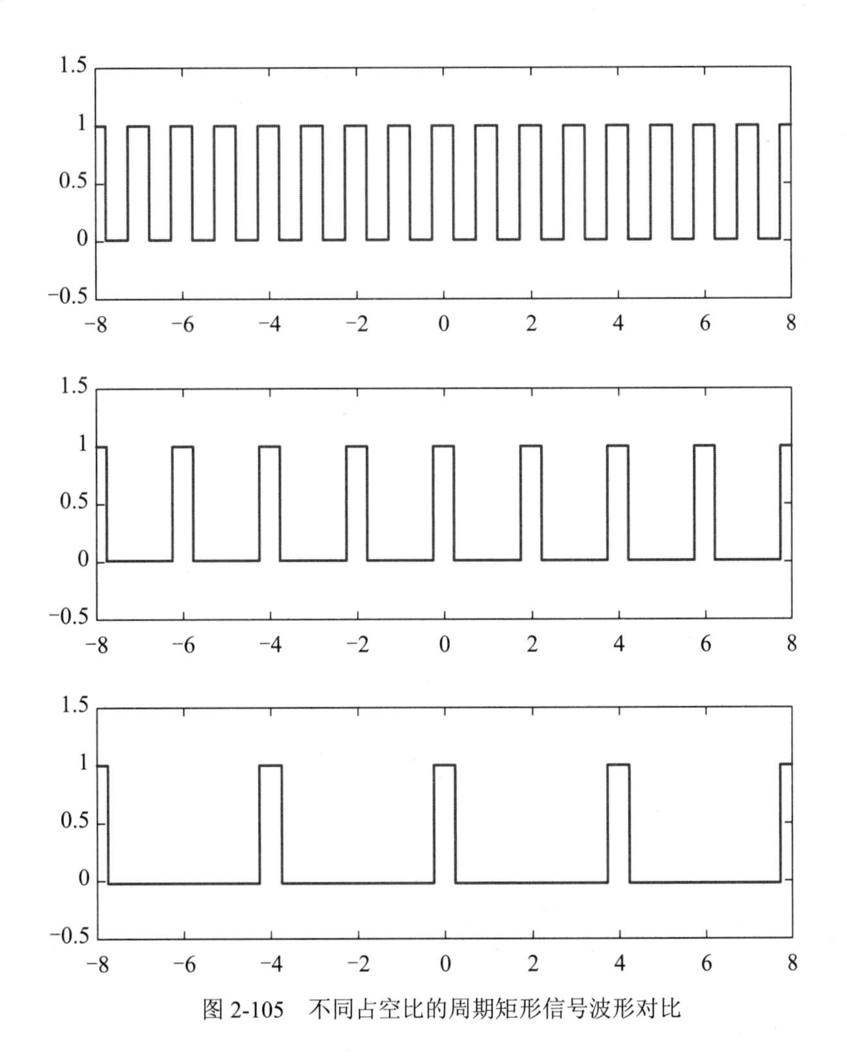

图 2-105　不同占空比的周期矩形信号波形对比

对应的频谱也画到一起，如图 2-106 所示。

很明显，周期每扩大一倍，谱线的数量也扩大一倍，谱线间隔和谱线长度都会减小一半。随着周期的不断增大，谱线间隔越来越小，谱线长度也越来越短。

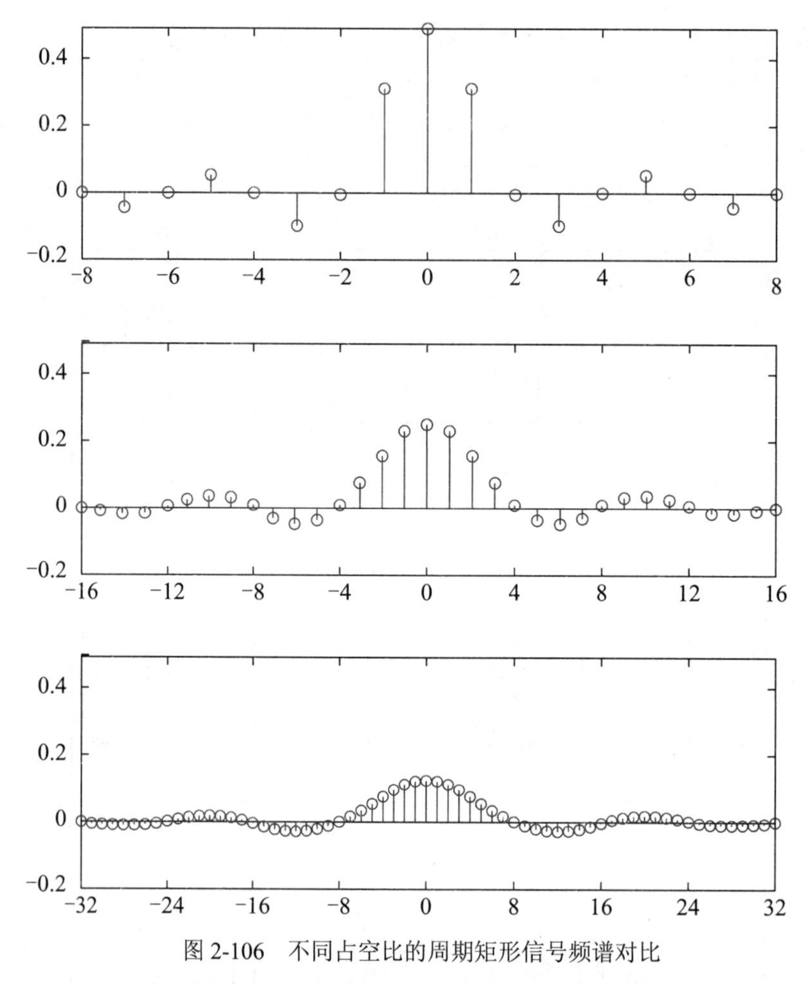

图 2-106　不同占空比的周期矩形信号频谱对比

注：虽然三个频谱图横轴的刻度不同，但是坐标轴相同位置对应的频率是相同的。

2.8　非周期信号的连续谱

下面以非周期矩形信号为例，来研究一下非周期信号的频谱。

一、非周期矩形脉冲信号的离散谱

对于周期矩形信号，保持脉宽 τ 不变，当周期 T 趋于无穷大时，周期矩形信号将变成非周期矩形脉冲信号，如图 2-107 所示。换句话说，非周期矩形脉冲信号可以看

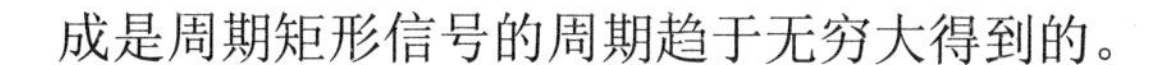

成是周期矩形信号的周期趋于无穷大得到的。

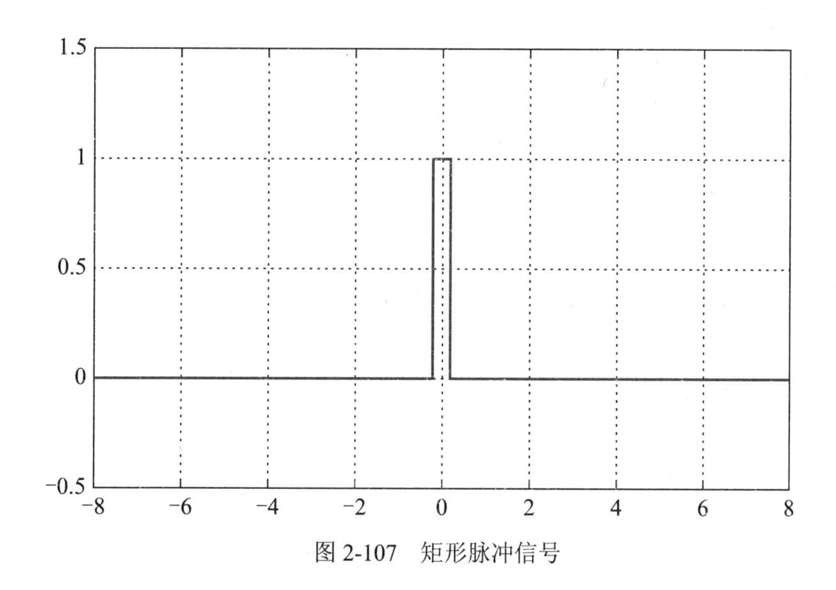

图 2-107　矩形脉冲信号

根据周期矩形信号傅里叶系数表达式：

$$c_k = \frac{1}{n}\text{sinc}\left(\frac{k}{n}\right)$$

T 趋于无穷大时，n 也趋于无穷大，因此频谱的谱线间隔和长度都将趋近于零，如图 2-108 所示。

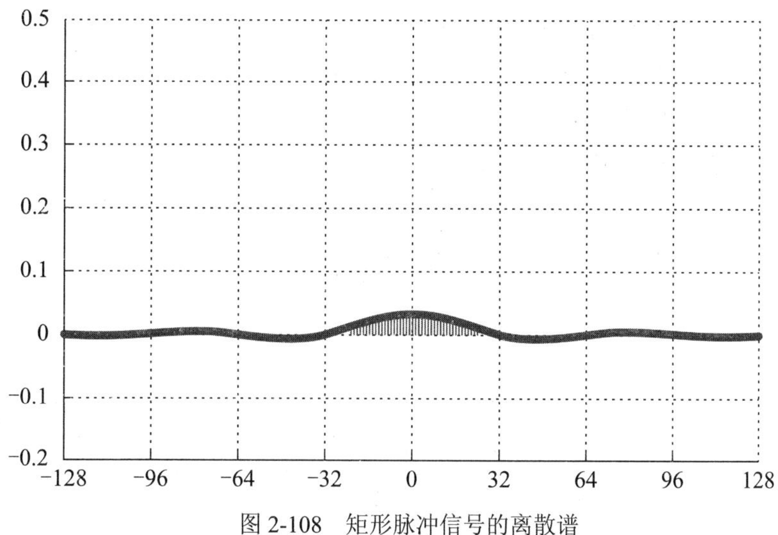

图 2-108　矩形脉冲信号的离散谱

这给非周期信号的频谱分析带来了很大麻烦。

有没有什么办法可以解决这给问题呢？

前面我们分析周期矩形信号的频谱时，发现这样一个规律：周期每扩大一倍，谱线数量也扩大一倍，谱线间隔和谱线长度都会减小一半。设想一下：如果我们用谱线间隔去除谱线长度会怎么样呢？二者的商不会随周期的增大而变化。

这就引出了连续谱。

二、非周期矩形脉冲信号的连续谱

对于周期矩形信号来讲，谱线的长度等于 c_k，谱线的间隔等于基波频率 f_0，二者的商就等于：c_k/f_0。如果以 $kf_0\sim(k+1)f_0$ 为底边，画一个宽为 f_0、面积为 c_k 的矩形，c_k/f_0 就是该矩形的高，如图 2-109 所示。

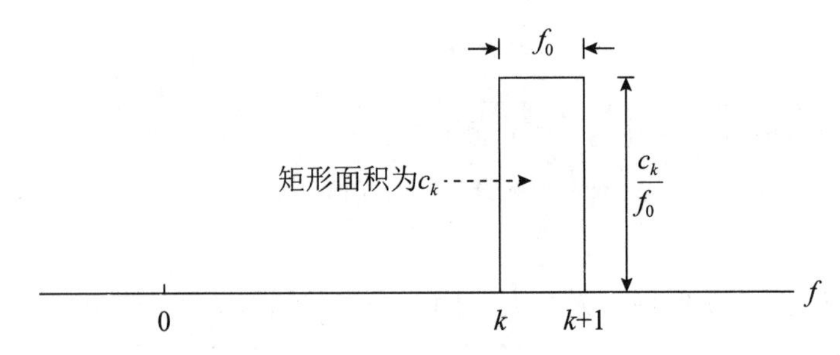

图 2-109 用矩形面积表示傅里叶系数

把周期矩形信号所有的 c_k 都用矩形面积表示出来，并将所有矩形顶端连接起来，将得到一条阶梯状折线。下面看一下这条阶梯状折线。

先来推导一下 c_k/f_0 表达式。

由周期矩形信号傅里叶系数表达式：

$$c_k=\frac{1}{n}\text{sinc}\left(\frac{k}{n}\right)$$

得：

$$\frac{c_k}{f_0}=\frac{1}{nf_0}\text{sinc}\left(\frac{k}{n}\right)$$

将：

$$n=\frac{T}{\tau}=\frac{1}{\tau f_0}$$

代入，得

$$\frac{c_k}{f_0}=\tau\,\text{sinc}\left(\tau k f_0\right)$$

也就是说：c_k/f_0 的取值就是对 $\tau\,\text{sinc}\,(\tau f)$ 的平顶采样，采样间隔为 f_0。

将幅度为 1、脉宽 τ=0.5、周期分别为 1、2、4 的周期矩形信号的 c_k/f_0 阶梯状折线和离散谱画在一起，如图 2-110 所示。

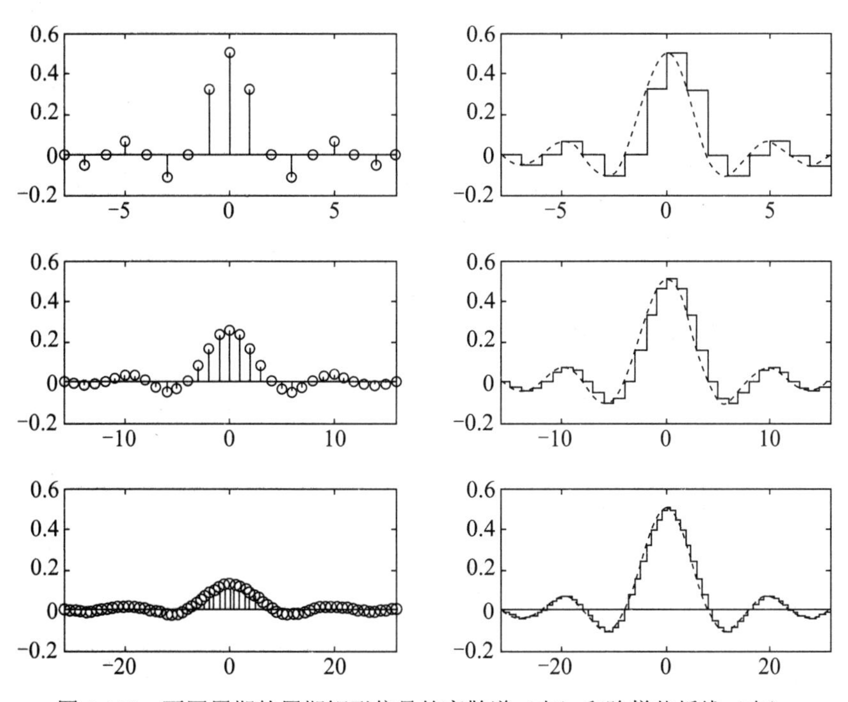

图 2-110　不同周期的周期矩形信号的离散谱（左）和阶梯状折线（右）

很明显，随着周期的增大，阶梯状折线逐渐逼近 $\tau\,\text{sinc}\,(\tau f)$ 这条曲线。可以想象：当 $T\rightarrow\infty$时，周期矩形信号演变为非周期矩形脉冲信号，二者将完全重合。

由此引出定义：

幅度为 1、脉宽为 τ 的非周期矩形脉冲信号的连续频谱是：$X(f)=\tau\,\text{sinc}\,(\tau f)$

幅度为 1、脉宽 τ=0.5 的矩形脉冲信号的连续谱如图 2-111 所示。

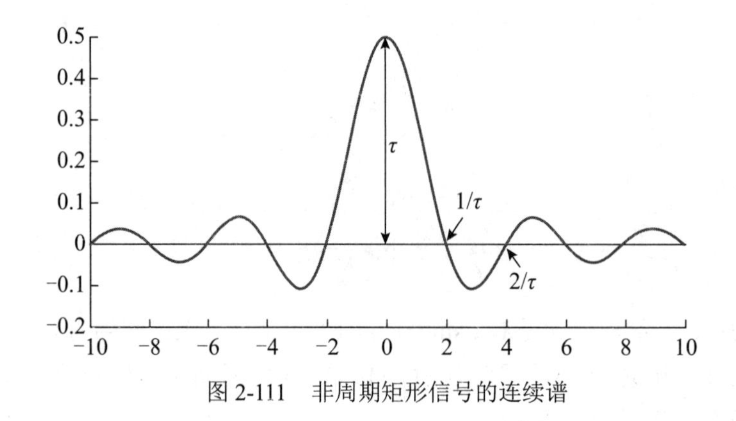

图 2-111　非周期矩形信号的连续谱

2.9　傅里叶变换

前面以矩形脉冲信号为例介绍了非周期信号的连续谱。如果是一般的非周期信号，如何求其连续谱呢？这就引出了傅里叶变换。

一、傅里叶正变换

将推导非周期矩形信号连续谱的方法推广到一般非周期信号，如图 2-112 所示。

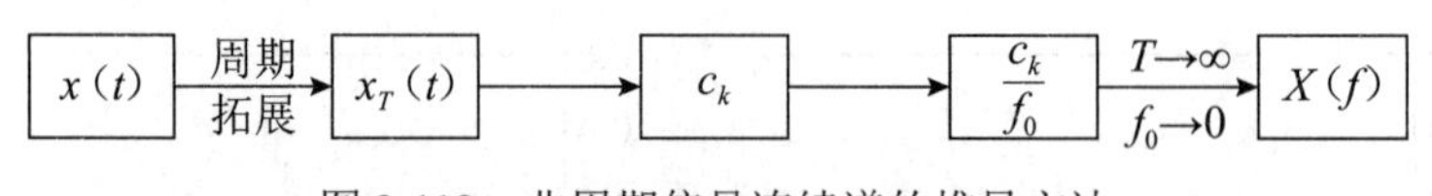

图 2-112　非周期信号连续谱的推导方法

（1）以 T 为周期，对非周期信号 $x(t)$ 进行周期性拓展得到周期信号 $x_T(t)$。

（2）求出周期信号 $x_T(t)$ 的傅里叶系数。

$$c_k = \frac{1}{T}\int_{-T/2}^{T/2} x_T(t)\mathrm{e}^{-\mathrm{j}k\omega_0 t}\mathrm{d}t$$

将 $T=1/f_0$，$\omega_0=2\pi f_0$ 代入

得

$$c_k = f_0\int_{-T/2}^{T/2} x_T(t)\mathrm{e}^{-\mathrm{j}k2\pi f_0 t}\mathrm{d}t$$

（3）由 c_k 求 c_k/f_0

$$\frac{c_k}{f_0}=\int_{-T/2}^{T/2}x_T(t)\mathrm{e}^{-\mathrm{j}k2\pi f_0 t}\mathrm{d}t$$

（4）T 趋于无穷大时，f_0 趋于 0，c_k/f_0 演变为 $X(f)$，$x_T(t)$ 演变为 $x(t)$，kf_0 演变为 f，由此得到非周期信号 $x(t)$ 的连续谱：

$$X(f)=\int_{-\infty}^{+\infty}x(t)\mathrm{e}^{-\mathrm{j}2\pi ft}\mathrm{d}t$$

这个式子就是傅里叶正变换。

二、傅里叶逆变换

如何由连续谱 $X(f)$ 求对应的非周期信号 $x(t)$ 呢？方法如图 2-113 所示。

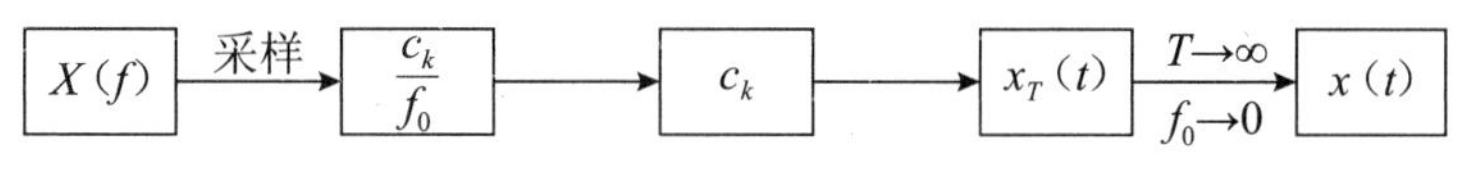

图 2-113　由连续谱求对应非周期信号的方法

（1）根据连续谱 $X(f)$ 的含义，只要以 f_0 为间隔对 $X(f)$ 进行采样，采样结果乘以 f_0，即可得到一个周期信号的傅里叶系数 c_k，该周期信号的周期 $T=1/f_0$。

$$c_k=f_0X(kf_0)$$

（2）已知 c_k，利用傅里叶级数展开式，就可以求得周期信号 $x_T(t)$。

$$x_T(t)=\sum_{k=-\infty}^{+\infty}c_k\mathrm{e}^{\mathrm{j}k2\pi f_0 t}$$

将 $c_k=f_0X(kf_0)$ 代入，得：

$$x_T(t)=\sum_{k=-\infty}^{+\infty}X(kf_0)\mathrm{e}^{\mathrm{j}k2\pi f_0 t}f_0$$

（3）令周期 T 趋于无穷大，即可得到非周期信号 $x(t)$。

T 趋于无穷大，也就意味着 f_0 趋于 0，kf_0 趋于 f

$$x(t)=\lim_{T\to\infty}x_T(t)=\lim_{f_0\to 0}\sum_{k=-\infty}^{+\infty}X(kf_0)\mathrm{e}^{\mathrm{j}k2\pi f_0 t}f_0=\int_{-\infty}^{+\infty}X(f)\mathrm{e}^{\mathrm{j}2\pi ft}\mathrm{d}f$$

即

$$x(t)=\int_{-\infty}^{+\infty}X(f)\mathrm{e}^{\mathrm{j}2\pi ft}\mathrm{d}f$$

这个式子就是傅里叶逆变换。

上述推导过程中用到了一个微积分的知识，那就是：$f(x)$ 的积分可以用一系列的矩形面积来逼近，矩形的宽为 Δx，高为 $f(k\Delta x)$。如图 2-114 所示。

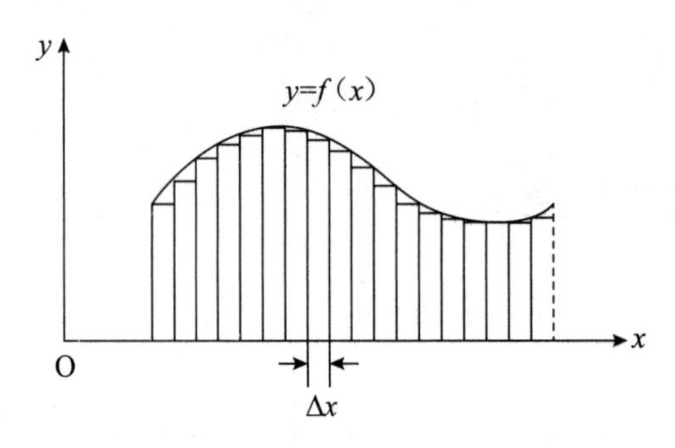

图 2-114　函数的积分

当 $\Delta x\to 0$ 时，所有矩形的面积之和就等于 $f(x)$ 的积分。

$$\int_{-\infty}^{+\infty}f(x)\mathrm{d}x=\lim_{\Delta x\to 0}\sum_{k=-\infty}^{\infty}f(k\Delta x)\Delta x$$

由此式很容易得到：

$$\int_{-\infty}^{+\infty}X(f)\mathrm{e}^{\mathrm{j}2\pi ft}\mathrm{d}f=\lim_{f_0\to 0}\sum_{k=-\infty}^{+\infty}X(kf_0)\mathrm{e}^{\mathrm{j}k2\pi f_0 t}f_0$$

三、傅里叶变换

傅里叶正变换：

$$X(f)=\int_{-\infty}^{+\infty}x(t)\mathrm{e}^{-\mathrm{j}2\pi ft}\mathrm{d}t$$

傅里叶逆变换：

$$x(t)=\int_{-\infty}^{+\infty}X(f)\mathrm{e}^{\mathrm{j}2\pi ft}\mathrm{d}f$$

二者被统称为傅里叶变换。

上面的傅里叶变换表达式中使用的变量是 f，有时候傅里叶变换表达式也使用 ω 作为变量。由 $\omega=2\pi f$，得到：$f=\omega/2\pi$，代入上面的傅里叶变换表达式，很容易得到变量为 ω 的傅里叶变换表达式。

傅里叶正变换：

$$X(\omega)=\int_{-\infty}^{+\infty}x(t)\mathrm{e}^{-\mathrm{j}\omega t}\mathrm{d}t$$

傅里叶逆变换：

$$x(t)=\frac{1}{2\pi}\int_{-\infty}^{+\infty}X(\omega)\mathrm{e}^{\mathrm{j}\omega t}\mathrm{d}\omega$$

四、非周期信号的傅里叶变换

1. 矩形脉冲信号

矩形脉冲信号的傅里叶变换是 sinc 函数。

脉冲幅度为 1、脉冲宽度为 τ 的矩形脉冲信号及其傅里叶变换如图 2-115 所示。

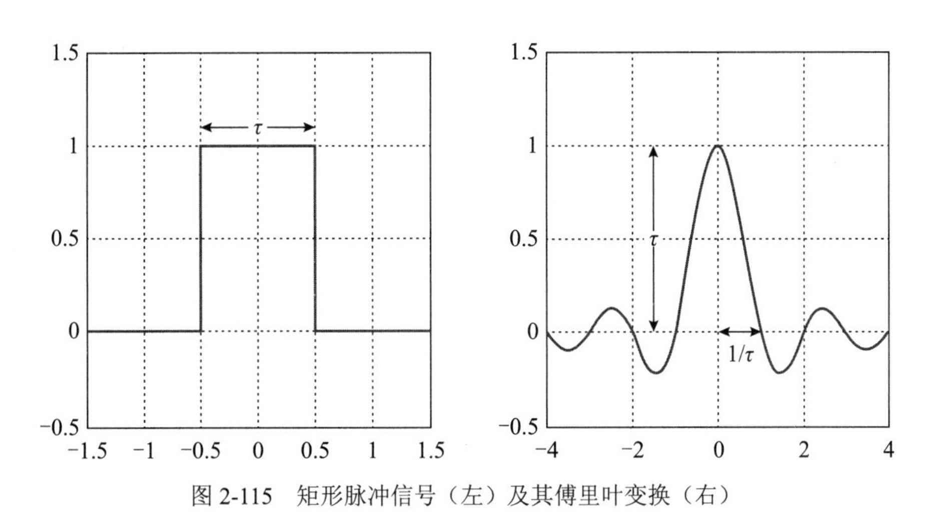

图 2-115　矩形脉冲信号（左）及其傅里叶变换（右）

2. sinc 脉冲信号

sinc 脉冲信号 $\tau\,\mathrm{sinc}\,(\tau t)$ 的傅里叶变换是矩形函数，如图 2-116 所示。

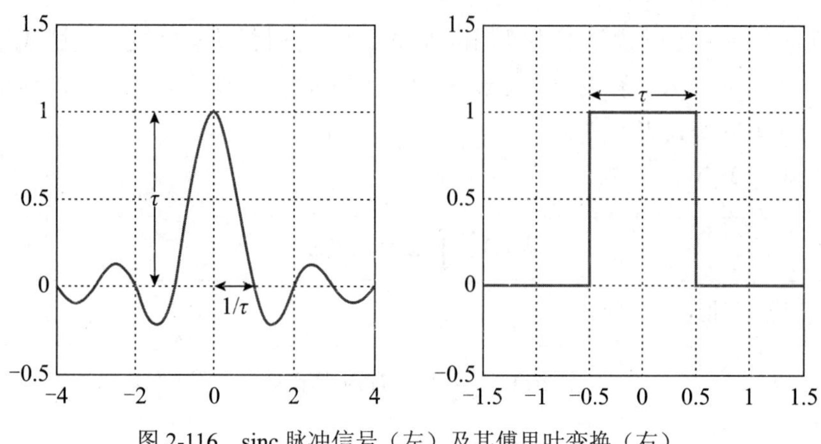

图 2-116　sinc 脉冲信号（左）及其傅里叶变换（右）

3. 单位冲激信号

前面介绍了 sinc 脉冲信号 $\tau\,\mathrm{sinc}\,(\tau t)$ 的傅里叶变换，只要令脉冲幅度 τ 趋于无穷大，就可以得到单位冲激信号的傅里叶变换。

当 τ 趋于无穷大时，幅度为 τ 的 sinc 脉冲信号将演变成单位冲激信号，如图 2-117 所示。

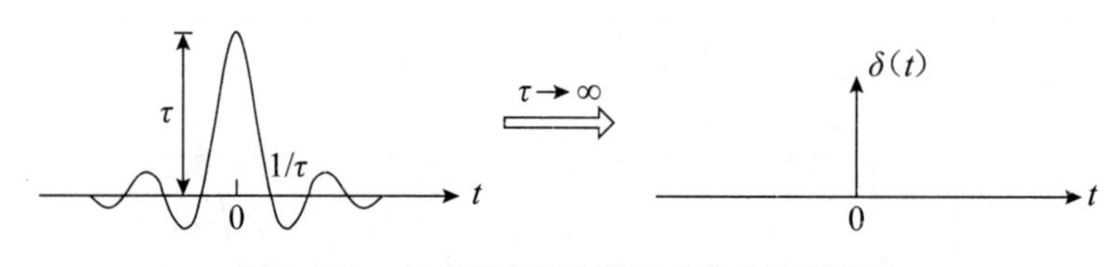

图 2-117　sinc 脉冲信号演变成单位冲激信号

其频谱将演变成一个常数，如图 2-118 所示。

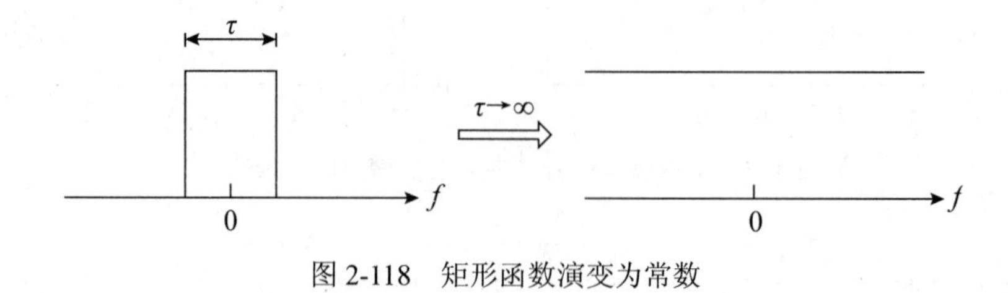

图 2-118　矩形函数演变为常数

由此我们得到了单位冲激信号及其傅里叶变换，如图 2-119 所示。

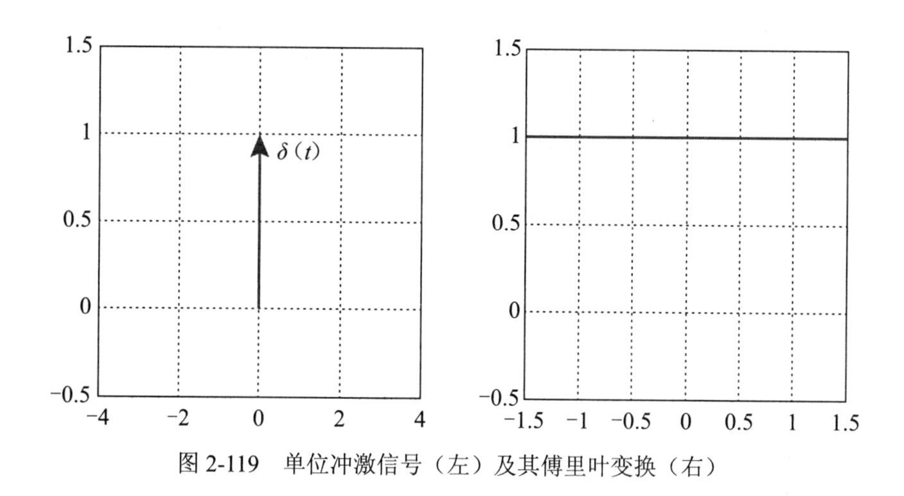

图 2-119　单位冲激信号（左）及其傅里叶变换（右）

TIPS：单位冲激函数

一个矩形脉冲，持续时长为 Δ，幅度为 $1/\Delta$，面积为 1。当 Δ 趋于 0 时，矩形脉冲将演变为一个单位冲激信号 $\delta(t)$，如图 2-120 所示。

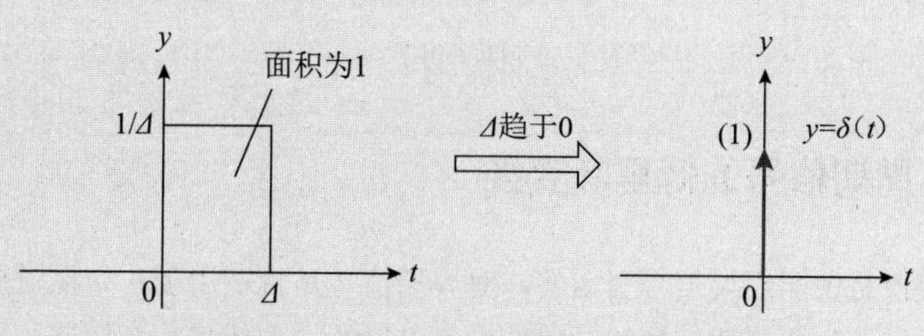

图 2-120　矩形脉冲信号演变成单位冲激信号

单位冲激信号满足如下两个条件：

$$\begin{cases}\int_{-\infty}^{+\infty}\delta(t)\mathrm{d}t=1\\ \delta(t)=0,\ t\neq 0\end{cases}$$

从上面的定义可以看出，单位冲激信号有 3 个特点：

- 幅度：t=0时幅度无穷大，$t\neq$0时幅度为0。
- 宽度：为0。
- 面积：为1。

单位冲激信号除了可以由矩形脉冲信号演变而来，也可以由其他脉冲信号演变而来，例如 sinc 脉冲信号 $\tau\,\mathrm{sinc}\,(\tau t)$，如图 2-121 所示。

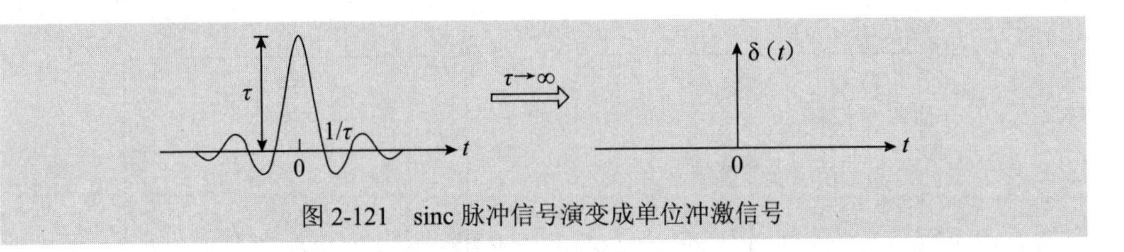

图 2-121　sinc 脉冲信号演变成单位冲激信号

下面我们再利用傅里叶变换公式推导一下单位冲激信号的傅里叶变换。

将 $x(t)=\delta(t)$ 代入傅里叶变换公式：

$$X(f)=\int_{-\infty}^{+\infty}x(t)\mathrm{e}^{-\mathrm{j}2\pi ft}\mathrm{d}t=\int_{-\infty}^{+\infty}\delta(t)\mathrm{e}^{-\mathrm{j}2\pi ft}\mathrm{d}t$$

根据单位冲激函数的定义我们知道：

只有 $t=0$ 时，$\delta(t)$ 才不为 0，而 $t=0$ 时，$\mathrm{e}^{-\mathrm{j}2\pi ft}=\mathrm{e}^0=1$

代入上式后得到：

$$X(f)=\int_{-\infty}^{+\infty}x(t)\mathrm{e}^{-\mathrm{j}2\pi ft}\mathrm{d}t=\int_{-\infty}^{+\infty}\delta(t)\mathrm{e}^{-\mathrm{j}2\pi ft}\mathrm{d}t=\int_{-\infty}^{+\infty}\delta(t)\mathrm{d}t=1$$

由此得出：

$$\mathscr{F}[\delta(t)]=1$$

五、周期信号的傅里叶变换

傅里叶变换是由非周期信号引出的，对周期信号是否适用呢？如果对周期信号也适用，则周期信号和非周期信号的频谱分析就可以统一到傅里叶变换这一种方法了。

先来看一下直流信号的傅里叶变换。

1. 直流信号的傅里叶变换

前面介绍了矩形脉冲信号的傅里叶变换，只要令脉宽 τ 趋于无穷大，就可以得到直流信号的傅里叶变换。

幅度为 1、脉宽为 τ 的矩形脉冲信号，当 τ 趋于无穷大时，将演变成直流信号 1，如图 2-122 所示。

其傅里叶变换 $X(f)=\tau\,\mathrm{sinc}\,(\tau f)$ 将演变为一个单位冲激函数：$\delta(f)$，如图 2-123 所示。

由此我们得到：幅度为 1 的直流信号的傅里叶变换是位于 $f=0$ 的单位冲激函数 $\delta(f)$，如图 2-124 所示。

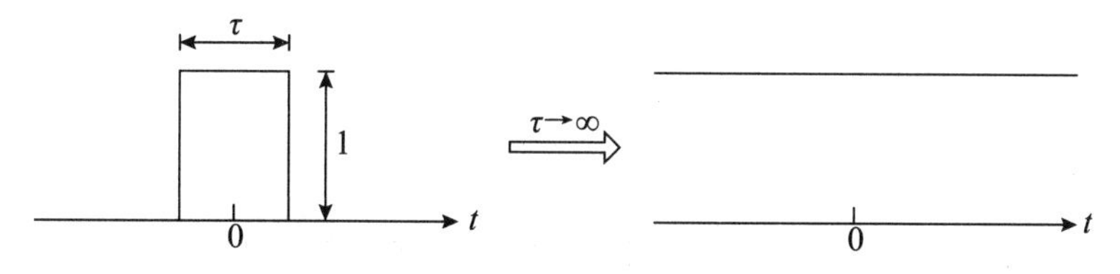

图 2-122　矩形脉冲信号演变成直流信号

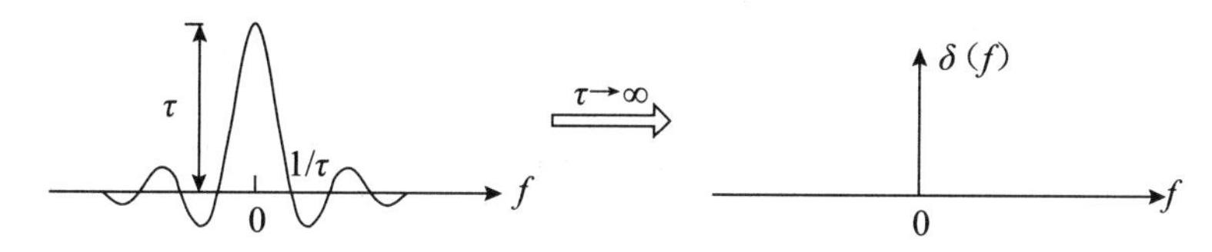

图 2-123　sinc 函数演变为单位冲激函数

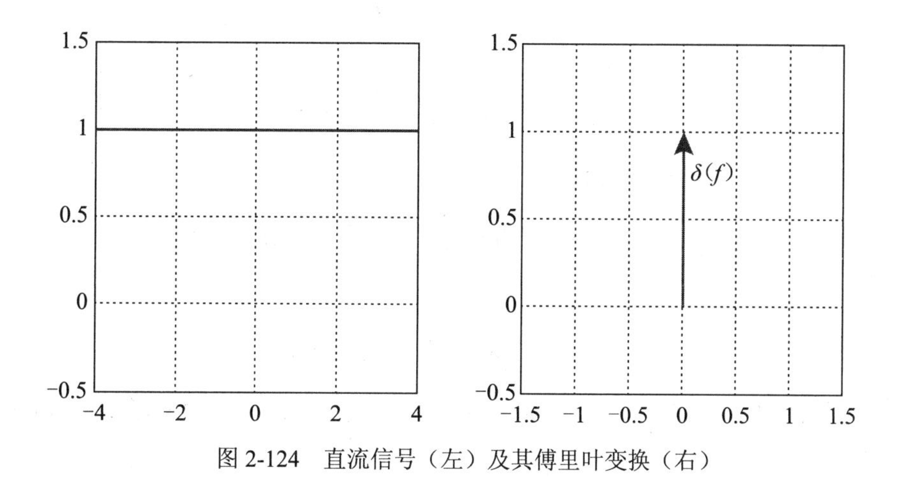

图 2-124　直流信号（左）及其傅里叶变换（右）

要想用傅里叶变换的公式直接推导出 $\mathscr{F}[1]=\delta(f)$，还真有点难，我们换个角度：假定某个信号的频谱是 $\delta(f)$，求这个信号。

根据傅里叶逆变换的公式：

$$\mathscr{F}^{-1}[\delta(f)]=\int_{-\infty}^{+\infty}\delta(f)\mathrm{e}^{\mathrm{j}2\pi ft}\mathrm{d}f$$

由单位冲激函数的定义我们知道：

只有 f=0 时，$\delta(f)$ 才不为 0，而 f=0 时，$\mathrm{e}^{-\mathrm{j}2\pi ft}=\mathrm{e}^0=1$

代入上式后得

$$\mathscr{F}^{-1}[\delta(f)]=\int_{-\infty}^{+\infty}\delta(f)\mathrm{e}^{\mathrm{j}2\pi ft}\mathrm{d}f=\int_{-\infty}^{+\infty}\delta(f)\mathrm{d}f=1$$

由此得

$$\mathscr{F}^{-1}[\delta(f)]=1$$

进一步得到：

$$\mathscr{F}[1]=\delta(f)$$

2. 复指数信号的傅里叶变换

由

$$\mathscr{F}[1]=\delta(f)$$

可以得到：

$$\int_{-\infty}^{+\infty}\mathrm{e}^{-\mathrm{j}2\pi ft}\mathrm{d}t=\delta(f)$$

将 f 替换为 $f-f_0$，得

$$\int_{-\infty}^{+\infty}\mathrm{e}^{-\mathrm{j}2\pi(f-f_0)t}\mathrm{d}t=\delta(f-f_0)$$

复指数信号 $\mathrm{e}^{\mathrm{j}2\pi f_0 t}$ 的傅里叶变换：

$$\mathscr{F}\left[\mathrm{e}^{\mathrm{j}2\pi f_0 t}\right]=\int_{-\infty}^{+\infty}\mathrm{e}^{\mathrm{j}2\pi f_0 t}\mathrm{e}^{-\mathrm{j}2\pi ft}\mathrm{d}t=\int_{-\infty}^{+\infty}\mathrm{e}^{-\mathrm{j}2\pi(f-f_0)t}\mathrm{d}t=\delta(f-f_0)$$

即

$$\mathscr{F}\left[\mathrm{e}^{\mathrm{j}2\pi f_0 t}\right]=\delta(f-f_0)$$

换句话说：复指数信号 $\mathrm{e}^{\mathrm{j}2\pi f_0 t}$ 的傅里叶变换是位于 $f=f_0$ 的单位冲激函数 $\delta(f-f_0)$，如图 2-125 所示。

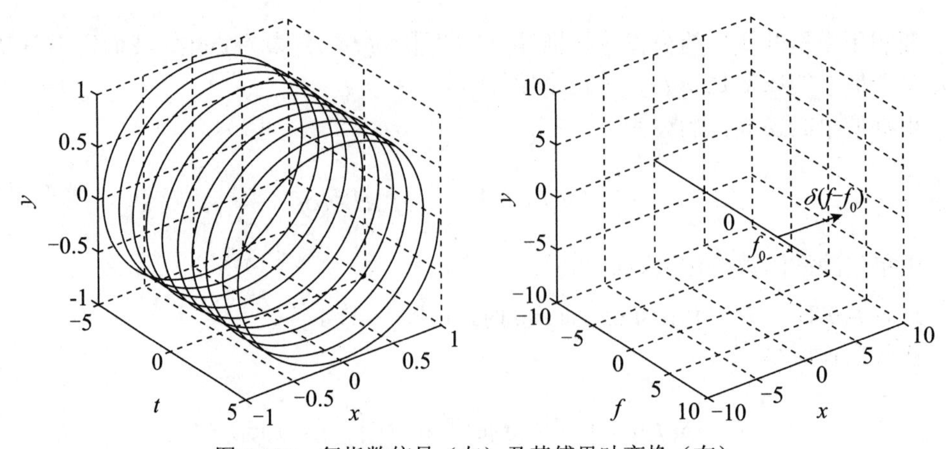

图 2-125　复指数信号（左）及其傅里叶变换（右）

下面再来看一下余弦信号 $\cos 2\pi f_0 t$ 的傅里叶变换。

3. 余弦信号的傅里叶变换

因为：

$$\cos 2\pi f_0 t = \frac{1}{2}(\mathrm{e}^{\mathrm{j}2\pi f_0 t} + \mathrm{e}^{-\mathrm{j}2\pi f_0 t})$$

$$\mathscr{F}\left[\mathrm{e}^{\mathrm{j}2\pi f_0 t}\right] = \delta(f - f_0)$$

$$\mathscr{F}\left[\mathrm{e}^{-\mathrm{j}2\pi f_0 t}\right] = \delta(f + f_0)$$

所以：

$$\mathscr{F}[\cos 2\pi f_0 t] = \frac{1}{2}[\delta(f + f_0) + \delta(f - f_0)]$$

余弦信号及其傅里叶变换如图 2-126 所示。

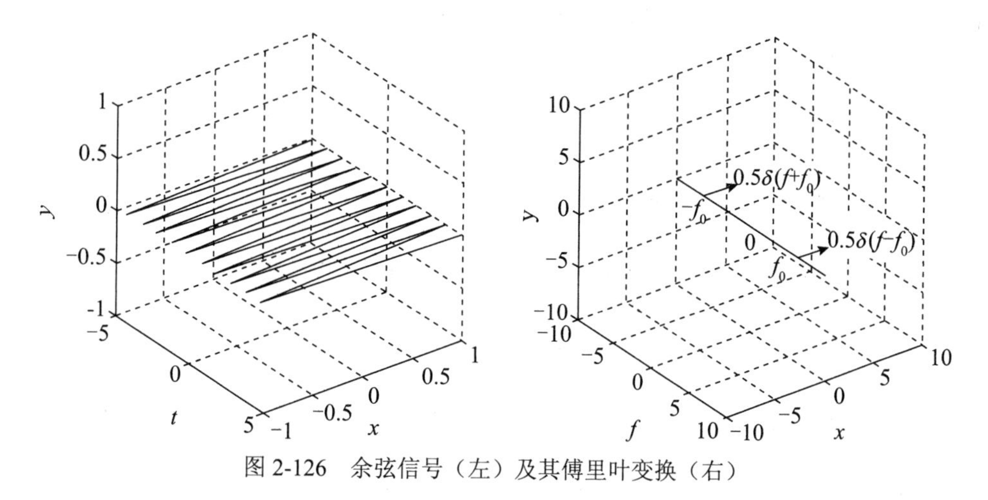

图 2-126　余弦信号（左）及其傅里叶变换（右）

下面看一下正弦信号 $\sin 2\pi f_0 t$ 的傅里叶变换。

4. 正弦信号的傅里叶变换

因为：

$$\sin 2\pi f_0 t = -\frac{\mathrm{j}}{2}(\mathrm{e}^{\mathrm{j}2\pi f_0 t} - \mathrm{e}^{-\mathrm{j}2\pi f_0 t})$$

$$\mathscr{F}\left[\mathrm{e}^{\mathrm{j}2\pi f_0 t}\right] = \delta(f - f_0)$$

$$\mathscr{F}\left[\mathrm{e}^{-\mathrm{j}2\pi f_0 t}\right] = \delta(f + f_0)$$

所以：

$$\mathscr{F}[\sin 2\pi f_0 t]=\frac{\mathrm{j}}{2}[\delta(f+f_0)-\delta(f-f_0)]$$

正弦信号及其傅里叶变换如图 2-127 所示。

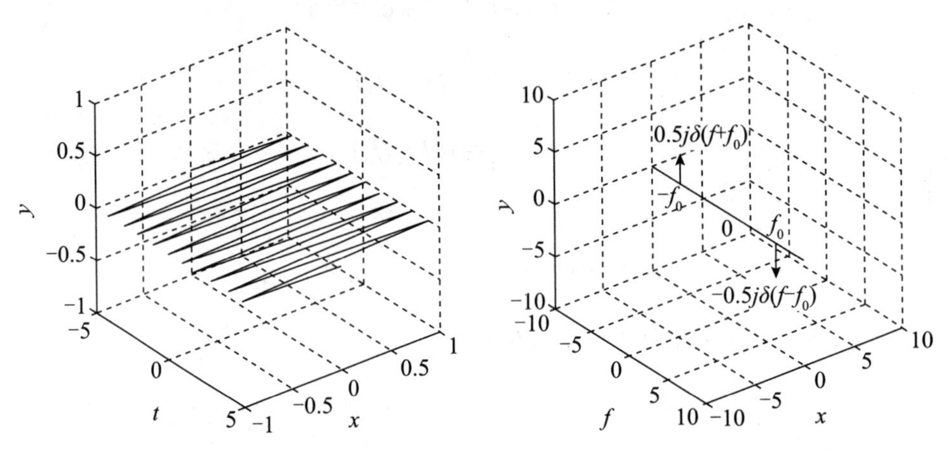

图 2-127　正弦信号（左）及其傅里叶变换（右）

5. 一般周期信号的傅里叶变换

根据傅里叶级数展开，周期信号可以分解为一系列复指数信号$\mathrm{e}^{\mathrm{j}k2\pi f_0 t}$之和：

$$x(t)=\sum_{k=-\infty}^{+\infty} c_k \mathrm{e}^{\mathrm{j}k2\pi f_0 t}$$

根据傅里叶变换的定义：

$$X(f)=\int_{-\infty}^{+\infty} x(t)\mathrm{e}^{-\mathrm{j}2\pi f t}\mathrm{d}t$$

将 $x(t)$ 代入，得

$$X(f)=\int_{-\infty}^{+\infty}(\sum_{k=-\infty}^{+\infty} c_k \mathrm{e}^{\mathrm{j}k2\pi f_0 t})\mathrm{e}^{-\mathrm{j}2\pi f t}\mathrm{d}t=\sum_{k=-\infty}^{+\infty} c_k \int_{-\infty}^{+\infty}\mathrm{e}^{\mathrm{j}k2\pi f_0 t}\mathrm{e}^{-\mathrm{j}2\pi f t}\mathrm{d}t$$

其中积分部分就是求复指数信号$\mathrm{e}^{\mathrm{j}k2\pi f_0 t}$的傅里叶变换。

复指数信号$\mathrm{e}^{\mathrm{j}2\pi f_0 t}$的傅里叶变换在前面介绍过：

$$\int_{-\infty}^{+\infty}\mathrm{e}^{\mathrm{j}2\pi f_0 t}\mathrm{e}^{-\mathrm{j}2\pi f t}\mathrm{d}t=\delta(f-f_0)$$

用 kf_0 替换 f_0，即可得到 $e^{jk2\pi f_0 t}$ 的傅里叶变换：

$$\int_{-\infty}^{+\infty} e^{jk2\pi f_0 t} e^{-j2\pi f t} dt = \delta(f - kf_0)$$

代入后，得

$$X(f) = \sum_{k=-\infty}^{+\infty} c_k \delta(f - kf_0)$$

也就是说：

周期信号的傅里叶变换是由一系列的冲激函数构成，这些冲激位于信号的基波和各谐波频率处，冲激的强度是傅里叶系数 c_k。

周期为 1 秒的方波信号的傅里叶变换如图 2-128 所示。

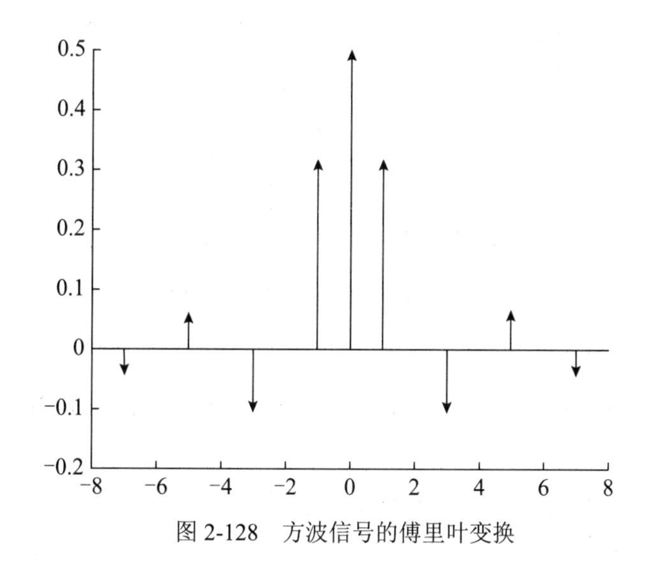

图 2-128　方波信号的傅里叶变换

六、傅里叶变换的对称性

前面讲了直流信号的傅里叶变换：

$\mathscr{F}[1] = \delta(f)$，即："1 的傅里叶变换是单位冲激函数"。

又讲了单位冲激信号的傅里叶变换：

$\mathscr{F}[\delta(t)] = 1$，即："单位冲激信号的傅里叶变换是 1"。

把这两个信号及其傅里叶变换画到同一张图中，可以发现二者具有很明显的对称关系，如图 2-129 所示。

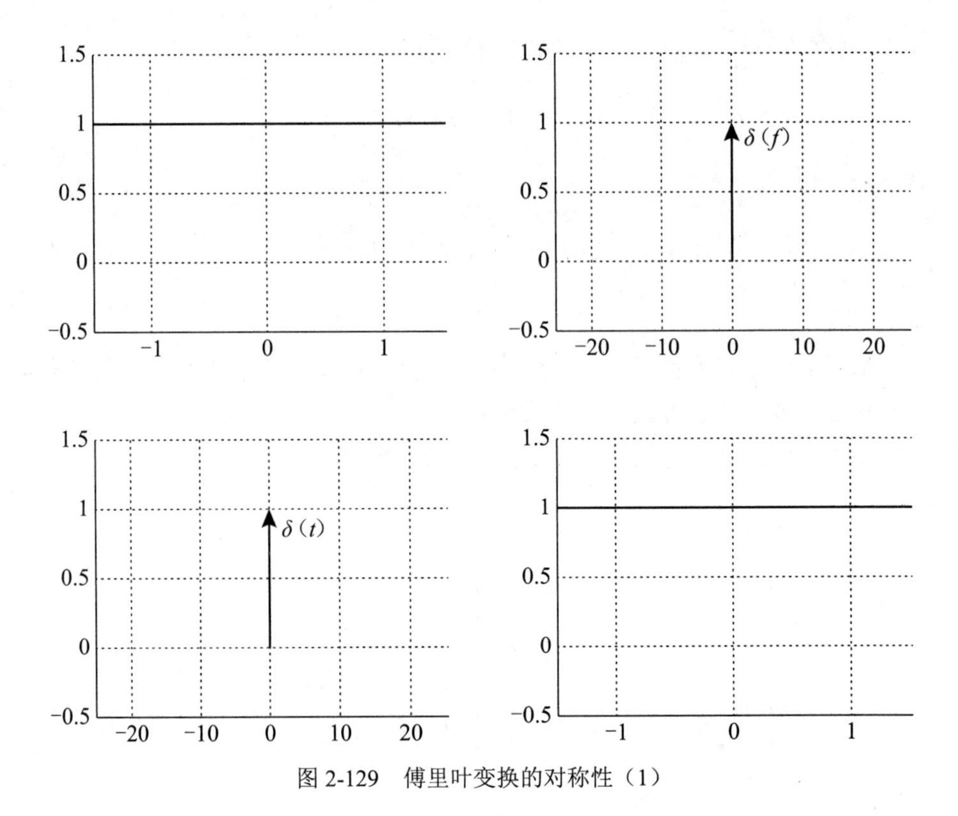

图 2-129　傅里叶变换的对称性（1）

这就是傅里叶变换的对称性：

> 如果函数 $x(t)$ 的傅里叶变换是 $y(f)$，则 $y(t)$ 的傅里叶变换是 $x(-f)$。

换句话说就是：

若：$\mathscr{F}[x(t)]=y(f)$　则：$\mathscr{F}[y(t)]=x(-f)$

为什么傅里叶变换会有这种对称性呢？

我们来看一下傅里叶正、逆变换的表达式：

$$y(f)=\mathscr{F}[x(t)]=\int_{-\infty}^{+\infty}x(t)\mathrm{e}^{-\mathrm{j}2\pi ft}\mathrm{d}t\text{（傅里叶正变换）}$$

$$x(t)=\mathscr{F}^{-1}[y(f)]=\int_{-\infty}^{+\infty}y(f)\mathrm{e}^{\mathrm{j}2\pi ft}\mathrm{d}f\quad\text{（傅里叶逆变换）}$$

暂且抛开 t、f、$x(t)$ 和 $y(t)$ 的物理意义不谈，只把 $x(t)$ 和 $y(t)$ 看作两个自变量不同的一般函数，则傅里叶正变换和逆变换的表达式只差了一个负号。

由

$$x(t)=\int_{-\infty}^{+\infty}y(f)\mathrm{e}^{\mathrm{j}2\pi ft}\mathrm{d}f$$

可得

$$x(-t)=\int_{-\infty}^{+\infty} y(f)\mathrm{e}^{-\mathrm{j}2\pi ft}\mathrm{d}f$$

将 f 和 t 对调：

$$x(-f)=\int_{-\infty}^{+\infty} y(t)\mathrm{e}^{-\mathrm{j}2\pi ft}\mathrm{d}t$$

上式的右端正好是 $y(t)$ 的傅里叶变换表达式。

由此我们证明了：

$$x(-f)=\mathscr{F}[y(t)]$$

更进一步，如果函数 $x(t)$ 是个偶函数：$x(-f)=x(f)$，可以得到：

如果函数 $x(t)$ 是个偶函数，其傅里叶变换是 $y(f)$，则 $y(t)$ 的傅里叶变换是 $x(f)$。

下面以矩形脉冲信号的傅里叶变换和 sinc 脉冲信号的傅里叶变换为例，再看一下傅里叶变换的对称性，如图 2-130 所示。

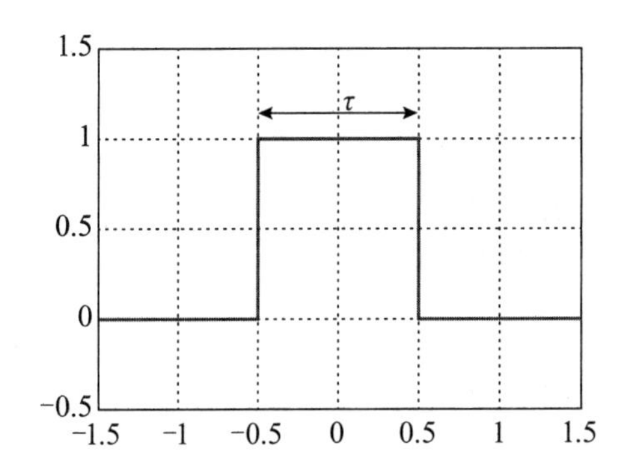

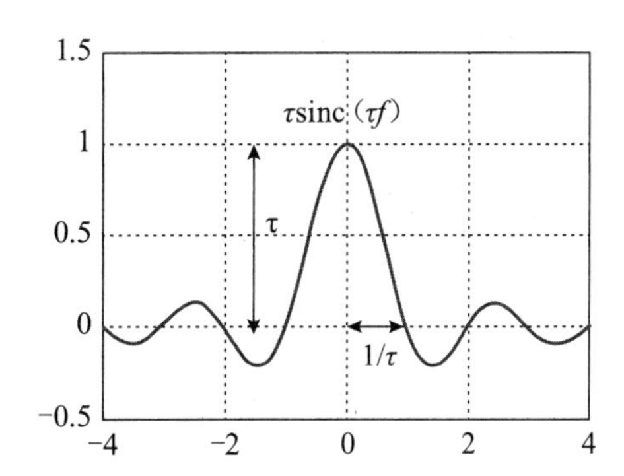

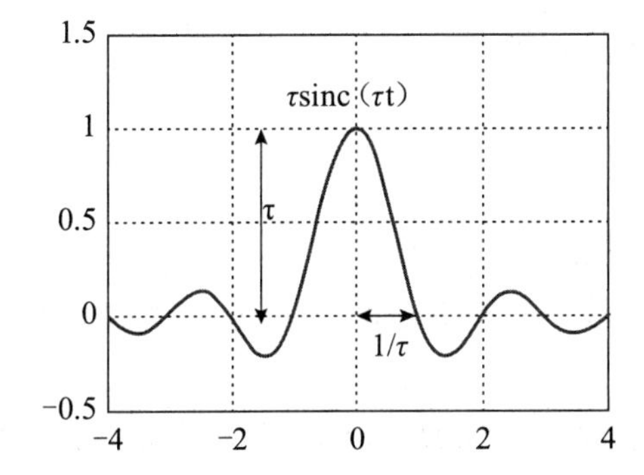

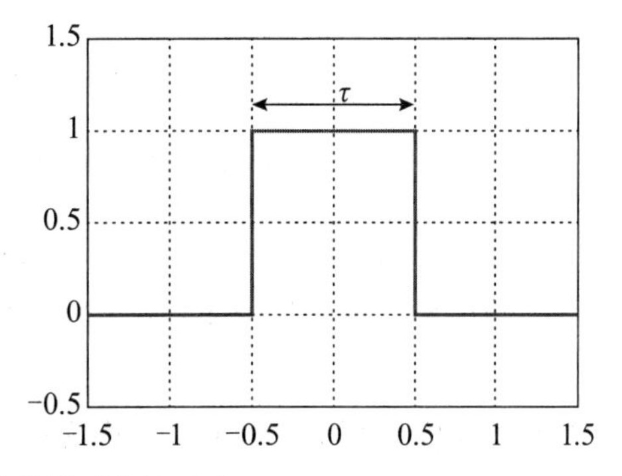

图 2-130　傅里叶变换的对称性（2）

七、延迟信号的傅里叶变换

1. 傅里叶变换的时移特性

信号 $x(t-t_0)$ 由 $x(t)$ 延迟 t_0 时间得到。

若：$\mathscr{F}[x(t)]=X(f)$

则：$\mathscr{F}[x(t-t_0)]=X(f)\mathrm{e}^{-\mathrm{j}2\pi ft_0}$

也就是说：信号 $x(t)$ 在时域中延迟 t_0 等价于在频域中乘以因子$\mathrm{e}^{-\mathrm{j}2\pi ft_0}$。这就是傅里叶变换的时移特性。简单讲就是：时域延迟等价于频域旋转。

将 $x(t)$ 的频谱做一下旋转即可得到 $x(t-t_0)$ 的频谱：

$f>0$ 部分，顺时针旋转；

$f<0$ 部分，逆时针旋转；

旋转的角度大小为 $|2\pi ft_0|$，与频率 f 成正比。

2. 傅里叶变换时移特性的证明

由傅里叶变换的定义，得

$$\mathscr{F}[x(t-t_0)]=\int_{-\infty}^{+\infty}x(t-t_0)\mathrm{e}^{-\mathrm{j}2\pi ft}\mathrm{d}t=\mathrm{e}^{-\mathrm{j}2\pi ft_0}\int_{-\infty}^{+\infty}x(t-t_0)\mathrm{e}^{-\mathrm{j}2\pi f(t-t_0)}\mathrm{d}(t-t_0)$$

令 $\tau=t-t_0$，得

$$\mathscr{F}[x(t-t_0)]=\mathrm{e}^{-\mathrm{j}2\pi ft_0}\int_{-\infty}^{+\infty}x(\tau)\mathrm{e}^{-\mathrm{j}2\pi f\tau}\,\mathrm{d}\tau=\mathrm{e}^{-\mathrm{j}2\pi ft_0}X(f)$$

至此我们得到了：

$$\mathscr{F}[x(t-t_0)]=X(f)\mathrm{e}^{-\mathrm{j}2\pi ft_0}$$

3. 矩形脉冲延迟信号的傅里叶变换

下面看一下矩形脉冲信号及其延迟信号的频谱。

矩形脉冲信号 $x(t)$ 及其延迟信号 $x(t-t_0)$ 的波形如图 2-131 所示。脉冲宽度 $\tau=1$，时间延迟 $t_0=0.1$。

矩形脉冲信号 $x(t)$ 的傅里叶变换为：$\mathscr{F}[x(t)]=\tau\,\mathrm{sinc}\,(\tau f)$，其频谱如图 2-132 所示。

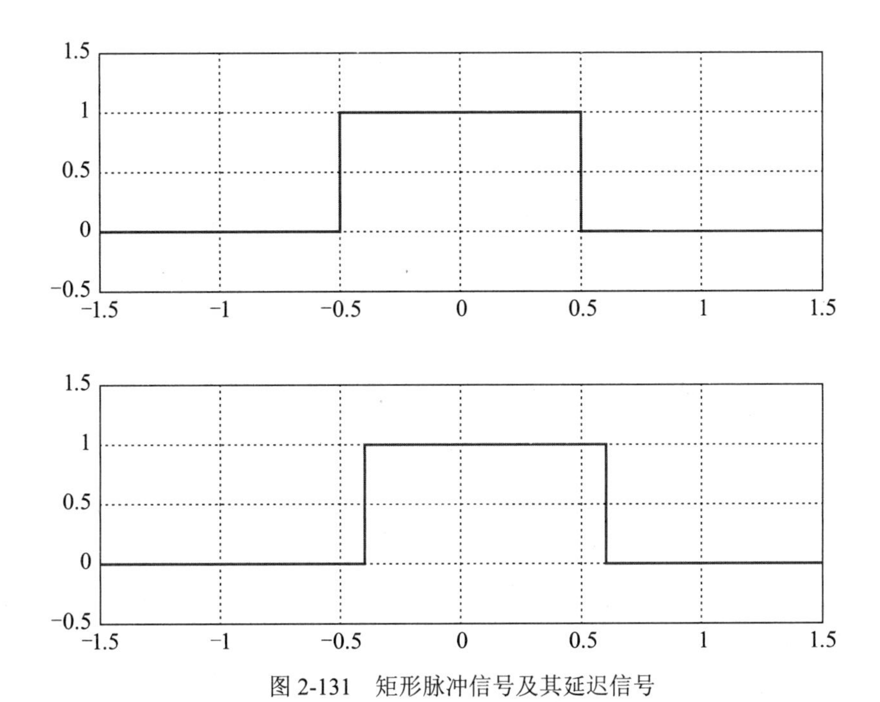

图 2-131　矩形脉冲信号及其延迟信号

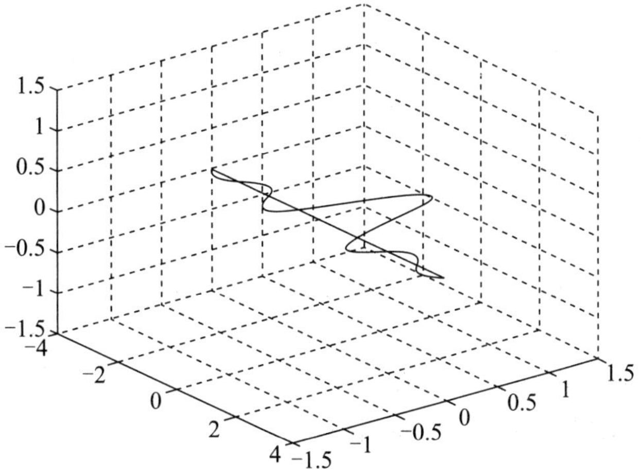

图 2-132　矩形脉冲信号的频谱

矩形脉冲延迟信号 $x(t\text{-}t_0)$ 的傅里叶变换为：$\mathscr{F}[x(t-t_0)] = \tau\,\mathrm{sinc}\,(\tau f)\mathrm{e}^{-\mathrm{j}2\pi f t_0}$，其频谱如图 2-133 所示。

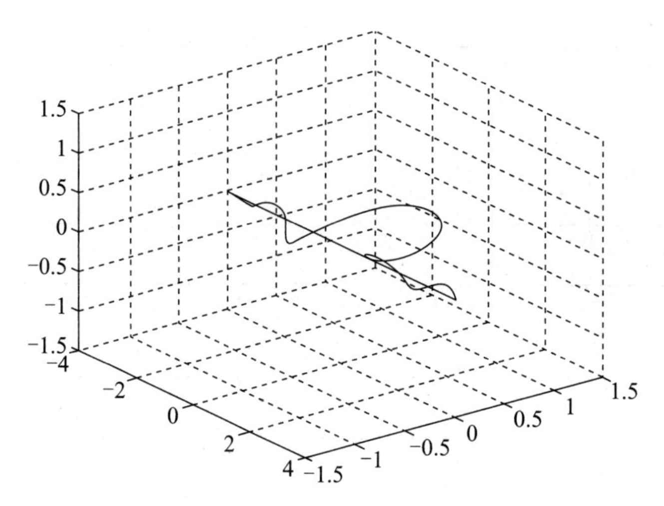

图 2-133　矩形脉冲延迟信号的频谱

可以看出正频率部分频谱发生了顺时针旋转，负频率部分频谱发生了逆时针旋转，频率越高旋转的角度越大。

八、信号乘积的傅里叶变换

前面介绍了单个信号的频谱。在通信系统中，经常会涉及两个信号相乘。两个信号乘积的频谱与两个信号的频谱之间是什么关系呢？

答案是：卷积！

1. 什么是卷积

为了便于理解，先来看一下信号频谱为离散谱的情况。

假定有 2 个周期信号：

$f(t)=e^{j2\omega t}+5e^{j\omega t}+6$，其傅里叶系数为：[1,5,6]

$g(t)=3e^{j\omega t}+2$，其傅里叶系数为：[3,2]

这 2 个信号的乘积为：

$y(t)=f(t)g(t)=3e^{j3\omega t}+17e^{j2\omega t}+28e^{j\omega t}+12$，其傅里叶系数为：[3,17,28,12]

这 2 个周期信号的傅里叶系数与其乘积的傅里叶系数之间是什么关系呢？

为了看得更清楚，将 $e^{j\omega t}$ 用 x 来表示：

$$f(t)=x^2+5x+6$$

$$g(t) = 3x + 2$$

$$y(t) = f(t)g(t) = (x^2 + 5x + 6)(3x + 2) = 3x^3 + 17x^2 + 28x + 12$$

这样处理之后，信号相乘就转换为多项式乘法，傅里叶系数就是多项式的系数，傅里叶系数之间的关系就转换为多项式系数的关系。

多项式乘法一般都是通过先逐项相乘再合并同类项的方法得到的，要得到结果多项式中的某个系数，需要两步操作才行，如图 2-134 所示。

有没有办法一步操作就可以得到一个系数呢？

图 2-135 所示的计算方法就可以做到。

$$\begin{array}{r} x^2+5x+6 \\ \times \quad 3x+2 \\ \hline 2x^2+10x+12 \\ +\ 3x^3+15x^2+18x \quad \\ \hline 3x^3+17x^2+28x+12 \end{array}$$

图 2-134　多项式乘法计算方法（1）

$$\begin{array}{l} 6+5x+x^2 \\ \quad 3x+2 \\ \hline 3x^3 \end{array} \Rightarrow 3x^3$$

$$\begin{array}{l} 6+5x+x^2 \\ \quad 3x+2 \\ \hline 15x^2+2x^2 \end{array} \Rightarrow 17x^2$$

$$\begin{array}{l} 6+5x+x^2 \\ \quad 3x+2 \\ \hline 18x+10x \end{array} \Rightarrow 28x$$

$$\begin{array}{l} 6+5x+x^2 \\ \quad 3x+2 \\ \hline 12 \end{array} \Rightarrow 12$$

图 2-135　多项式乘法计算方法（2）

这种计算方法总结起来就是：

反褶：一般多项式都是按 x 的降幂排列，这里将其中一个多项式的各项按 x 的升幂排列。

平移：将按 x 的升幂排列的多项式每次向右平移一个项。

相乘：垂直对齐的项分别相乘。

求和：相乘的各结果相加。

反褶、平移、相乘、求和，这就是通信原理中常用的一个概念“卷积”的计算过程。

至此可以回答这个问题了：2 个周期信号的傅里叶系数与其乘积的傅里叶系数之间是什么关系？答案就是：卷积。

也就是说，假定有 2 个周期信号：

$f(t)=e^{j2\omega t}+5e^{j\omega t}+6$，其傅里叶系数为：[1,5,6]

$g(t)=3e^{j\omega t}+2$，其傅里叶系数为：[3,2]

这2个信号的乘积为：

$$y(t)=f(t)g(t)=3e^{j3\omega t}+17e^{j2\omega t}+28e^{j\omega t}+12$$

这个乘积信号的傅里叶系数不需要先在时域做相乘运算，再求傅里叶系数，可以直接用2个周期信号的傅里叶系数的卷积计算出来：

[3,17,28,12] = [1,5,6] * [3,2]，其中"*"表示卷积。

换句话说：

对于两个周期信号，时域相乘相当于频域卷积。

2. 离散序列的卷积

任意两个序列 $x[n]$ 和 $y[n]$ 的卷积为：

$$x[n]*y[n]=\sum_{k=-\infty}^{+\infty}x[k]y[n-k]$$

下面以图2-136所示的 $x[n]$ 和 $y[n]$ 为例，看一下卷积的计算过程。

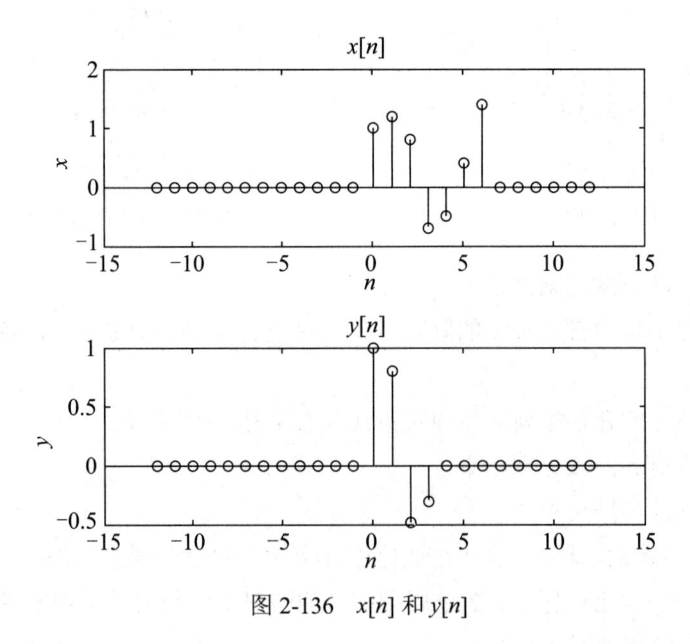

图2-136 $x[n]$ 和 $y[n]$

反褶：对 $y[k]$ 进行反褶得到 $y[-k]$，这就是"卷积"中所谓的"卷"。$x[k]$ 和 $y[-k]$ 如图2-137所示。

平移0：n=0，$y[-k]$ 平移0得到 $y[0-k]$，与 $x[k]$ 相乘（k=0 ～ n），再求和得到 $z[0]=x[0]y[0]$，如图2-138所示。

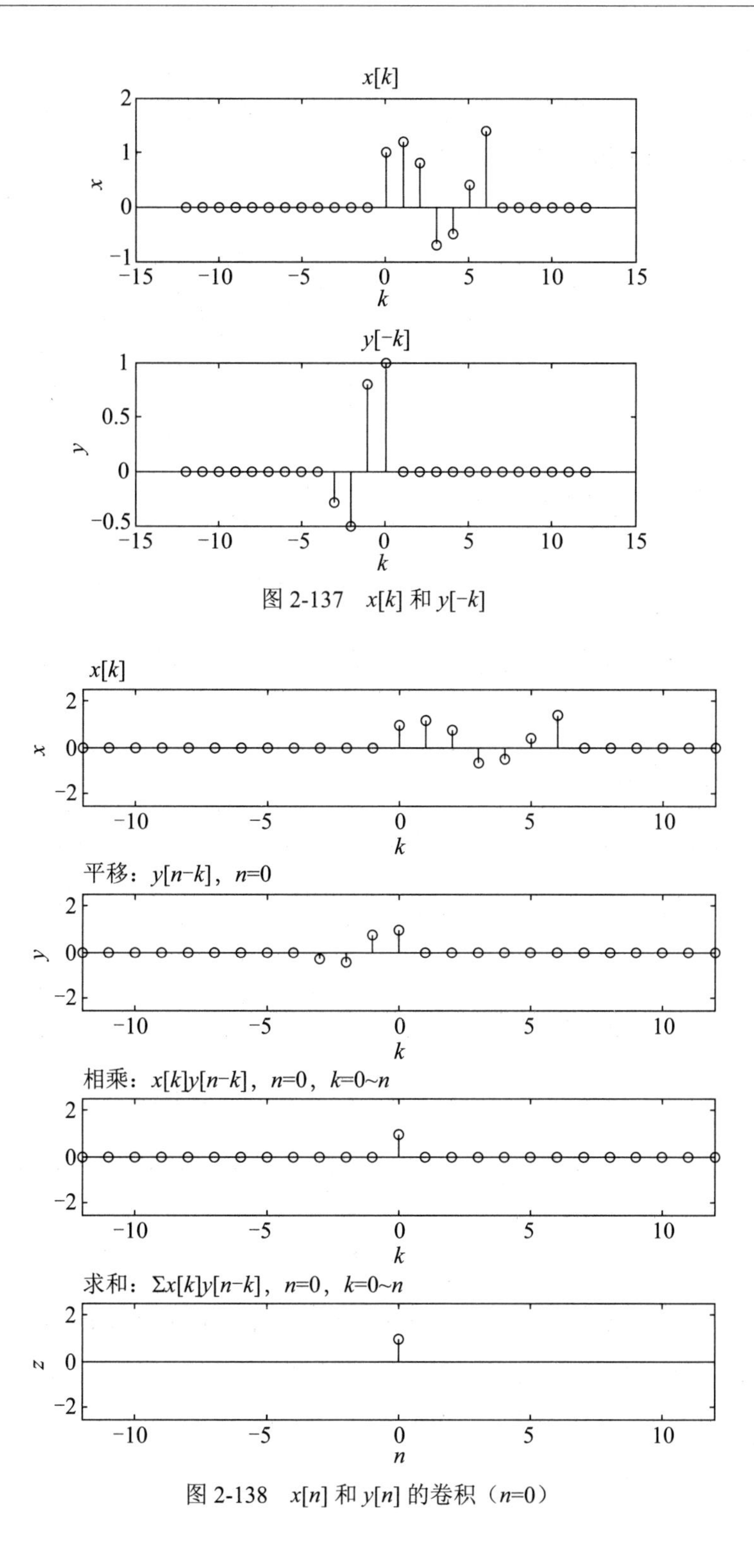

图 2-137 $x[k]$ 和 $y[-k]$

图 2-138 $x[n]$ 和 $y[n]$ 的卷积（n=0）

平移 1：n=1，$y[-k]$ 向右平移 1 得到 $y[1-k]$，与 $x[k]$ 相乘（k=0 ～ n），再求和得到 $z[1]=x[0]y[1]+x[1]y[0]$，如图 2-139 所示。

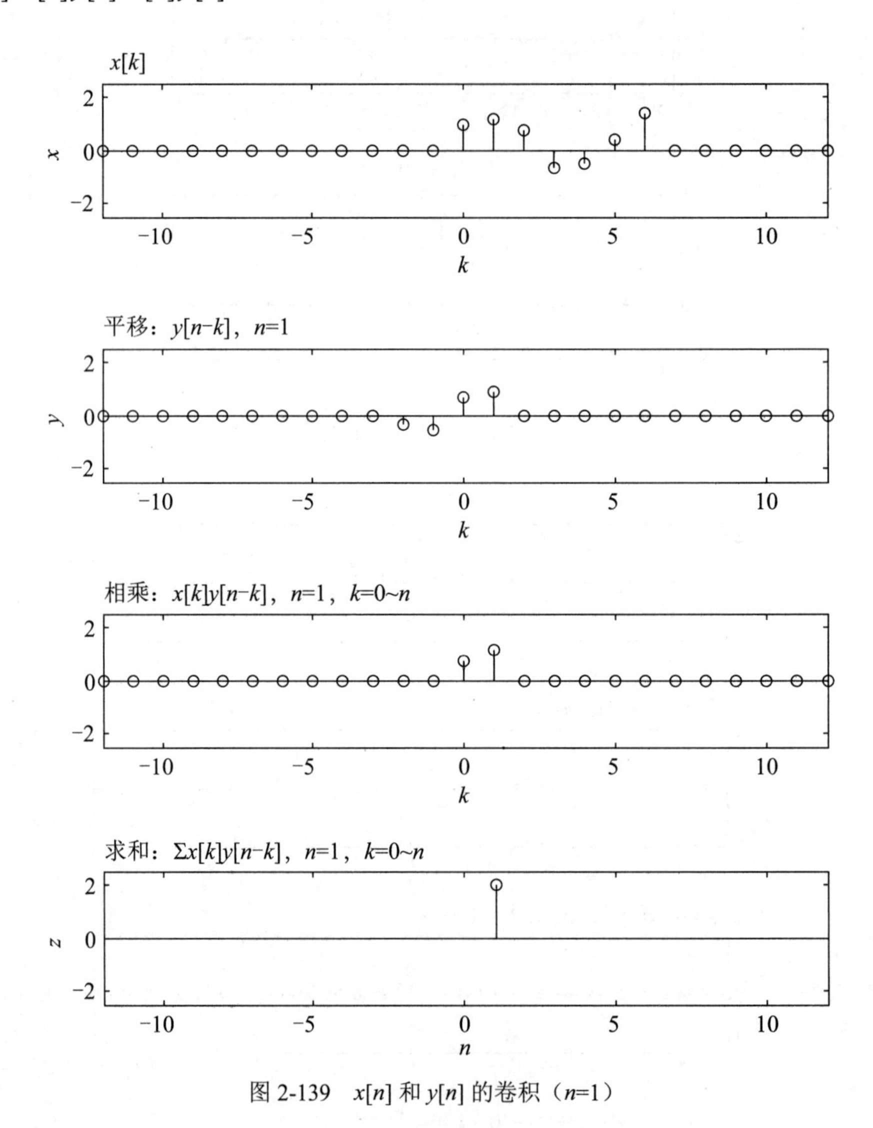

图 2-139　$x[n]$ 和 $y[n]$ 的卷积（n=1）

平移 2：n=2，$y[-k]$ 向右平移 2 得到 $y[2-k]$，与 $x[k]$ 相乘（k=0 ～ n），再求和得到 $z[2]=x[0]y[2]+x[1]y[1]+x[2]y[0]$，如图 2-140 所示。

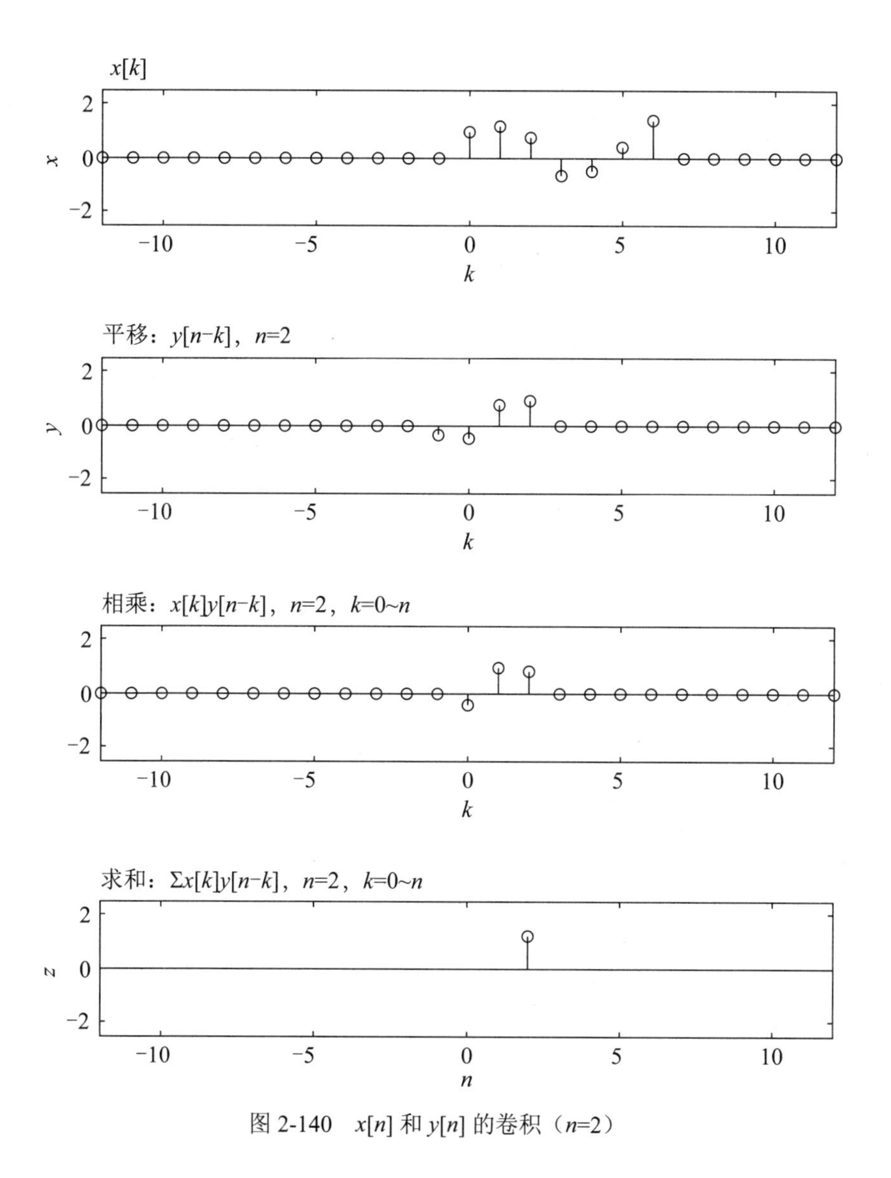

图 2-140　$x[n]$ 和 $y[n]$ 的卷积（n=2）

平移 3：n=3，$y[-k]$ 向右平移 3 得到 $y[3-k]$，与 $x[k]$ 相乘（k=0 ～ n），再求和得到 $z[3]=x[0]y[3]+x[1]y[2]+x[2]y[1]+x[3]y[0]$，如图 2-141 所示。

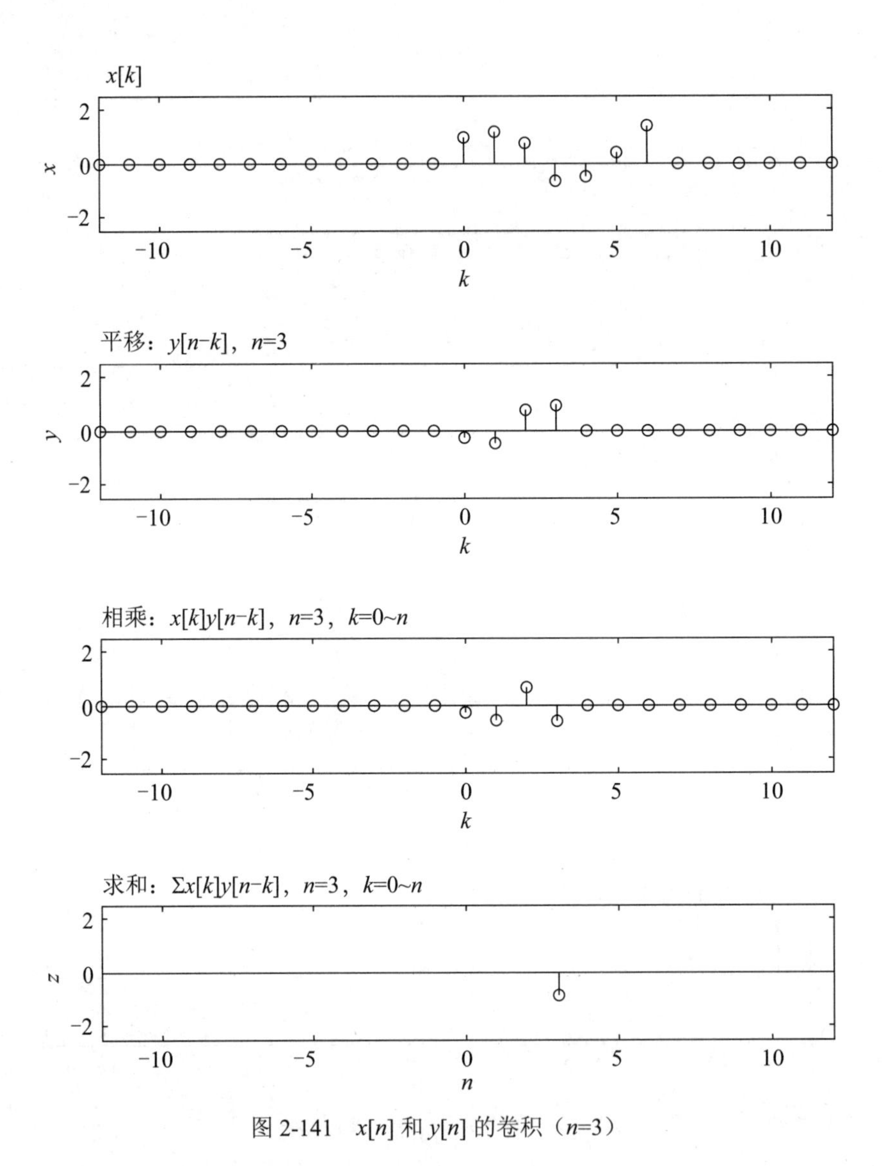

图 2-141　$x[n]$ 和 $y[n]$ 的卷积（n=3）

以此类推，中间过程略。

平移 9：n=9，$y[-k]$ 向右平移 9 得到 $y[9-k]$，与 $x[k]$ 相乘（k=0 ～ n），再求和得到 $z[9]=x[0]y[9]+x[1]y[8]+x[2]y[7]+\cdots+x[8]y[1]+x[9]y[0]$，如图 2-142 所示。

至此我们得到了 $z[n]=x[n]*y[n]$，如图 2-143 所示。

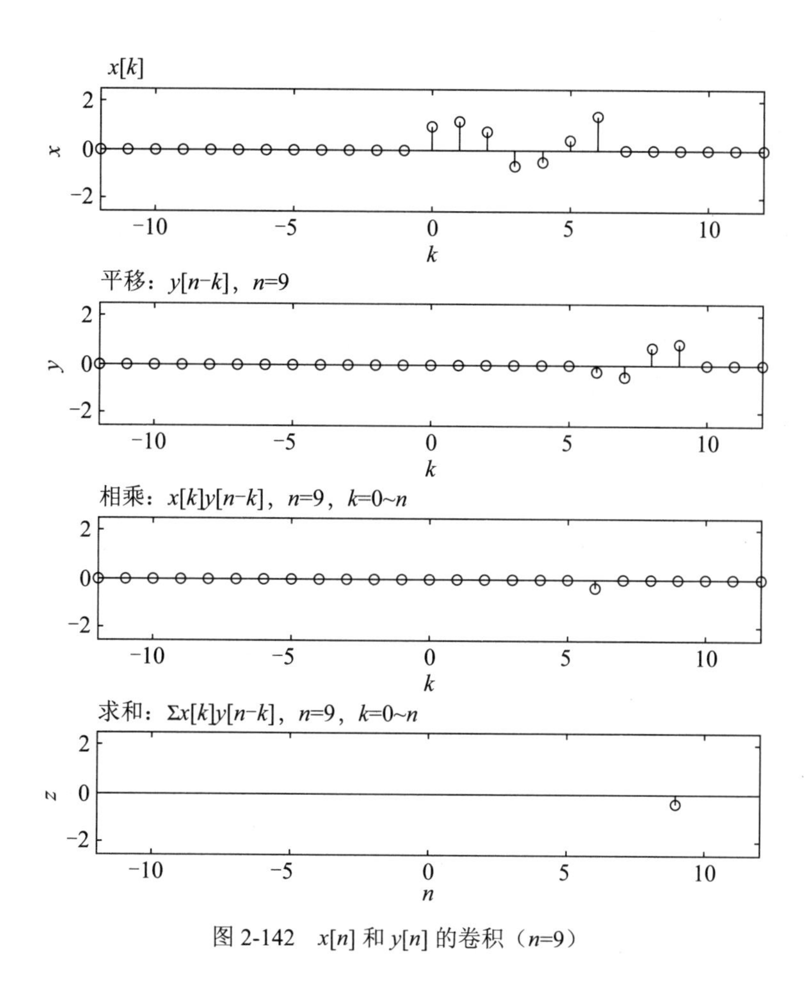

图 2-142　$x[n]$ 和 $y[n]$ 的卷积（n=9）

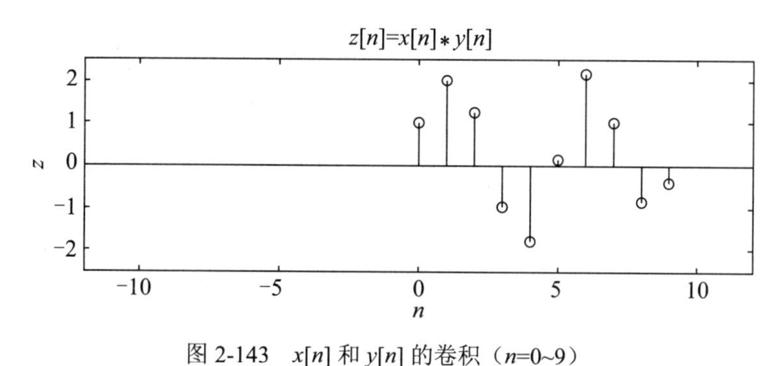

图 2-143　$x[n]$ 和 $y[n]$ 的卷积（n=0~9）

前面讲解了频谱为离散谱的两个信号乘积的频谱，下面来看一下频谱为连续谱的两个信号乘积的频谱。

3. 频域卷积定理

时域相乘相当于频域卷积，对两个频谱为连续谱的信号也是适用的，只是卷积要由两个离散序列的卷积改为两个连续函数的卷积。

也就是说：

若：$\mathscr{F}[x(t)]=X(f)$，$\mathscr{F}[y(t)]=Y(f)$

则：$\mathscr{F}[x(t)y(t)]=X(f)*Y(f)$

这就是频域卷积定理。

4. 连续函数的卷积

为了便于区分，一般将两个离散序列的卷积称为“卷积和”，将两个连续函数的卷积称为“卷积积分”。

卷积和的计算过程为：反褶—平移—相乘—求和。卷积积分的计算过程与其类似：反褶—平移—相乘—积分，只是要将最后一步“求和”改为“积分”。

两个连续函数：$X(f)$ 和 $Y(f)$

其卷积为：

$$X(f)*Y(f)=\int_{-\infty}^{+\infty}X(\tau)Y(f-\tau)\mathrm{d}\tau$$

1）两个连续函数的卷积

下面以矩形函数和锯齿函数的卷积为例，看一下两个连续函数卷积积分的计算。

已知：

$$X(f)=\begin{cases}1, & 1\leqslant f\leqslant 3\\ 0, & f<1, f>3\end{cases}$$

$$Y(f)=\begin{cases}0.5f, & 0\leqslant f\leqslant 2\\ 0, & f<0, f>2\end{cases}$$

求

$$X(f)*Y(f)=\int_{-\infty}^{+\infty}X(\tau)Y(f-\tau)\mathrm{d}\tau$$

$X(f)$ 和 $Y(f)$ 如图 2-144 所示。

第一步：反褶，将 $Y(\tau)$ 反褶，得到 $Y(-\tau)$，如图 2-145 所示。

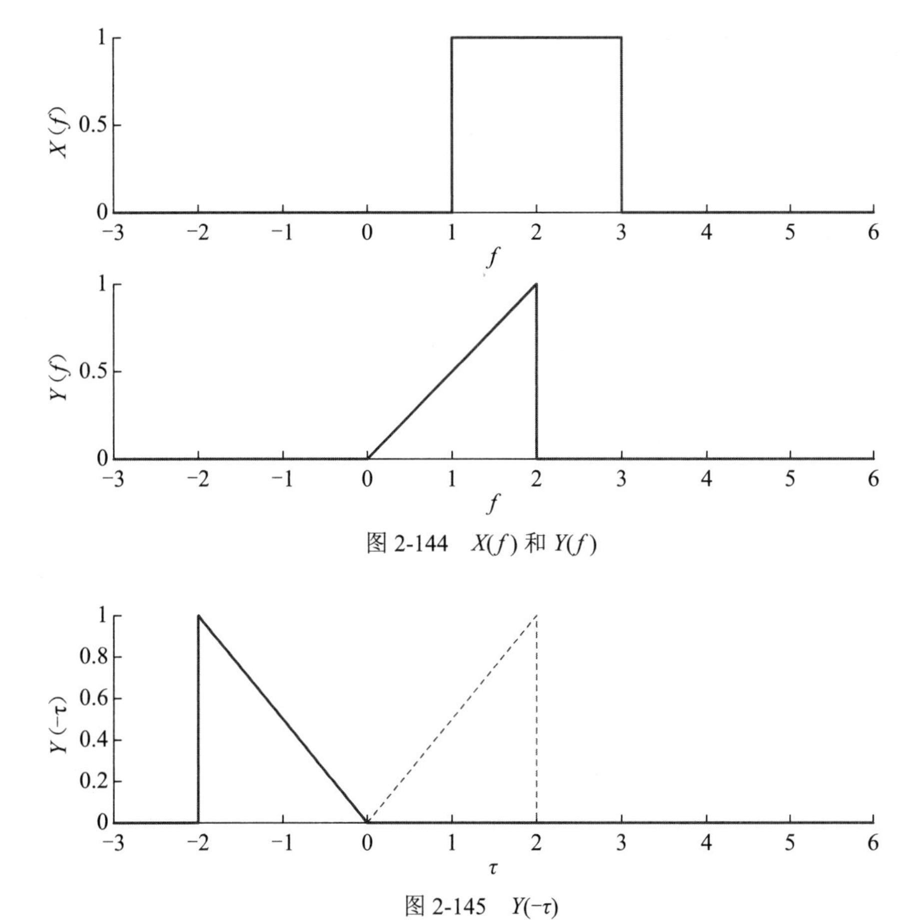

图 2-144　$X(f)$ 和 $Y(f)$

图 2-145　$Y(-\tau)$

第二步：平移，将 $Y(-\tau)$ 平移 f，得到 $Y(f-\tau)$。

下面挑几个典型的 f 取值画一下 $Y(f-\tau)$ 的图。

当 $f=0$ 时，$Y(f-\tau)=Y(-\tau)$，如图 2-145 所示。

当 $f=1$ 时，$Y(-\tau)$ 从原来的位置向右平移 1，得到 $Y(1-\tau)$，如图 2-146 所示。

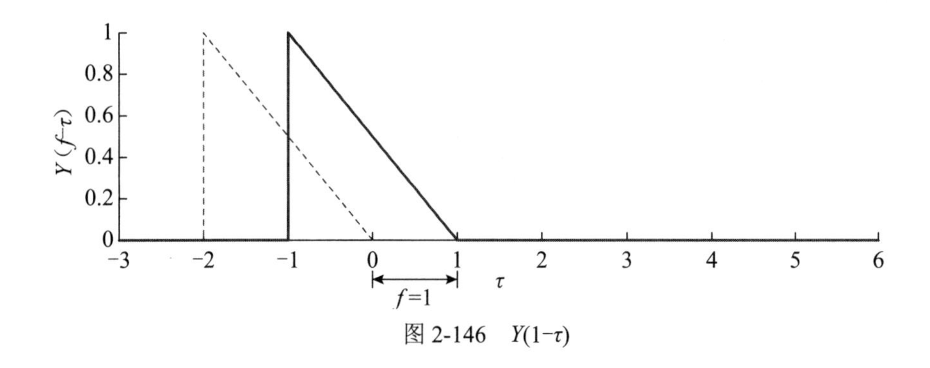

图 2-146　$Y(1-\tau)$

当f=2 时，$Y(-\tau)$ 从原来的位置向右平移 2，得到 $Y(2-\tau)$，如图 2-147 所示。

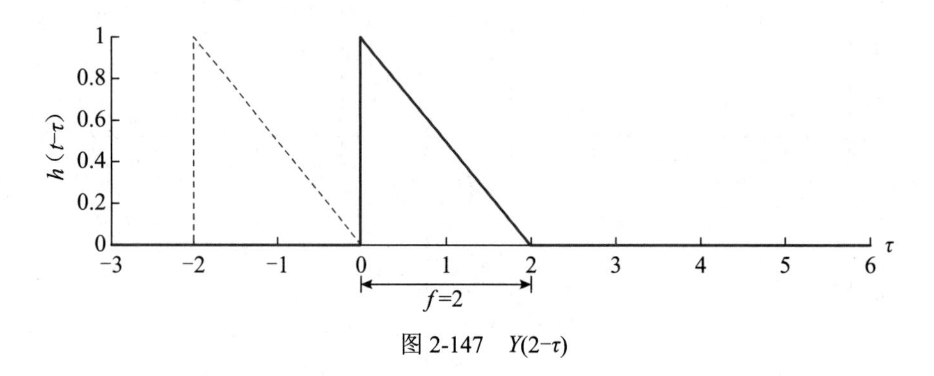

图 2-147　$Y(2-\tau)$

当f=3 时，$Y(-\tau)$ 从原来的位置向右平移 3，得到 $Y(3-\tau)$，如图 2-148 所示。

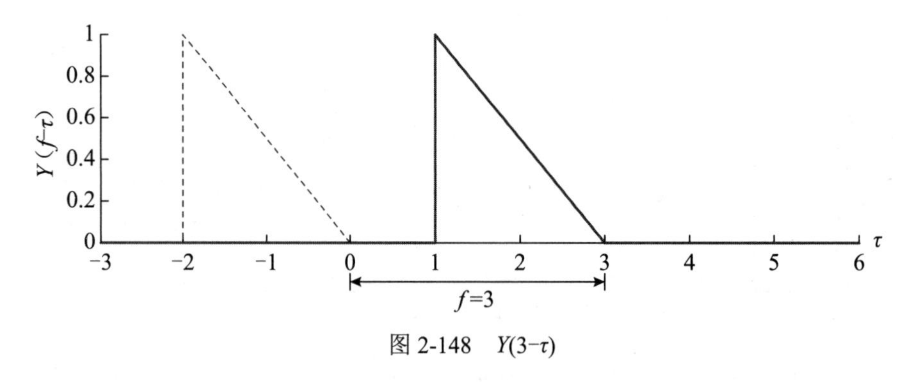

图 2-148　$Y(3-\tau)$

当f=4 时，$Y(-\tau)$ 从原来的位置向右平移 4，得到 $Y(4-\tau)$，如图 2-149 所示。

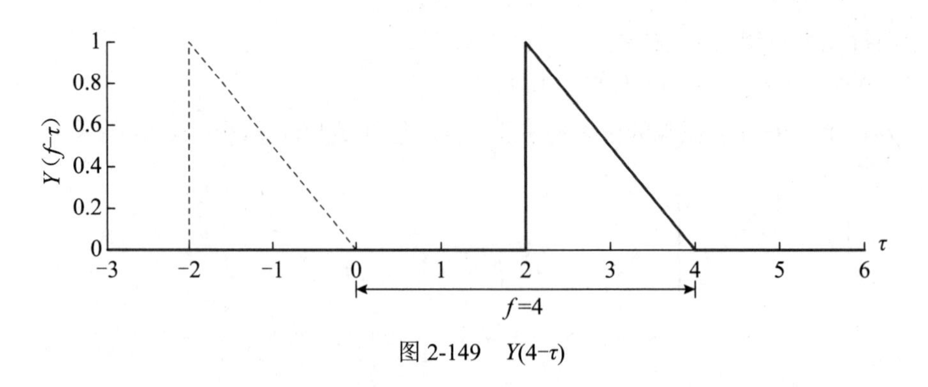

图 2-149　$Y(4-\tau)$

当f=5 时，$Y(-\tau)$ 从原来的位置向右平移 5，得到 $Y(5-\tau)$，如图 2-150 所示。

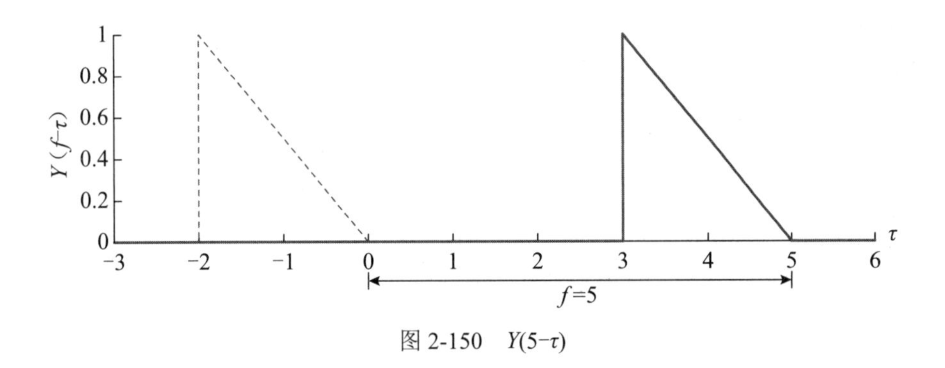

图 2-150　$Y(5-\tau)$

第三步：相乘，$X(\tau)Y(f-\tau)$。

在特定的几个 f 取值情况下，$X(\tau)Y(f-\tau)$ 结果如图 2-151 所示。

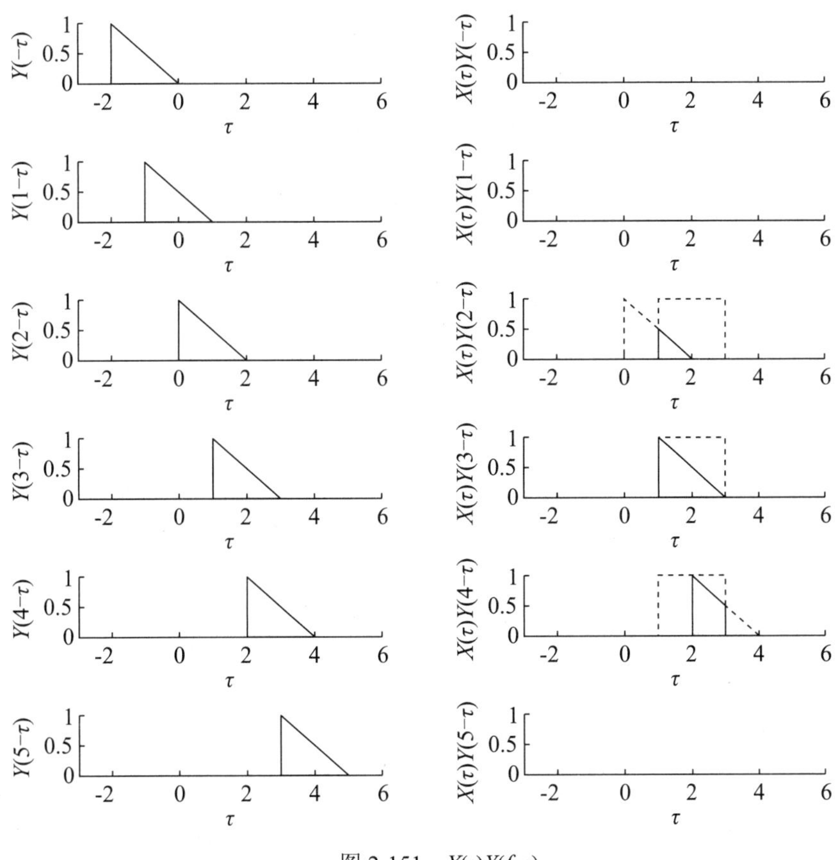

图 2-151　$X(\tau)Y(f-\tau)$

很容易看出：

当$f \leqslant 1$时，$X(\tau)Y(f-\tau)=0$

当$1 \leqslant f \leqslant 5$时，$X(\tau)Y(f-\tau)$是一条直线，斜率为 -1/2，经过（$f$,0）这一点

$$X(\tau)Y(f-\tau)=-\frac{1}{2}(\tau-f)$$

当$f \geqslant 5$时，$X(\tau)Y(f-\tau)=0$

第四步：积分$\int_{-\infty}^{+\infty} X(\tau)Y(f-\tau)\mathrm{d}\tau$

当$f \leqslant 1$时，

$$\int_{-\infty}^{+\infty} X(\tau)Y(f-\tau)\mathrm{d}\tau=0$$

当$1 \leqslant f \leqslant 3$时，

$$\int_{-\infty}^{+\infty} X(\tau)Y(f-\tau)\mathrm{d}\tau = \int_{-\infty}^{+\infty}\left[-\frac{1}{2}(\tau-f)\right]\mathrm{d}\tau$$

$$=\int_{1}^{f}\left[-\frac{1}{2}(\tau-f)\right]\mathrm{d}\tau=-\frac{1}{2}\int_{1}^{f}(\tau-f)\mathrm{d}\tau$$

$$=-\frac{1}{2}\left(\frac{1}{2}\tau^{2}-f\tau\right)\Big|_{1}^{f}=\frac{1}{4}f^{2}-\frac{1}{2}f+\frac{1}{4}$$

当$3 \leqslant f \leqslant 5$时，

$$\int_{-\infty}^{+\infty} X(\tau)Y(f-\tau)\mathrm{d}\tau = \int_{-\infty}^{+\infty}\left[-\frac{1}{2}(\tau-f)\right]\mathrm{d}\tau$$

$$=\int_{f-2}^{3}\left[-\frac{1}{2}(\tau-f)\right]\mathrm{d}\tau=-\frac{1}{2}\int_{f-2}^{3}(\tau-f)\mathrm{d}\tau$$

$$=-\frac{1}{2}\left(\frac{1}{2}\tau^{2}-f\tau\right)\Big|_{f-2}^{3}=-\frac{1}{4}f^{2}+\frac{3}{2}f-\frac{5}{4}$$

当$t \geqslant 5$时，

$$\int_{-\infty}^{+\infty} X(\tau)Y(f-\tau)\mathrm{d}\tau=0$$

将$X(f)$、$Y(f)$和$X(f)*Y(f)$画到一张图中，如图 2-152 所示。

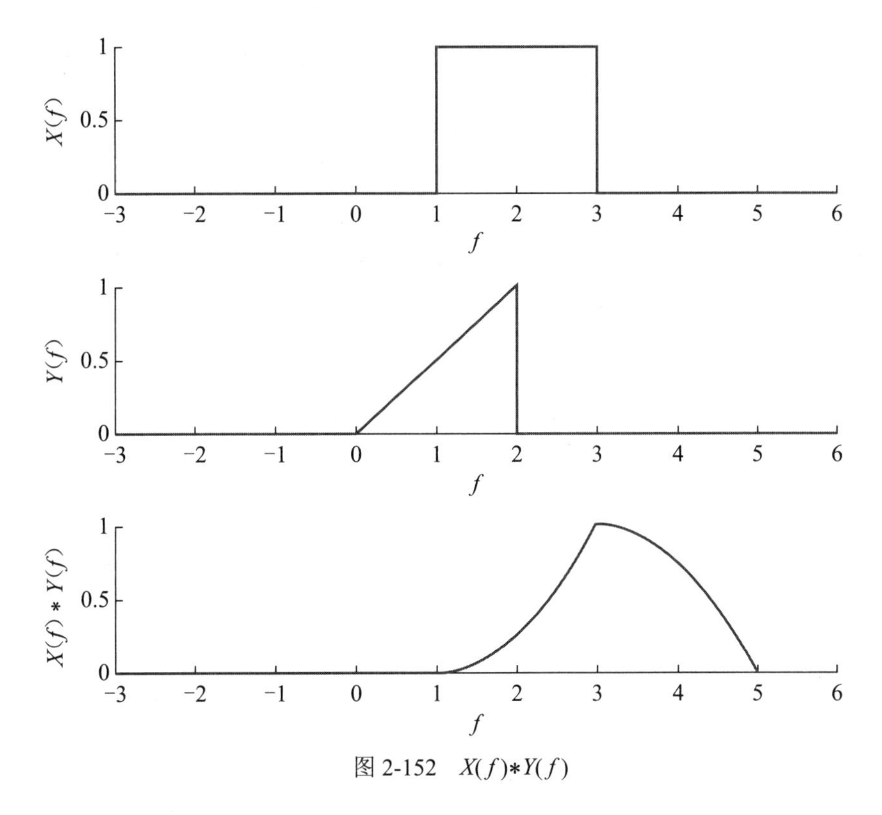

图 2-152　$X(f)*Y(f)$

2）与单位冲激函数做卷积

通过前面矩形函数和锯齿函数的卷积积分计算过程可以发现：卷积积分的计算很麻烦。值得庆幸的是：通信系统中很少用到这样的卷积积分，有一类卷积积分倒是很常用，那就是：与单位冲激函数做卷积。

下面看一下函数 $X(f)$ 与 $\delta(f)$ 的卷积积分：$X(f)*\delta(f)$

根据卷积的定义：

$$X(f)*\delta(f)=\int_{-\infty}^{+\infty}X(\tau)\delta(f-\tau)\mathrm{d}\tau$$

因为 $\delta(f-\tau)$ 只有在 $\tau=f$ 时才不为 0，所以：

$$X(f)*\delta(f)=\int_{-\infty}^{+\infty}X(\tau)\delta(f-\tau)\mathrm{d}\tau=\int_{-\infty}^{+\infty}X(f)\delta(f-\tau)\mathrm{d}\tau$$

将 $X(f)$ 从积分符号内提取到前面，得

$$X(f)*\delta(f)=X(f)\int_{-\infty}^{+\infty}\delta(f-\tau)\mathrm{d}\tau=X(f)$$

其中用到了：$\int_{-\infty}^{+\infty}\delta(f-\tau)\mathrm{d}\tau=1$

由此得到：

$$X(f)*\delta(f)=X(f)$$

也就是说：一个函数与单位冲激函数的卷积结果为函数本身，如图 2-153 所示。

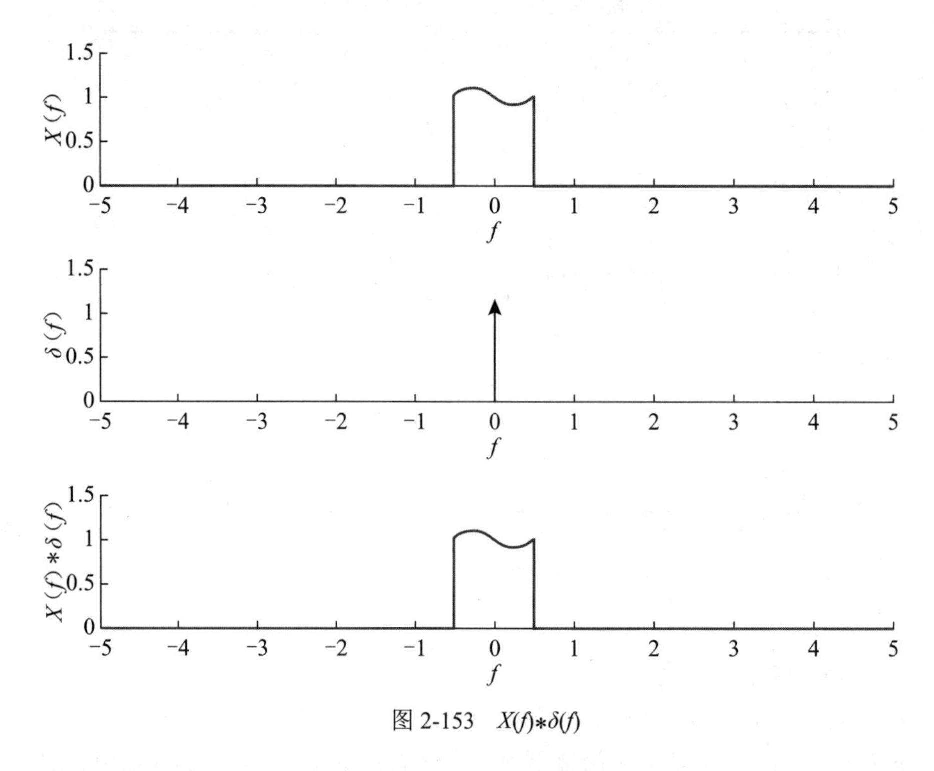

图 2-153　$X(f)*\delta(f)$

下面再来看一下函数 $X(f)$ 与 $\delta(f-f_0)$ 的卷积积分：$X(f)*\delta(f-f_0)$。

根据卷积的定义：

$$X(f)*\delta(f-f_0)=\int_{-\infty}^{+\infty}X(\tau)\delta(f-f_0-\tau)\mathrm{d}\tau$$

因为$\delta(f-f_0-\tau)$只有在$\tau=f-f_0$时才不为 0，所以：

$$X(f)*\delta(f-f_0)=\int_{-\infty}^{+\infty}X(\tau)\delta(f-f_0-\tau)\mathrm{d}\tau=\int_{-\infty}^{+\infty}X(f-f_0)\delta(f-f_0-\tau)\mathrm{d}\tau$$

将 $X(f-f_0)$ 从积分符号内提取到前面，得

$$X(f)*\delta(f-f_0)=X(f-f_0)\int_{-\infty}^{+\infty}\delta(f-f_0-\tau)\mathrm{d}\tau=X(f-f_0)$$

其中用到了：　$\int_{-\infty}^{+\infty}\delta(f-f_0-\tau)\mathrm{d}\tau=1$

由此得到：

$$X(f)*\delta(f-f_0)=X(f-f_0)$$

即：一个函数 $X(f)$ 与单位冲激函数 $\delta(f-f_0)$ 的卷积结果为 $X(f-f_0)$。

如果 $X(f)$ 和 $\delta(f-f_0)$ 是两个信号的频谱，则这两个频谱做卷积的结果就是将 $X(f)$ 的频谱搬移到单位冲激函数 $\delta(f-f_0)$ 所在位置（$f=f_0$），如图 2-154 所示。

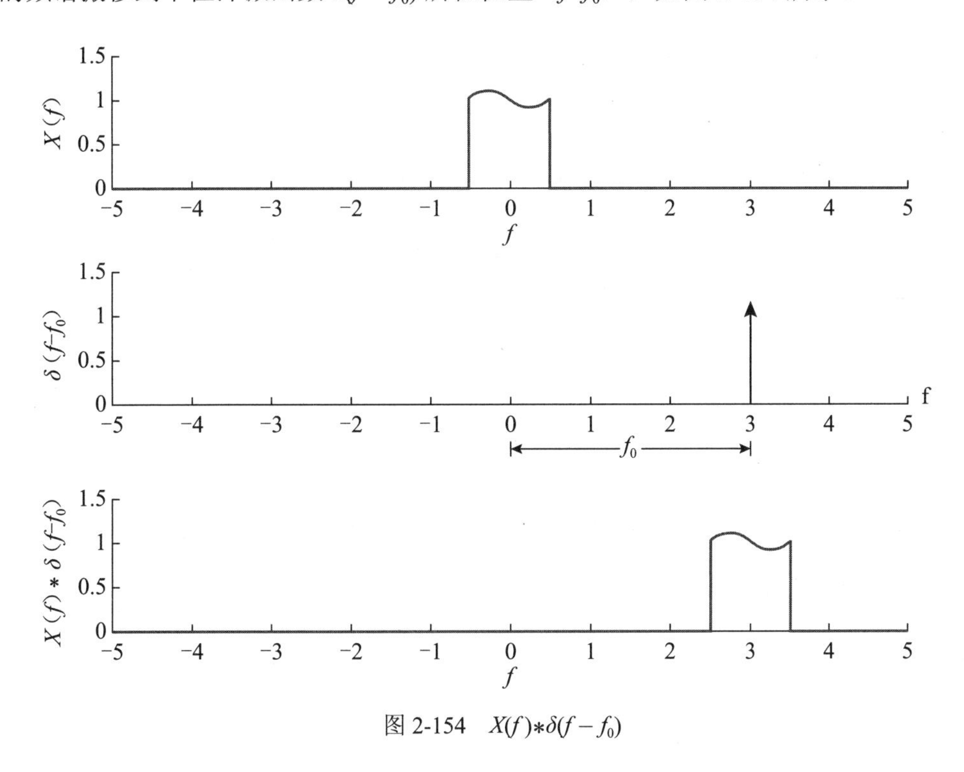

图 2-154　$X(f)*\delta(f-f_0)$

5. 频域卷积定理在调制中的应用

通信系统中什么场景下会用到频域卷积定理呢？

调制就是很常见的一种场景。

例如：信号 $x(t)$ 调制到载波 $\cos 2\pi f_0 t$ 上，如图 2-155 所示。

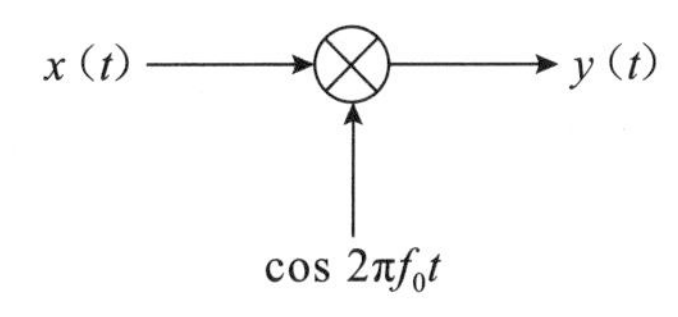

图 2-155　将 $x(t)$ 调制到余弦载波上

$y(t)$ 是 $x(t)$ 和 $\cos 2\pi f_0 t$ 的乘积：$y(t)=x(t)\cos 2\pi f_0 t$

$x(t)$、$\cos 2\pi f_0 t$、$y(t)$ 的波形如图 2-156 所示。

信号 $x(t)$ 的频谱为：$X(f)$

载波 $\cos 2\pi f_0 t$ 的频谱为：

$$\mathscr{F}\left[\cos 2\pi f_0 t\right]=\frac{1}{2}\left[\delta(f+f_0)+\delta(f-f_0)\right]$$

根据频域卷积定理，$y(t)$ 的频谱为：

$$\begin{aligned}\mathscr{F}[y(t)]&=X(f)*\mathscr{F}[\cos 2\pi f_0 t)]\\&=X(f)*\frac{1}{2}[\delta(f+f_0)+\delta(f-f_0)]\\&=\frac{1}{2}[X(f)*\delta(f+f_0)+X(f)*\delta(f-f_0)]\\&=\frac{1}{2}[X(f+f_0)+X(f-f_0)]\end{aligned}$$

由此得到：

$$X(f)*\mathscr{F}\left[\cos 2\pi f_0 t\right]=\frac{1}{2}\left[X(f+f_0)+X(f-f_0)\right]$$

也就是说：将信号 $x(t)$ 调制到载波 $\cos 2\pi f_0 t$ 上的过程，就是将信号 $x(t)$ 的频谱 $X(f)$ 一分为二分别向左和向右搬移 f_0 的过程，如图 2-157 所示。

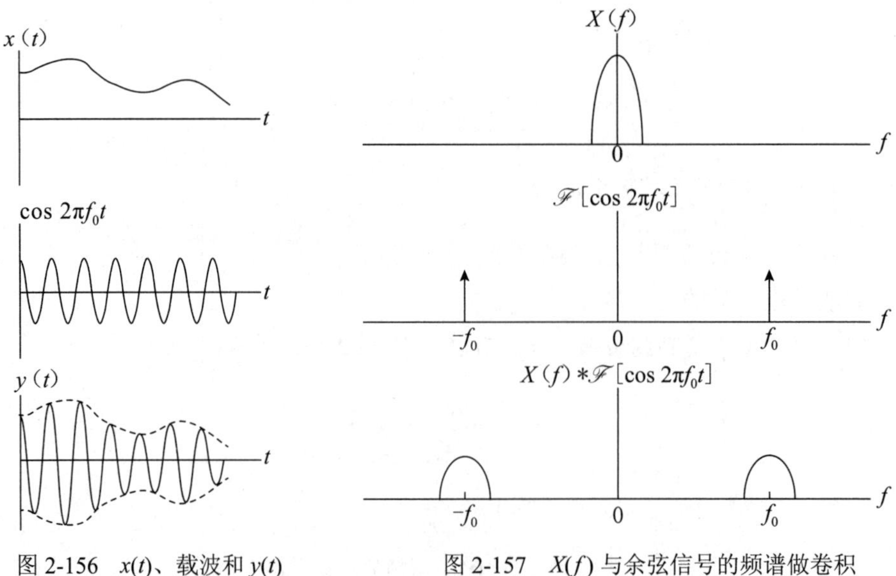

图 2-156　$x(t)$、载波和 $y(t)$

图 2-157　$X(f)$ 与余弦信号的频谱做卷积

6. 频域卷积定理在采样中的应用

除了调制中会用到频域卷积定理以外，采样中也会用到频域卷积定理。

采样就是模拟信号和抽样脉冲相乘得到抽样信号的过程，如图 2-158 所示。

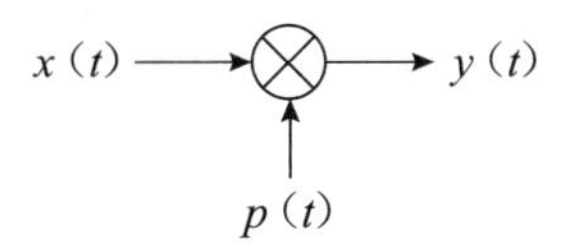

图 2-158　利用抽样脉冲 $p(t)$ 对模拟信号 $x(t)$ 进行采样

$x(t)$ 是模拟信号。

$p(t)$ 是抽样脉冲，采样周期为 T_{s}。

$y(t)$ 是 $x(t)$ 和 $p(t)$ 的乘积：$y(t)=x(t)p(t)$，被称为抽样信号。

$x(t)$、$p(t)$ 和 $y(t)$ 信号如图 2-159 所示。

在分析抽样信号的频谱之前，先来看一下抽样脉冲信号的频谱。

抽样脉冲信号 $p(t)$ 是一个周期信号，周期为 T_{s}，代入前面所讲的一般周期信号的傅里叶变换计算公式，可以得到：

$$\mathscr{F}[p(t)]=\sum_{k=-\infty}^{+\infty} c_k\delta(f-kf_0)=\sum_{k=-\infty}^{+\infty} c_k\delta(f-kf_s)$$

其中：

$$c_k=\frac{1}{T_{\mathrm{s}}}\int_{-T_{\mathrm{s}}/2}^{T_{\mathrm{s}}/2} p(t)\mathrm{e}^{-\mathrm{j}k2\pi f_0 t}\mathrm{d}t=f_{\mathrm{s}}\int_{-T_{\mathrm{s}}/2}^{T_{\mathrm{s}}/2} p(t)\mathrm{e}^{-\mathrm{j}k2\pi f_{\mathrm{s}} t}\mathrm{d}t$$

$f_{\mathrm{s}}=f_0=\dfrac{1}{T_{\mathrm{s}}}$，一般称为采样频率。

在积分区间 $[-T_{\mathrm{s}}/2,T_{\mathrm{s}}/2]$ 内，$p(t)=\delta(t)$，因此：

$$c_k=f_{\mathrm{s}}\int_{-T_{\mathrm{s}}/2}^{T_{\mathrm{s}}/2}\delta(t)\mathrm{e}^{-\mathrm{j}k2\pi f_{\mathrm{s}} t}\mathrm{d}t=f_{\mathrm{s}}\int_{-T_{\mathrm{s}}/2}^{T_{\mathrm{s}}/2}\delta(t)\mathrm{d}t=f_{\mathrm{s}}$$

至此，我们得到了抽样脉冲 $p(t)$ 的傅里叶变换：

$$\mathscr{F}[p(t)]=f_{\mathrm{s}}\sum_{k=-\infty}^{+\infty}\delta(f-kf_{\mathrm{s}})$$

也就是说：抽样脉冲的频谱为一系列强度为 f_{s} 的冲激，冲激之间的间隔为 f_{s}，如图 2-160 所示。

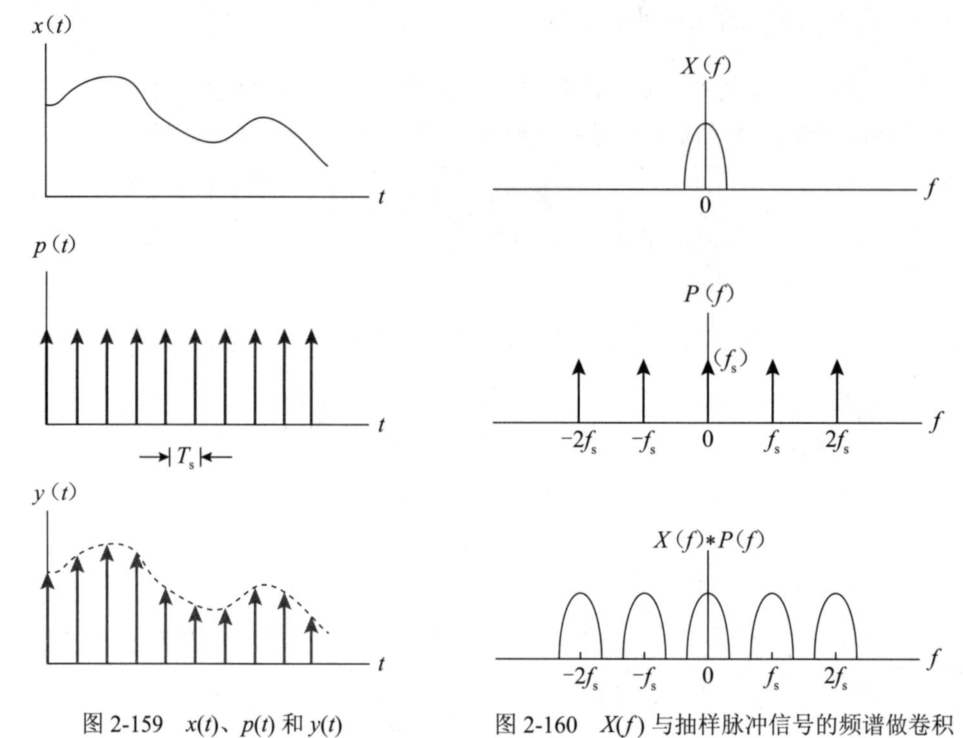

图 2-159　$x(t)$、$p(t)$ 和 $y(t)$　　　　图 2-160　$X(f)$ 与抽样脉冲信号的频谱做卷积

知道了抽样脉冲的频谱之后，就可以分析抽样信号的频谱了。

根据频域卷积定理：时域相乘相当于频域卷积。

再结合：与冲激信号做卷积，相当于频谱搬移。

可以得出：在时域以 T_s 为周期对信号 $x(t)$ 进行采样，相当于在频域以采样频率 f_s 为间隔对 $x(t)$ 的频谱进行周期性拓展，如图 2-160 所示。

九、信号卷积的傅里叶变换

通信系统中除了会涉及两个信号的乘积之外，还会涉及两个信号的卷积。什么场景会涉及两个信号的卷积，两个信号卷积的频谱与两个信号的频谱之间是什么关系呢？这要从系统的单位冲激响应说起。

1. 离散系统的单位冲激响应

一个系统，在输入端输入信号，在输出端会得到相应的输出信号，如图 2-161 所示。

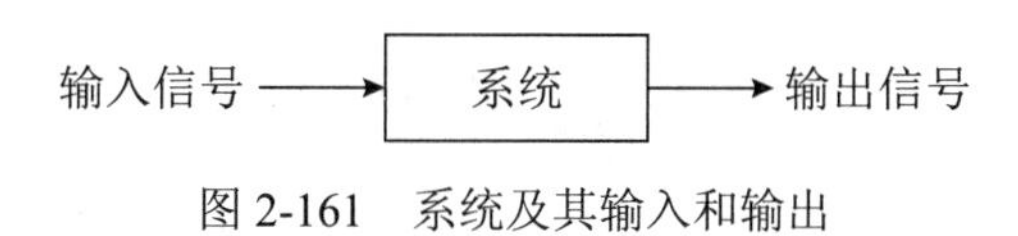

图 2-161 系统及其输入和输出

如何描述系统对信号所做的处理呢？

先来了解一种信号：$\delta[n]$，单位冲激序列，如图 2-162 所示。

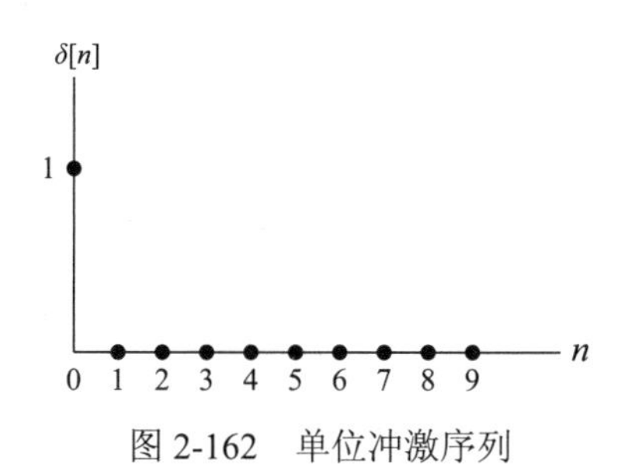

图 2-162 单位冲激序列

$\delta[n]$ 的定义为：

$$\delta[n]=\begin{cases}1, & n=0\\0, & n=1,2,3\cdots\end{cases}$$

如果把 $\delta[n]$ 作为输入信号输入离散系统，则对应的输出被称为单位冲激响应序列，一般用符号 $h[n]$ 来表示，如图 2-163 所示。

后面会看到：有了 $h[n]$ 后，离散系统输入任何序列都可以得到对应的输出序列，因此常常用单位冲激响应序列 $h[n]$ 来描述一个离散系统，如图 2-164 所示。

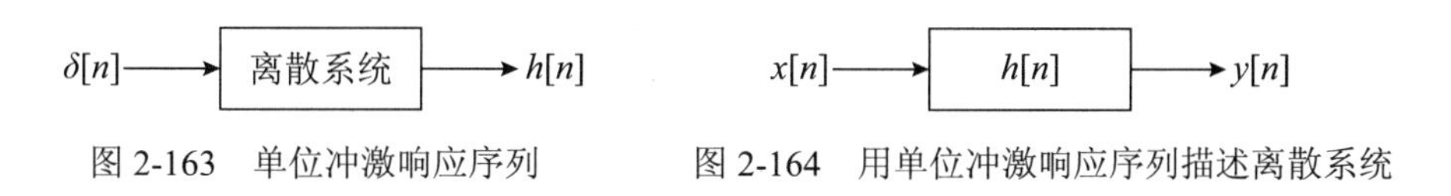

图 2-163 单位冲激响应序列　　图 2-164 用单位冲激响应序列描述离散系统

$y[n]$、$x[n]$ 和 $h[n]$ 三者之间是什么关系呢？

考虑到系统输入 $\delta[n]$ 时对应的输出为 $h[n]$，输入 $\delta[n-k]$ 时对应的输出为 $h[n-k]$，可以将 $x[n]$ 分解为一系列 $\delta[n-k]$ 之和

$$x[n]=\sum_{k=-\infty}^{+\infty}x[k]\delta[n-k]$$

$x[k]\delta[n-k]$ 对应的输出为

$$x[k]h[n-k]$$

将所有输出叠加，即可得

$$y[n]=\sum_{k=-\infty}^{+\infty}x[k]h[n-k]$$

也就是说：离散系统的输出等于输入序列和单位冲激响应序列的卷积。

$y[n]=x[n]*h[n]$，其中 * 表示卷积。

下面看一个例子。

假定离散系统的输入序列 $x[n]$ 和单位冲激响应序列 $h[n]$ 如图 2-165 所示。

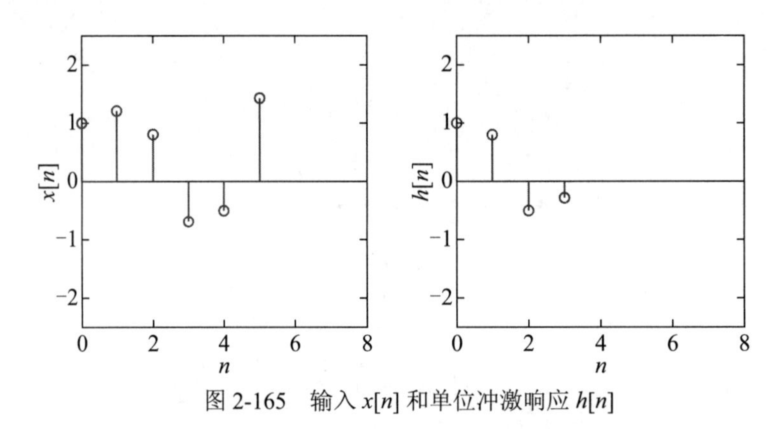

图 2-165　输入 $x[n]$ 和单位冲激响应 $h[n]$

先对 $x[n]$ 进行分解：

$$x[n]=\sum_{k=0}^{5}x[k]\delta[n-k]$$

$x[0]\delta[n]$ 及其对应的输出 $x[0]h[n]$，如图 2-166 所示。

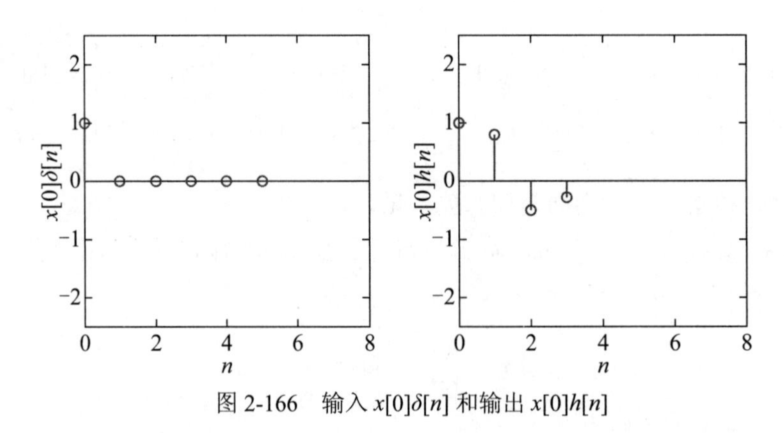

图 2-166　输入 $x[0]\delta[n]$ 和输出 $x[0]h[n]$

$x[1]\delta[n-1]$ 及其对应的输出 $x[1]h[n-1]$，如图 2-167 所示。

$x[2]\delta[n-2]$ 及其对应的输出 $x[2]h[n-2]$，如图 2-168 所示。

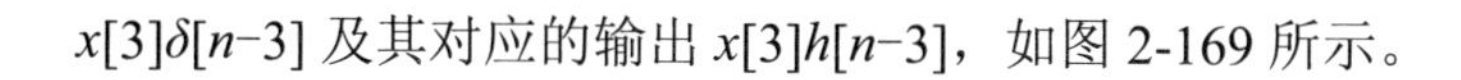

$x[3]\delta[n-3]$ 及其对应的输出 $x[3]h[n-3]$，如图 2-169 所示。

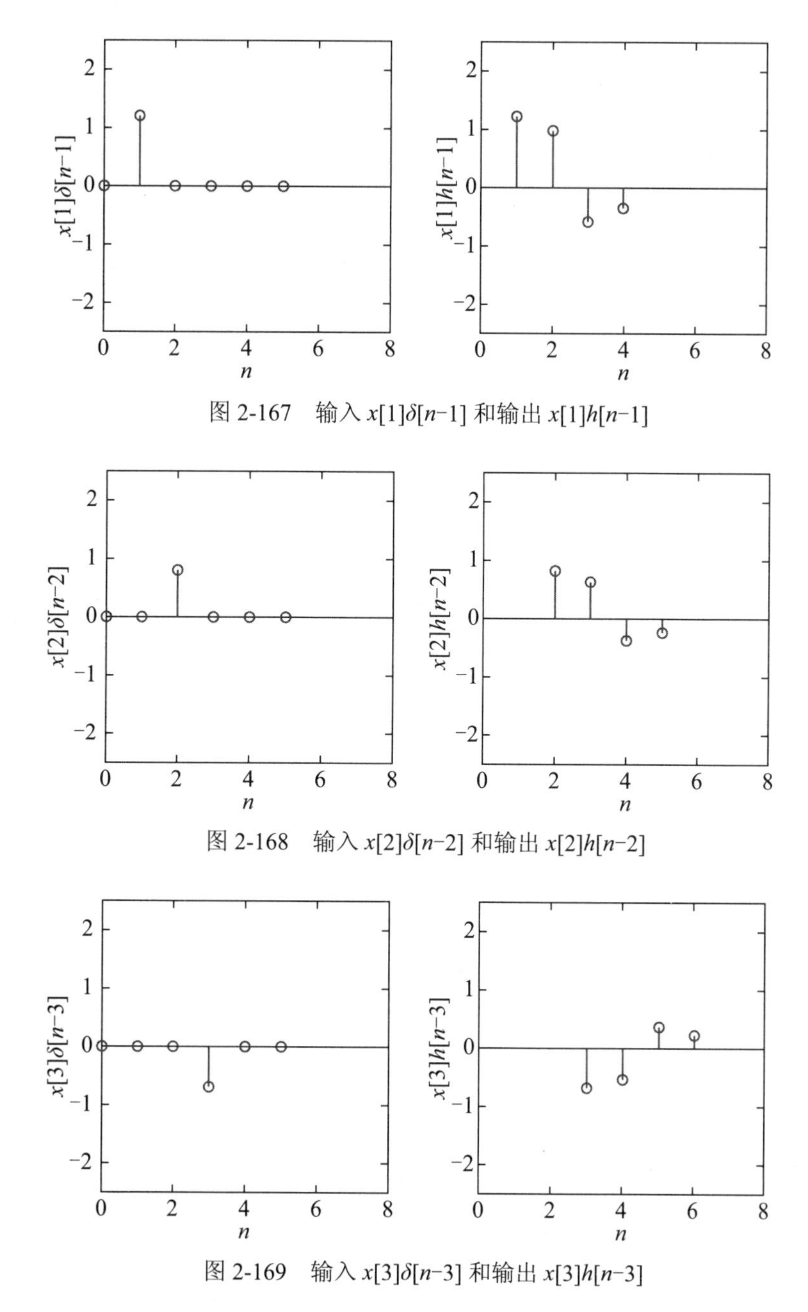

图 2-167　输入 $x[1]\delta[n-1]$ 和输出 $x[1]h[n-1]$

图 2-168　输入 $x[2]\delta[n-2]$ 和输出 $x[2]h[n-2]$

图 2-169　输入 $x[3]\delta[n-3]$ 和输出 $x[3]h[n-3]$

$x[4]\delta[n-4]$ 及其对应的输出 $x[4]h[n-4]$，如图 2-170 所示。

$x[5]\delta[n-5]$ 及其对应的输出 $x[5]h[n-5]$，如图 2-171 所示。

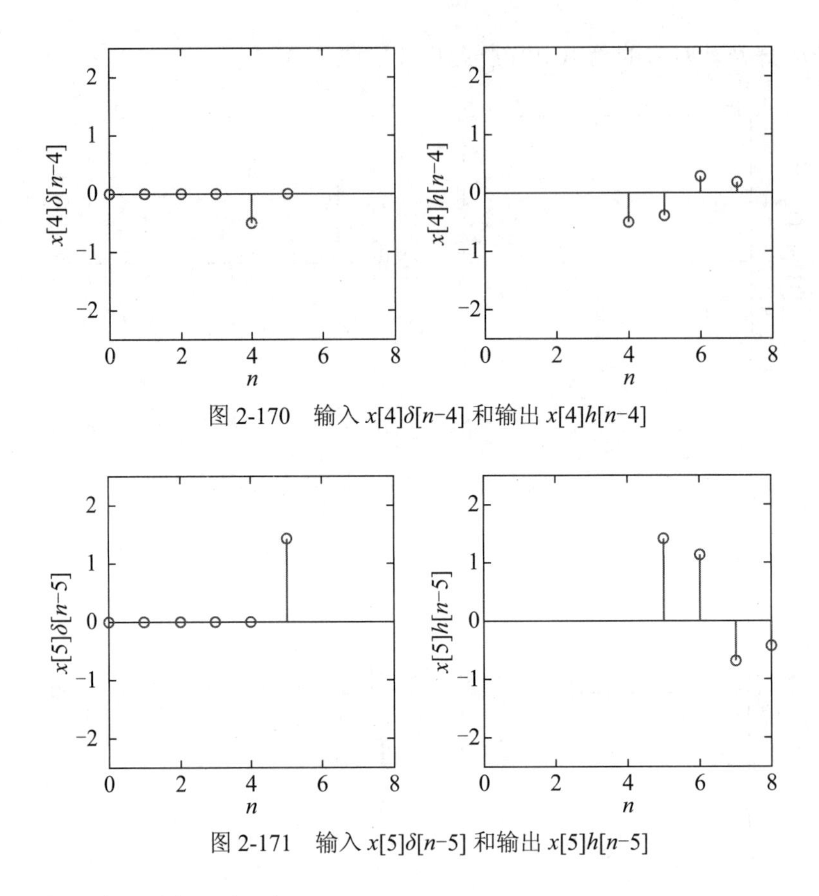

图 2-170　输入 $x[4]\delta[n-4]$ 和输出 $x[4]h[n-4]$

图 2-171　输入 $x[5]\delta[n-5]$ 和输出 $x[5]h[n-5]$

将所有的输出叠加，得到：

$$y[n]=\sum_{k=0}^{5}x[k]h[n-k]$$

如图 2-172 所示。

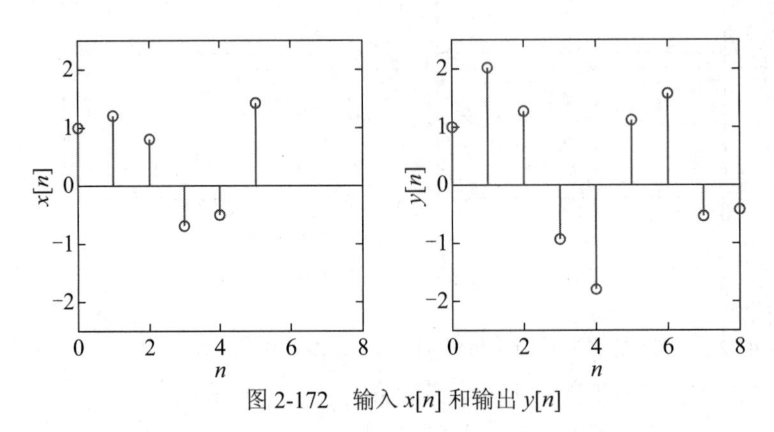

图 2-172　输入 $x[n]$ 和输出 $y[n]$

2. 连续系统的单位冲激响应

如果把单位冲激信号 $\delta(t)$ 作为输入信号输入连续系统，则对应的输出被称为单位冲激响应，一般用符号 $h(t)$ 来表示，如图 2-173 所示。

后面会看到：有了 $h(t)$ 后，连续系统输入任何信号都可以得到对应的输出信号，因此常常用单位冲激响应 $h(t)$ 来描述一个连续系统，如图 2-174 所示。

图 2-173 单位冲激响应　　图 2-174 用单位冲激响应描述系统

与离散系统类似，连续系统的输出也是等于输入信号和单位冲激响应的卷积：

$$y(t)=x(t)*h(t)$$

下面以利用理想低通滤波器从抽样信号中重建模拟信号为例，看一下输出信号与输入信号、单位冲激响应的关系，如图 2-175 所示。

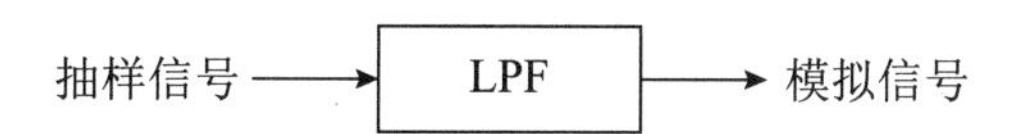

图 2-175 利用理想低通滤波器从抽样信号中重建模拟信号

将单位冲激信号输入理想低通滤波器时，输出的单位冲激响应是一个 sinc 信号，如图 2-176 所示。

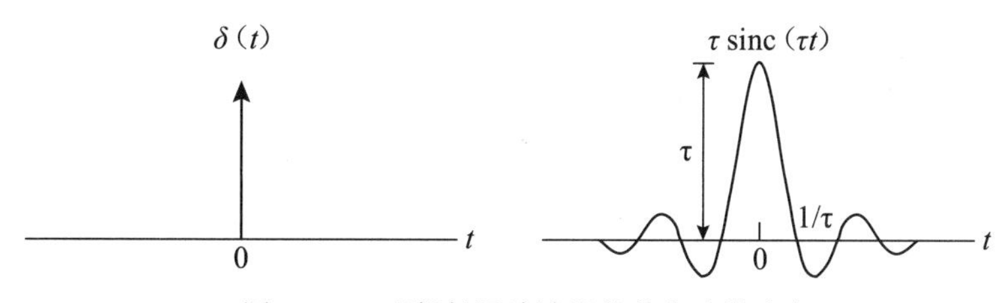

图 2-176 理想低通滤波器的单位冲激响应

将抽样信号输入理想低通滤波器时，输出的是原始模拟信号，如图 2-177 所示。

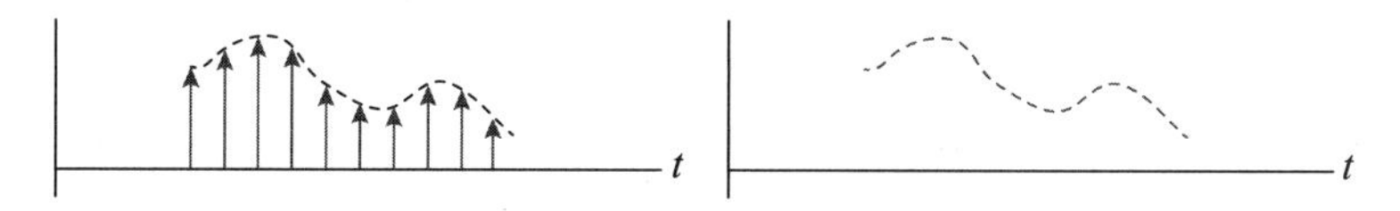

图 2-177 输入抽样信号（左）和输出模拟信号（右）

为什么通过理想低通滤波器可以重建原始模拟信号呢？

将抽样信号分解成一系列冲激信号之和，每个冲激信号会在理想低通滤波器的输出端产生一个冲激响应，只要将所有冲激响应叠加起来就可以得到输出信号。

所有冲激信号及其对应的冲激响应如图 2-178 所示。

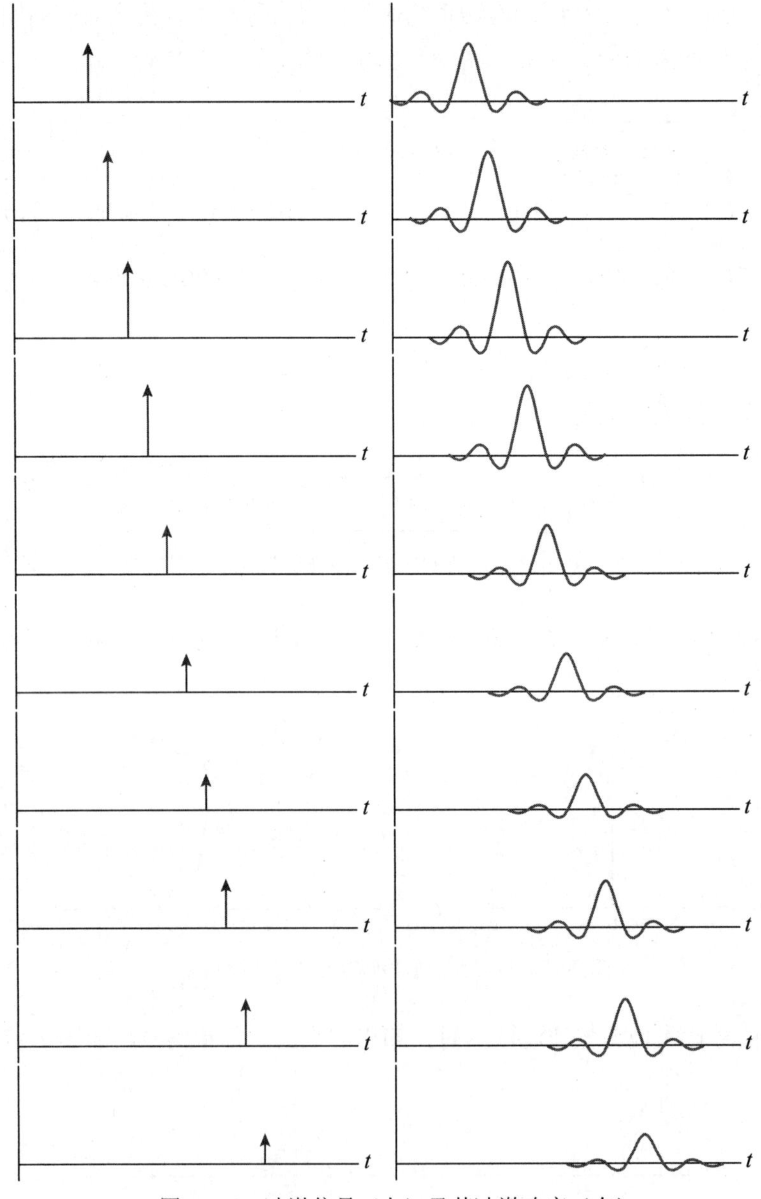

图 2-178　冲激信号（左）及其冲激响应（右）

很明显，所有冲激响应的叠加结果就是原始模拟信号，如图 2-179 所示。

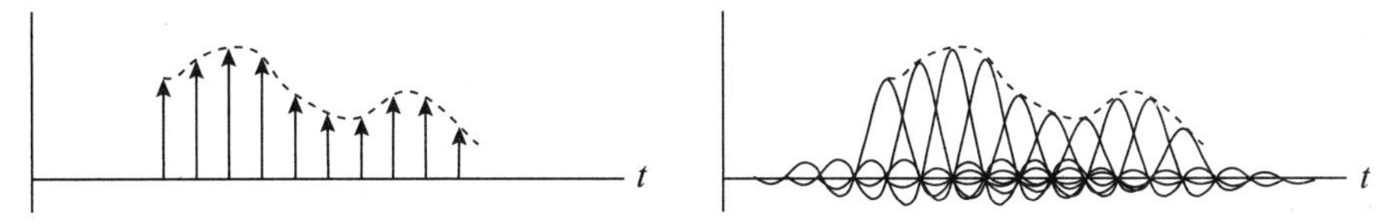

图 2-179　所有冲激响应的叠加结果

3. 时域卷积定理

两个信号卷积的频谱与两个信号的频谱之间是什么关系呢？

答案是：两个信号做卷积，相当于在频域做乘法。这就是时域卷积定理。

也就是说：

若：$y(t)=x(t)*h(t)$，则：$Y(f)=X(f)H(f)$

其中：

$Y(f)=\mathscr{F}[y(t)]$，输出信号的傅里叶变换。

$X(f)=\mathscr{F}[x(t)]$，输入信号的傅里叶变换。

$H(f)=\mathscr{F}[h(t)]$，系统单位冲激响应的傅里叶变换，一般称之为系统频率响应。

下面对时域卷积定理做一下推导。

根据傅里叶变换的定义，得

$$Y(f)=\mathscr{F}[y(t)]=\int_{-\infty}^{+\infty}y(t)\mathrm{e}^{-\mathrm{j}2\pi ft}\mathrm{d}t$$

根据卷积的定义，得

$$y(t)=x(t)*h(t)=\int_{-\infty}^{+\infty}x(\tau)h(t-\tau)\mathrm{d}\tau$$

代入上式，得

$$Y(f)=\int_{-\infty}^{+\infty}\left[\int_{-\infty}^{+\infty}x(\tau)h(t-\tau)\mathrm{d}\tau\right]\mathrm{e}^{-\mathrm{j}2\pi ft}\mathrm{d}t$$

将$\mathrm{e}^{-\mathrm{j}2\pi ft}$从外层积分移入内层积分，同时将 $x(\tau)$ 从内层积分移入外层积分：

$$Y(f)=\int_{-\infty}^{+\infty}x(\tau)\left[\int_{-\infty}^{+\infty}h(t-\tau)\mathrm{e}^{-\mathrm{j}2\pi ft}\mathrm{d}t\right]\mathrm{d}\tau$$

根据傅里叶变换的时移特性：

$$\mathscr{F}[h(t-\tau)]=\int_{-\infty}^{+\infty}h(t-\tau)\mathrm{e}^{-\mathrm{j}2\pi ft}\mathrm{d}t=H(f)\mathrm{e}^{-\mathrm{j}2\pi f\tau}$$

代入，得

$$Y(f)=\int_{-\infty}^{+\infty}x(\tau)\left[H(f)\mathrm{e}^{-\mathrm{j}2\pi f\tau}\right]\mathrm{d}\tau=H(f)\int_{-\infty}^{+\infty}x(\tau)\mathrm{e}^{-\mathrm{j}2\pi f\tau}\mathrm{d}\tau$$

其中：

$$\int_{-\infty}^{+\infty}x(\tau)\mathrm{e}^{-\mathrm{j}2\pi f\tau}\mathrm{d}\tau=X(f)$$

至此得到：$Y(f)=X(f)H(f)$

4. 时域卷积定理在滤波中的应用

根据时域卷积定理，滤波器输出信号的频谱等于输入信号的频谱和滤波器频率响应的乘积。接着前面利用理想低通滤波器从输入抽样信号重建模拟信号的例子。

抽样信号的频谱是由原始模拟信号频谱以采样频率为间隔进行周期性拓展得到的，如图 2-180 所示。

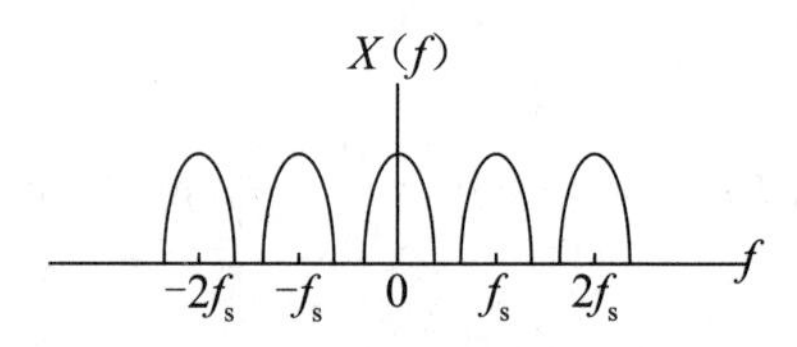

图 2-180　抽样信号的频谱

理想低通滤波器的频率响应如图 2-181 所示。

二者相乘就可以得到输出信号的频谱，如图 2-182 所示。很明显，这正是原始模拟信号的频谱。

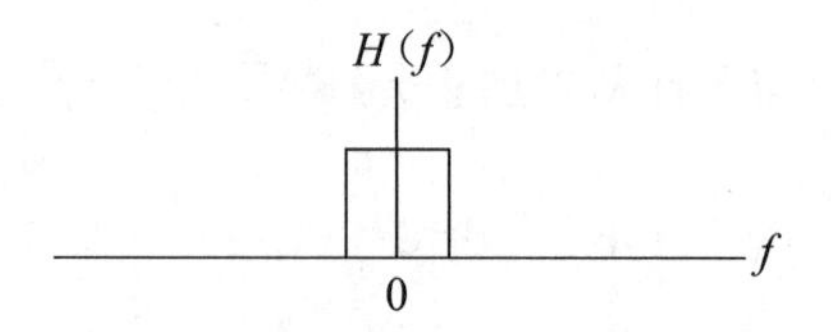

图 2-181　理想低通滤波器的频率响应

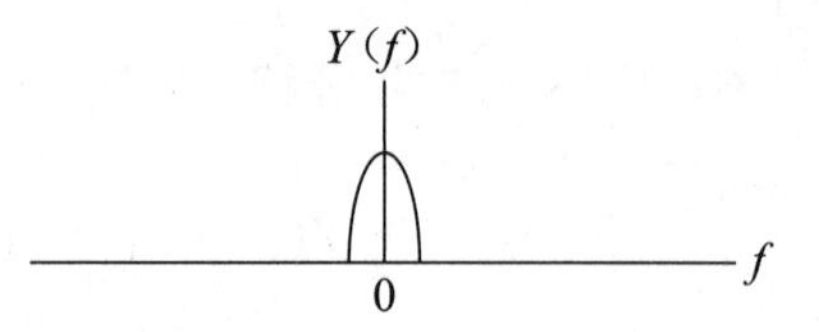

图 2-182　输出信号的频谱

2.10　离散傅里叶变换

虽然傅里叶变换统一了周期信号和非周期信号的频谱分析方法，但由于其输入和输出都是连续信号，不方便在计算机和数字信号处理器中进行处理，于是离散傅里叶变换应运而生。离散傅里叶变换的输入和输出都是离散的数字信号。

与傅里叶变换一样，离散傅里叶变换也分为正变换和逆变换。

一、离散傅里叶正变换

1. 什么是离散傅里叶正变换

离散傅里叶正变换的输入是 N 个时域样点数据：$x(n)$，输出是 N 个频域样点数据：$X(k)$，如图 2-183 所示。

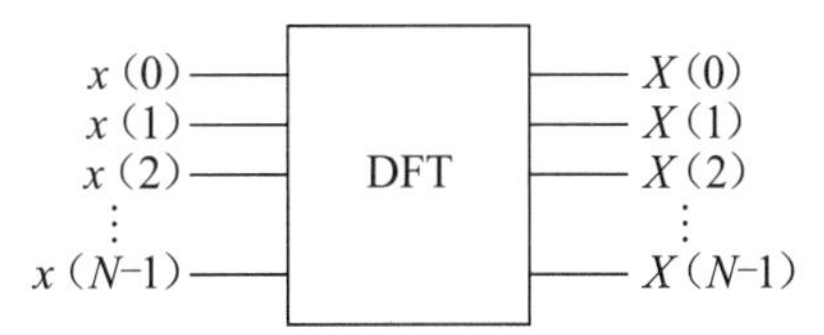

图 2-183　离散傅里叶正变换

$x(n)$ 到 $X(k)$ 的变换关系：

$$X(k)=\sum_{n=0}^{N-1}x(n)\mathrm{e}^{-\mathrm{j}\frac{2\pi}{N}kn}\quad (k=0,1,2,\cdots,N-1)$$

这就是离散傅里叶正变换表达式。

2. 复指数信号的离散傅里叶变换

下面以复指数信号的频谱分析为例，认识一下离散傅里叶正变换。

频率为 1Hz 的复指数信号 $\mathrm{e}^{\mathrm{j}2\pi t}$，如图 2-184 所示。

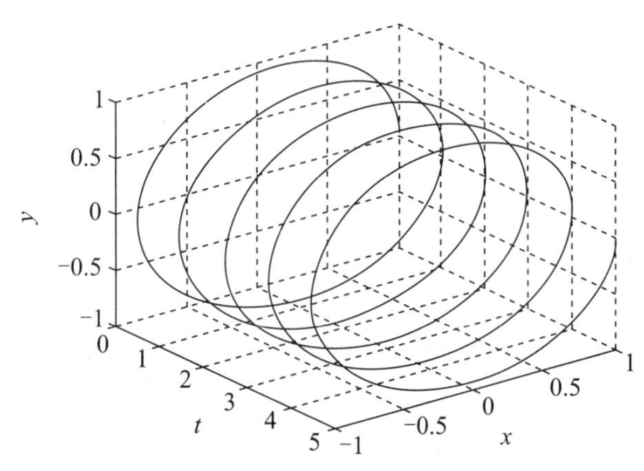

图 2-184　频率为 1Hz 的复指数信号

截取上述复指数信号的一个周期，并以 8Hz 采样频率对其进行采样，如图 2-185 所示。

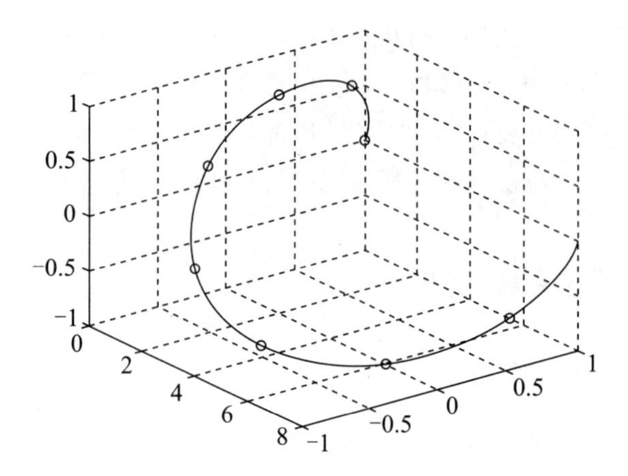

图 2-185　1Hz 复指数信号的一个周期采样

对采样数据进行离散傅里叶变换，如图 2-186 所示。

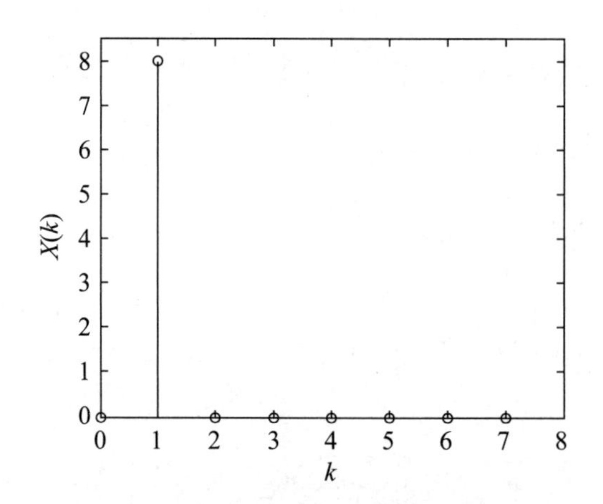

图 2-186　采样数据的离散傅里叶变换

频率为 1Hz 的复指数信号的离散傅里叶变换只在 k=1 处有值，这个好理解，因为 k=1 对应的频率就是 1Hz。

再来看一下频率为 −1Hz 的复指数信号 $e^{-j2\pi t}$，如图 2-187 所示。

截取上述复指数信号的一个周期，并以 8Hz 采样频率对其进行采样，如图 2-188 所示。

对采样数据进行离散傅里叶变换，如图 2-189 所示。

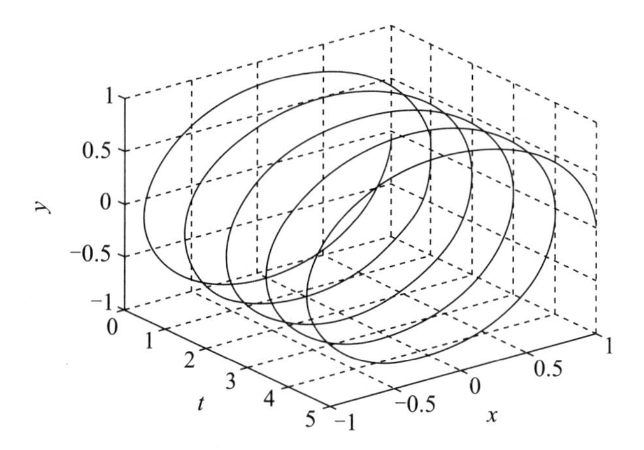

图 2-187　频率为 −1Hz 的复指数信号

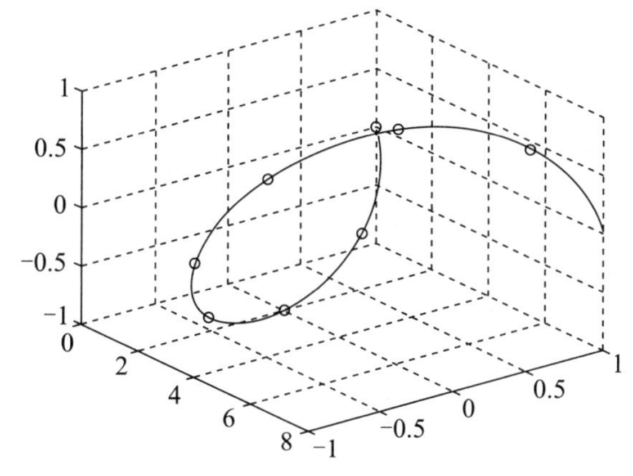

图 2-188　−1Hz 的复指数信号的一个周期采样

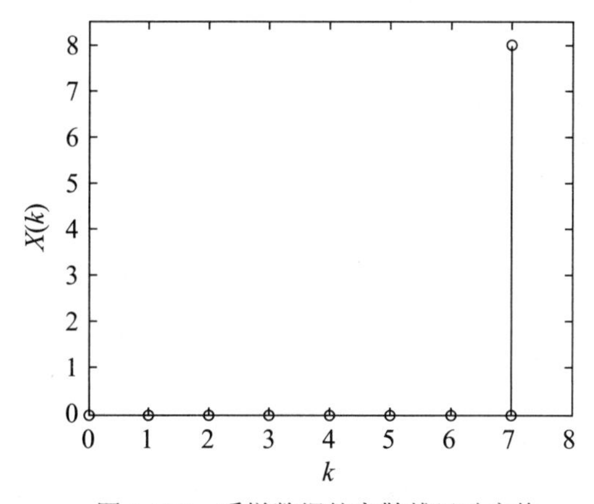

图 2-189　采样数据的离散傅里叶变换

频率为 -1Hz 的复指数信号的离散傅里叶变换只在 $k=7$ 处有值，这如何理解呢？

离散傅里叶正变换的表达式中限定了 k 的取值范围为：$0 \sim N-1$，现在放开限制，看看 DFT 的结果会是什么样？接着前面这个例子，放开 k 的取值范围限制，结果如图 2-190 所示。

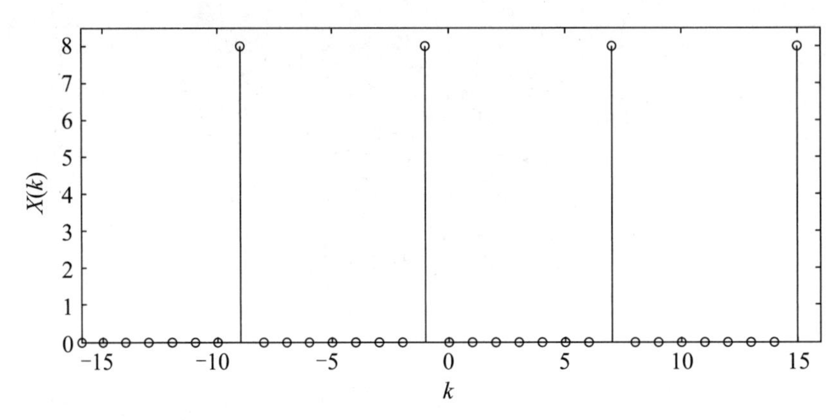

图 2-190　放开离散傅里叶正变换表达式中对 k 的限制

很明显，放开对 k 的取值范围的限制后，离散傅里叶变换的结果 $X(k)$ 成为一个周期函数，以 N 为周期无限循环。

实际上这个结论可以直接从傅里叶正变换的表达式推导出来。

由：

$$X(k)=\sum_{n=0}^{N-1}x(n)\mathrm{e}^{-\mathrm{j}\frac{2\pi}{N}kn}$$

可得

$$X(k+N)=\sum_{n=0}^{N-1}x(n)\mathrm{e}^{-\mathrm{j}\frac{2\pi}{N}(k+N)n}=\sum_{n=0}^{N-1}x(n)\mathrm{e}^{-\mathrm{j}\left(\frac{2\pi}{N}kn+2\pi n\right)}=\sum_{n=0}^{N-1}x(n)\mathrm{e}^{-\mathrm{j}\frac{2\pi}{N}kn}$$

即：

$$X(k+N)=X(k)$$

很明显：$N=8$ 的情况下，$k=7$ 的 $X(k)$ 取值与 $k=-1$ 的 $X(k)$ 取值是相同的，因此只要认为 $k=7$ 对应的频率为 -1Hz 就好理解了。

下面再来看一下 $X(k)$ 的取值。

从前面频率为 1Hz 的复指数信号一个周期采样数据的 8 点 DFT 来看，$k=1$ 时 $X(k)$ 的取值为 8。对比一下频率为 1Hz 的复指数信号的傅里叶系数，其取值为 1，如图 2-191 所示。

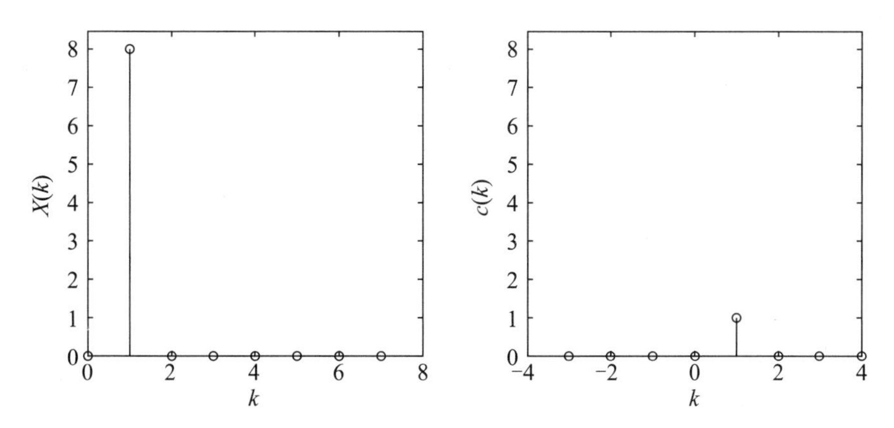

图 2-191　频率为 1Hz 的复指数信号的 DFT（左）和离散谱（右）

可以发现：用 N 去除复指数信号一个周期采样数据的 DFT 结果，刚好与复指数信号的傅里叶系数相等，如图 2-192 所示。

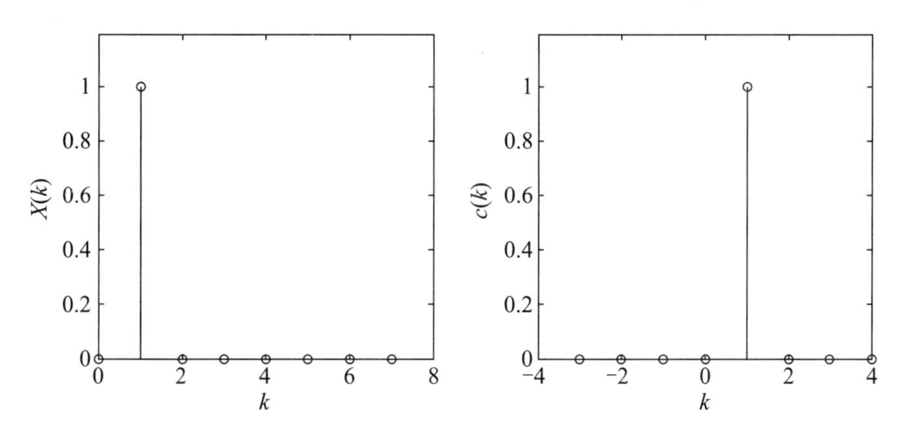

图 2-192　频率为 1Hz 的复指数信号的 DFT×1/8（左）和离散谱（右）

3. 余弦信号的离散傅里叶变换

下面再来看一下频率为 1Hz 的余弦信号一个周期采样数据的离散傅里叶变换。

该余弦信号一个周期的采样数据及其 8 点 DFT 结果如图 2-193 所示。

DFT 结果仅在 k=1（对应频率 1Hz）和 k=7（对应频率 -1Hz）处有值：$X(1)=X(7)=4$，用 N=8 去除 4，刚好得到 0.5，与余弦信号的傅里叶系数是完全相等的，如图 2-194 所示。

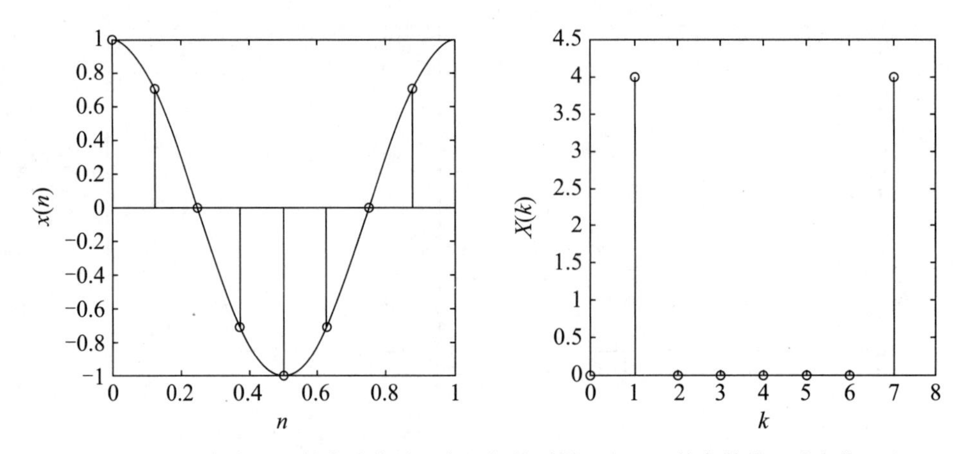

图 2-193　频率为 1Hz 的余弦信号一个周期的采样（左）及其离散傅里叶变换（右）

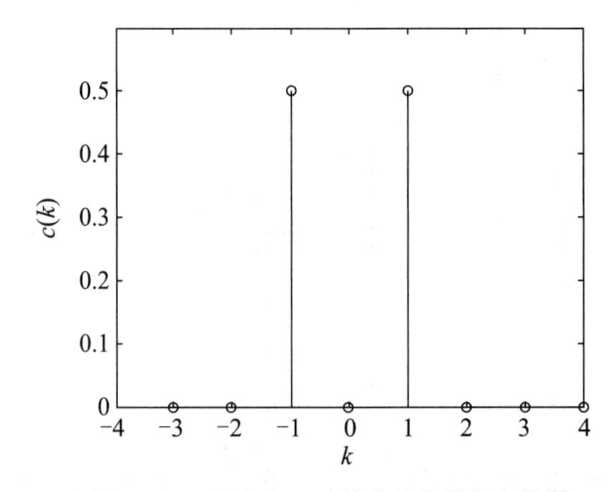

图 2-194　频率为 1Hz 的余弦信号的离散谱

4. 离散傅里叶正变换的本质

回顾前面的分析过程可以发现：对余弦信号的一个周期进行周期拓展，得到一个周期信号，求这个周期信号的傅里叶系数并乘以 N 得到的结果，与直接对余弦信号的一个周期进行采样再做 N 点离散傅里叶变换的结果，二者是完全等价的，如图 2-195 所示。

这揭示了离散傅里叶正变换的本质：

> 表面上看是对时域采样数据进行 N 点离散傅里叶正变换，实质上求的是被采样信号周期性拓展得到的周期信号的傅里叶系数再乘以点数 N。

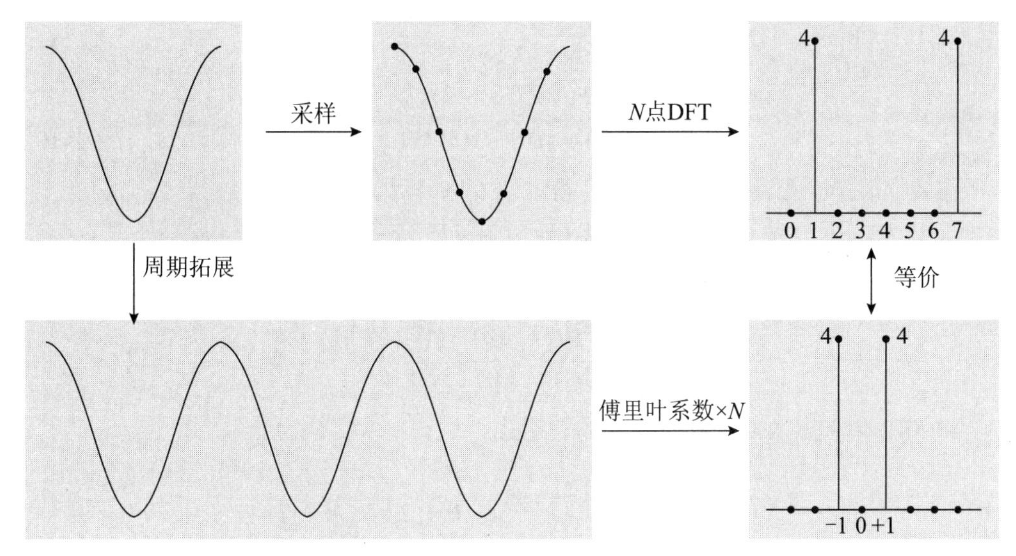

图 2-195　余弦信号的傅里叶变换与傅里叶系数

5. 离散傅里叶正变换表达式的推导

通过前面的讲解，我们对离散傅里叶变换的本质有了比较深刻的认识。但有一个问题我们还没搞清楚，那就是：离散傅里叶正变换的表达式是怎么得到的？

已知：$x(0)$，$x(1)$，$x(2)$，…，$x(N-1)$ 和离散傅里叶逆变换表达式：

$$x(n)=\frac{1}{N}\sum_{k=0}^{N-1}X(k)\mathrm{e}^{+\mathrm{j}\frac{2\pi}{N}kn}\quad (n=0,1,2,\cdots,N-1)$$

求：$X(k)(k=0，1，2，\cdots，N-1)$

1）二元一次方程组的求解

先来看一个简单的，即 $N=2$ 的情况。

根据傅里叶逆变换表达式，列出二元一次方程组：

$$\begin{cases}X(0)+X(1)=2x(0) & (2\text{-}8)\\ X(0)+X(1)\mathrm{e}^{+\mathrm{j}\frac{2\pi}{2}}=2x(1) & (2\text{-}9)\end{cases}$$

下面来解这个二元一次方程组。

式（2-8）减去式（2-9），得

$$X(1)\left(1-\mathrm{e}^{+\mathrm{j}\frac{2\pi}{2}}\right)=2x(0)-2x(1)$$

其中 $e^{+j\frac{2\pi}{2}}=-1$，代入得

$$2X(1)=2x(0)-2x(1)$$

$$X(1)=x(0)-x(1) \tag{2-10}$$

将式（2-10）式代入式（2-8），得

$$X(0)=x(0)+x(1)$$

由此得到二元一次方程组的解：

$$\begin{cases} X(0)=x(0)+x(1) \\ X(1)=x(0)-x(1) \end{cases}$$

将 N=2 代入离散傅里叶正变换的表达式：

$$X(k)=\sum_{n=0}^{N-1}x(n)e^{-j\frac{2\pi}{N}kn} \quad (k=0,1,2,\cdots,N-1)$$

得

$$\begin{cases} X(0)=x(0)+x(1) \\ X(1)=x(0)+x(1)e^{j\frac{2\pi}{2}}=x(0)-x(1) \end{cases}$$

可以发现：二者是完全相同的。

2）三元一次方程组的求解

下面再看一下 N=3 的情况。

根据傅里叶逆变换的表达式，列出三元一次方程组：

$$\begin{cases} X(0)+X(1)+X(2)=x3(0) & (2\text{-}11) \\ X(0)+X(1)e^{+j\frac{2\pi}{3}}+X(2)e^{+j\frac{2\pi}{3}2}=3x(1) & (2\text{-}12) \\ X(0)+X(1)e^{+j\frac{2\pi}{3}2}+X(2)e^{+j\frac{2\pi}{3}4}=3x(2) & (2\text{-}13) \end{cases}$$

下面来解这个三元一次方程组。

采用消元法，先消去 X(0)：

式（2-11）减去式（2-12），得

$$X(1)\left(1-e^{+j\frac{2\pi}{3}}\right)+X(2)\left(1-e^{+j\frac{2\pi}{3}2}\right)=3\left[x(0)-x(1)\right]$$

式（2-11）减去式（2-13），得

$$X(1)\left(1-\mathrm{e}^{+\mathrm{j}\frac{2\pi}{3}2}\right)+X(2)\left(1-\mathrm{e}^{+\mathrm{j}\frac{2\pi}{3}4}\right)=3\left[x(0)-x(2)\right]$$

组成二元一次方程组：

$$\begin{cases}X(1)\left(1-\mathrm{e}^{+\mathrm{j}\frac{2\pi}{3}}\right)+X(2)\left(1-\mathrm{e}^{+\mathrm{j}\frac{2\pi}{3}2}\right)=3\left[x(0)-x(1)\right]\\X(1)\left(1-\mathrm{e}^{+\mathrm{j}\frac{2\pi}{3}2}\right)+X(2)\left(1-\mathrm{e}^{+\mathrm{j}\frac{2\pi}{3}4}\right)=3\left[x(0)-x(2)\right]\end{cases}$$

将 $\mathrm{e}^{+\mathrm{j}\frac{2\pi}{3}2}=\mathrm{e}^{-\mathrm{j}\frac{2\pi}{3}}$ ， $\mathrm{e}^{+\mathrm{j}\frac{2\pi}{3}4}=\mathrm{e}^{+\mathrm{j}\frac{2\pi}{3}}$ 代入，得

$$\begin{cases}X(1)\left(1-\mathrm{e}^{+\mathrm{j}\frac{2\pi}{3}}\right)+X(2)\left(1-\mathrm{e}^{-\mathrm{j}\frac{2\pi}{3}}\right)=3\left[x(0)-x(1)\right] & (2\text{-}14)\\X(1)\left(1-\mathrm{e}^{-\mathrm{j}\frac{2\pi}{3}}\right)+X(2)\left(1-\mathrm{e}^{+\mathrm{j}\frac{2\pi}{3}}\right)=3\left[x(0)-x(2)\right] & (2\text{-}15)\end{cases}$$

下面来解这个二元一次方程组。

为了消去 X(1)，式（2-14）两端乘以$1+\mathrm{e}^{+\mathrm{j}\frac{2\pi}{3}}=-\mathrm{e}^{-\mathrm{j}\frac{2\pi}{3}}$：

$$X(1)\left(1-\mathrm{e}^{+\mathrm{j}\frac{2\pi}{3}2}\right)-X(2)\left(1-\mathrm{e}^{-\mathrm{j}\frac{2\pi}{3}}\right)\mathrm{e}^{-\mathrm{j}\frac{2\pi}{3}}=-3x(0)\mathrm{e}^{-\mathrm{j}\frac{2\pi}{3}}+3x(1)\mathrm{e}^{-\mathrm{j}\frac{2\pi}{3}}$$

$$X(1)\left(1-\mathrm{e}^{-\mathrm{j}\frac{2\pi}{3}}\right)-X(2)\left(\mathrm{e}^{-\mathrm{j}\frac{2\pi}{3}}-\mathrm{e}^{\mathrm{j}\frac{2\pi}{3}}\right)=-3x(0)\mathrm{e}^{-\mathrm{j}\frac{2\pi}{3}}+3x(1)\mathrm{e}^{-\mathrm{j}\frac{2\pi}{3}}$$

减去式（2-15），得

$$X(2)\left(-\mathrm{e}^{-\mathrm{j}\frac{2\pi}{3}}+2\mathrm{e}^{\mathrm{j}\frac{2\pi}{3}}-1\right)=3x(0)\left(-\mathrm{e}^{-\mathrm{j}\frac{2\pi}{3}}-1\right)+3x(1)\mathrm{e}^{-\mathrm{j}\frac{2\pi}{3}}+3x(2)$$

将$-\mathrm{e}^{-\mathrm{j}\frac{2\pi}{3}}-1=\mathrm{e}^{+\mathrm{j}\frac{2\pi}{3}}$代入，得

$$X(2)\mathrm{e}^{\mathrm{j}\frac{2\pi}{3}}=x(0)\mathrm{e}^{\mathrm{j}\frac{2\pi}{3}}+x(1)\mathrm{e}^{-\mathrm{j}\frac{2\pi}{3}}+x(2)$$

两端同时乘以$\mathrm{e}^{-\mathrm{j}\frac{2\pi}{3}}$，得

$$X(2)=x(0)+x(1)\mathrm{e}^{\mathrm{j}\frac{2\pi}{3}}+x(2)\mathrm{e}^{-\mathrm{j}\frac{2\pi}{3}} \tag{2-16}$$

将式（2-16）代入式（2-14），得

$$X(1)\left(1-\mathrm{e}^{+\mathrm{j}\frac{2\pi}{3}}\right)+\left[x(0)+x(1)\mathrm{e}^{\mathrm{j}\frac{2\pi}{3}}+x(2)\mathrm{e}^{-\mathrm{j}\frac{2\pi}{3}}\right]\left(1-\mathrm{e}^{-\mathrm{j}\frac{2\pi}{3}}\right)=3\left[x(0)-x(1)\right]$$

$$\begin{aligned}X(1)\left(1-\mathrm{e}^{+\mathrm{j}\frac{2\pi}{3}}\right)&=\left(x(0)+x(1)\mathrm{e}^{\mathrm{j}\frac{2\pi}{3}}+x(2)\mathrm{e}^{-\mathrm{j}\frac{2\pi}{3}}\right)\left(-1+\mathrm{e}^{-\mathrm{j}\frac{2\pi}{3}}\right)+3x(0)-3x(1)\\&=x(0)\left(2+\mathrm{e}^{-\mathrm{j}\frac{2\pi}{3}}\right)+x(1)\left(-\mathrm{e}^{\mathrm{j}\frac{2\pi}{3}}+1-3\right)+x(2)\left(-\mathrm{e}^{-\mathrm{j}\frac{2\pi}{3}}+\mathrm{e}^{-\mathrm{j}\frac{2\pi}{3}2}\right)\\&=x(0)\left(1-\mathrm{e}^{\mathrm{j}\frac{2\pi}{3}}\right)+x(1)\left(-\mathrm{e}^{\mathrm{j}\frac{2\pi}{3}}-2\right)-x(2)\left(\mathrm{e}^{\mathrm{j}\frac{2\pi}{3}}-\mathrm{e}^{-\mathrm{j}\frac{2\pi}{3}}\right)\\&=x(0)\left(1-\mathrm{e}^{\mathrm{j}\frac{2\pi}{3}}\right)+x(1)\left(\mathrm{e}^{-\mathrm{j}\frac{2\pi}{3}}-1\right)-x(2)\mathrm{e}^{\mathrm{j}\frac{2\pi}{3}}\left(1-\mathrm{e}^{-\mathrm{j}\frac{2\pi}{3}2}\right)\\&=x(0)\left(1-\mathrm{e}^{\mathrm{j}\frac{2\pi}{3}}\right)+x(1)\mathrm{e}^{-\mathrm{j}\frac{2\pi}{3}}\left(1-\mathrm{e}^{\mathrm{j}\frac{2\pi}{3}}\right)-x(2)\mathrm{e}^{\mathrm{j}\frac{2\pi}{3}}\left(1-\mathrm{e}^{\mathrm{j}\frac{2\pi}{3}}\right)\end{aligned}$$

两端同除以 $\left(1-\mathrm{e}^{+\mathrm{j}\frac{2\pi}{3}}\right)$，得

$$X(1)=x(0)+x(1)\mathrm{e}^{-\mathrm{j}\frac{2\pi}{3}}+x(2)\mathrm{e}^{\mathrm{j}\frac{2\pi}{3}} \tag{2-17}$$

将式（2-16）和式（2-17）代入式（2-11）：

$$\begin{aligned}X(0)&=3x(0)-X(1)-X(2)\\&=3x(0)-\left[x(0)+x(1)\mathrm{e}^{\mathrm{j}\frac{2\pi}{3}}+x(2)\mathrm{e}^{-\mathrm{j}\frac{2\pi}{3}}\right]-\left[x(0)+x(1)\mathrm{e}^{-\mathrm{j}\frac{2\pi}{3}}+x(2)\mathrm{e}^{\mathrm{j}\frac{2\pi}{3}}\right]\\&=x(0)-x(1)\left(\mathrm{e}^{\mathrm{j}\frac{2\pi}{3}}+\mathrm{e}^{-\mathrm{j}\frac{2\pi}{3}}\right)-x(2)\left(\mathrm{e}^{-\mathrm{j}\frac{2\pi}{3}}+\mathrm{e}^{\mathrm{j}\frac{2\pi}{3}}\right)\\&=x(0)+x(1)+x(2)\end{aligned}$$

由此得到：

$$X(0)=x(0)+x(1)+x(2) \tag{2-18}$$

注：前面的求解过程中主要用到了下面三个等式：

$$e^{j\frac{2\pi}{3}}+e^{-j\frac{2\pi}{3}}=-1$$

$$e^{+j\frac{2\pi}{3}2}=e^{-j\frac{2\pi}{3}}$$

$$e^{+j\frac{2\pi}{3}4}=e^{+j\frac{2\pi}{3}}$$

至此，我们得到了三元一次方程组的解：

$$\begin{cases} X(0)=x(0)+x(1)+x(2) \\ X(1)=x(0)+x(1)e^{-j\frac{2\pi}{3}}+x(2)e^{+j\frac{2\pi}{3}} \\ X(2)=x(0)+x(1)e^{+j\frac{2\pi}{3}}+x(2)e^{-j\frac{2\pi}{3}} \end{cases}$$

这个结果与离散傅里叶正变换的表达式是完全相同的：

$$X(k)=\sum_{n=0}^{N-1}x(n)e^{-j\frac{2\pi}{N}kn} \quad (k=0,1,2,\cdots,N-1)$$

将 N=3 代入，得到：

$$\begin{cases} X(0)=x(0)+x(1)+x(2) \\ X(1)=x(0)+x(1)e^{-j\frac{2\pi}{3}}+x(2)e^{-j\frac{2\pi}{3}2}=x(0)+x(1)e^{-j\frac{2\pi}{3}}+x(2)e^{+j\frac{2\pi}{3}} \\ X(2)=x(0)+x(1)e^{-j\frac{2\pi}{3}2}+x(2)e^{-j\frac{2\pi}{3}4}=x(0)+x(1)e^{+j\frac{2\pi}{3}}+x(2)e^{-j\frac{2\pi}{3}} \end{cases}$$

3）N 元一次方程组的求解

下面看一下一般的情况。

由：$x(n)=\dfrac{1}{N}\sum_{k=0}^{N-1}X(k)e^{+j\frac{2\pi}{N}kn}$

得：$Nx(n)=\sum_{k=0}^{N-1}X(k)e^{+j\frac{2\pi}{N}kn}$

按照 n=0,1,2,⋯, N−1 将上式拆成 N 个式子：

$$\begin{cases} Nx(0)=\sum_{k=0}^{N-1}X(k) \\ Nx(1)=\sum_{k=0}^{N-1}X(k)e^{+j\frac{2\pi}{N}k} \\ Nx(2)=\sum_{k=0}^{N-1}X(k)e^{+j\frac{2\pi}{N}2k} \\ \vdots \\ Nx(N-1)=\sum_{k=0}^{N-1}X(k)e^{+j\frac{2\pi}{N}(N-1)k} \end{cases}$$

为了看得更清楚，将其整理成如下形式：

$$\begin{cases} X(0)+X(1)+X(2)+\cdots+X(N-1)=Nx(0) \\ X(0)+X(1)\mathrm{e}^{+\mathrm{j}\frac{2\pi}{N}}+X(2)\mathrm{e}^{+\mathrm{j}\frac{2\pi}{N}2}+\cdots+X(N-1)\mathrm{e}^{+\mathrm{j}\frac{2\pi}{N}(N-1)}=Nx(1) \\ X(0)+X(1)\mathrm{e}^{+\mathrm{j}\frac{2\pi}{N}2}+X(2)\mathrm{e}^{+\mathrm{j}\frac{2\pi}{N}4}+\cdots+X(N-1)\mathrm{e}^{+\mathrm{j}\frac{2\pi}{N}2(N-1)}=Nx(2) \\ \vdots \\ X(0)+X(1)\mathrm{e}^{+\mathrm{j}\frac{2\pi}{N}(N-1)}+X(2)\mathrm{e}^{+\mathrm{j}\frac{2\pi}{N}2(N-1)}+\cdots+X(N-1)\mathrm{e}^{+\mathrm{j}\frac{2\pi}{N}(N-1)^2}=Nx(N-1) \end{cases}$$

$x(n)$ 是已知的，$X(k)$ 是未知数，从 N 个方程式中求解 N 个未知数，实质就是求 N 元一次方程组的解。

利用消元法，就可以得到离散傅里叶变换表达式：

$$X(k)=\sum_{n=0}^{N-1}x(n)\mathrm{e}^{-\mathrm{j}\frac{2\pi}{N}kn}\quad(k=0,1,2,\cdots,N-1)$$

具体的推导过程这里不再赘述。

二、离散傅里叶逆变换

1. 什么是离散傅里叶逆变换

离散傅里叶逆变换正好相反，输入是 N 个频域的样点数据：$X(k)$，输出是 N 个时域的样点数据：$x(n)$，如图 2-196 所示。

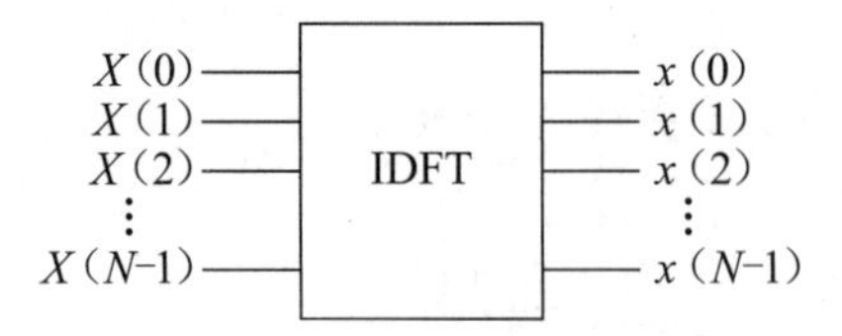

图 2-196　离散傅里叶逆变换

$X(k)$ 到 $x(n)$ 的变换关系：

$$x(n)=\frac{1}{N}\sum_{k=0}^{N-1}X(k)\mathrm{e}^{+\mathrm{j}\frac{2\pi}{N}kn}\quad(n=0,1,2,\cdots,N-1)$$

这就是离散傅里叶逆变换表达式。

2. 如何理解离散傅里叶逆变换表达式

由离散傅里叶逆变换表达式可以看出：

离散傅里叶逆变换就是将时域样点序列 $x(n)$ 分解成一系列加权的复指数序列 $\mathrm{e}^{+\mathrm{j}\frac{2\pi}{N}kn}$之和，加权系数就是：$X(k)/N$。

具体来说就是：

直流样点序列：

$$k=0,\quad x_0(n)=\frac{X(0)}{N}\quad (n=0,1,2,\cdots,N-1)$$

逆时针旋转的复指数序列：旋转圈数为 1 圈

$$k=1,\quad x_1(n)=\frac{X(1)}{N}\mathrm{e}^{+\mathrm{j}\frac{2\pi}{N}n}\quad (n=0,1,2,\cdots,N-1)$$

逆时针旋转的复指数序列：旋转圈数为 2 圈

$$k=2,\quad x_2(n)=\frac{X(2)}{N}\mathrm{e}^{+\mathrm{j}\frac{2\pi}{N}2n}\quad (n=0,1,2,\cdots,N-1)$$

……

逆时针旋转的复指数序列：旋转圈数为 $N/2$ 圈

$$k=N/2,\quad x_{N/2}(n)=\frac{X(N/2)}{N}\mathrm{e}^{+\mathrm{j}\frac{2\pi}{N}(N/2)n}\quad (n=0,1,2,\cdots,N-1)$$

顺时针旋转的复指数序列：旋转圈数为 $N/2-1$ 圈

$$\begin{aligned}k=N/2+1,\quad x_{N/2+1}(n)&=\frac{X(N/2+1)}{N}\mathrm{e}^{+\mathrm{j}\frac{2\pi}{N}(N/2+1)n}\\&=\frac{X(N/2+1)}{N}\mathrm{e}^{-\mathrm{j}\frac{2\pi}{N}(N/2-1)n}\quad (n=0,1,2,\cdots,N-1)\end{aligned}$$

顺时针旋转的复指数序列，旋转圈数为 $N/2-2$ 圈

$$\begin{aligned}k=N/2+2,\quad x_{N/2+2}(n)&=\frac{X(N/2+2)}{N}\mathrm{e}^{+\mathrm{j}\frac{2\pi}{N}(N/2+2)n}\\&=\frac{X(N/2+2)}{N}\mathrm{e}^{-\mathrm{j}\frac{2\pi}{N}(N/2-2)n}\quad (n=0,1,2,\cdots,N-1)\end{aligned}$$

……

顺时针旋转的复指数序列：旋转圈数为 1 圈

$$k = N-1,\quad x_{N-1}(n) = \frac{X(N-1)}{N}\mathrm{e}^{+\mathrm{j}\frac{2\pi}{N}(N-1)n}$$

$$= \frac{X(N-1)}{N}\mathrm{e}^{-\mathrm{j}\frac{2\pi}{N}n}\quad (n = 0,1,2,\cdots,N-1)$$

注：$\mathrm{e}^{+\mathrm{j}\frac{2\pi}{N}kn} = \mathrm{e}^{-\mathrm{j}\frac{2\pi}{N}(N-k)n}\quad (n = 0,1,2,\cdots,N-1)$

综上所述，时域样点序列 $x(n)$ 可以用 N 个复指数序列来合成：

- 直流序列：1 个，相当于旋转圈数为 0 圈。
- 逆时针旋转的复指数序列：$N/2$ 个，旋转圈数分别为 1 ～ $N/2$ 圈。
- 顺时针旋转的复指数序列：$N/2-1$ 个，旋转圈数分别为 $N/2-1$ ～ 1 圈。

下面看一下 N=8 情况下用到的 8 个复指数序列，如图 2-197 所示。

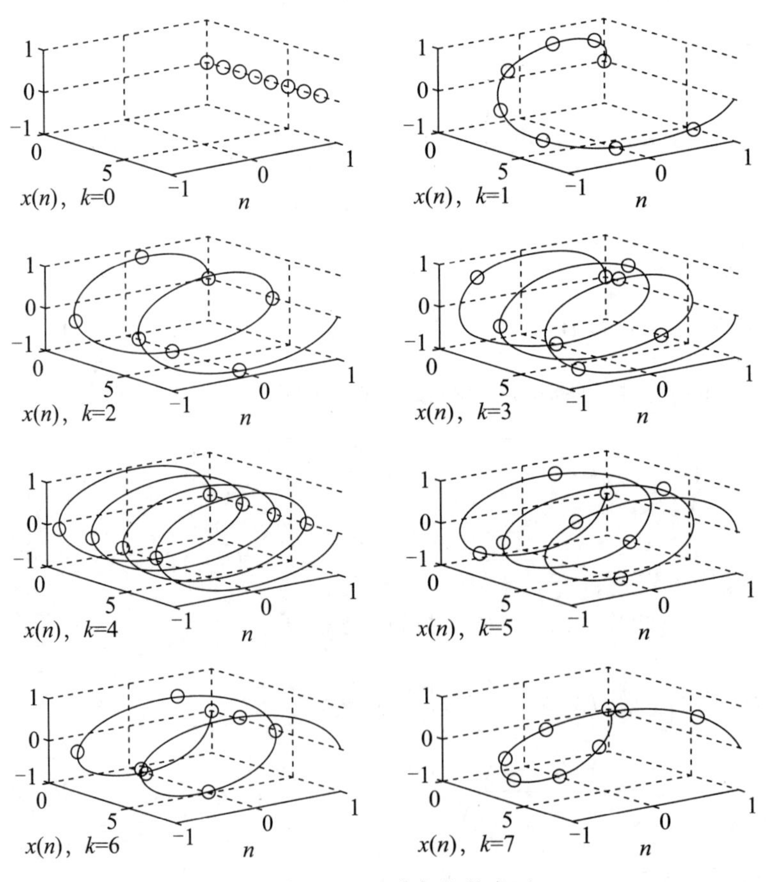

图 2-197　8 个复指数序列

- 1 个直流序列：k=0，$x_0(n)$=1 $(n=0,1,2,\cdots,7)$。
- 4 个逆时针旋转的复指数序列：

$$k=1,\ x_1(n)=\mathrm{e}^{+\mathrm{j}\frac{2\pi}{N}n}\quad (n=0,1,2,\cdots,7)$$

$$k=2,\ x_2(n)=\mathrm{e}^{+\mathrm{j}\frac{2\pi}{N}2n}\quad (n=0,1,2,\cdots,7)$$

$$k=3,\ x_3(n)=\mathrm{e}^{+\mathrm{j}\frac{2\pi}{N}3n}\quad (n=0,1,2,\cdots,7)$$

$$k=4,\ x_4(n)=\mathrm{e}^{+\mathrm{j}\frac{2\pi}{N}4n}\quad (n=0,1,2,\cdots,7)$$

- 3 个顺时针旋转的复指数序列：

$$k=5,\ x_5(n)=\mathrm{e}^{-\mathrm{j}\frac{2\pi}{N}3n}\quad (n=0,1,2,\cdots,7)$$

$$k=6,\ x_6(n)=\mathrm{e}^{-\mathrm{j}\frac{2\pi}{N}2n}\quad (n=0,1,2,\cdots,7)$$

$$k=7,\ x_7(n)=\mathrm{e}^{-\mathrm{j}\frac{2\pi}{N}n}\quad (n=0,1,2,\cdots,7)$$

3. 离散傅里叶逆变换的本质

利用 N 个傅里叶系数$\dfrac{X(k)}{N}$对 N 个复指数信号进行加权，合成一个周期信号。$X(k)$ 对应的复指数信号如表 2-2 所示。

表 2-2　$X(k)$ 对应的复指数信号

$X(0)$	$X(1)$	$X(2)$	…	$X\left(\frac{N}{2}-1\right)$	$X\left(\frac{N}{2}\right)$	$X\left(\frac{N}{2}+1\right)$	…	$X(N-1)$	$X(N)$
1	$\mathrm{e}^{\mathrm{j}2\pi f_0 t}$	$\mathrm{e}^{\mathrm{j}2\pi 2 f_0 t}$	…	$\mathrm{e}^{\mathrm{j}2\pi\left(\frac{N}{2}-1\right)f_0 t}$	$\mathrm{e}^{\mathrm{j}2\pi\frac{N}{2}f_0 t}$	$\mathrm{e}^{-\mathrm{j}2\pi\left(\frac{N}{2}-1\right)f_0 t}$	…	$\mathrm{e}^{-\mathrm{j}2\pi 2 f_0 t}$	$\mathrm{e}^{-\mathrm{j}2\pi f_0 t}$

根据傅里叶级数展开式，合成的周期信号为：

$$\tilde{x}(t)=\frac{X(0)}{N}+\sum_{k=1}^{N/2}\frac{X(k)}{N}\mathrm{e}^{\mathrm{j}2\pi k f_0 t}+\sum_{k=1+N/2}^{N-1}\frac{X(k)}{N}\mathrm{e}^{-\mathrm{j}2\pi(N-k)f_0 t}$$

将基波周期 N 等分：$T_s=T/N$，以 T_s 为间隔对 $\tilde{x}(t)$ 进行采样。

将 $t=nT_s$ 代入，得

$$\tilde{x}(nT_s)=\frac{X(0)}{N}+\sum_{k=1}^{N/2}\frac{X(k)}{N}e^{j2\pi kf_0nT_s}+\sum_{k=1+N/2}^{N-1}\frac{X(k)}{N}e^{-j2\pi(N-k)f_0nT_s}$$

因为：$T=1/f_0$

所以：$T_s=T/N=1/(N/f_0)$

由此得：$f_0T_s=1/N$

代入，得

$$\tilde{x}(nT_s)=\frac{X(0)}{N}+\sum_{k=1}^{N/2}\frac{X(k)}{N}e^{j2\pi kn/N}+\sum_{k=1+N/2}^{N-1}\frac{X(k)}{N}e^{-j2\pi(N-k)n/N}$$

其中：

$$e^{-j2\pi(N-k)n/N}=e^{-j2\pi(1-k/N)n}=e^{-j2\pi n}e^{j2\pi kn/N}=e^{j2\pi kn/N}$$

代入得

$$\tilde{x}(nT_s)=\frac{X(0)}{N}+\sum_{k=1}^{N/2}\frac{X(k)}{N}e^{j2\pi kn/N}+\sum_{k=1+N/2}^{N-1}\frac{X(k)}{N}e^{j2\pi kn/N}$$

即

$$\tilde{x}(nT_s)=\frac{1}{N}\sum_{k=0}^{N-1}X(k)e^{j2\pi kn/N}$$

$\tilde{x}(t)$ 是个周期信号，以 T_s 为间隔对 $\tilde{x}(t)$ 进行采样得到的 $\tilde{x}(nT_s)$ 也是个周期信号。取其中的一个周期：$n=0\sim N-1$，得到 N 个时域采样数据：

$$x(n)=\frac{1}{N}\sum_{k=0}^{N-1}X(k)e^{j2\pi kn/N}\quad(n=0,1,2,\cdots,N-1)$$

这就是离散傅里叶逆变换的表达式。

上述推导过程揭示出了离散傅里叶逆变换的本质：

表面上看是对频域采样数据 $X(k)$ 进行 N 点离散傅里叶逆变换，实质上是用 $X(k)/N$ 作为傅里叶系数对复指数信号进行加权合成一个周期信号，再对一个周期进行采样得到 N 个时域采样数据。

第3章 信道

信道在通信系统模型中的位置如图 3-1 所示。

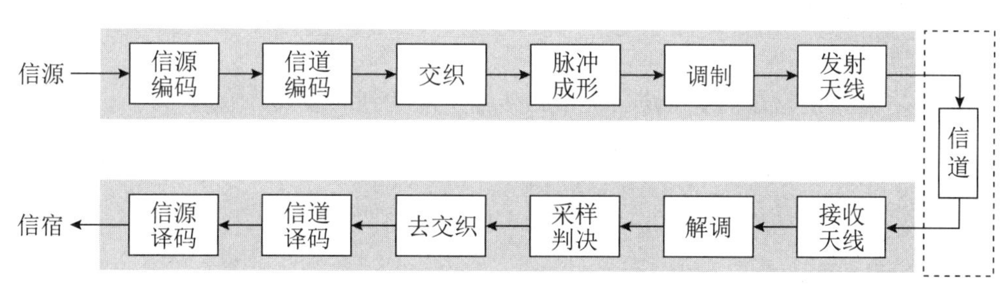

图 3-1 信道在通信系统模型中的位置

3.1 噪声和干扰

信道中除了传输的信号以外，还存在各种噪声和干扰，包括接收机中产生的热噪声、进入天线的自然噪声和人为噪声等。这些噪声和干扰可能会使信号失真并导致误码。

3.2 信道带宽

不是所有频率的信号都可以通过信道传输，信道的频率响应决定了哪些频率的信号可以通过信道，哪些频率的信号不能通过信道，如图 3-2 所示。

可以通过信道传输的信号频率范围大小就是信道的带宽。

实际信道的带宽总是有限的，因此要求在信道上传输的信号带宽不能超过信道带宽，否则信号会发生失真。

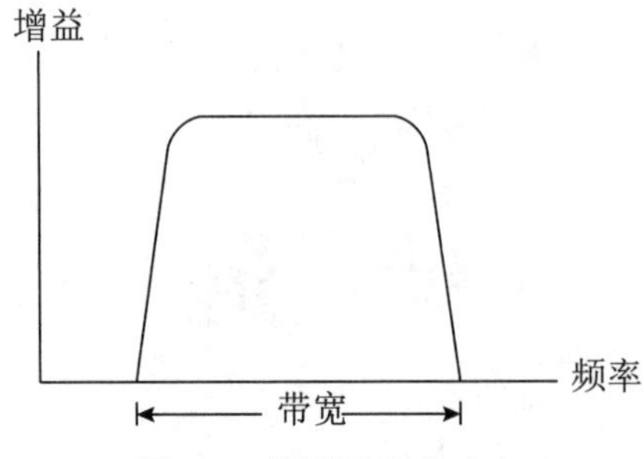

图 3-2　信道的频率响应

3.3　信道容量

信道容量就是指在信道上进行无差错传输所能达到的最大传输速率。

信道容量可以利用香农公式计算得到：

$$C=B\log_2\left(1+\frac{S}{N}\right)$$

C：信道容量，单位 bit/s；

B：信道带宽，单位 Hz；

S：信号平均功率，单位 W；

N：噪声平均功率，单位 W。

下面以图 3-3 所示的 MODEM 通信为例，计算一下电话线路的信道容量。

图 3-3　利用电话线路进行 MODEM 通信

假定：电话线路的信噪比为 30dB，带宽为 3 400Hz。

$$30\text{dB}=10\times\log_{10}\left(\frac{S}{N}\right)$$

由此得：

$$\frac{S}{N}=10^3=1\ 000$$

代入香农公式：

$$C=3\,400\times\log_2(1+1\,000)=33.9\text{kbit/s}$$

由此可见，很早以前的那种 V.34 MODEM 速率最高可以达到 33.6kbit/s，已经很接近电话线路的信道容量了。

3.4 移动衰落信道

无线电波在传播过程中会遇到各种建筑物、树木、植被以及地形起伏的影响，引起能量的吸收和电波的反射、散射和绕射等，遭受到不同途径的衰减或损耗，这些损耗可以分为三类：路径损耗、大尺度衰落和小尺度衰落，如图 3-4 所示。

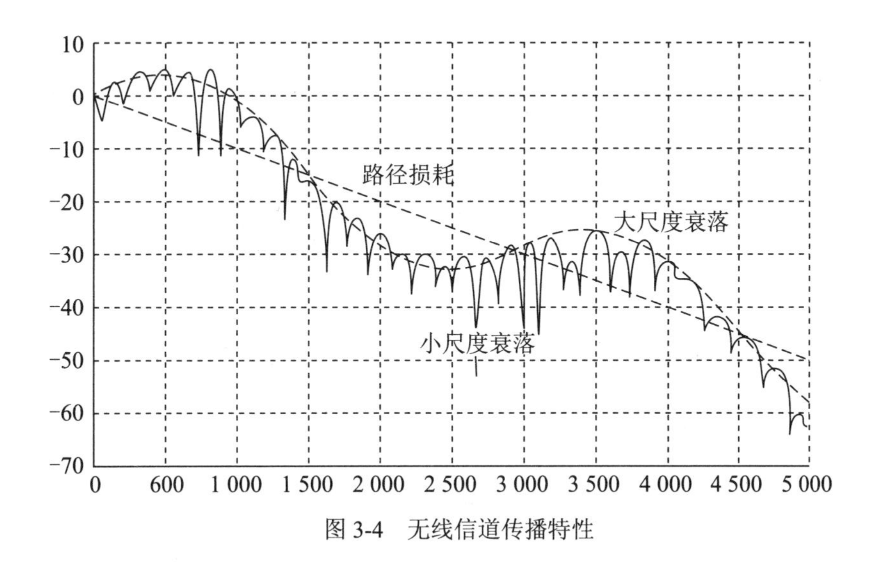

图 3-4 无线信道传播特性

由于路径损耗和衰落的影响，接收信号一般要比发射信号弱很多。

一、路径损耗

无线电波在自由空间传播时产生的损耗被称为路径损耗。路径损耗反映了在大范围空间距离上接收信号电平的平均值变化趋势。

二、大尺度衰落

无线电波在传播路径上受到建筑物及山丘等遮挡所产生的损耗被称为阴影衰落。阴影衰落反映了在几百倍波长量级的中等范围内接收信号电平的平均值变化趋势，因此也被称为大尺度衰落。

三、小尺度衰落

主要由于多径传播而产生的损耗被称为多径衰落。多径衰落反映了在几十倍波长量级的小范围内接收信号电平的平均值变化趋势，因此也被称为小尺度衰落。

1. 多径效应

什么是多径呢？多径是指无线电波从发射天线经过多个路径抵达接收天线的传播现象，如图 3-5 所示。

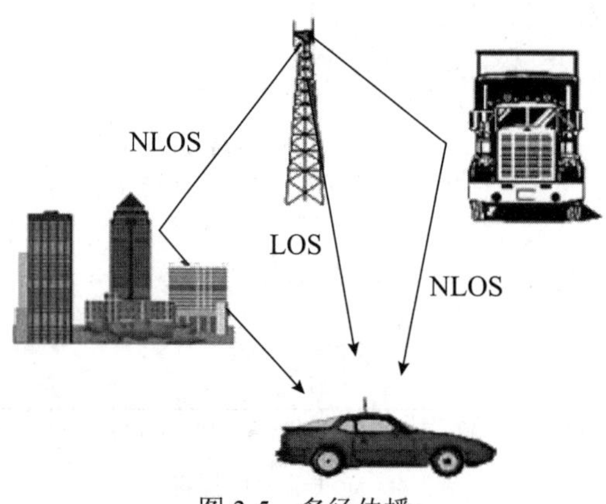

图 3-5　多径传播

大气层对电波的散射、电离层对电波的反射和折射，以及山峦、建筑等地表物体对电波的反射都会造成多径传播，最终导致接收机收到的信号是直达波和多个反射波的合成。

多径对通信质量会有很大的影响。以无线电视信号的传播为例，以较长路径到达电视接收天线的信号分量比以较短路径到达的信号稍迟。因为电视的电子枪是从左向右扫描的，所以迟到的信号会在早到的信号形成的电视画面上叠加一个稍稍靠右的虚像，导致重影，如图 3-6 所示。

图 3-6　电视重影

无线电视信号的多径传播会导致电视重影。移动通信中无线电波的多径传播会产生什么影响呢？答案是：会导致衰落。

一般在研究电波反射时，通常都是按照平面波处理的，假定在反射点的入射角度等于反射角度，因此造成电波反相。由于大气折射是随时间变化的，传播路径也会随时间和地形地物而变化。到达接收机的多径信号：如果同相，叠加后信号会增强；如果反相，叠加后信号会减弱。由此造成接收信号的幅度变化，这就是衰落。

下面看一个多径信号同相叠加的例子。假定发射机天线和接收机天线之间有两条传播路径，路程差为 2.5 个波长，如图 3-7 所示。

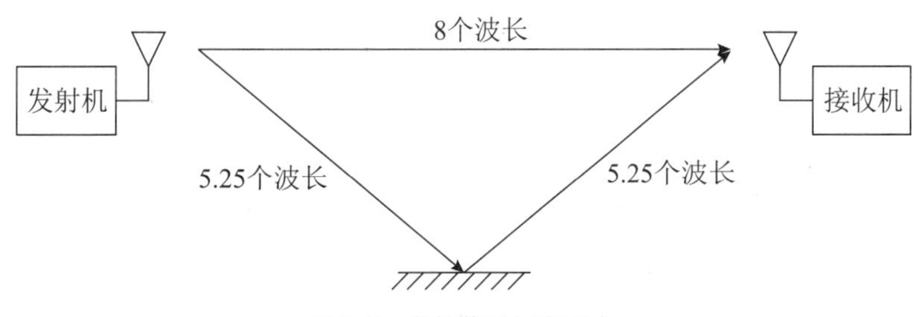

图 3-7　多径信号同相叠加

注：实际的发射机和接收机之间的距离不可能只有 8 个波长，这里为了描述得更清楚才做了这个假设。本书中有多处为了便于描述而做了一些比较极端的假设，后面不再特别说明。

发射机发射的信号如图 3-8 所示。

接收机从两条传播路径接收到的信号如图 3-9 所示。

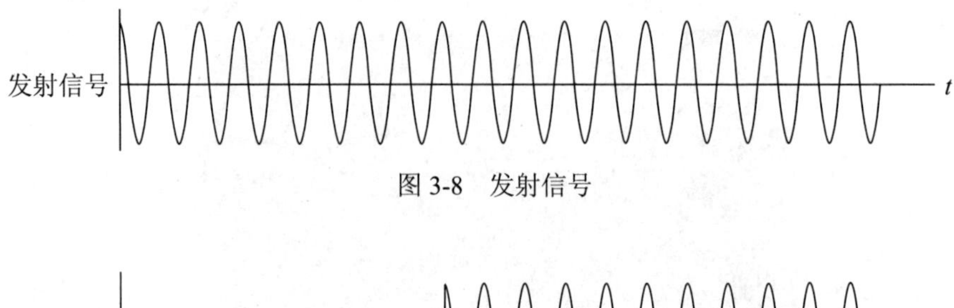

图 3-8　发射信号

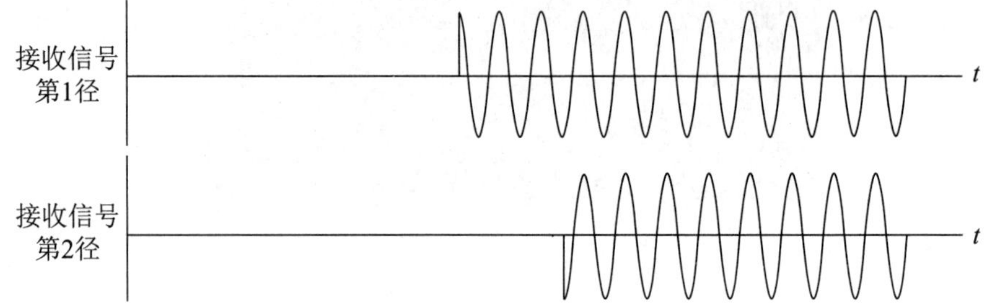

图 3-9　接收信号（两条传播路径）

注：这里忽略了两路信号的幅度差异。

由于接收到的两路信号刚好同相，合成后信号增强，如图 3-10 所示。

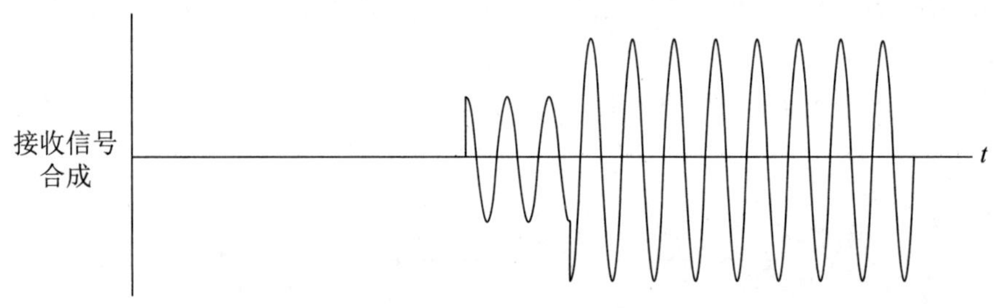

图 3-10　合成信号

再看一个多径信号反相叠加的例子。假定发射机天线和接收机天线之间有两条传播路径，路程差为两个波长，如图 3-11 所示。

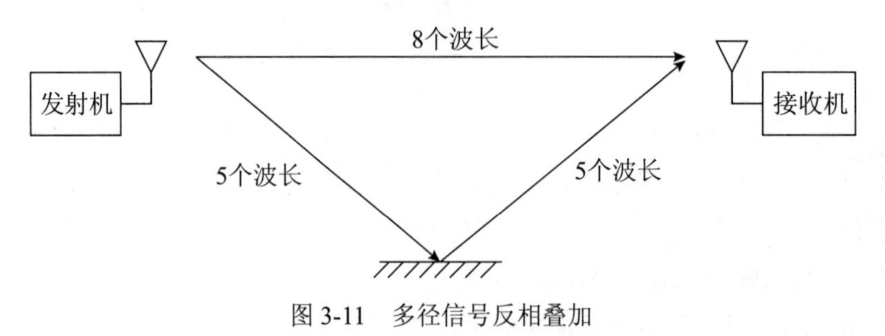

图 3-11　多径信号反相叠加

发射机发射的信号如图 3-12 所示。

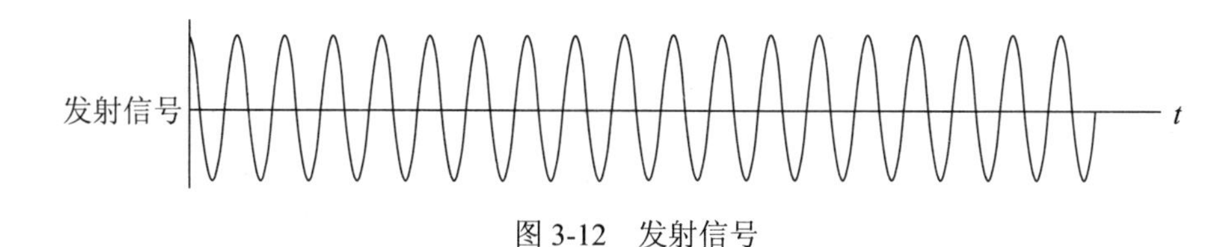

图 3-12 发射信号

接收机从两条传播路径接收到的信号如图 3-13 所示。

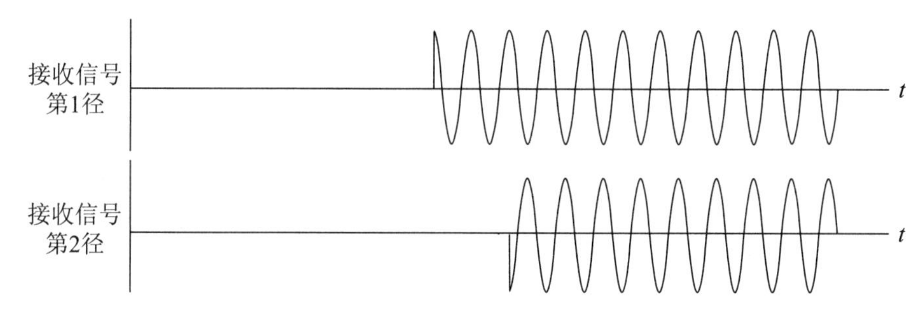

图 3-13 接收信号（两条传播路径）

注：这里忽略了两路信号的幅度差异。

由于接收到的两路信号刚好反相，合成后相互抵消，如图 3-14 所示。

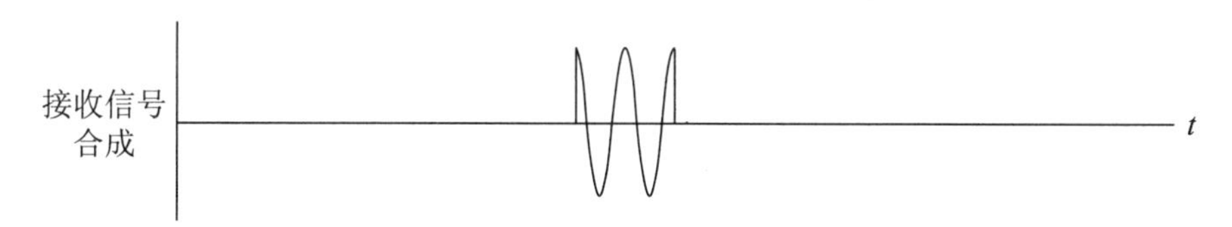

图 3-14 合成信号

前面举了两个特例来描述多径传播对信号的影响：一个是相同幅度的反射信号与直射信号同相叠加，合成信号增强：幅度翻倍；另一个是相同幅度的反射信号与直射信号反相叠加，合成信号抵消：幅度为零。

一般情况下，到达接收机的直射信号和反射信号不会正好是同相或者反相，而且直射信号和反射信号的幅度也不同，反射信号的幅度小于直射信号。假定信号频率为f，反射信号比直射信号延迟时间τ到达接收机，直射信号的幅度为A_1，反射信号的幅度为A_2。

直射信号：$s_1=A_1\cos(2\pi ft)$

反射信号：$s_2=A_2\cos[2\pi f(t-\tau)+\pi]$

合成信号：$s_1+s_2=A_1\cos(2\pi ft)+A_2\cos[2\pi f(t-\tau)+\pi]$

如果将直射信号和反射信号看作是如图 3-15 所示两个旋转向量在实轴上的投影，那么合成信号就是这两个旋转向量的合成向量在实轴上的投影。

两个旋转向量的合成向量如图 3-16 所示。

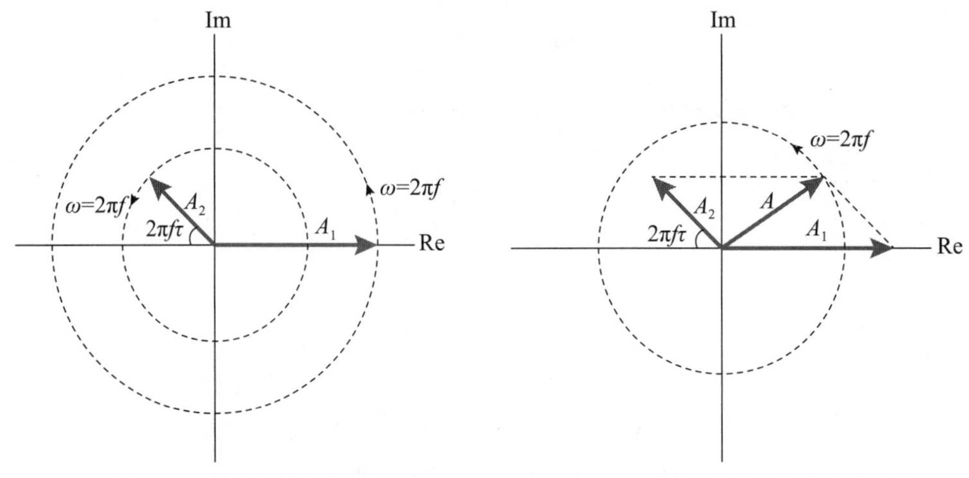

图 3-15　两个旋转向量　　　　图 3-16　两个旋转向量的合成向量

合成向量的长度（也就是合成信号的幅度）为：

$$A=\sqrt{[A_2\sin(2\pi f\tau)]^2+[A_1-A_2\cos(2\pi f\tau)]^2}=\sqrt{[A_1^2+A_2^2-2A_1A_2\cos(2\pi f\tau)}$$

当 $A_1=A_2=A_0$，且 $\tau=2.5/f$ 时，合成信号的幅度：$A=2A_0$，这就是前面所讲的反射信号和直射信号同相叠加、幅度翻倍的情况。

当 $A_1=A_2=A_0$，且 $\tau=2/f$ 时，合成信号的幅度：$A=0$，这就是前面所讲的反射信号和直射信号反相叠加、幅度为零的情况。

当 $A_1=1$，$A_2=0.5$，且 $\tau=0.005s$ 时，合成信号的幅度：$A=\sqrt{1.25-\cos(0.01\pi f)}$，合成信号幅度随信号频率的变化曲线如图 3-17 所示。

当信号频率为 200Hz、400Hz、600Hz 等频率时，信号的幅度处于波谷；

当信号频率为 100Hz、300Hz、500Hz 等频率时，信号的幅度处于波峰。

波峰和波峰之间、波谷和波谷之间的频率间隔刚好为时延 τ 的倒数。

1）相干带宽

一般将多径信道最大时延 τ_m 的倒数定义为多径信道的相干带宽，即：

$$B_c=1/\tau_m$$

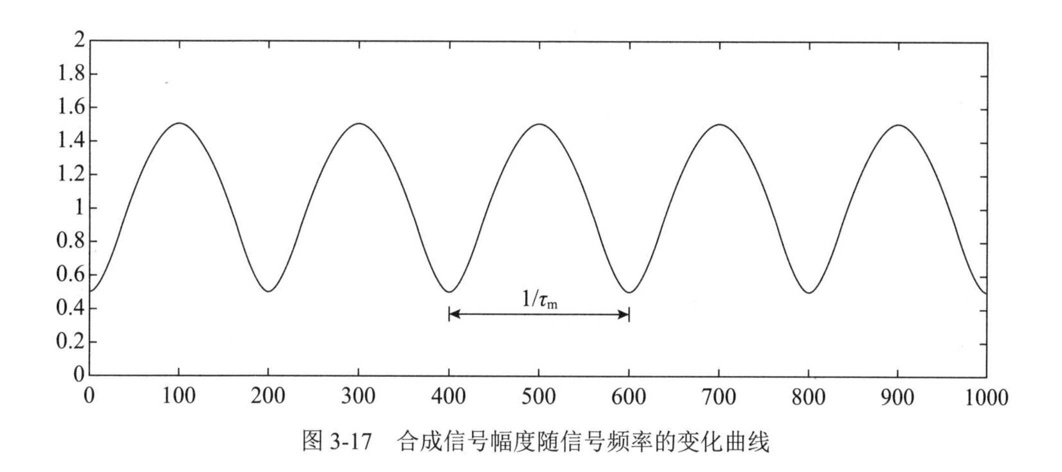

图 3-17　合成信号幅度随信号频率的变化曲线

2）频率选择性衰落

一般的信号都不是单一频率，而是具有一定带宽。如果信号的带宽远大于信道的相干带宽，即：$B \gg B_c$，信号中不同频率成分经多径传输后到达接收机时的幅度增益差别很大，如图 3-18 所示，这种衰落就是频率选择性衰落。

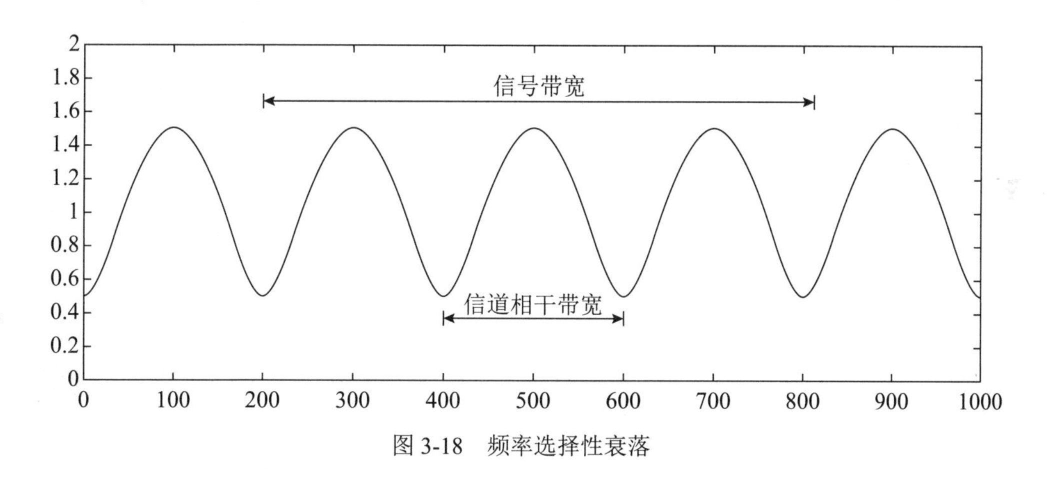

图 3-18　频率选择性衰落

在频率选择性衰落场景下，信号会发生严重失真。

3）平坦衰落

为了避免信号严重失真，一般要求信号的带宽 B 小于信道的相干带宽 B_c，即：$B < B_c$，这样信号中不同频率成分经多径传输后到达接收机时的幅度增益差别不大，如图 3-19 所示，这种衰落就是平坦衰落。

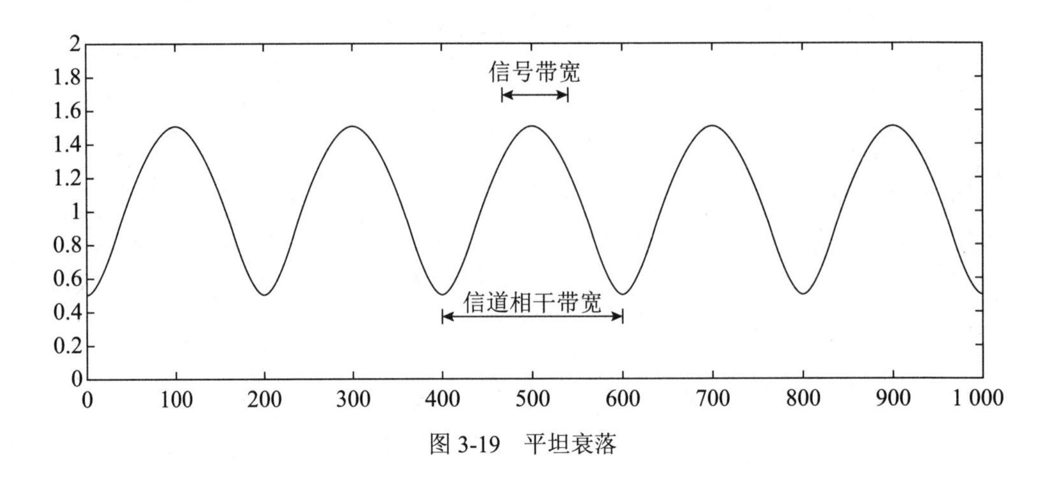

图 3-19　平坦衰落

2. 多普勒效应

多普勒效应是奥地利一位名叫多普勒的数学及物理学家发现的。

1842 年的一天，多普勒在路过一个铁路交叉路口时，恰逢一列火车从身旁疾驰而过，他发现了一个有趣的现象：当火车由远而近时汽笛声变强，音调变尖，而火车由近而远时汽笛声变弱，音调变低。他对这个现象产生了极大兴趣，通过研究发现正是由于声源与观察者之间存在着相对运动，使得观察者听到的声音频率不同于声源频率：当声源逐渐远离观察者时，声波的波长增加，频率降低，音调变得低沉；当声源逐渐接近观察者时，声波的波长减小，频率升高，音调变高。如图 3-20 所示。

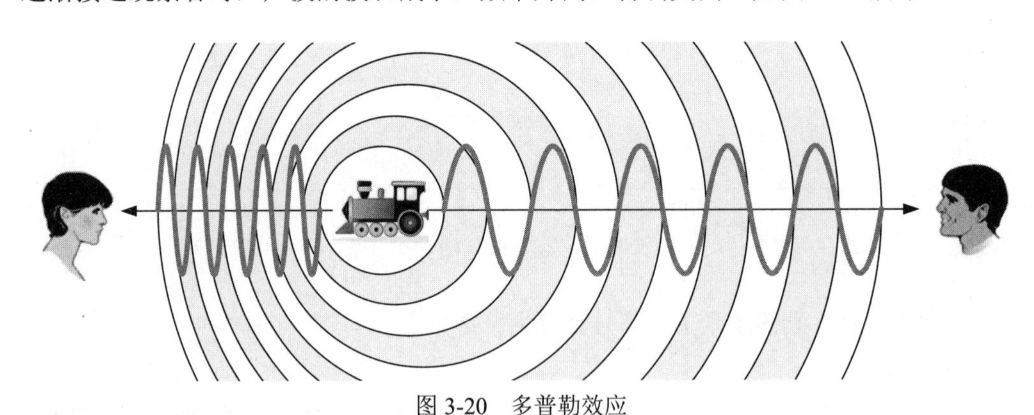

图 3-20　多普勒效应

多普勒效应是波动过程共有的特征，不只是声波，光波和电磁波也同样存在多普勒效应。以移动通信为例，当移动台向基站移动时，基站接收到的电磁波信号频率会变高；当移动台远离基站时，基站接收到的电磁波信号频率会变低。

1）多普勒频移

由多普勒效应造成的接收信号频率和发射信号频率之差被称为多普勒频移。

如图 3-21 所示，波源位于 S 点，波的频率：$f_0=c/\lambda$，移动台以速度 v 由 A 点向 B 点移动。对于移动台来讲，波的相对传播速度为：$c+v$，移动台在单位时间内接收到的波的个数为：（$c+v$）/λ，也就是说移动台接收到的波的频率：$f=$（$c+v$）/λ，多普勒频移：$f_d=f-f_0=v/\lambda$。

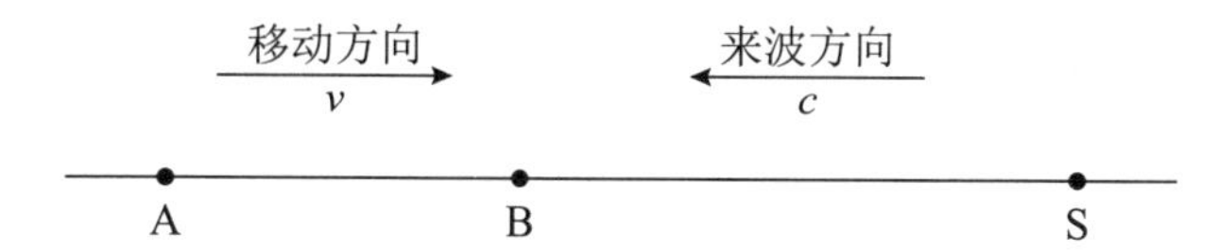

图 3-21 移动方向与波源在一条直线上的多普勒频移（接近波源）

如果移动台反方向移动，如图 3-22 所示，波源位于 S 点，波的频率：$f_0=c/\lambda$，移动台以速度 v 由 B 点向 A 点移动。对于移动台来讲，波的相对传播速度为：$c-v$，移动台在单位时间内接收到的波的个数为：（$c-v$）/λ，也就是说移动台接收到的波的频率：$f=$（$c-v$）/λ，多普勒频移：$f_d=f-f_0=-v/\lambda$。

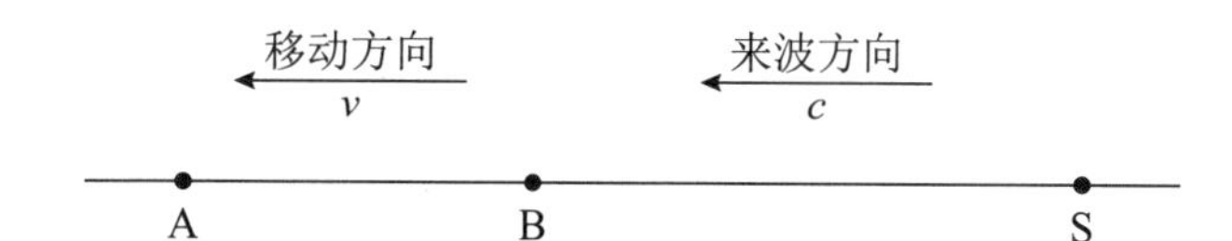

图 3-22 移动方向与波源在一条直线上的多普勒频移（远离波源）

综上所述：

当移动台以速度 v 向着波源移动时，多普勒频移：$f_d=v/\lambda$

当移动台以速度 v 远离波源移动时，多普勒频移：$f_d=-v/\lambda$

例如：基站部署在铁路沿线，高铁运行速度为 350km/h，高铁上的移动台发出的信号频率为 2.5GHz，波长为（3×10^8）/（2.5×10^9）=0.12m，则基站接收信号的多普勒频移为：（350×10^3）/（3 600×0.12）=810Hz。

如果移动台运动方向与波源不在一条直线上情况会是什么样？

如图 3-23 所示，波源位于 S 点，波的频率：$f_0=c/\lambda$，移动台以速度 v 由 A 点向 B 点移动。对于移动台来讲，波的相对传播速度为 $c+v\cos\theta$，移动台在单位时间内接收到的波的个数为（$c+v\cos\theta$）/λ，也就是说移动台接收到的波的频率：$f=$（$c+v\cos\theta$）/λ，多普勒频移：$f_d=f-f_0=v\cos\theta/\lambda$。

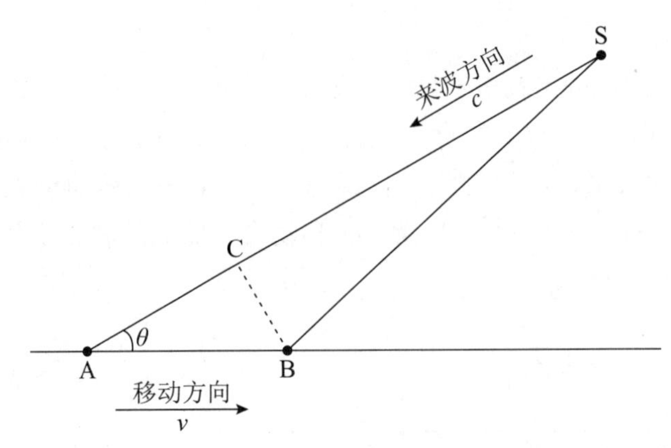

图 3-23　移动方向与波源不在一条直线上的多普勒频移（接近波源）

如果移动台反方向移动，如图 3-24 所示，波源位于 S 点，波的频率：$f_0=c/\lambda$，移动台以速度 v 由 B 点向 A 点移动。对于移动台来讲，波的相对传播速度为：$c-v\cos\theta$，移动台在单位时间内接收到的波的个数为：$(c-v\cos\theta)/\lambda$，也就是说移动台接收到的波的频率：$f=(c-v\cos\theta)/\lambda$，多普勒频移：$f_d=f-f_0=-v\cos\theta/\lambda$。

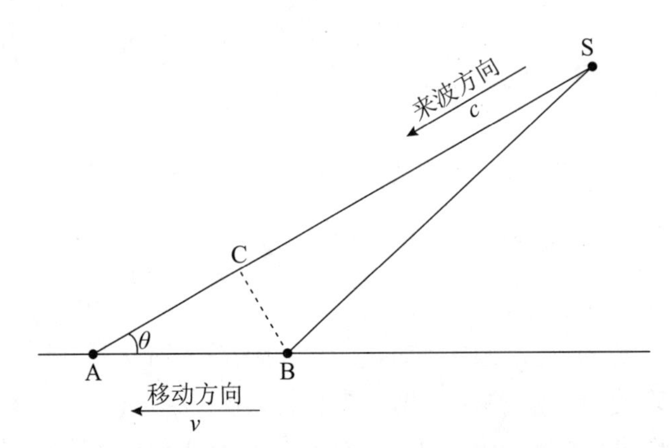

图 3-24　移动方向与波源不在一条直线上的多普勒频移（远离波源）

综上所述：

当移动台以速度 v 向着波源移动时，多普勒频移：$f_d=v\cos\theta/\lambda$

当移动台以速度 v 远离波源移动时，多普勒频移：$f_d=-v\cos\theta/\lambda$

很明显，当 $\theta=0$ 时，$\cos\theta=1$，对应的多普勒频移表达式与前面移动方向与波源在一条直线上的多普勒频移表达式是一致的。

2）多普勒扩展

在多径传播的场景下，频率为 f 的信号经不同传播路径到达接收机，不同传播路径的多普勒频移不同，导致接收信号频率扩展到 $[f-f_d, f+f_d]$ 范围内，如图 3-25 所示，这就是多普勒扩展。

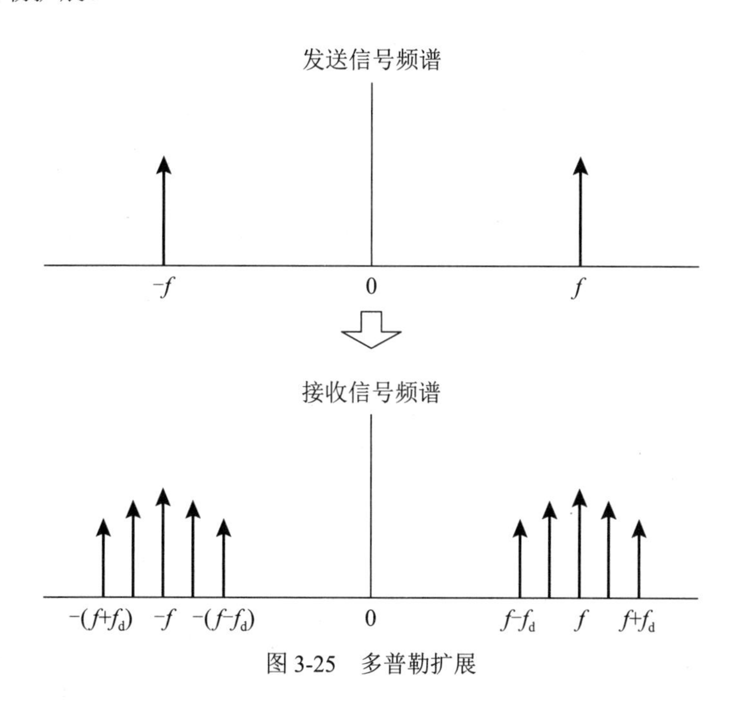

图 3-25 多普勒扩展

以如图 3-26 所示的两条传播路径为例，直射信号的多普勒频移为 f_d，反射信号的多普勒频移为 0。

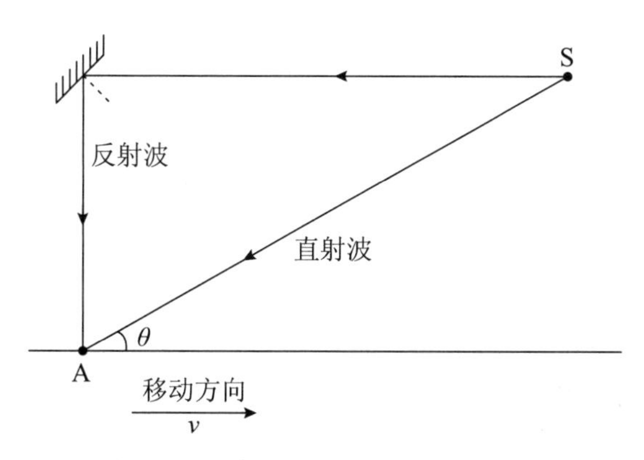

图 3-26 两条传播路径下的多普勒扩展

直射信号：$s_1=A_1\cos[2\pi(f+f_d)t]$，频率为：$f+f_d$；

反射信号：$s_2=A_2\cos[2\pi f(t-\tau)+\pi]$，频率为：$f$。

合成信号：$s_1+s_2=A_1\cos[2\pi(f+f_d)t]+A_2\cos[2\pi f(t-\tau)+\pi]$，含有$f$和$(f+f_d)$两个频率成分。

将合成信号的表达式转换为如下形式：

$$\begin{aligned}
s_1+s_2&=A_1\cos[2\pi(f+f_d)t]+A_2\cos[2\pi f(t-\tau)+\pi]\\
&=A_1\cos[2\pi(f+f_d)t]-A_2\cos[2\pi f(t-\tau)]\\
&=A_1\cos(2\pi ft)\cos(2\pi f_d t)-A_1\sin(2\pi ft)\sin(2\pi f_d t)\\
&\quad-A_2\cos(2\pi ft)\cos(2\pi f\tau)-A_2\sin(2\pi ft)\sin(2\pi f\tau)\\
&=[A_1\cos(2\pi f_d t)-A_2\cos(2\pi f\tau)]\cos(2\pi ft)\\
&\quad-[A_1\sin(2\pi f_d t)+A_2\sin(2\pi f\tau)]\sin(2\pi ft)
\end{aligned}$$

可以看出：这个合成信号可以看作是两个旋转向量（长度分别为A_3和A_4，如图 3-27 所示）的合成向量（长度为A，如图 3-28 所示）在实轴上的投影。

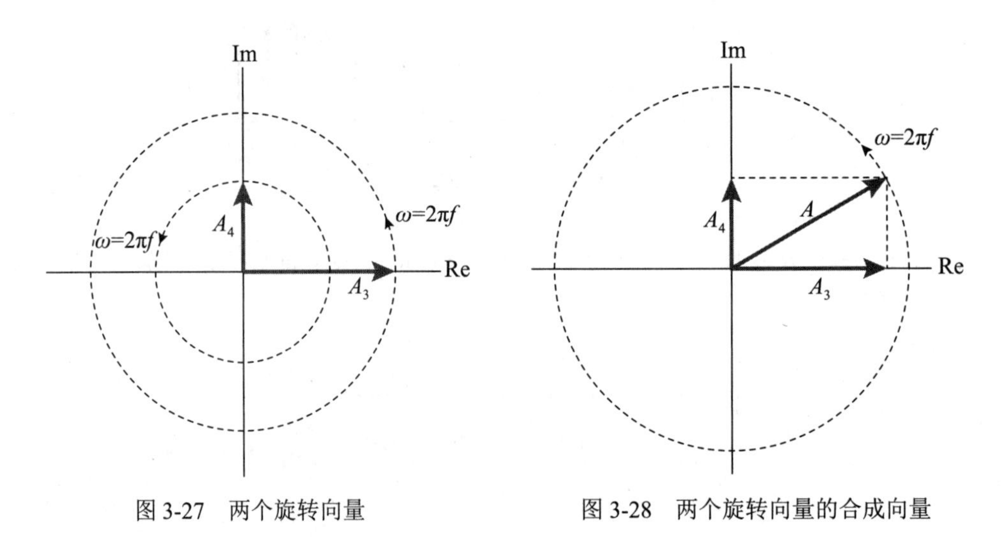

图 3-27　两个旋转向量　　图 3-28　两个旋转向量的合成向量

这两个旋转向量的旋转角速度相同，而且一直保持相互垂直。

这两个旋转向量的长度分别为：

$A_3=|A_1\cos(2\pi f_d t)-A_2\cos(2\pi f\tau)|$

$A_4=|A_1\sin(2\pi f_d t)+A_2\sin(2\pi f\tau)|$

这两个旋转向量的长度是随时间t变化的，变化的频率均为f_d，变化的周期均为$1/f_d$，因此合成向量的长度A随时间t变化的周期也是$1/f_d$。

假定：$A_1=1$，$A_2=0.5$，$\tau=0.02\text{s}$，$\theta=\pi/6$，移动速度$v=10\text{m/s}$，波的传播速度$c=300\text{m/s}$，

波的频率 f=100Hz。

则，波长：$\lambda=c/f=3\text{m}$，多普勒频移：$f_d=v\cos\theta=2.89\text{Hz}$

合成信号波形如图 3-29 所示。

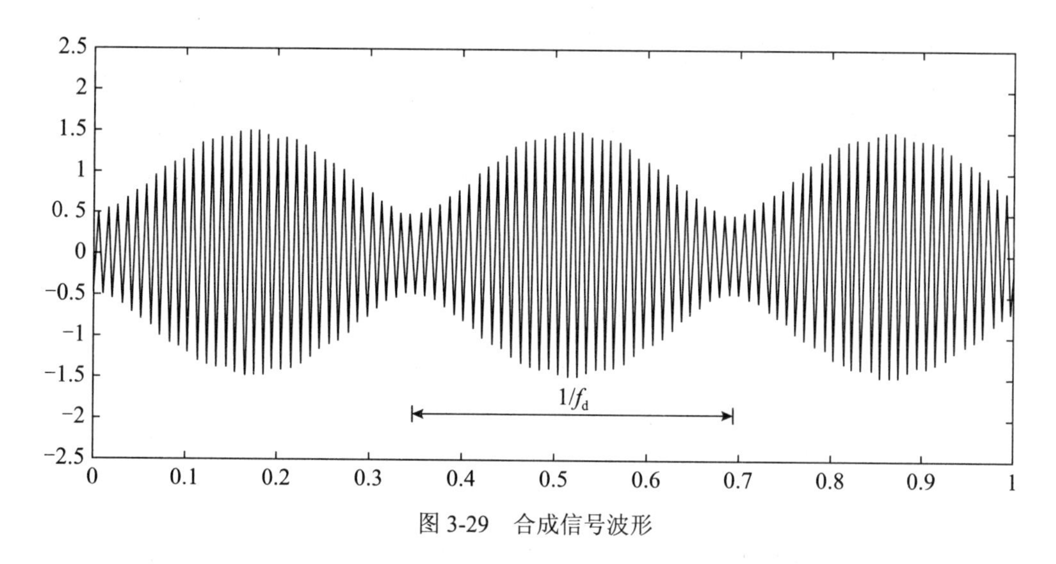

图 3-29 合成信号波形

很明显合成信号幅度是周期变化的，变化周期为 $1/f_d=0.35\text{s}$。

3）相干时间

一般将最大多普勒频移 f_d 的倒数 $1/f_d$ 定义为多径信道的相干时间，即：

$$T_c=1/f_d$$

接着前面的例子：基站部署在铁路沿线，高铁运行速度为 350km/h，高铁上的移动台发出的信号频率为 2.5GHz，基站接收信号的最大多普勒频移：f_d=810Hz，多径信道的相干时间为：1/810=0.001 23s=1.23ms。

4）快衰落

如果符号持续时长远大于信道的相干时间，即：$T\gg T_c$，如图 3-30 所示，符号持续期间的信号幅度波动很大，这种衰落被称为快衰落。

5）慢衰落

为了避免符号持续期间信号幅度的大幅波动，一般要求符号持续时长小于信道的相干时间，即：$T<T_c$，如图 3-31 所示，这样可以保证符号持续期间的信号幅度变化不大，这种衰落被称为慢衰落。

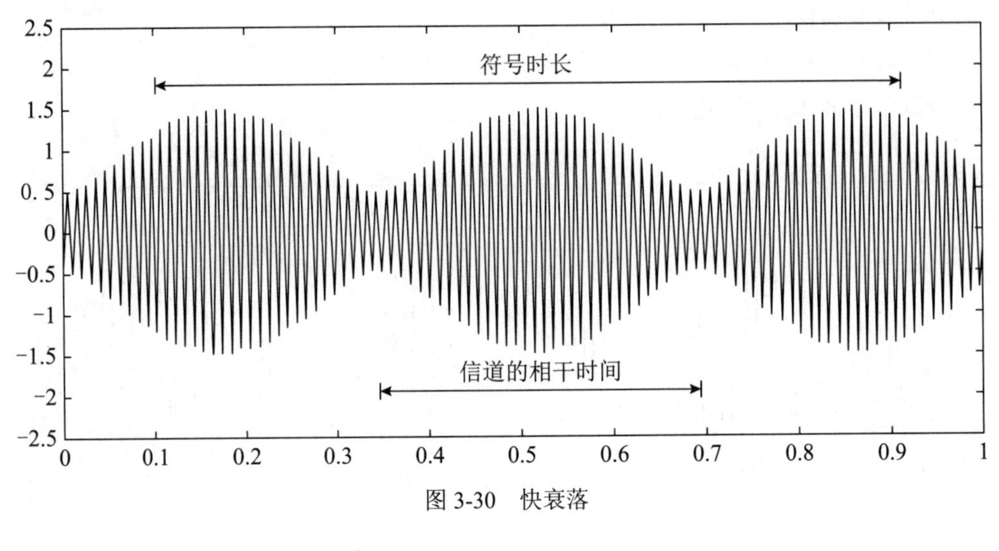

图 3-30　快衰落

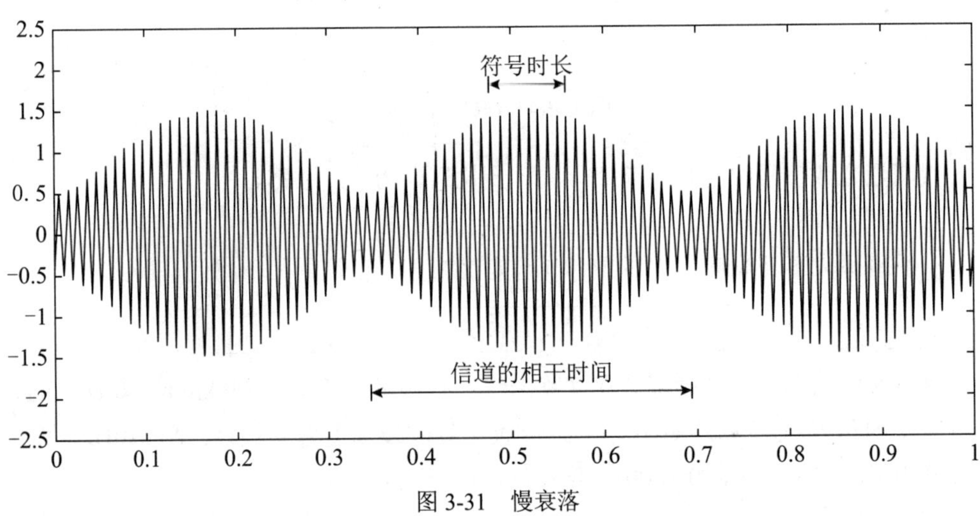

图 3-31　慢衰落

第4章 信源编码

信源编码在通信系统模型中的位置如图 4-1 所示。

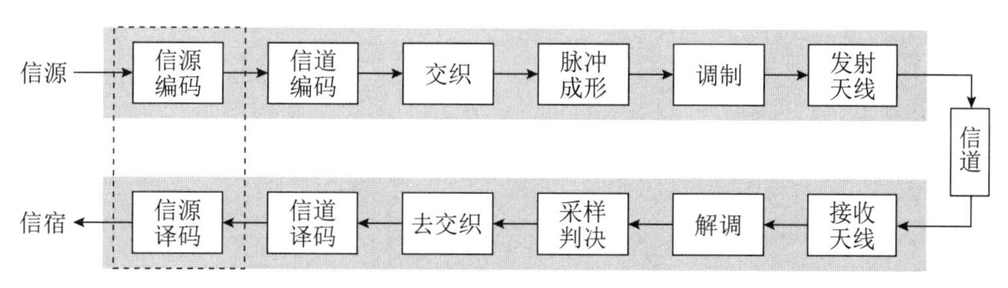

图 4-1　信源编码在通信系统模型中的位置

对于模拟信源来讲，信源编码的过程包括模 / 数转换和压缩编码。

4.1　模 / 数转换

通过采样、量化和编码，将模拟信号转换成数字信号的过程，就是模 / 数转换，如图 4-2 所示。

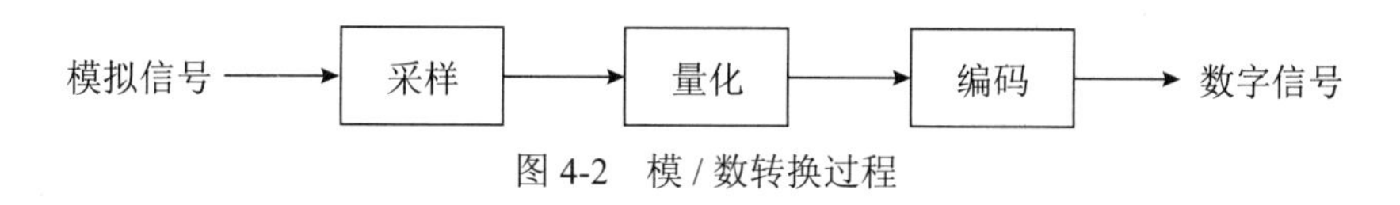

图 4-2　模 / 数转换过程

一、采样

在发送端，以固定的时间间隔对模拟信号进行抽样，将模拟信号在时间上离散化。到了接收端，利用理想低通滤波器即可重建原始模拟信号。

1. 采样原理

从时域看，利用冲激信号按照一定的时间间隔对模拟信号进行抽样；从频域看，以采样频率为间隔对模拟信号频谱进行周期性拓展，如图 4-3 所示。

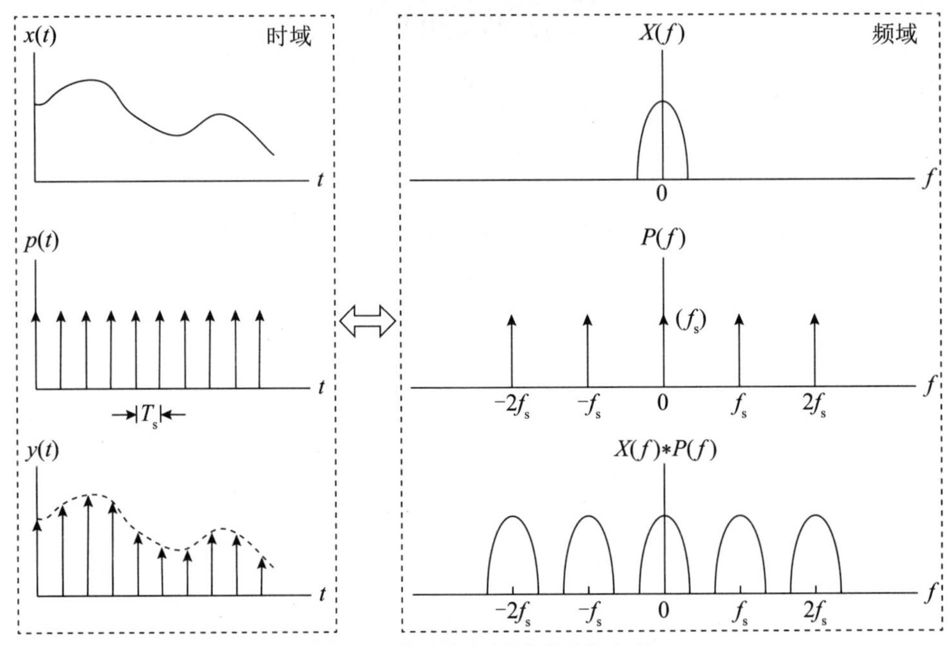

图 4-3　从时域和频域看采样定理

2. 重建原理

利用理想低通滤波器从输入采样信号中重建模拟信号：从时域看，采样信号的每个冲激在滤波器输出端产生一个 sinc 脉冲，叠加起来就得到了原始模拟信号；从频域看，采样信号的频谱与理想低通滤波器的频率响应相乘，就得到了原始模拟信号的频谱，如图 4-4 所示。

3. 采样定理

为了确保可以从采样信号中恢复出原始的模拟信号，采样频率必须满足一定条件：

采样频率必须大于模拟信号最高频率的 2 倍：$f_s>2f_{max}$

这就是奈奎斯特采样定理。

以电话线上传输的语音信号为例，其最高频率为 3 400Hz，要想通过采样信号重建语音信号，采样频率必须大于 3 400×2=6 800Hz。一般 PCM 编码的采样频率为

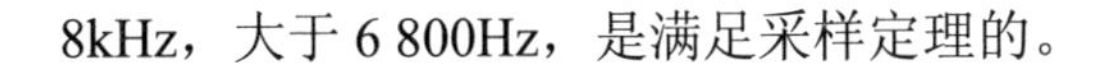
8kHz，大于 6 800Hz，是满足采样定理的。

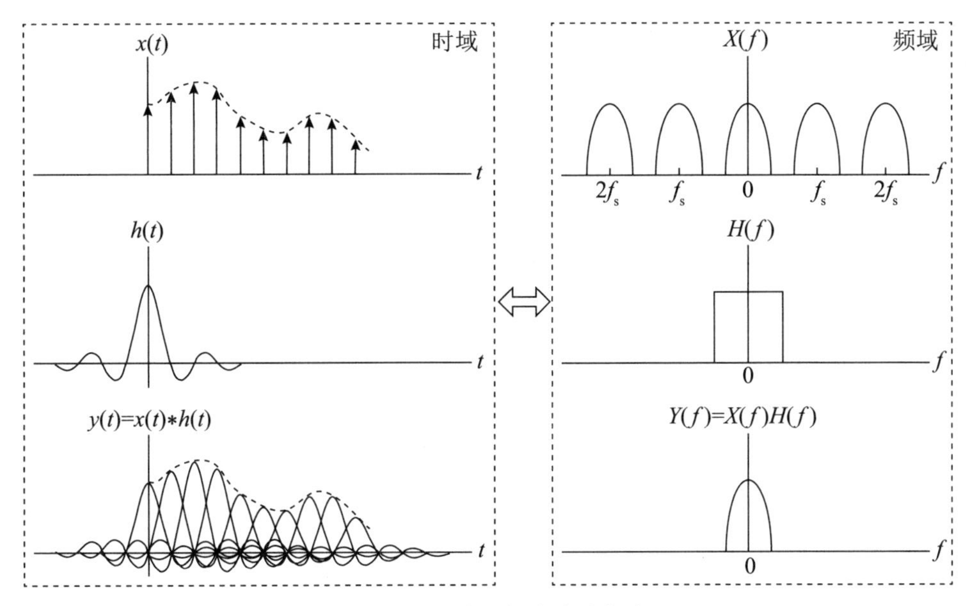

图 4-4　从时域和频域看重建原理

1）从时域看采样定理

下面利用时域波形来直观体会一下采样定理。为简单起见，选取频率为 f=5Hz 的余弦波作为被采样的信号。

- 如果用 f_s=8f=40Hz 的采样频率去采样，各样点连起来的波形比较贴近余弦波，如图 4-5 所示，根据这些采样数据应该可以恢复出余弦信号。

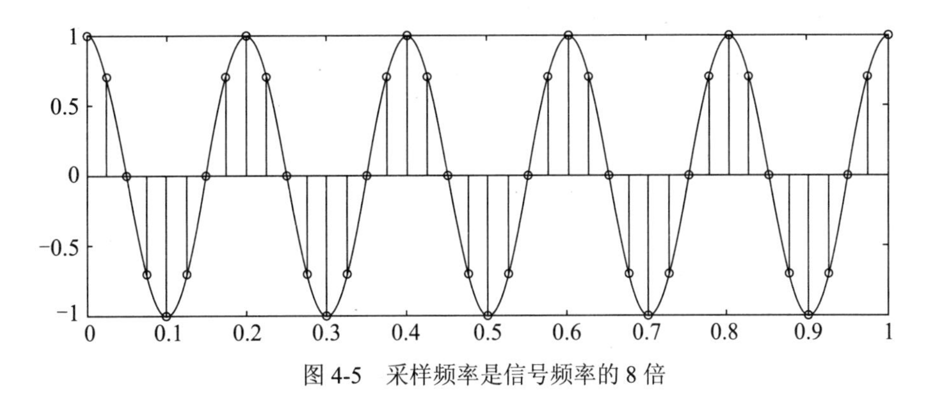

图 4-5　采样频率是信号频率的 8 倍

- 如果用 f_s=4f=20Hz 的采样频率去采样，各样点连起来的波形是个三角波，还算贴近余弦波，如图 4-6 所示，根据这些采样数据应该可以恢复出余弦信号。

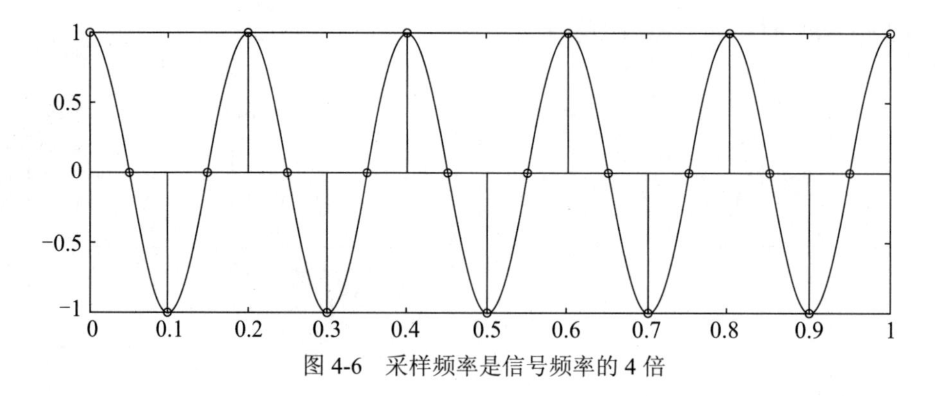

图 4-6　采样频率是信号频率的 4 倍

- 如果用 $f_s=2f=10\text{Hz}$ 的采样频率去采样，各样点连起来的波形是个三角波，还算贴近余弦波，如图 4-7 所示，根据这些采样数据应该可以恢复出余弦信号。

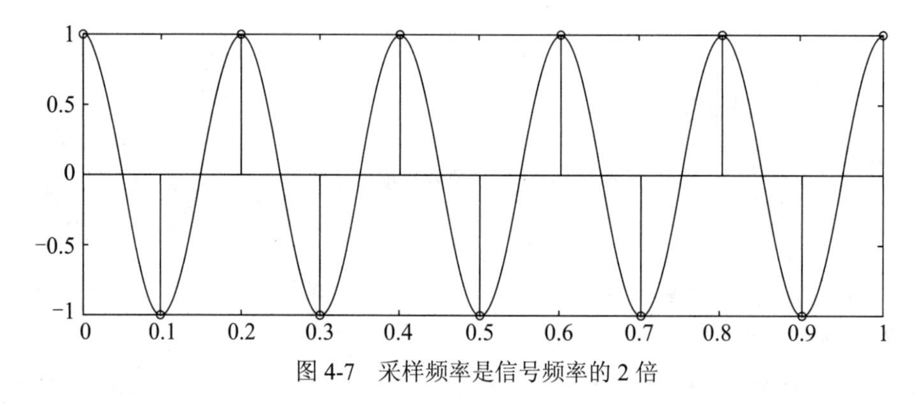

图 4-7　采样频率是信号频率的 2 倍

不过请大家注意一下，按上面这个采样频率 $f_s=2f$ 去采样有点困难：如果采样起始点碰巧在余弦信号的过零点就麻烦了，如图 4-8 所示，想根据这些样点数据恢复出余弦信号是不可能的。

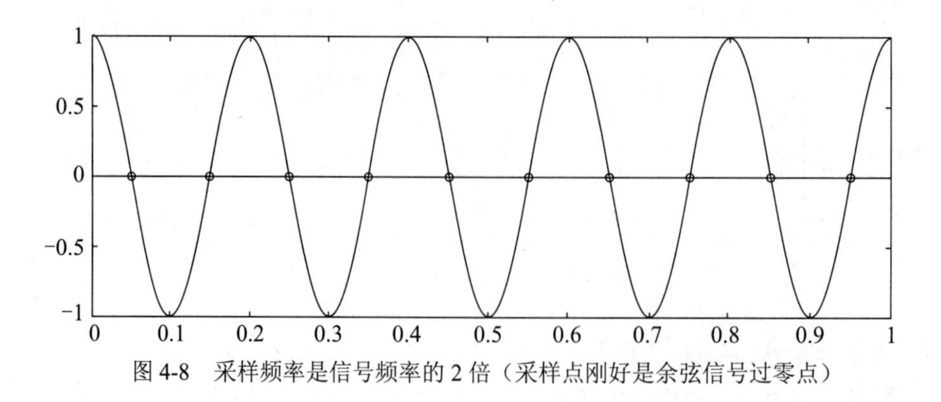

图 4-8　采样频率是信号频率的 2 倍（采样点刚好是余弦信号过零点）

- 如果用 f_s=6Hz<2f 的采样频率去采样，结果和对频率为 f=1Hz 的余弦波进行采样的结果完全相同，如图 4-9 所示。换句话说，当使用 f_s=6Hz 的采样频率对信号进行确认后，根据采样数据我们不知道被采样的信号频率到底是 5Hz 还是 1Hz。

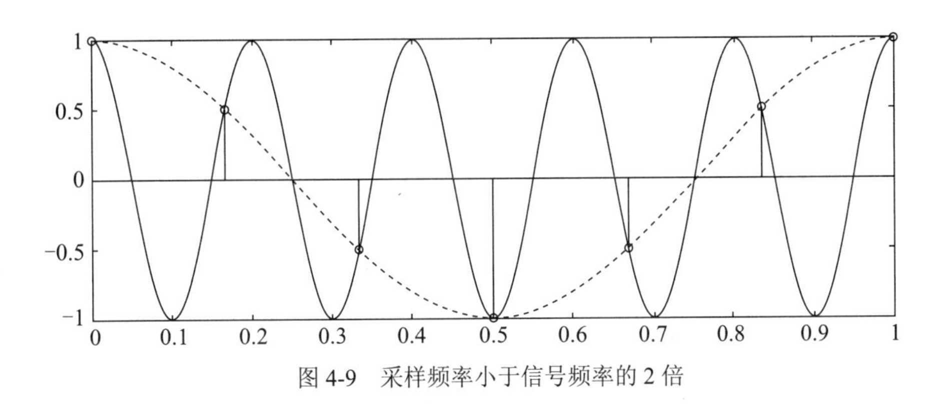

图 4-9　采样频率小于信号频率的 2 倍

以小于 2 倍信号最高频率的采样频率对信号进行采样，会出现频率混淆，这种现象被称为频率混叠。

2）从频域看采样定理

在时域对信号进行采样，相当于在频域以采样频率为间隔对频谱进行周期性拓展。

信号 $x(t)$ 的频谱如图 4-10 所示，信号带宽为 B，也就是信号的最高频率等于 B。

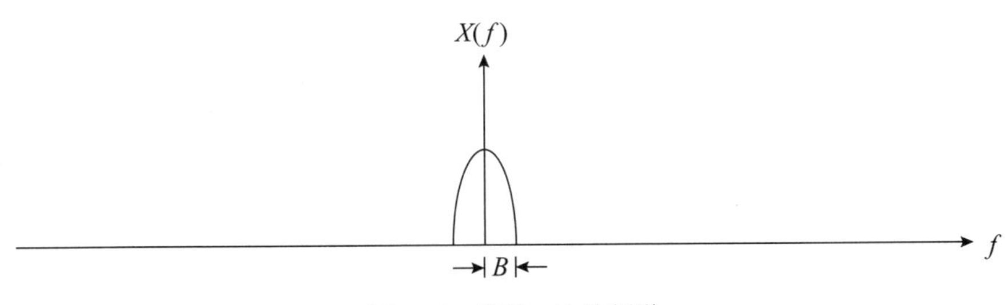

图 4-10　信号 $x(t)$ 的频谱

为了避免频率混叠，先用较高的采样频率对信号进行采样，得到的采样信号频谱如图 4-11 所示。

按上述采样频率进行采样，周期拓展的频谱之间的间隔较大，进一步减小采样频率、缩小频谱之间的间隔，也不会发生频率混叠，如图 4-12 所示。

再进一步减小采样频率，直至周期拓展的频谱刚好挨上为止，如图 4-13 所示。

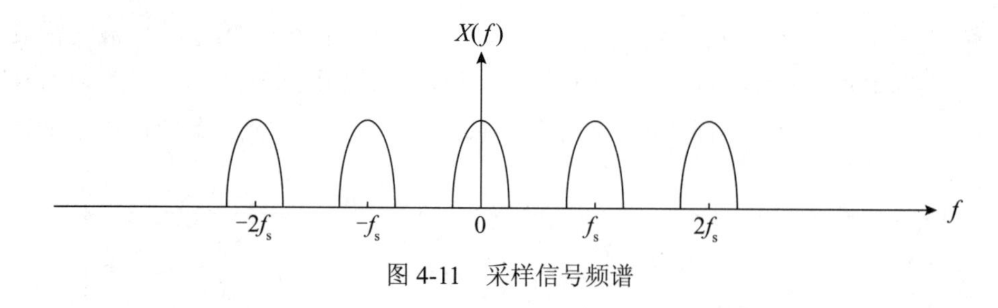

图 4-11　采样信号频谱

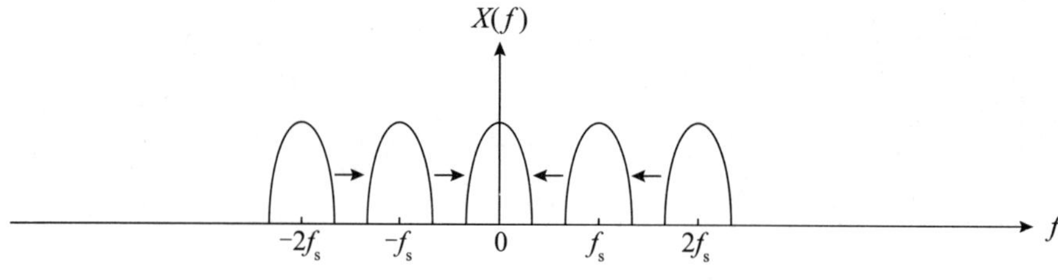

图 4-12　缩小采样频率后的采样信号频谱

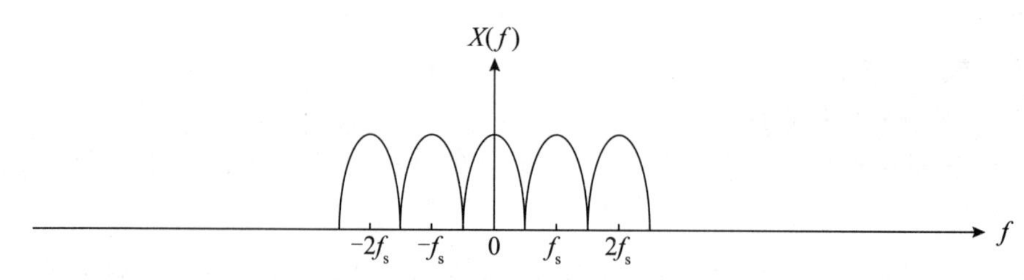

图 4-13　采样频率等于信号带宽 2 倍情况下的采样信号频谱

很明显，如果再进一步减小采样频率，就会发生频率混叠了，为了避免频率混叠，要求采样频率一定要大于信号带宽的 2 倍。

4. 频率混叠

当采样频率低于信号带宽的 2 倍，也就是低于信号最高频率的 2 倍时，周期性拓展的信号频谱交叠在了一起，如图 4-14 所示。这就是频率混叠。

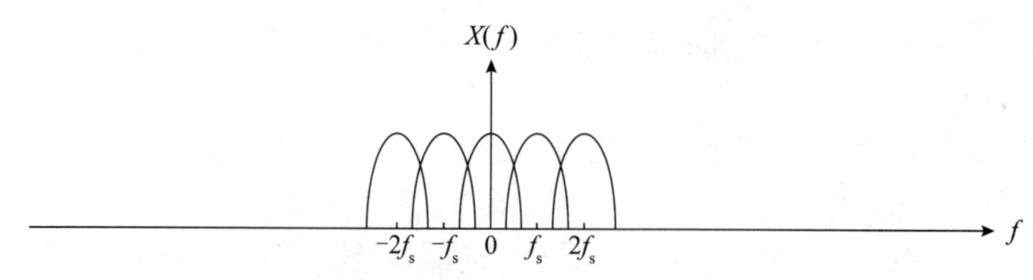

图 4-14　采样频率小于信号带宽 2 倍情况下会发生频率混叠

实际上，频率混叠在现实生活中也是很常见的。例如，我们在看电视或电影时，有时候会发现这种现象：随着汽车不断加速，汽车轮子的转速逐渐增加，但当加速到某个速度的时候轮子的转速会突然变慢甚至出现轮子反转的现象，如图 4-15 所示。

图 4-15　车轮反转现象

这种现象就与频率混叠有关。

一般电影的帧率只有 24FPS（帧 / 秒），也就是摄像机每秒钟拍 24 个镜头，放映机每秒钟显示 24 个画面。如果我们将电影的摄制看作是信号采样的过程，那电影的放映就是重建信号的过程。24FPS 实际上就对应了 24Hz 的采样频率。

下面我们用旋转向量的旋转来模拟车轮的旋转，对上述现象做一下分析。

（1）假定旋转向量转速为 3 圈 / 秒，即 f=3Hz，采样频率 f_s=8Hz，采样间隔时间内向量旋转了 3/8 圈，采样得到的旋转向量如图 4-16 所示。

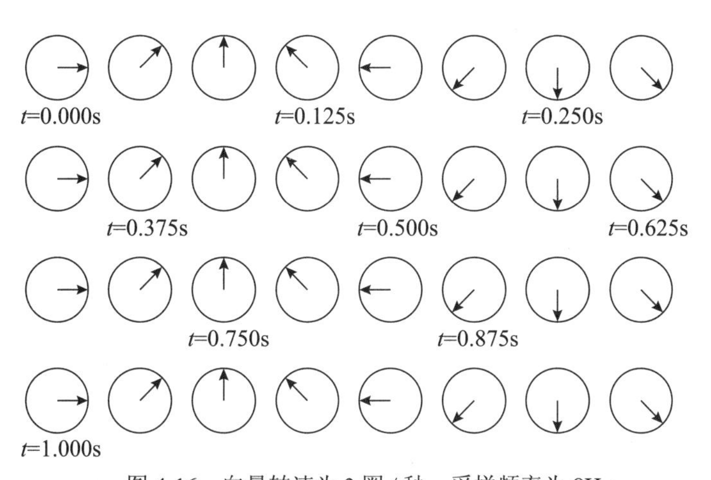

图 4-16　向量转速为 3 圈 / 秒，采样频率为 8Hz

注：图中所标的时间是采样时间。

由于 f_s>2f，没有发生频率混叠：旋转向量的转速为 3 圈 / 秒，采样得到的向量旋转速度也是 3 圈 / 秒。

（2）随着向量转速 f 的逐渐提高，某个时刻 $2f$ 会超过 f_s，也就是 $f_s<2f$，这时候就会出现频率混叠。

例如：旋转向量转速为 5 圈 / 秒，即 f=5Hz，采样频率 f_s=8Hz，采样间隔时间内向量旋转了 5/8 圈，采样得到的旋转向量如图 4-17 所示。

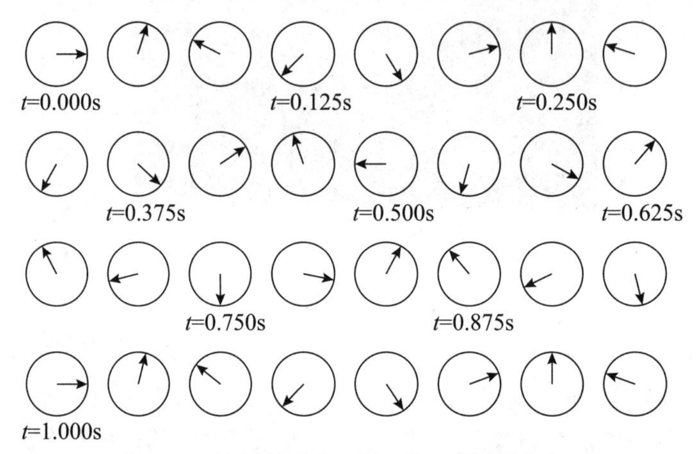

图 4-17　向量转速为 5 圈 / 秒，采样频率为 8Hz

由于 $f_s<2f$，发生了频率混叠：旋转向量的转速为 5 圈 / 秒（逆时针旋转），但采样得到的向量旋转速度是 3 圈 / 秒（顺时针旋转）。

（3）随着向量转速 f 的进一步提高，采样频率 f_s 仍小于 $2f$，还是会出现频率混叠。

例如：旋转向量转速为 10 圈 / 秒，即 f=10Hz，采样频率 f_s=8Hz，采样间隔时间内向量旋转了 10/8 圈，采样得到的旋转向量如图 4-18 所示。

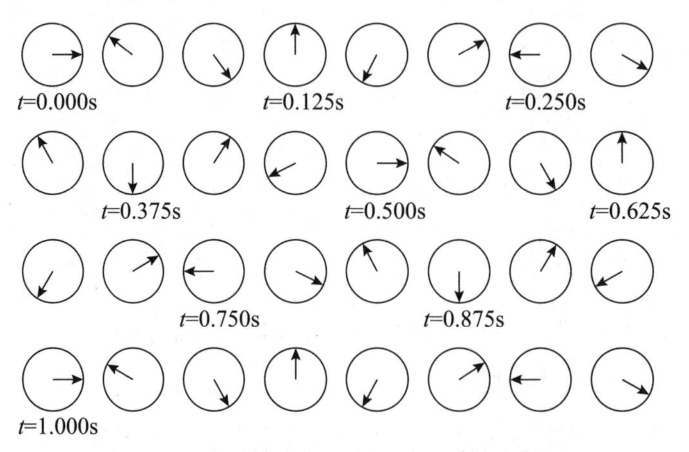

图 4-18　向量转速为 10 圈 / 秒，采样频率为 8Hz

由于 $f_s<2f$，发生了频率混叠：旋转向量的转速为 10 圈 / 秒（逆时针旋转），但采样得到的向量旋转速度是 2 圈 / 秒（逆时针旋转）。

5. 采样信号

前面讲的采样都是理想采样，采样信号由一系列冲激信号组成，如图 4-19 所示。

采样：利用采样脉冲信号与模拟信号相乘，得到一系列冲激信号。

重建：输入理想低通滤波器的是一系列冲激信号。

实际系统中的采样与理想采样不同，采样时并不需要产生采样脉冲信号与模拟信号相乘，只需要获得模拟信号在采样时刻的电平值即可，如图 4-20 所示。

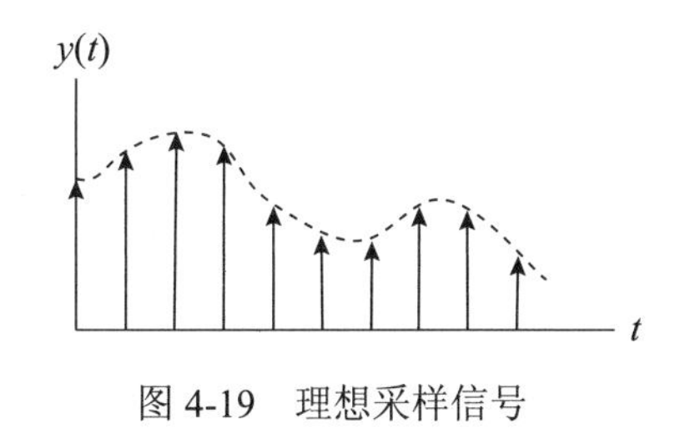

图 4-19　理想采样信号

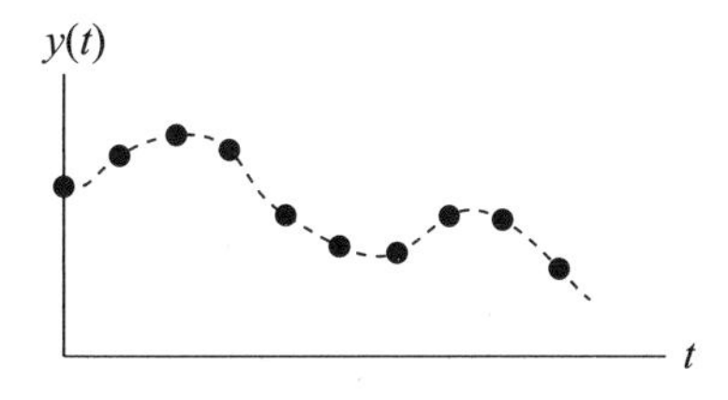

图 4-20　实际系统中的采样信号

二、量化

1. 什么是量化

所谓量化，就是将采样信号的电平归一化到有限个量化电平上，实现采样信号幅度的离散化，如图 4-21 所示。

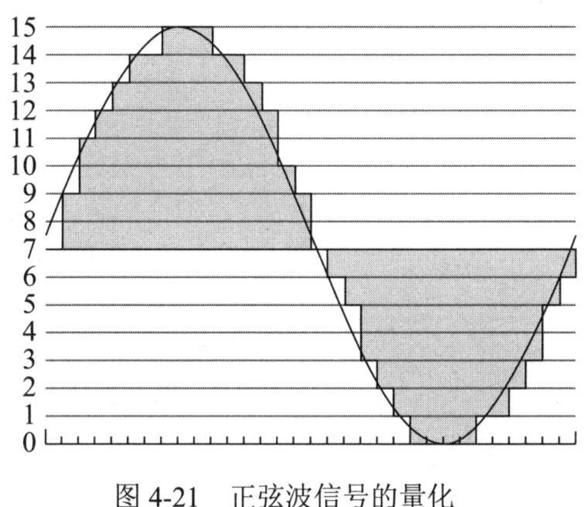

图 4-21　正弦波信号的量化

下面是量化中常见的几个概念。

量化级数：量化电平的个数称为量化级数。

量化误差：信号电平的量化值和实际值之差称为量化误差，也称为量化噪声。量化噪声的幅度最大等于量化间隔的 1/2。

量化信噪比 = 信号功率 / 量化噪声功率。

2. 均匀量化

所谓的均匀量化，就是指量化电平取值等间隔。

以某波形信号为例，均匀量化后的电平如图 4-22 所示。

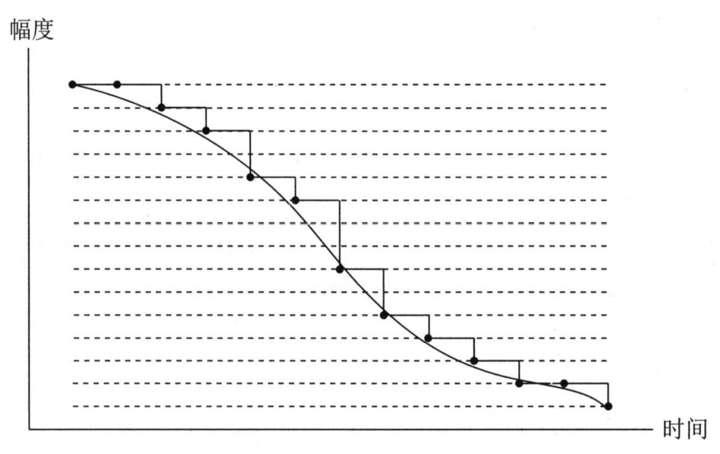

图 4-22　均匀量化（量化级数少）

很明显量化级数越多，量化间隔越小，量化噪声越小，如图 4-23 所示。

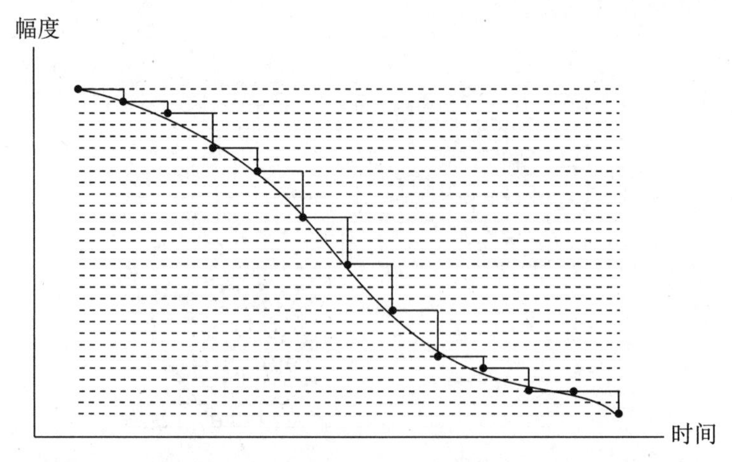

图 4-23　均匀量化（量化级数多）

均匀量化方法简单，但在信号电平比较低的情况下，量化信噪比比较低，如图 4-24 所示。

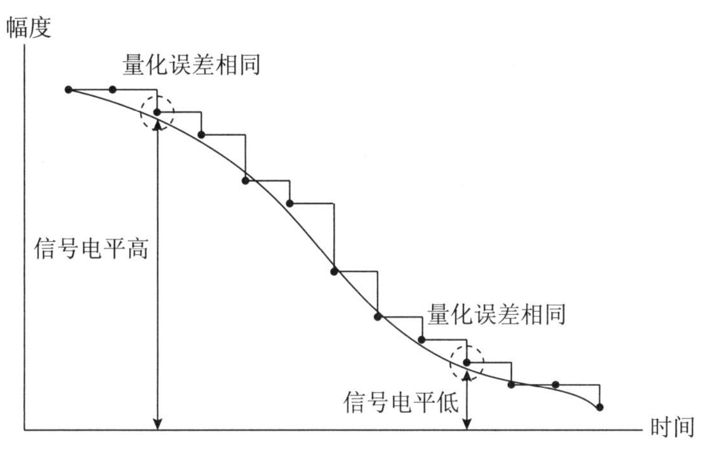

图 4-24　量化信噪比

电话通信要求线路的信噪比至少要大于 28dB，而且统计发现通话过程中出现小信号的概率大。在量化电平数不能取得太高的情况下，如果采用均匀量化，很难满足信噪比要求，由此引出了非均匀量化。

3. 非均匀量化

所谓的非均匀量化，就是指量化电平取值不等间隔，量化间隔随着信号电平的增大而增大：小信号细量化，大信号粗量化。如图 4-25 所示。

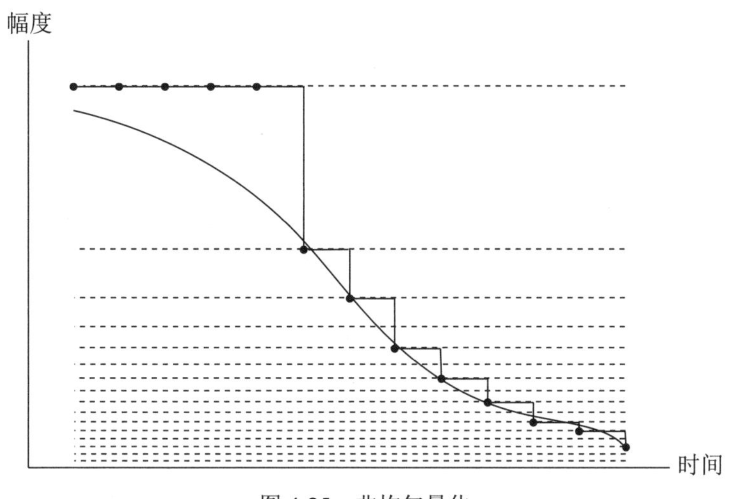

图 4-25　非均匀量化

这种量化方法相对复杂，但可以保证信号电平比较小和信号电平比较大场景下的量化信噪比差不多。

一般在发送端使用一个压缩器串接一个均匀量化器来实现非均匀量化，相应地在接收端要有一个扩张器，如图 4-26 所示。

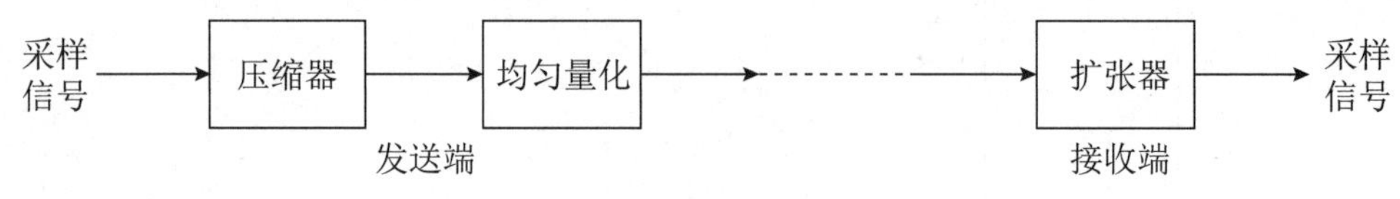

图 4-26　压缩和扩张

压缩器和扩张器的输出—输入关系，如图 4-27 所示。

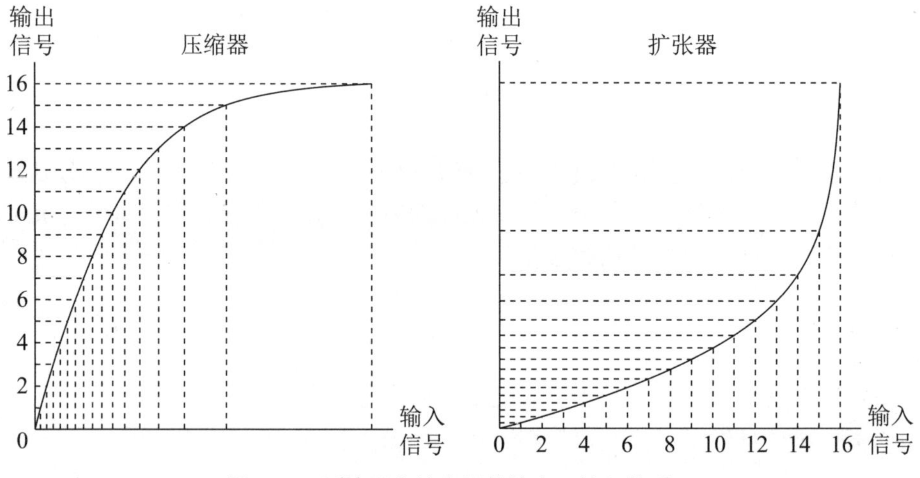

图 4-27　压缩器和扩张器的输出—输入关系

三、编码

所谓的编码就是将量化后的信号电平值用二进制数字来表示。

量化电平数为 N 的情况下，信号电平值需要 $\log_2 N$ 位二进制数字来表示。

以量化电平数为 16 为例，需要 4 位二进制数字表示，如表 4-1 所示。

表 4-1　16 个量化电平的编码

量　化　级	b_3	b_2	b_1	b_0
15	1	1	1	1
14	1	1	1	0

（续表）

量　化　级	b_3	b_2	b_1	b_0
13	1	1	0	1
12	1	1	0	0
11	1	0	1	1
10	1	0	1	0
9	1	0	0	1
8	1	0	0	0
7	0	0	0	0
6	0	0	0	1
5	0	0	1	0
4	0	0	1	1
3	0	1	0	0
2	0	1	0	1
1	0	1	1	0
0	0	1	1	1

注：其中最高位 b_3 表示电平的极性：1 表示正电平；0 表示负电平。

四、实现

通信系统中的模 / 数转换功能一般由 ADC 来完成，数 / 模转换由 DAC 来完成。

1. ADC

ADC 就是模 / 数转换器。

1）工作原理

图 4-28 所示是一个 3 位并行比较型 ADC 的工作原理框图，主要由电阻分压器、电压比较器、寄存器及编码器组成。

图中的 8 个电阻将参考电压 V_{REF} 分成 8 个等级，其中 7 个等级的电压分别作为 7 个比较器 C_1 ～ C_7 的参考电压，其数值分别为 $V_{REF}/15$，$3V_{REF}/15$，…，$11V_{REF}/15$，$13V_{REF}/15$。

输入电压为 V_1，它的大小决定各比较器的输出状态，例如：

当 $0 \leqslant V_1<V_{REF}/15$ 时，C_1 ～ C_7 的输出状态都为 0；

当 $3V_{REF}/15 \leqslant V_1<5V_{REF}/15$ 时，比较器 C_6 和 C_7 的输出状态：$C_{06}=C_{07}=1$，其余各比较器的输出状态均为 0。

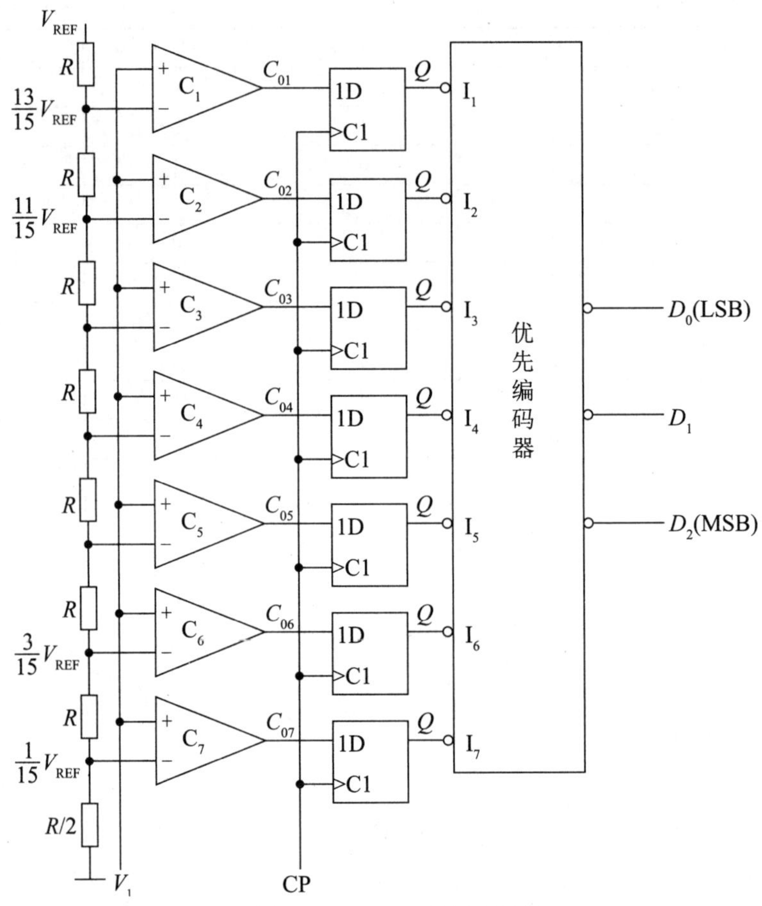

图 4-28　ADC 工作原理框图

比较器的输出状态由 D 触发器存储，经优先编码器编码，得到数字量输出。

设 V_1 变化范围是 0 ～ V_{REF}，输出 3 位数字量为 $D_2D_1D_0$，3 位并行比较型 A/D 转换器的输入、输出关系如表 4-2 所示。

表 4-2　3 位并行 A/D 转换器输入与输出关系对照表

模 拟 输 入	比较器输出状态							数 字 输 出		
	C_{01}	C_{02}	C_{03}	C_{04}	C_{05}	C_{06}	C_{07}	C_2	C_1	C_0
$0 \leqslant V_1 < V_{REF}/15$	0	0	0	0	0	0	0	0	0	0
$V_{REF}/15 \leqslant V_1 < 3V_{REF}/15$	0	0	0	0	0	0	1	0	0	1
$3V_{REF}/15 \leqslant V_1 < 5V_{REF}/15$	0	0	0	0	0	1	1	0	1	0
$5V_{REF}/15 \leqslant V_1 < 7V_{REF}/15$	0	0	0	0	1	1	1	0	1	1
$7V_{REF}/15 \leqslant V_1 < 9V_{REF}/15$	0	0	0	1	1	1	1	1	0	0

（续表）

模拟输入	比较器输出状态							数字输出		
	C_{01}	C_{02}	C_{03}	C_{04}	C_{05}	C_{06}	C_{07}	C_2	C_1	C_0
$9V_{REF}/15 \leqslant V_1 < 11V_{REF}/15$	0	0	1	1	1	1	1	1	0	1
$11V_{REF}/15 \leqslant V_1 < 13V_{REF}/15$	0	1	1	1	1	1	1	1	1	0
$13V_{REF}/15 \leqslant V_1 < V_{REF}$	1	1	1	1	1	1	1	1	1	1

2）信号波形

为了更好地理解 ADC 原理，将输入信号（V_1）、时钟脉冲（CP）、采样信号、量化电平信号画到一张图中，如图 4-29 所示。

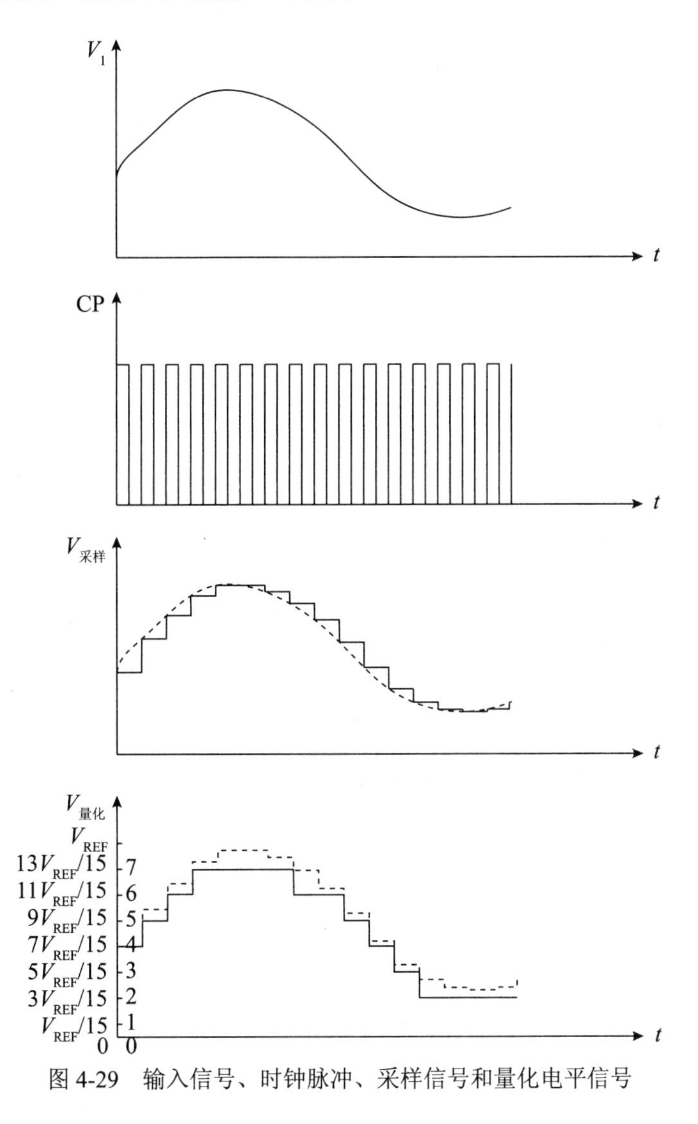

图 4-29　输入信号、时钟脉冲、采样信号和量化电平信号

2. DAC

DAC 就是数 / 模转换器。

图 4-30 所示是 3 位 R-2R 网络型 DAC 的工作原理框图，主要由电阻网络、3 个单刀双掷电子开关、基准电压 V_{REF} 及运算放大器四部分组成。

电阻 R 和 2R 构成 T 形电阻网络。S_0 ～ S_2 为 3 个电子开关，它们分别受输入的数字信号 3 位二进制数 D_0 ～ D_2 的控制：

当 D_i=0 时，电子开关 S_i 拨向左边，接地；

当 D_i=1 时，电子开关 S_i 拨向右边，与运算放大器的反相输入端相接。

运算放大器构成反相比例放大器，其输出 V_o 为模拟信号电压。

V_{REF} 为基准电压。

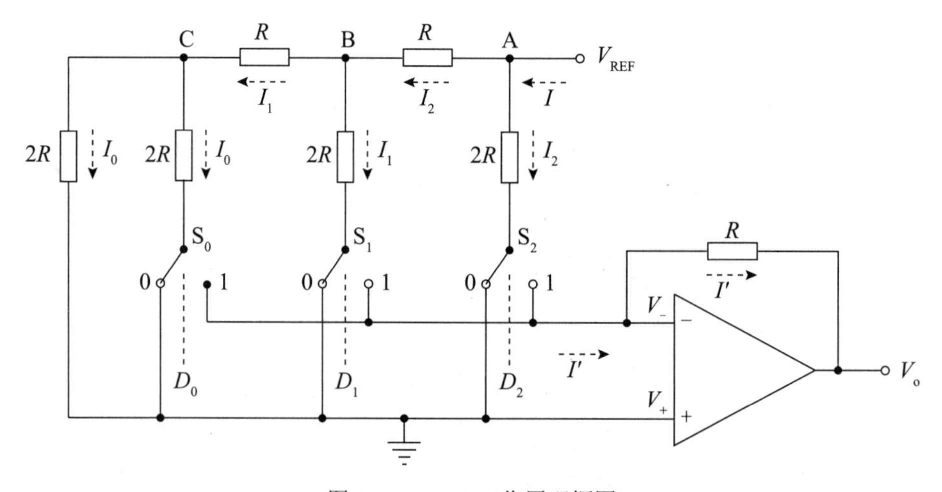

图 4-30　DAC 工作原理框图

由于运算放大器的反相输入端为“虚地”，因此，无论电子开关 S_i 置于左边还是右边，从 T 形电阻网络节点 A、B、C 对“地”往左看的等效电阻均为 R，因此可以很方便地求得电路中有关电流的表示式：

$$I = \frac{V_{REF}}{R}$$

$$I_2 = \frac{I}{2}$$

$$I_1 = \frac{I_2}{2} = \frac{I}{4}$$

$$I_0=\frac{I_1}{2}=\frac{I}{8}$$

而流经反馈电阻 R 的总电流 I' 与电子开关 $S_0 \sim S_2$ 所处状态有关，只有 S_i 拨向右边时，对应的 I_i 才会流向反馈电阻 R，因此：

$$I'=D_0I_0+D_1I_1+D_2I_2=D_0\left(\frac{I}{8}\right)+D_1\left(\frac{I}{4}\right)+D_2\left(\frac{I}{2}\right)=\frac{V_{\text{REF}}}{R}\left(\frac{D_0}{8}+\frac{D_1}{4}+\frac{D_2}{2}\right)$$

注：由于运算放大器的“虚断”特性，流入反相输入端的电流忽略不计。

运算放大器输出电压：

$$V_o=-I'R=-\left(\frac{D_0}{8}+\frac{D_1}{4}+\frac{D_2}{2}\right)V_{\text{REF}}=-\frac{V_{\text{REF}}}{8}\left(D_0+2D_1+4D_2\right)$$

假定：V_{REF}=−10V

输入数字信号对应的输出模拟电压如表 4-3 所示。

表 4-3　输入数字信号与输出模拟电压对照表

$D_2D_1D_0$	V_o（伏特）
000	0
001	10/8
010	20/8
011	30/8
100	40/8
101	50/8
110	60/8
111	70/8

很明显，输出模拟电压 V_o 与输入数字量成正比（如图 4-31 所示），数 / 模转换完成。

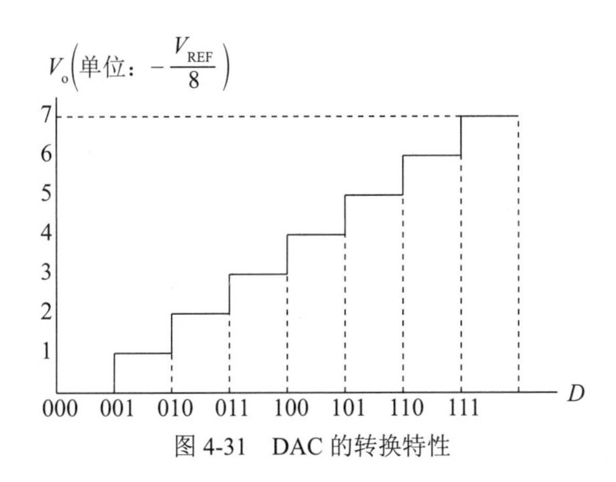

图 4-31　DAC 的转换特性

4.2 音频编码

下面对移动通信系统中常见的音频编码原理做一下简要介绍。

一、G.711 PCM

G.711 PCM 编码过程如图 4-32 所示。

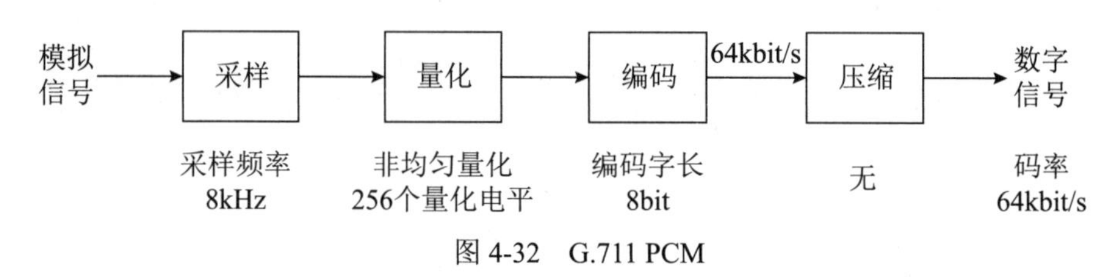

图 4-32 G.711 PCM

采样：音频信号频率范围为 300 ～ 3 400Hz，采样频率为 8kHz。

量化：采用非均匀量化，256 个量化电平。

编码：编码字长为 8bit。

压缩：无。

码率：8kHz×8bit=64kbit/s。

二、RPE-LPT

GSM 最初采用的音频编码算法称为 RPE-LPT，即规则脉冲激励线性预测编码，其编码过程如图 4-33 所示。

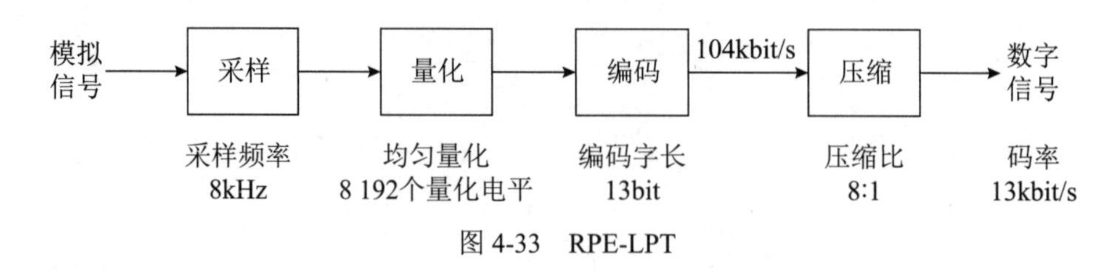

图 4-33 RPE-LPT

采样：音频信号频率范围为 300 ～ 3 400Hz，采样频率为 8kHz。

量化：采用均匀量化，8 192 个量化电平。

编码：编码字长为 13bit。

压缩：压缩率为 8:1。

码率：原始音频编码码率为 8kHz×13bit=104kbit/s；压缩后的码率为 104/8=13kbit/s。

三、AMR-NB

3G WCDMA 音频编码算法采用 AMR-NB，Narrow Band，窄带 AMR，其编码过程如图 4-34 所示。

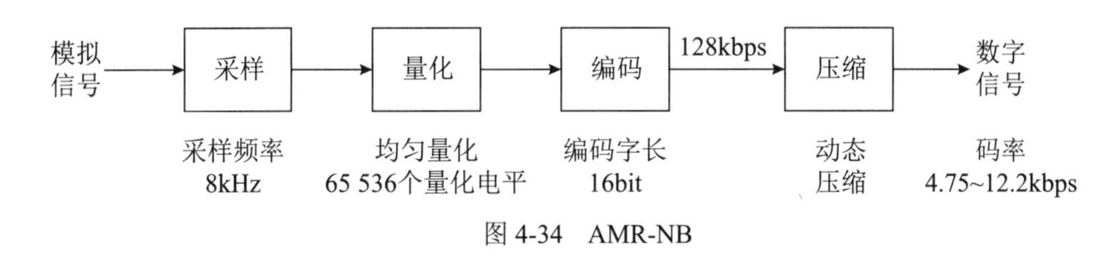

图 4-34　AMR-NB

采样：语音信号频率范围：300 ～ 3 400Hz，采样频率：8kHz。

量化：采用均匀量化，65 536 个量化电平。

编码：编码字长：16 bit。

压缩：根据信道条件自适应调整压缩比。

码率：原始音频编码码率为：8kHz×16bit=128kbit/s，压缩后的码率为：4.75/5.15/5.90/6.70/7.40/7.95/10.2/12.2，最高码率达到 12.2kbit/s。

四、AMR-WB

4G VoLTE 音频编码算法采用 AMR-WB（宽带 AMR）编码方式，其编码过程如图 4-35 所示。

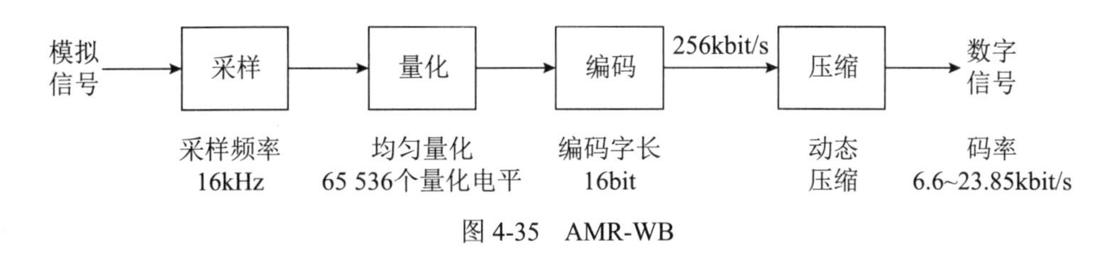

图 4-35　AMR-WB

采样：音频信号频率范围为 50 ～ 7 000Hz，采样频率为 16kHz。

量化：采用均匀量化，65 536 个量化电平。

编码：编码字长：16 bit。

压缩：根据信道条件自适应调整压缩比。

码率：原始音频编码码率为 16kHz×16bit=256kbit/s；压缩后的码率为 6.60/8.85/12.65/14.25/15.85/18.25/19.85/23.05/23.85，最高码率达到 23.85kbit/s。

4.3 视频编码

一、概述

视频编码与音频编码类似，也包括模 / 数转换和压缩编码两个过程，如图 4-36 所示。

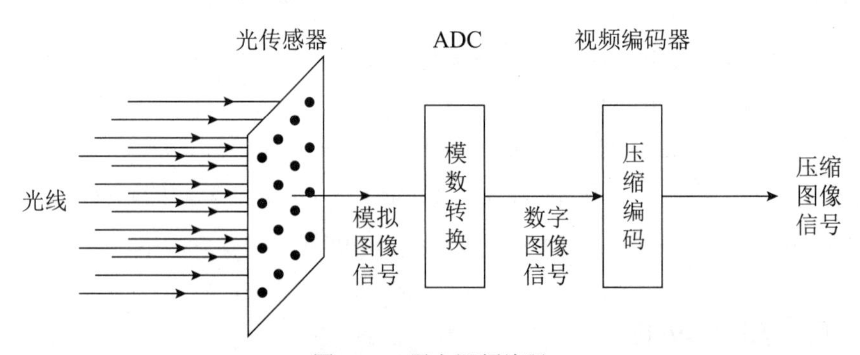

图 4-36 黑白视频编码

光传感器由众多的光电器件组成的阵列构成，光电器件可将照射到表面的光的强弱转换成电信号。成像的过程就是矩阵扫描过程，当景物光照射到光传感器表面时，矩阵高速开关电路逐行逐点地将每点的电信号按顺序输出，便可完整地将整幅景物电信号扫描出来。扫描得到的模拟图像信号经过 ADC 转换成数字图像信号，再经过压缩编码得到压缩的数字图像信号。

经过上述处理得到的是黑白图像（严格来讲应该称为灰度图像）的数字信号，要想得到彩色图像的数字信号怎么办？

根据三基色原理，每个像素的颜色都可以分解成红绿蓝（RGB）三种颜色，如图 4-37 所示。

可以先利用分色棱镜，将入射光线分解成红、绿、蓝三束光线，如图 4-38 所示。

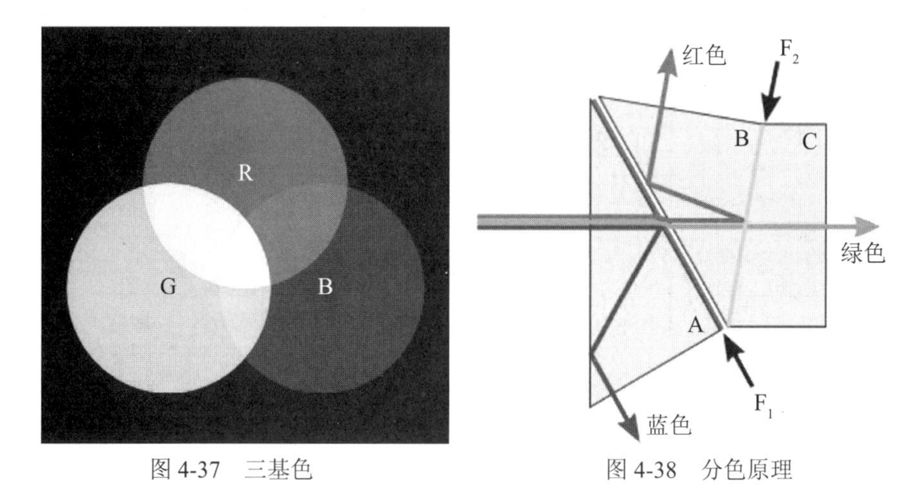

图 4-37　三基色　　　　图 4-38　分色原理

光线射入第一个棱镜（A），蓝色成分的光束被低通滤镜的涂层（F1）反射。蓝光是波长短的高频光，而波长更长的低频光可以通过。蓝光经由棱镜另一面全反射后，由棱镜 A 射出。其余的光线进入棱镜（B），然后被第二个涂层（F2）分裂，红光被反射，而波长较短的光能够穿透。红光同样经过棱镜 A 和 B 之间的一个细小的空气隙全反射，其余的绿色成分光线则进入棱镜 C。

再将红、绿、蓝三束光线分别照射到 3 个光传感器上，如图 4-39 所示。

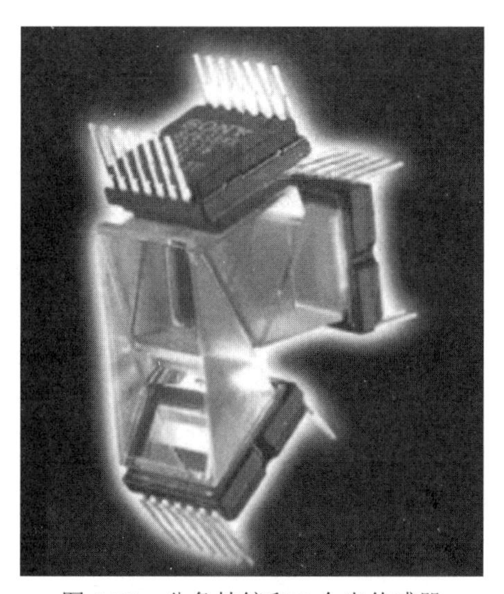

图 4-39　分色棱镜和 3 个光传感器

最后通过模 / 数转换、压缩编码得到 RGB 三路数字信号，如图 4-40 所示。

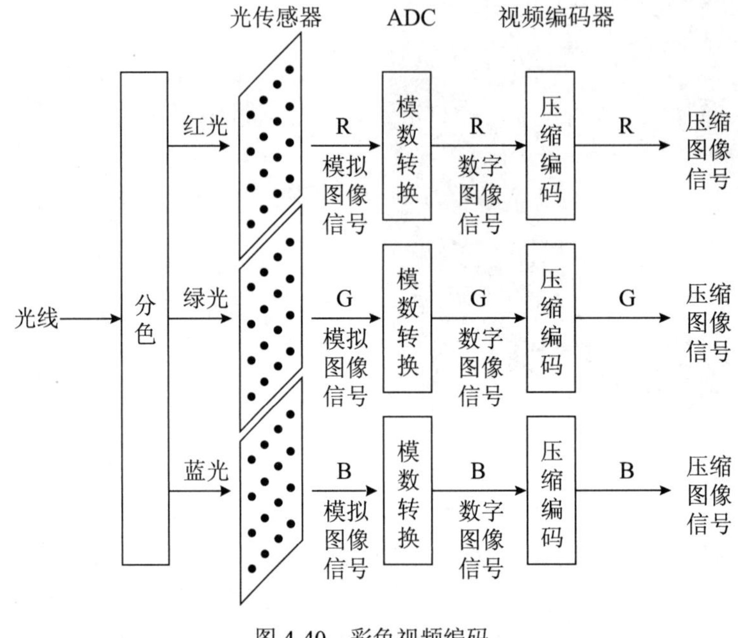

图 4-40　彩色视频编码

注意：光传感器不能感知光的颜色，只能感知光的强弱，并将其转换成电信号。

二、模/数转换

1. 采样

视频信号的采样从时间和空间两个维度进行，如图 4-41 所示。

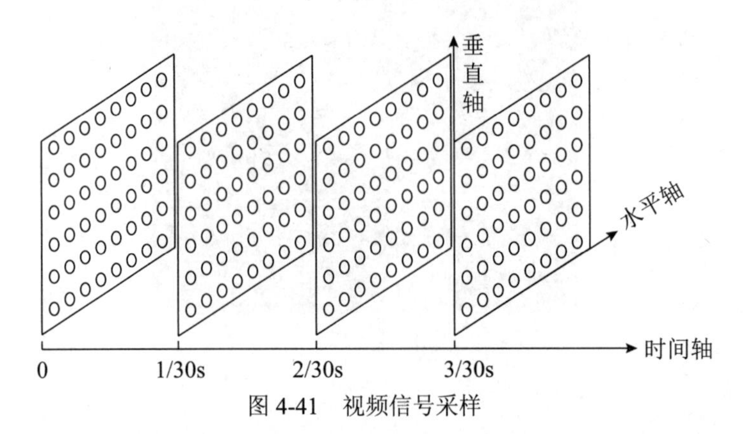

图 4-41　视频信号采样

时间离散化：间隔一定时间对图像采样一次，将图像离散化为一系列的帧。

空间离散化：从水平和垂直两个方向，间隔一定距离对图像采样一次，将图像离散化为一系列的像素。

1）空间采样

一般将图像的水平像素数与垂直像素数的乘积称为视频分辨率。

例如：

PAL 制式 VCD 的视频分辨率为 352×288；

PAL 制式 DVD 的视频分辨率为 720×576。

视频分辨率在一定程度上反映了视频的清晰度。

一般按照分辨率的不同将视频分为标清、高清、全高清和超高清，如表 4-4 所示。

表 4-4　清晰度的分类

类　别	英文缩写	分 辨 率
标清	SD	720×576
高清	HD	1 024×720p，1 920×1 080i
全高清	Full HD	1 920×1 080p
超高清	Ultra HD	3 840×2 160（4K 视频），7 680×4 320（8K 视频）

为便于对比，将各种清晰度的视频分辨率画到一张图中，如图 4-42 所示。

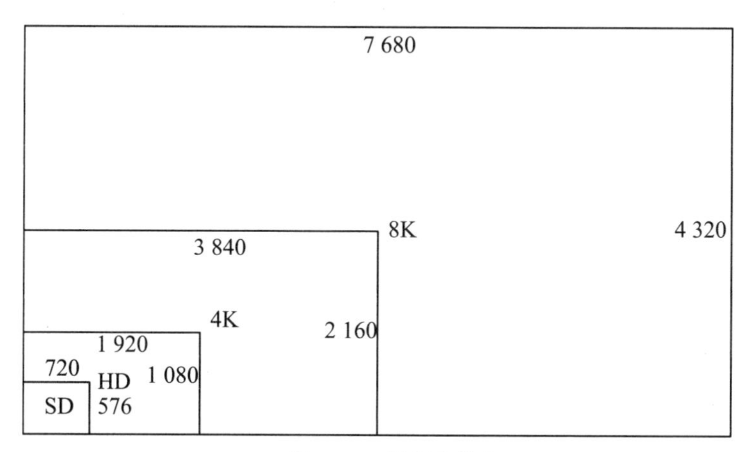

图 4-42　视频分辨率

很明显 8K 视频的清晰度是 4K 视频的 4 倍，4K 视频的清晰度是高清视频的 4 倍。

2）时间采样

由于人类眼睛的特殊生理结构，如果所看画面的帧率高于 16FPS（帧 / 秒），就会认为是连贯的，这种现象被称为视觉暂留，如图 4-43 所示。这就是为什么电影胶片是一格一格播放的，但人眼看到的却是连续画面的原因。

图 4-43 视觉暂留现象

每秒显示的帧数被称为帧率。

一般视频的帧率是固定的，例如，25FPS 或 30FPS，如图 4-44 所示。

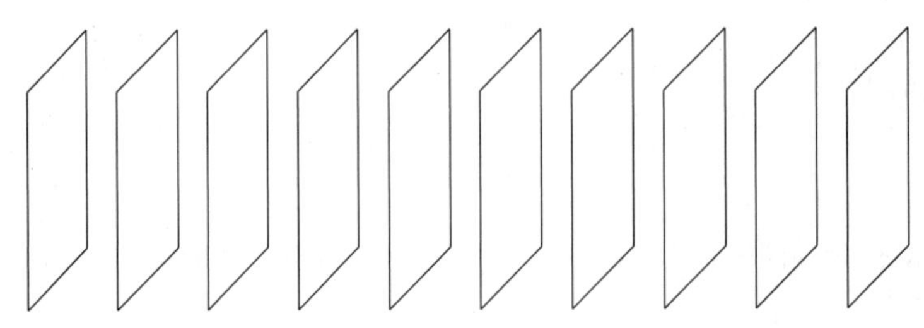

图 4-44 帧率

2. 量化和编码

根据颜色的不同，将视频图像分为黑白图像、灰度图像和彩色图像。

1）黑白图像

如图 4-45 所示，每个像素的颜色只有黑白两色，用 1 个比特 0 或 1 表示即可。

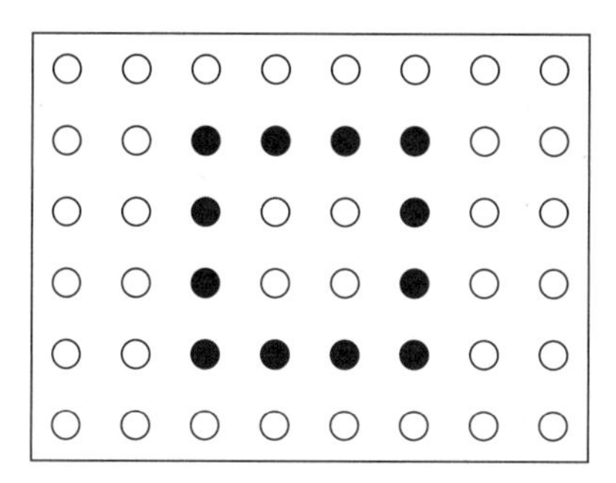

图 4-45　黑白图像

传送一帧分辨率为 720×480 的黑白图像需要传输 720×480=345.6kbit=43.2KB 数据。

如果帧率取 30FPS，则视频码率为 345.6×30=10368kbit/s=10.4Mbit/s。

2）灰度图像

灰度图像如图 4-46 所示。黑色与白色之间还有许多级的颜色深度。以 256 级灰度为例，每个像素的颜色需要用 8 个比特来表示。

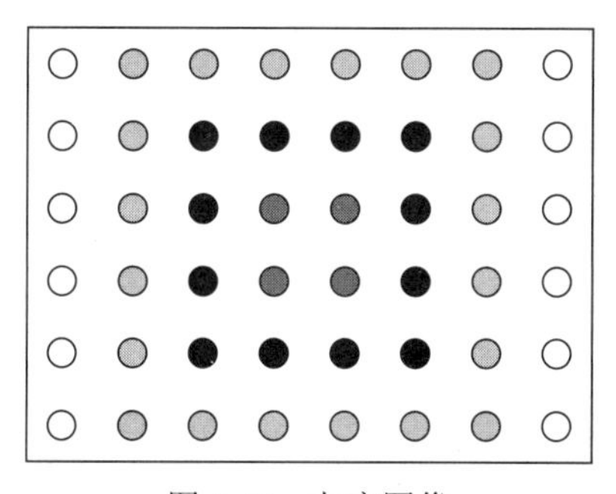

图 4-46　灰度图像

传送一帧分辨率为 720×480 的灰度图像需要传输 720×480×8=2 764.8kbit=345.6KB 数据。

如果帧率取 30FPS，则视频码率为 2 764.8×30=82 944kbit/s=82.9Mbit/s。

3）彩色图像

彩色图像如图 4-47 所示。每个像素需要用红、蓝、绿三种颜色来表示。每种颜色的深浅可以划分为很多级，如果分为256级，则每种颜色需要8个比特来表示，每个像素三种颜色需要24个比特来表示。

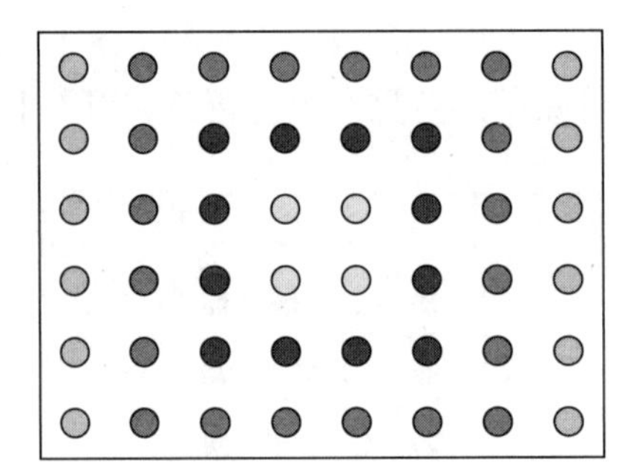

图 4-47　彩色图像

传送一帧分辨率为720×480的彩色图像需要传输720×480×24= 8.29Mbit=1.04MB数据。

如果帧率取30FPS，则视频码率为8.29×30=248.7Mbit/s。

TIPS：视频码率

视频码率与视频分辨率、帧率、每像素编码的比特数有关：

视频码率 = 视频分辨率 × 帧率 × 每像素编码比特数

假定：

视频分辨率：720 × 480；

帧率：30 FPS；

每像素编码比特数：24 bit；

视频码率为：720 × 480 × 30 × 24=8.29 × 30=248.7Mbit/s。

三、视频压缩

码率高达248.7Mbit/s的视频在通信系统中传输是不现实的，必须对视频数据进行压缩才行。

1. 色彩空间压缩

前面讲解视频的空间采样时，针对灰度图像，每个像素只进行了1次采样。而针对彩色图像，每个像素都进行了3次采样：红色、绿色和蓝色信号各采样1次。

以图4-48所示的彩色图像为例。

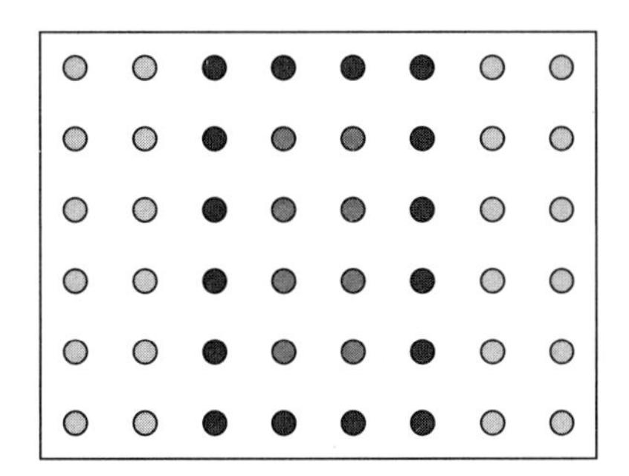

图 4-48　包含红、绿、蓝三种颜色的彩色图像

空间采样时，针对每个像素采样了 3 次，得到的 R、G、B 信号电平如图 4-49 所示。

红色信号采样							
255	255	0	0	0	0	255	255
255	255	0	0	0	0	255	255
255	255	0	0	0	0	255	255
255	255	0	0	0	0	255	255
255	255	0	0	0	0	255	255
255	255	0	0	0	0	255	255

绿色信号采样							
0	0	255	255	255	255	0	0
0	0	255	0	0	255	0	0
0	0	255	0	0	255	0	0
0	0	255	0	0	255	0	0
0	0	255	0	0	255	0	0
0	0	255	255	255	255	0	0

蓝色信号采样							
0	0	0	0	0	0	0	0
0	0	0	255	255	0	0	0
0	0	0	255	255	0	0	0
0	0	0	255	255	0	0	0
0	0	0	255	255	0	0	0
0	0	0	0	0	0	0	0

图 4-49　RGB 信号电平

有没有什么办法可以减小彩色视频的采样频率呢？

答案是肯定的，人眼具有对亮度敏感、对色度不敏感的特点，如图 4-50 所示，可以利用这一点来降低色度信号的采样频率。

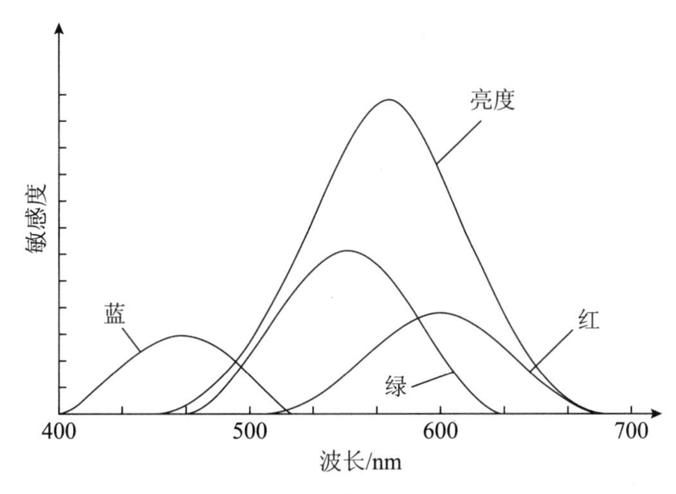

图 4-50　人眼对亮度和色度的敏感度对比

（1）首先对每个像素的红色（R）、绿色（G）、蓝色（B）信号电平进行转换处理，得到亮度（Y）、蓝色色差（Cb）、红色色差（Cr）电平信号，如图 4-51 所示。

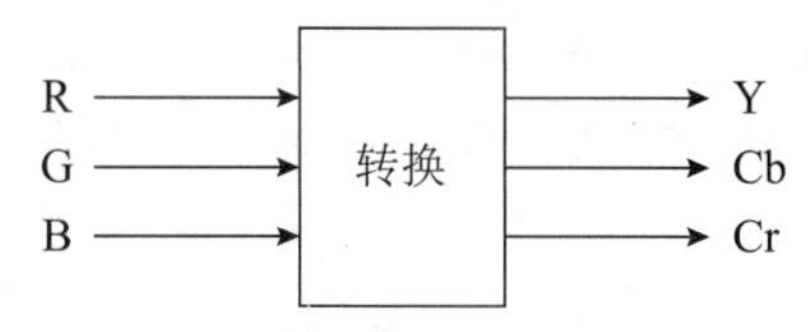

图 4-51　RGB 到 YCbCr 的转换

以如下转换公式为例：

$Y = 0.257R+0.504G+0.098B+16$

$Cb=-0.148R-0.291G+0.439B+128$

$Cr = 0.439R-0.368G-0.071B+128$

注：R、G、B 和 Y、Cb、Cr 的取值范围均为 0 ～ 255。

为了更直观地理解 YCbCr，下面看一幅彩色图像转换后得到的 YCbCr 图像，如图 4-52 所示。

图 4-52　彩色图像及其对应的 YCbCr 图像

上面的图像比较复杂，下面再看一下图 4-47 所示的那个简单的彩色图像，该图像转换后得到的亮度信号（Y）、蓝色色差信号（Cb）、红色色差信号（Cr）电平如图 4-53 所示。

亮度信号（Y）

82	82	145	145	145	145	82	82
82	82	145	41	41	145	82	82
82	82	145	41	41	145	82	82
82	82	145	41	41	145	82	82
82	82	145	41	41	145	82	82
82	82	145	145	145	145	82	82

蓝色色差信号（Cb）

90	90	54	54	54	54	90	90
90	90	54	240	240	54	90	90
90	90	54	240	240	54	90	90
90	90	54	240	240	54	90	90
90	90	54	240	240	54	90	90
90	90	54	54	54	54	90	90

红色色差信号（Cr）

240	240	34	34	34	34	240	240
240	240	34	110	110	34	240	240
240	240	34	110	110	34	240	240
240	240	34	110	110	34	240	240
240	240	34	110	110	34	240	240
240	240	34	34	34	34	240	240

图 4-53　YCbCr 信号电平

（2）然后再进行二次采样：对亮度信号 Y，保持每个像素采样一次；对色差信号 Cb 和 Cr，降低采样频率，例如，每 2 个像素采样 1 次，得到 YCbCr 电平如图 4-54 所示。

亮度信号（Y）采样

82	82	145	145	145	145	82	82
82	82	145	41	41	145	82	82
82	82	145	41	41	145	82	82
82	82	145	41	41	145	82	82
82	82	145	41	41	145	82	82
82	82	145	145	145	145	82	82

蓝色色差信号（Cb）采样

90	54	54	90
90	54	240	90
90	54	240	90
90	54	240	90
90	54	240	90
90	54	54	90

红色色差信号（Cr）采样

240	34	34	240
240	34	110	240
240	34	110	240
240	34	110	240
240	34	110	240
240	34	34	240

图 4-54　采样得到的 YCbCr 电平

采用 RGB 信号时，每个像素每种颜色采样一次，假定采用 256 级量化，每个像素 RGB 三种颜色最终编码为 8+8+8=24 比特。

而采用 YCbCr 信号时，亮度信号 Y 每个像素采样一次，色差信号 Cb 和 Cr 两个像素采样一次，同样采用 256 级量化，最终平均每个像素编码为 8+4+4=16 比特，相对于 RGB 信号压缩了 33%。

2. 可变帧率压缩

VFR：Variable Frame Rate，可变帧率。

为了达到减小视频文件体积或者改善动态画面质量的目的，可以不采用固定的帧率，而是在动态画面时使用较大的帧率，在静态画面时使用较小的帧率，这就是可变帧率，如图 4-55 所示。

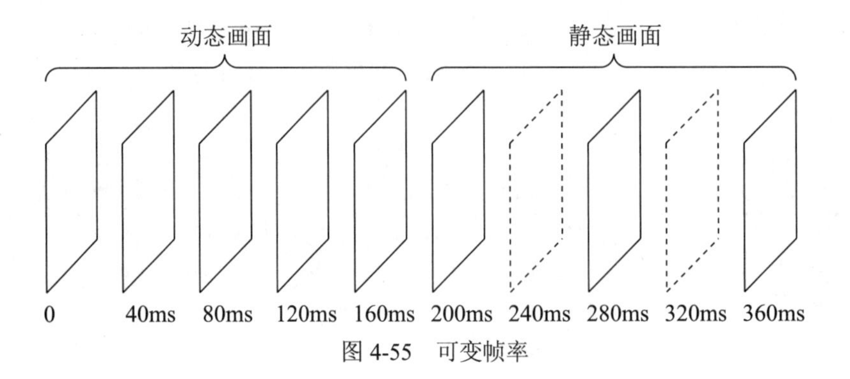

图 4-55　可变帧率

3. 视频图像压缩

视频图像压缩算法分为两类：

- 单独对每一帧图像进行压缩，如 M-JPEG 压缩算法。
- 利用相似性，将相邻几帧图像联合起来进行压缩，如 MPEG 压缩算法。

1）M-JPEG 压缩

M-JPEG 压缩算法单独对每一帧图像进行压缩编码，完全不考虑图像之间的相似性，如图 4-56 所示。

图 4-56　M-JPEG 压缩

2）MPEG 压缩

MPEG 压缩算法会考虑图像之间的相似性，对图像进行差分编码。对第 1 帧完整图像进行压缩编码，后面 2 帧的静态部分（树）不参与编码，图像解码时参考第 1 帧即可，只针对变化的部分（人）进行编码，如图 4-57 所示。MPEG 压缩得到的视频码率相对于 M-JPEG 压缩大大降低。

MPEG 压缩中图像被分为：I 帧、P 帧和 B 帧，如图 4-58 所示。

I 帧：帧内编码帧，又被称为关键帧，是 B 帧和 P 帧进行压缩编码的参考帧。针对关键帧，要对完整图像进行帧内压缩编码。

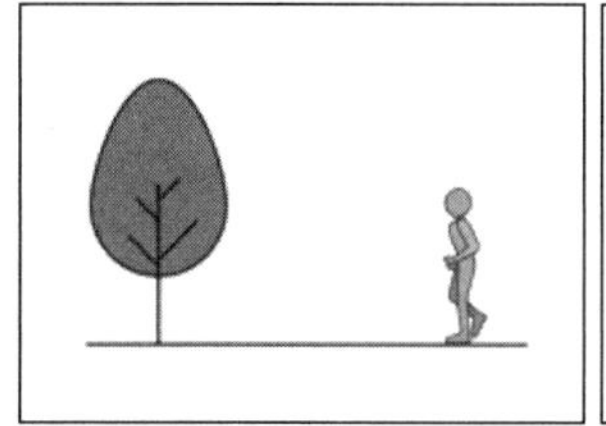
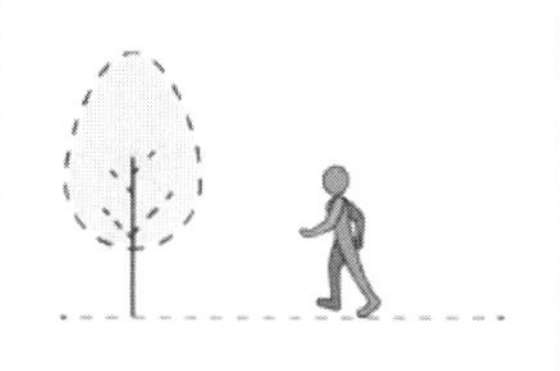
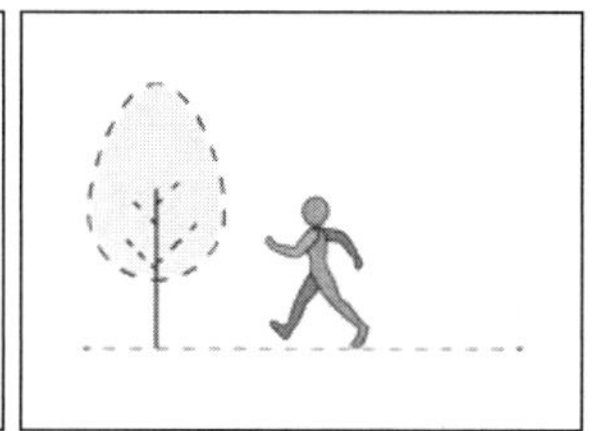

图 4-57　MPEG 压缩

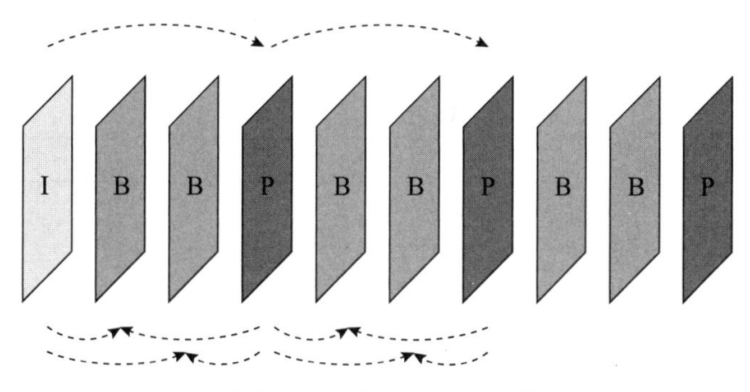

图 4-58　I 帧、P 帧和 B 帧

P 帧：帧间预测编码帧。与前面的 I 帧或 P 帧图像进行对比，针对差异部分进行帧间压缩编码。P 帧在解码时要依赖参考帧，因此对传输错误比较敏感。

B 帧：双向预测编码帧。同时与前面和后面的 I 帧或 P 帧图像进行对比，针对差异部分进行帧间压缩编码。B 帧在解码时要把前后的参考帧都缓存下来之后才能开始解码，处理时延大，对参考帧的依赖性更强。

MPEG 压缩还采用了基于块的运动补偿技术：如果视频中存在大量物体运动的话，上述的差分编码将无法显著减少数据量，可以采用基于块的运动补偿技术，如图 4-59 所示。

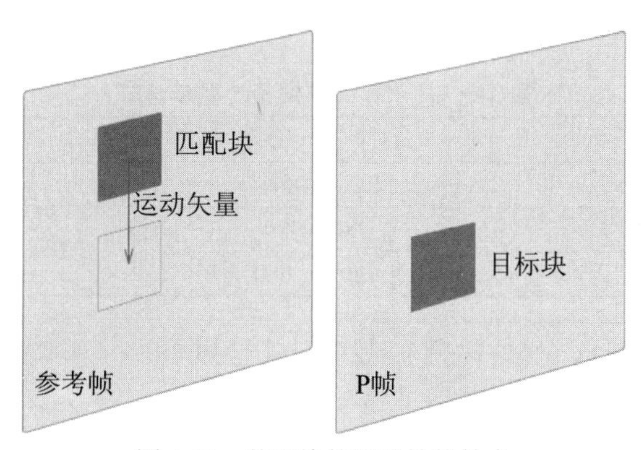

图 4-59　基于块的运动补偿技术

构成新帧的大量信息都可以在前面的帧中找到，但可能会在不同的位置上。因此这种技术将一帧图像分为一系列块。通过在参考帧中查找匹配块的方式，逐块地构建新帧。如果发现匹配的块，编码器只需要对参考帧中发现匹配块的位置进行编码。与对整块的实际内容进行编码相比，只对块的运动信息进行编码可以减少数据量。

4. 视频压缩标准

为了适应不同带宽和视频质量的要求，针对 MPEG 压缩主要出了三个标准：MPEG-1、MPEG-2 和 MPEG-4，如表 4-5 所示。

表 4-5　MPEG 主要压缩标准

MPEG 压缩标准	应 用 场 景
MPEG-1	针对 CD-ROM 制定的标准，被 VCD 采用
MPEG-2	针对 HDTV 制定的标准，被 DVD 采用
MPEG-4	针对视频会议、可视电话制定的标准，被用于在互联网上传输实时图像

目前网络视频中常用的视频压缩标准是 H.264，也就是 MPEG-4 Part 10，又被称为 AVC （高级视频编码），是 MPEG-4 系列标准中的一个新标准，如图 4-60 所示。

图 4-60　H.264 视频压缩标准

H.264 标准推荐的视频码率如表 4-6 所示。

表 4-6　H.264 标准推荐的视频码率

视频清晰度	分 辨 率	建议码率
480P	720×480	1 800kbit/s
720P	1 280×720	3 500kbit/s
1 080P	1 920×1 080	8 500kbit/s

可以看到压缩后的 480P 视频码率只有 1.8Mbit/s，相对于压缩前的视频码率 248.7Mbit/s，还不到其 1%，压缩率非常高。

第5章 信道编码与交织

信道编码与交织在通信系统模型中的位置如图 5-1 所示。

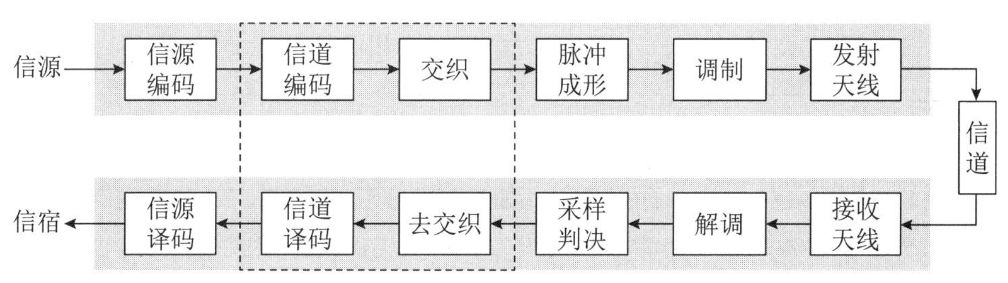

图 5-1　信源编码在通信系统模型中的位置

信道编码的引入主要是为了解决数据在信道中传输时引入的误码问题。解决误码问题有两个办法：

- 接收端在发现误码后，请求发送端对错误数据进行重传，称为后向纠错。ARQ 就是一种后向纠错算法。
- 发送端在发送数据时加入一定的冗余信息，以便在出现误码时接收端可以直接进行纠错，称为前向纠错。FEC 就是一种前向纠错算法。

5.1　FEC

FEC：全称 Forward Error Correction，就是前向纠错码。

一、重复码

在数据中增加冗余信息的最简单方法，就是将同一数据重复多次发送，这就是重复码。

例如：将每一个信息比特重复 3 次编码：0 → 000，1 → 111。

接收端根据少数服从多数的原则进行译码。例如：发送端将 0 编码为 000 发送，如果接收到的是 001、010、100，就判为 0，如图 5-2 所示。

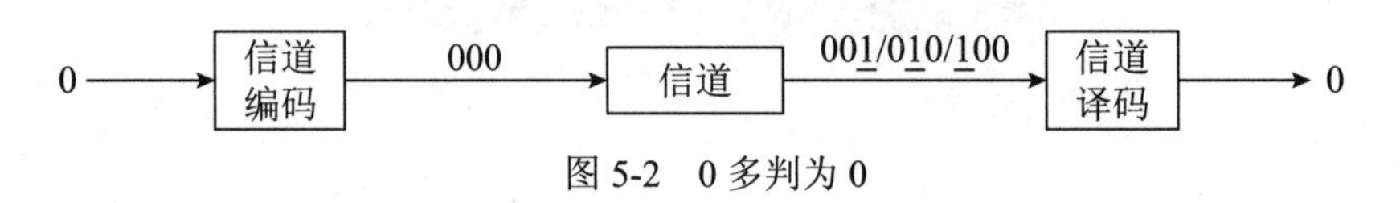

图 5-2　0 多判为 0

发送端将 1 编码为 111 发送，如果接收到的是 110、101、011，就判为 1，如图 5-3 所示。

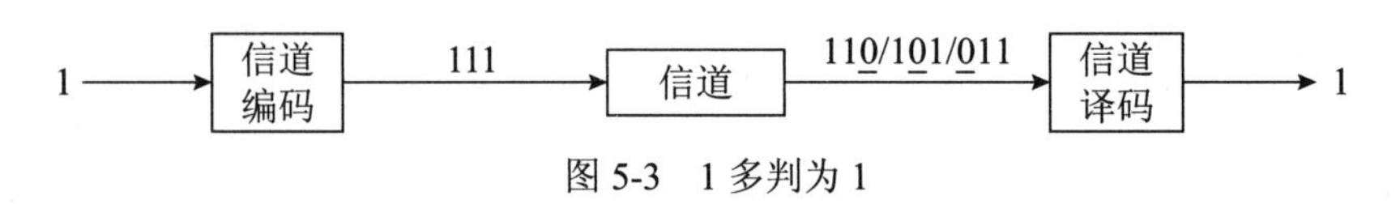

图 5-3　1 多判为 1

很明显，按照这种方法进行编译码，如果只错 1 位没问题，可以正确译码，如果错 2 位就不行了。例如：发送端将 0 编码为 000 发送，到了接收端变成了 110，会被译码为 1，译码出错，如图 5-4 所示。

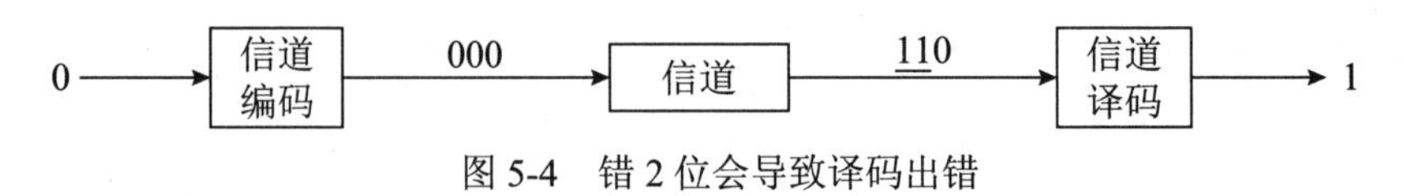

图 5-4　错 2 位会导致译码出错

重复码还有一个很大的问题是：传输效率很低。还是以上面的重复码为例，将同一个信息比特发送了 3 次，传输效率只有 1/3。

二、分组码

为了提高传输效率，将 k 位信息比特分为一组，增加少量多余码元，共计 n 位，这就是分组码。

包含 k 位信息比特的 n 位分组码，一般记为（n，k）分组码，如图 5-5 所示。

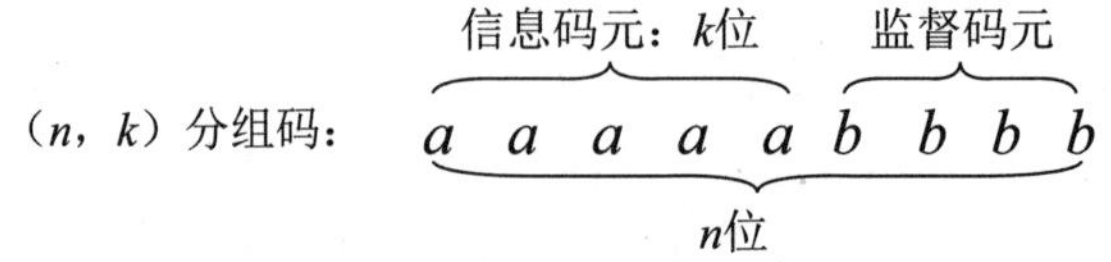

信息码元：k位　　监督码元

（n，k）分组码：$a\ a\ a\ a\ a\ b\ b\ b\ b$

n位

图 5-5　（n，k）分组码

分组码中的（$n-k$）位多余码元是用于检错和纠错的，一般称为监督码元或校验码元，它只监督本码组中的 k 个信息比特。

1. 奇偶校验码

最简单的分组码就是奇偶校验码，其监督码元只有 1 位。

例如：（3，2）偶校验码，通过添加 1 位监督码元使整个码字中 1 的个数为偶数：

00 → 00$\underline{0}$

01 → 01$\underline{1}$

10 → 10$\underline{1}$

11 → 11$\underline{0}$

检错：收到 1 个码字，对所有位做异或，如果为 0，正确；如果为 1，错误。

纠错：奇偶校验码只能检测奇数个错误，不能纠正错误。

接着上面的例子：

- 000 错 1 位：错成 001、010 或 100 都可以通过 1 的个数为奇数发现错误，如图 5-6 所示。

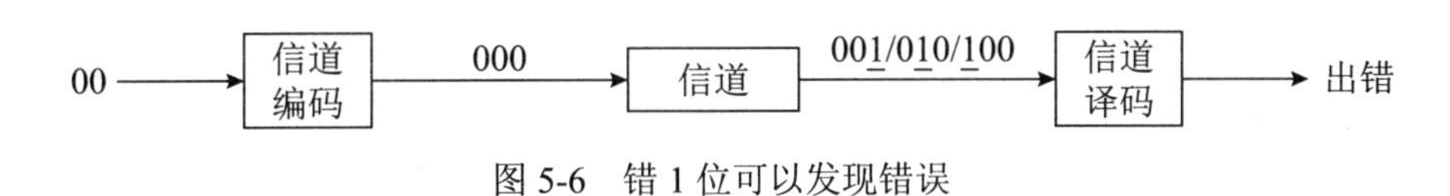

图 5-6　错 1 位可以发现错误

但不能纠正错误。以收到 001 为例，有可能是 000 错第 3 位导致的，还有可能是 011 错第 2 位导致的，还有可能是 101 错第 1 位导致的，无法推断出来发送的数据到底是 000、011 还是 101，因此无法纠错，如图 5-7 所示。

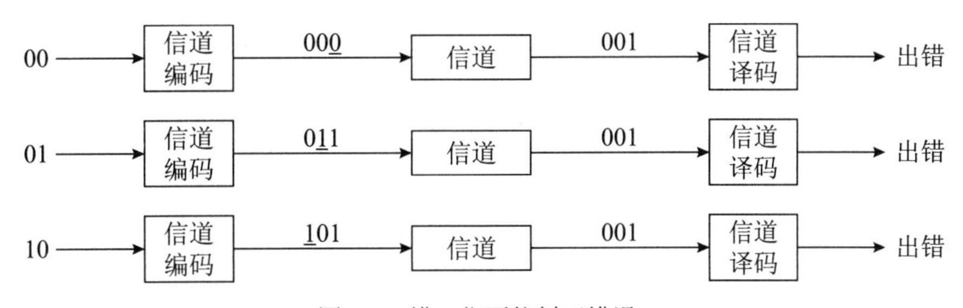

图 5-7　错 1 位不能纠正错误

- 000 错 2 位：错成 011、110 或 101 就发现不了错误了，如图 5-8 所示。
- 000 错 3 位：错成 111，通过 1 的个数为奇数可以发现错误，但不能纠正错误，如图 5-9 所示。

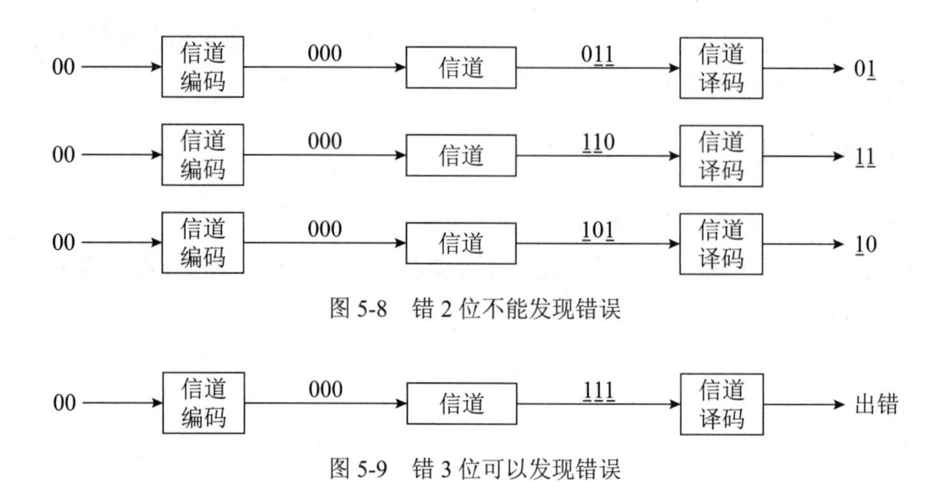

图 5-8　错 2 位不能发现错误

图 5-9　错 3 位可以发现错误

2. 汉明码

奇偶校验码只有 1 位监督码元，只能发现奇数个错误，但不能纠正错误。

有没有码可以纠正错误呢？汉明码就可以检测 2 位错误，纠正 1 位错误。

以（7，4）汉明码为例，信息码元为 4 位，监督码元为 3 位，如图 5-10 所示。

a_6	a_5	a_4	a_3	a_2	a_1	a_0
信息码元				监督码元		

图 5-10　（7，4）汉明码

监督码元和信息码元的监督关系如图 5-11 所示。

a_6	a_5	a_4	a_3	a_2	a_1	a_0
○	○	○		●		
○	○		○		●	
○		○	○			●

图 5-11　监督码元和信息码元的监督关系

a_2 是 a_6、a_5、a_4 的偶校验码，因此：$a_6 \oplus a_5 \oplus a_4 \oplus a_2=0$

a_1 是 a_6、a_5、a_3 的偶校验码，因此：$a_6 \oplus a_5 \oplus a_3 \oplus a_1=0$

a_0 是 a_6、a_4、a_3 的偶校验码，因此：$a_6 \oplus a_4 \oplus a_3 \oplus a_0=0$

遍历所有信息码元（4 位），可以得到 16 个码字，如表 5-1 所示。

表 5-1　（7，4）汉明码的 16 个码字

序号	信息码元（$a_6a_5a_4a_3$）	监督码元（$a_2a_1a_0$）
0	0000	000
1	0001	011
2	0010	101
3	0011	110
4	0100	110
5	0101	101
6	0110	011
7	0111	000
8	1000	111
9	1001	100
10	1010	010
11	1011	001
12	1100	001
13	1101	010
14	1110	100
15	1111	111

如果接收到的码字不在上表中，一定是出现了误码。

如何判断是哪位出错了呢？

1）检错原理

分别对 3 组偶校验码的所有位做异或，得到 s_2、s_1、s_0：

$$s_2=a_6 \oplus a_5 \oplus a_4 \oplus a_2$$

$$s_1=a_6 \oplus a_5 \oplus a_3 \oplus a_1$$

$$s_0=a_6 \oplus a_4 \oplus a_3 \oplus a_0$$

根据计算结果 $s_2s_1s_0$，可以判断出是否出错，如果出错，具体是哪个码元出错，如图 5-12 所示。

- 如果没有错误，则 $s_2s_1s_0$=000。
- 如果信息码元出错：

a_6 错误，则：$s_2s_1s_0$=111；

a_5 错误，则：$s_2s_1s_0$=110；

a_4 错误，则：$s_2s_1s_0$=101；

a_3 错误，则：$s_2s_1s_0$=011。

- 如果监督码元错误：

a_2 错误，则：$s_2s_1s_0$=100；

a_1 错误，则：$s_2s_1s_0$=010；

a_0 错误，则：$s_2s_1s_0$=001。

a_6	a_5	a_4	a_3	a_2	a_1	a_0	$s_2s_1s_0$
							000
错							111
	错						110
		错					101
			错				011
				错			100
					错		010
						错	001

图 5-12　出错码元判决

例如：收到的码字为 0101011，$s_2s_1s_0$=110，说明 a_5 出错，也就是 0<u>1</u>01011 中有下划线的那个 1 是错的。

2）纠错原理

发现错误位后，只要将对应位取反：0 改为 1，1 改为 0，就完成了纠错。

接着前面的例子，发现 a_5 出错后，只要将其取反即可得正确的码字 0<u>0</u>01011，这就实现了纠错。

三、卷积码

从前面的描述来看，分组码编码器每次输入 k 个信息码元，输出 n 个码元，每次输出的码元只与本次输入的信息码元有关，而与之前输入的信息码元无关。接下来介绍的卷积码，其编码器输出除了与本次输入的信息码元有关外，还与之前输入的信息码元有关。

一般用（n，k，K）来表示卷积码，其中：

n：编码器每次输出的码元个数；

k：编码器每次输入的信息码元个数，一般 k=1；

K：约束长度，在 k=1 的情况下，表示编码器的输出与本次及之前输入的 K 个码元相关。

例如（2，1，3）卷积码：编码器每次输入 1 个码元，输出 2 个码元，这 2 个码元与本次及之前输入的 3 个码元相关。

1. 编码原理

1）编码器工作原理

（n，1，K）卷积码编码器一般使用（K-1）级移位寄存器来实现。

例如：（2，1，3）卷积码编码器需要 2 级移位寄存器，如图 5-13 所示。

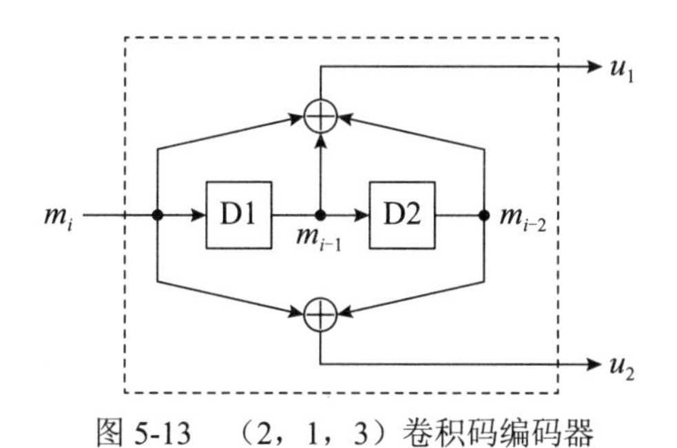

图 5-13　（2，1，3）卷积码编码器

编码器输入：m_i，输出：u_1 和 u_2。

$u_1=m_i \oplus m_{i-1} \oplus m_{i-2}$

$u_2=m_i \oplus m_{i-2}$

两个移位寄存器的初始状态为：00；

假定输入序列为：11011，左侧数据先输入；

寄存器的状态及编码器输出变化如表 5-2 所示。

表 5-2　寄存器状态及编码器输出

输　　入	寄存器状态		输　　出
m_i	m_{i-1}	m_{i-2}	u_1u_2
1	0	0	11
1	1	0	01
0	1	1	01
1	0	1	00
1	1	0	01

2）编码器网格图

两个寄存器的输出共有 4 种可能状态：00、10、01、11，沿纵轴排列，以时间为横轴，将寄存器状态和编码器输出随输入的变化画出来，这就是编码器网格图，如图 5-14 所示。

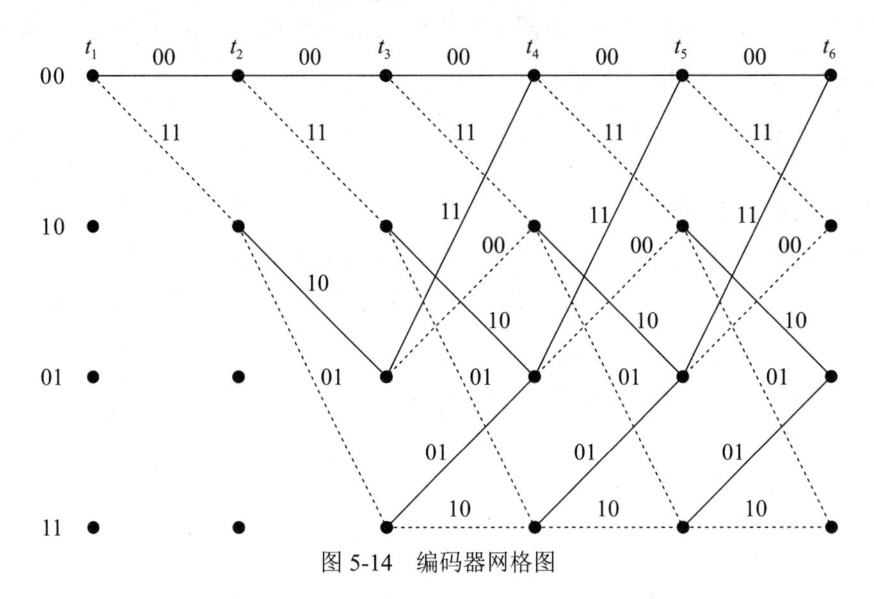

图 5-14 编码器网格图

实线表示输入 0，虚线表示输入 1。

实线和虚线旁边的数字表示编码器输出。

t_1 时刻：寄存器状态为 00。

t_2 时刻：

如果输入为 0，寄存器状态保持 00，编码器输出 00；

如果输入为 1，寄存器状态变为 10，编码器输出 11。

t_3 时刻：

- 如果前一时刻寄存器状态为 00：

  如果输入为 0，寄存器状态保持 00，编码器输出 00；

  如果输入为 1，寄存器状态变为 10，编码器输出 11。

- 如果前一时刻寄存器状态为 10：

  如果输入为 0，寄存器状态变为 01，编码器输出 10；

  如果输入为 1，寄存器状态变为 11，编码器输出 01。

t_4 时刻：

- 如果前一时刻寄存器状态为 00：

  如果输入为 0，寄存器状态保持 00，编码器输出 00；

  如果输入为 1，寄存器状态变为 10，编码器输出 11。

- 如果前一时刻寄存器状态为 10：

  如果输入为 0，寄存器状态变为 01，编码器输出 10；

如果输入为 1，寄存器状态变为 11，编码器输出 01。

- 如果前一时刻寄存器状态为 01：

  如果输入为 0，寄存器状态变为 00，编码器输出 11；

  如果输入为 1，寄存器状态变为 10，编码器输出 00。

- 如果前一时刻寄存器状态为 11：

  如果输入为 0，寄存器状态变为 01，编码器输出 01；

  如果输入为 1，寄存器状态保持 11，编码器输出 00。

t_5 时刻：与 t_4 时刻情况相同。

t_6 时刻：与 t_4 时刻情况相同。

还以输入序列 11011 为例。通过编码器网格图，很容易得到输入序列 11011 编码得到的输出序列：11 01 01 00 01，如图 5-15 所示。

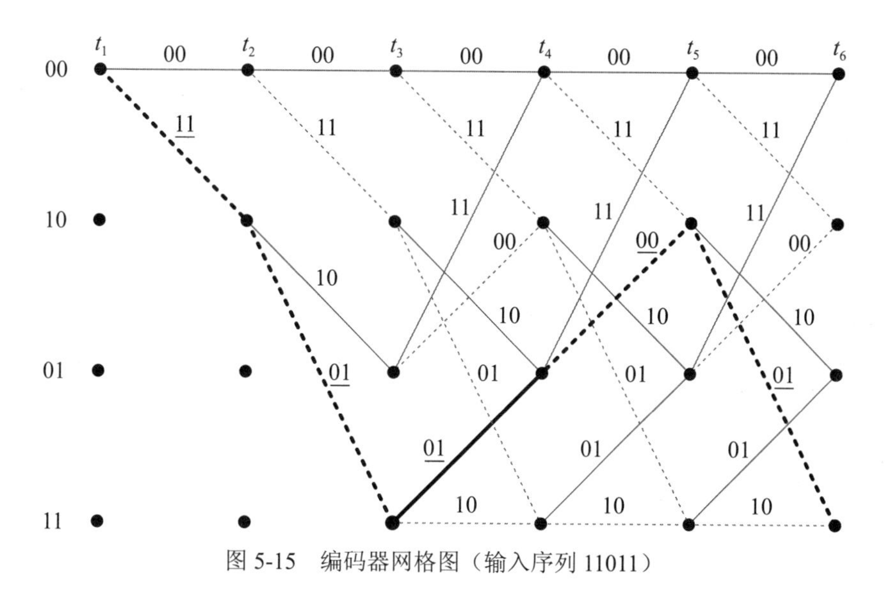

图 5-15　编码器网格图（输入序列 11011）

2. 译码原理

卷积码的译码一般采用最大似然译码。

1）最大似然译码

假定信道的误码率为 P_e，且 P_e<0.5。

编码器的输入信息序列长度为 L，输出的码字序列有 2^L 种可能：A_i=（i=1，2，⋯，2^L），如图 5-16 所示。

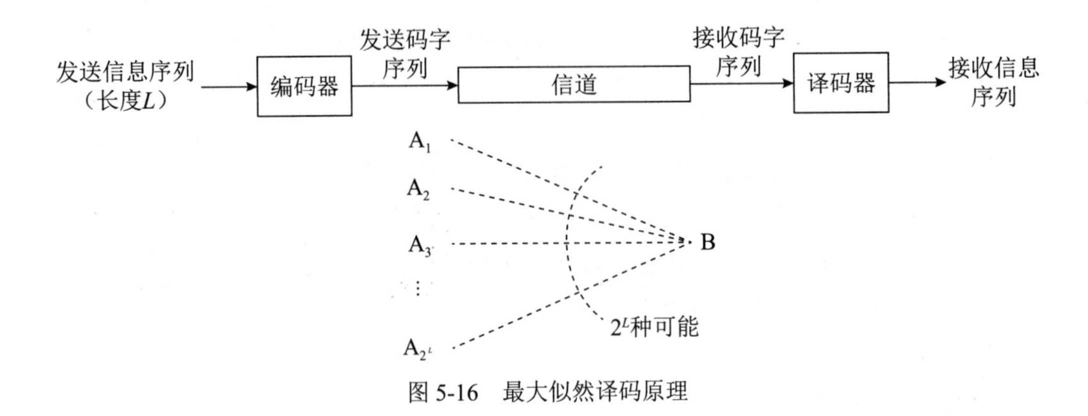

图 5-16　最大似然译码原理

译码器在接收到码字序列 B 后，遍历 A_i（i=1，2，…，2^L），计算发送码字序列为 A_i、接收码字序列为 B 的发生概率，将发生概率最大的发送码字序列对应的发送信息序列作为译码结果，这就是最大似然译码。

● 以 L=5 为例，假定接收到的码字序列为：11 01 01 00 01

编码器输出的码字序列共有 32 种可能：

如果发送信息序列为 11011，则编码器输出的码字序列为：11 01 01 00 01，全部码元传输正确，发生这种情况的概率为：$(1-P_e)^{10}$。

如果发送信息序列为 10011，则编码器输出的码字序列为：11 10 11 11 01，5 个码元传输错误，发生这种情况的概率为：$P_e^5(1-P_e)^5$。

如果发送信息序列为 11010，则编码器输出的码字序列为：11 01 01 00 10，2 个码元传输错误，发生这种情况的概率为：$P_e^2(1-P_e)^8$。

其他情况略。

很明显，发送信息序列为 11011 的概率最高，因此采用最大似然译码时译码结果为：11011。

● 还以 L=5 为例，假定接收到的码字序列为：11 01 01 10 01

编码器输出的码字序列共有 32 种可能：

如果发送信息序列为 11011，则编码器输出的码字序列为：11 01 01 00 01，1 个码元传输错误，发生这种情况的概率为：$P_e(1-P_e)^9$。

如果发送信息序列为 10011，则编码器输出的码字序列为：11 10 11 11 01，4 个码元传输错误，发生这种情况的概率为：$P_e^4(1-P_e)^6$。

如果发送信息序列为 11010，则编码器输出的码字序列为：11 01 01 00 10，3 个码元传输错误，发生这种情况的概率为：$P_e^3(1-P_e)^7$。

其他情况略。

很明显，发送信息序列为 11011 的概率最高，因此采用最大似然译码的译码输出为：11011。

从上面两个例子可以看出：错误的码元越少，发生概率越高。要找到发生概率最高的发送序列，只要找出误码数最少的发送码字序列就可以了。而两码字间对应位不同的个数总和称为汉明距离，所以只要找出汉明距离之和最小的发送码字序列就行了。例如：01 和 10 的汉明距离为 2，00 和 01 的汉明距离为 1。

最大似然译码要遍历 2^L 种可能码字序列计算概率才能完成译码，译码过程的计算量随 L 的增大而指数增长，难以实现。维特比发现了一种方法，可以大大减小译码的计算量，将最大似然译码推向实用，这就是著名的维特比译码算法。

2）维特比译码

维特比译码的原理可以结合译码器网格图来理解。译码器网格图与编码器网格图类似，唯一的不同是：实线和虚线旁的数字不再表示编码器的输出，而是表示接收码字序列与编码器输出码字序列的汉明距离。

接着前面的例子，假定接收码字序列为 11 01 01 10 01（错误 1 个码元），画出译码器网格图，如图 5-17 所示。

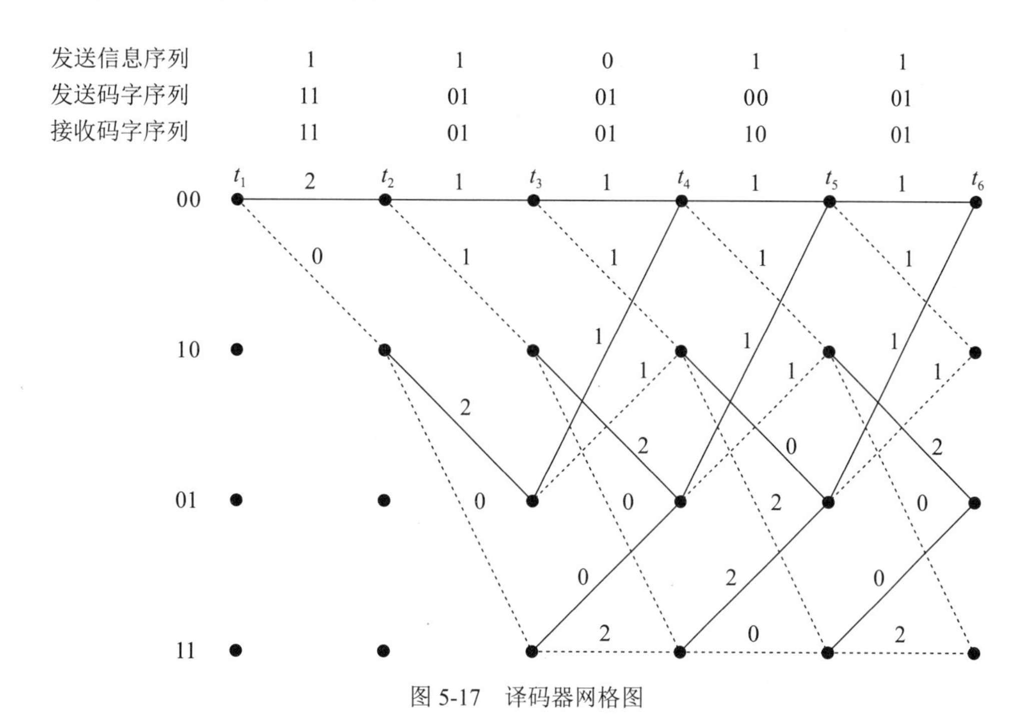

图 5-17　译码器网格图

译码的过程就是寻找最优路径的过程，也就是找到一条汉明距离之和最小的路径。

$t_1 \sim t_2$：接收到 11，存在两条可能路径，汉明距离分别为 2 和 0，如图 5-18 所示。

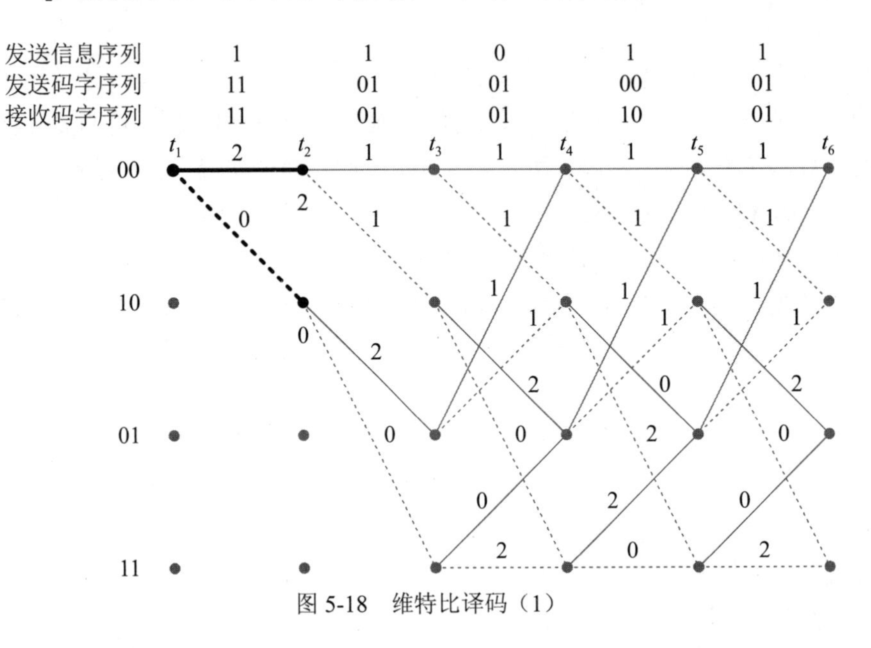

图 5-18　维特比译码（1）

$t_2 \sim t_3$：接收到 01，$t_1 \sim t_3$ 间存在 4 条可能路径，汉明距离分别为 3、3、2、0，如图 5-19 所示。

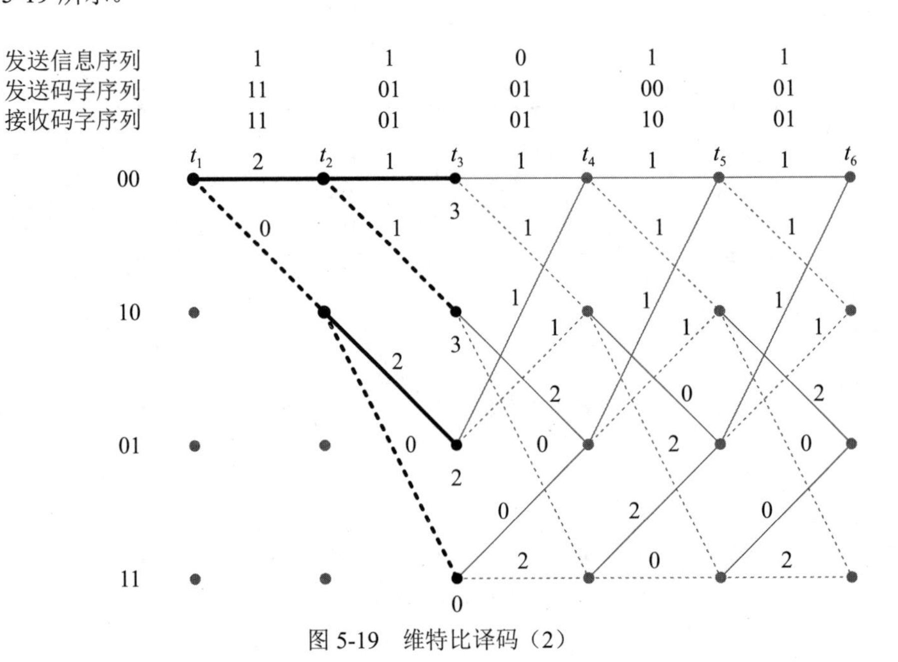

图 5-19　维特比译码（2）

$t_3 \sim t_4$：接收到 01，$t_1 \sim t_4$ 间存在 8 条可能路径，到每个状态存在 2 条可能路径，如图 5-20 所示。

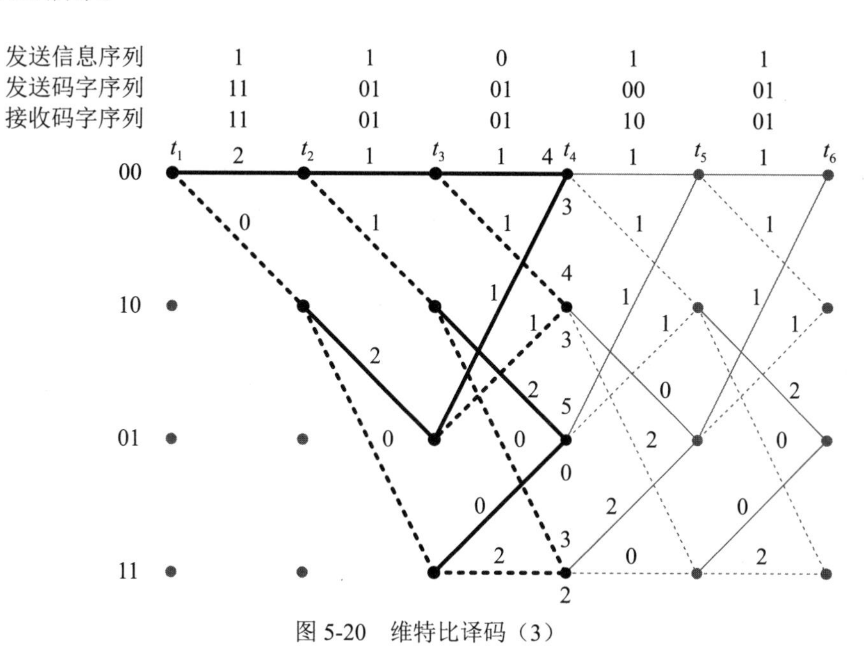

图 5-20 维特比译码（3）

去掉其中汉明距离大的那条路径，剩下 4 条可能路径，汉明距离分别为 3、3、0、2，如图 5-21 所示。

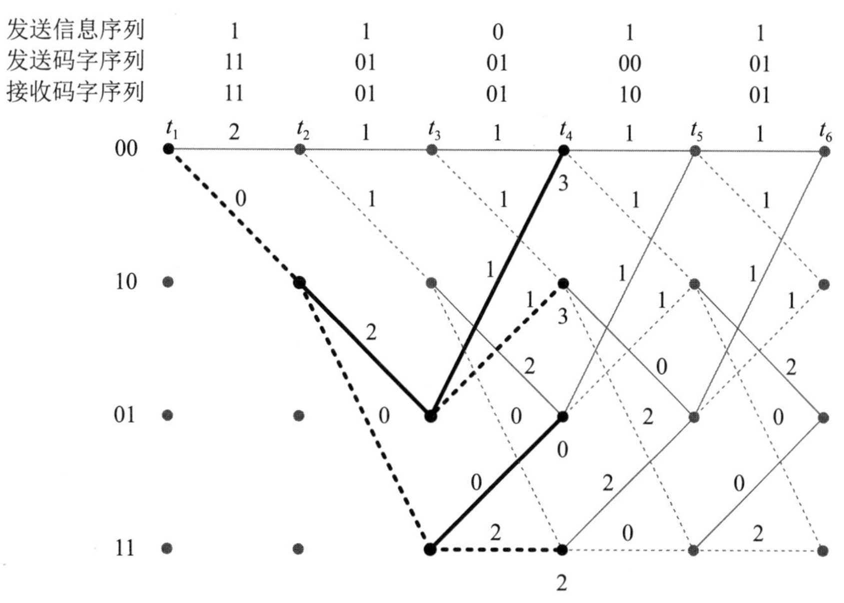

图 5-21 维特比译码（4）

$t_4 \sim t_5$：接收到 10，$t_1 \sim t_5$ 间存在 8 条可能路径，到每个状态存在两条可能路径，如图 5-22 所示。

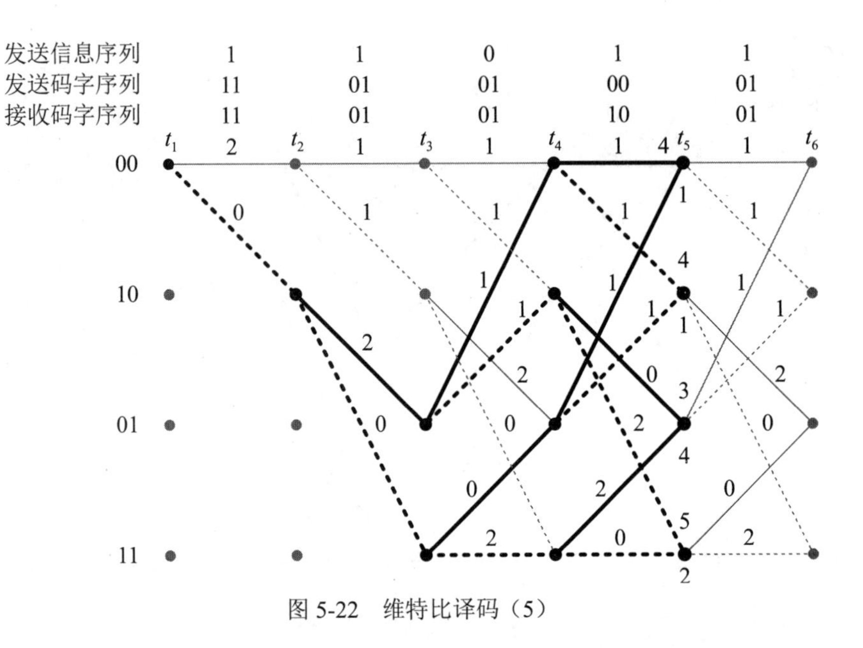

图 5-22　维特比译码（5）

去掉其中汉明距离大的那条路径，剩下 4 条可能路径，汉明距离分别为 1、1、3、2，如图 5-23 所示。

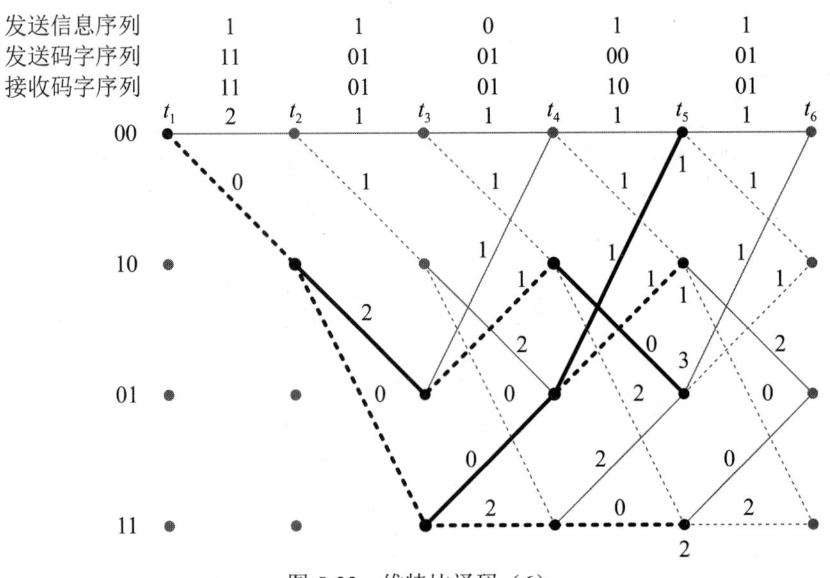

图 5-23　维特比译码（6）

值得注意的是：$t_1 \sim t_2$ 间只剩下 1 条路径，译码输出为 1。

$t_5 \sim t_6$：接收到 01，$t_1 \sim t_6$ 间存在 8 条可能路径，到每个状态存在两条可能路径，如图 5-24 所示。

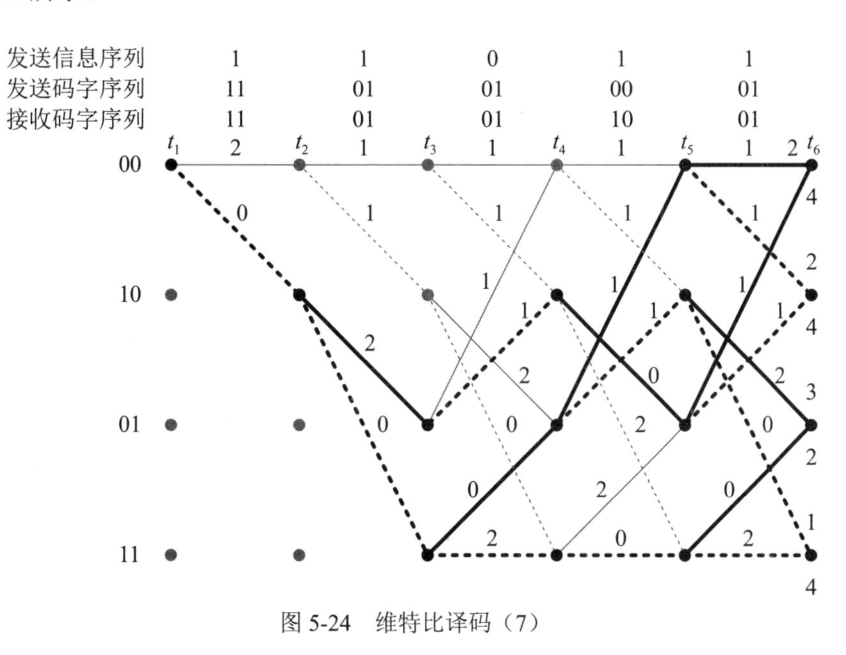

图 5-24　维特比译码（7）

去掉其中汉明距离大的那条路径，剩下 4 条可能路径，汉明距离分别为 2、2、2、1，如图 5-25 所示。

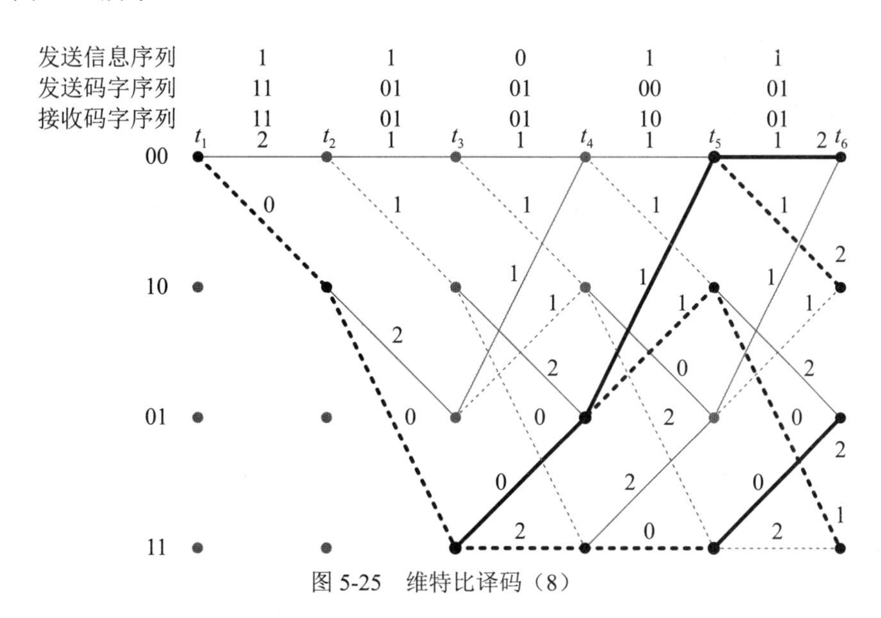

图 5-25　维特比译码（8）

值得注意的是：$t_2 \sim t_3$ 间只剩下 1 条路径，译码输出为 1。

在剩下的 4 条路径中，选取汉明距离之和最短的那条，如图 5-26 所示。

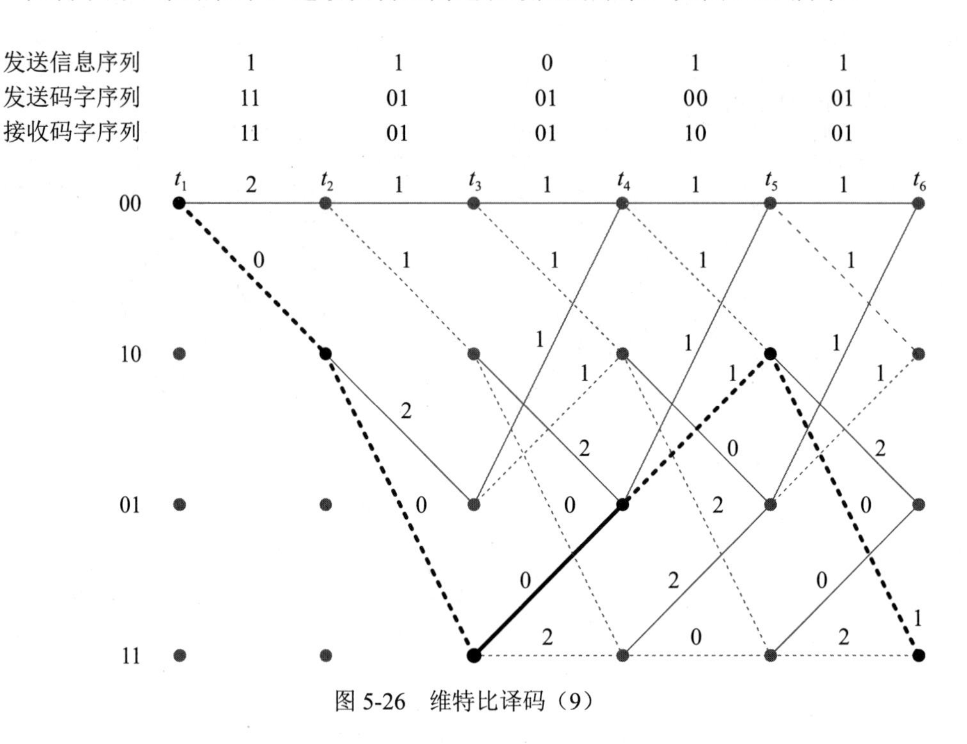

图 5-26 维特比译码（9）

至此完成译码，完整的译码输出为：11011。

3. 卷积码的应用

1）CDMA2000

使用了（2，1，9）、（3，1，9）和（4，1，9）卷积码，如图 5-27～图 5-29 所示。

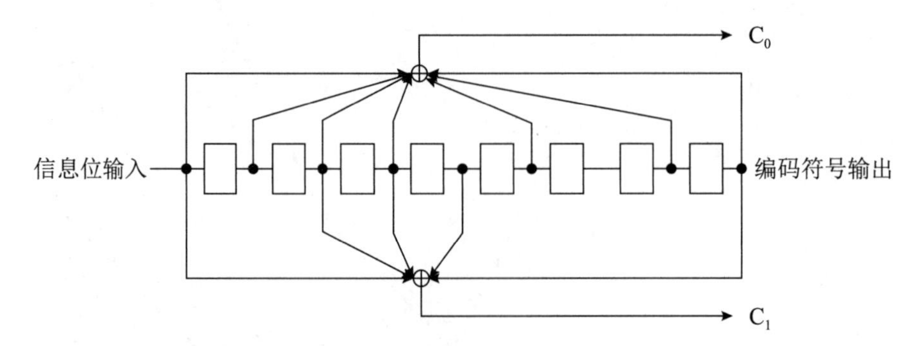

图 5-27 用于 CDMA2000 系统的（2，1，9）卷积码

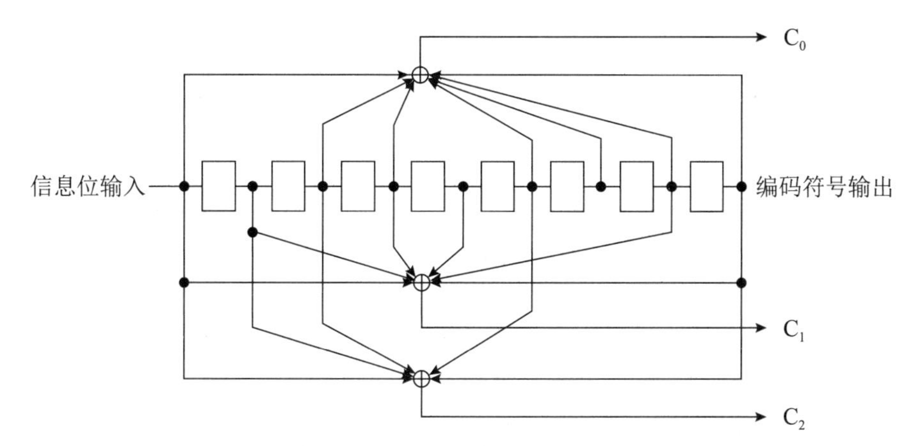

图 5-28　用于 CDMA2000 系统的（3，1，9）卷积码

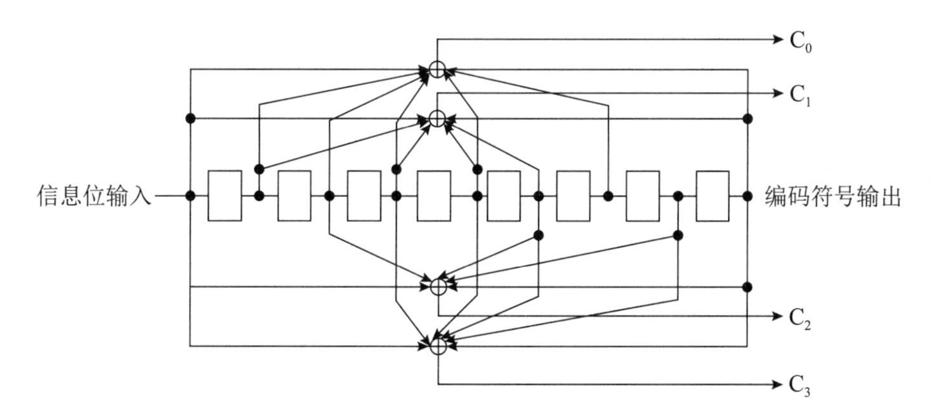

图 5-29　用于 CDMA2000 系统的（4，1，9）卷积码

2）WCDMA

使用了（2，1，9）和（3，1，9）卷积码，如图 5-30 和图 5-31 所示。

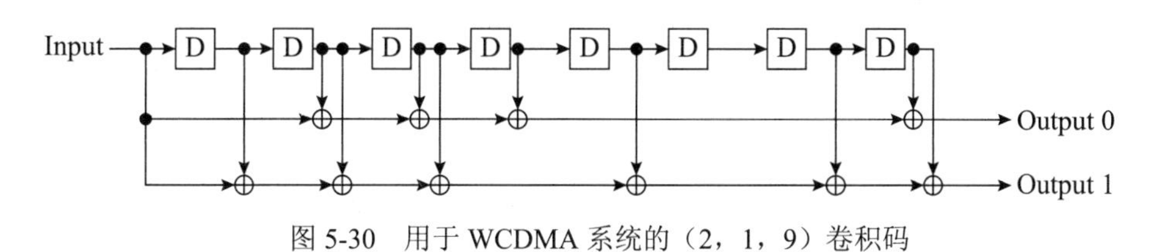

图 5-30　用于 WCDMA 系统的（2，1，9）卷积码

3）LTE

LTE 的控制信道采用了（3，1，7）卷积码进行信道编码，如图 5-32 所示。

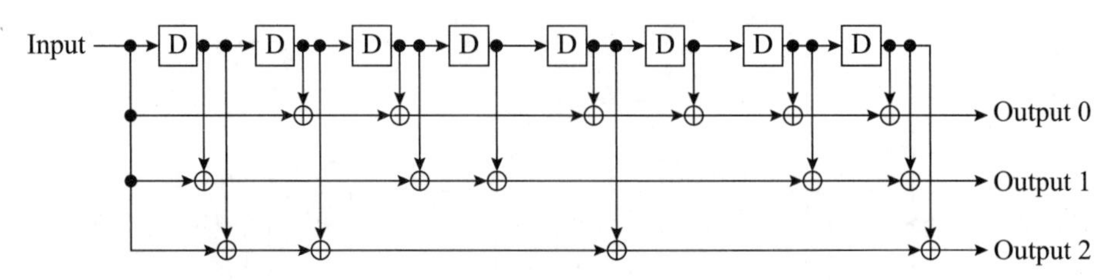

图 5-31 用于 WCDMA 系统的（3，1，9）卷积码

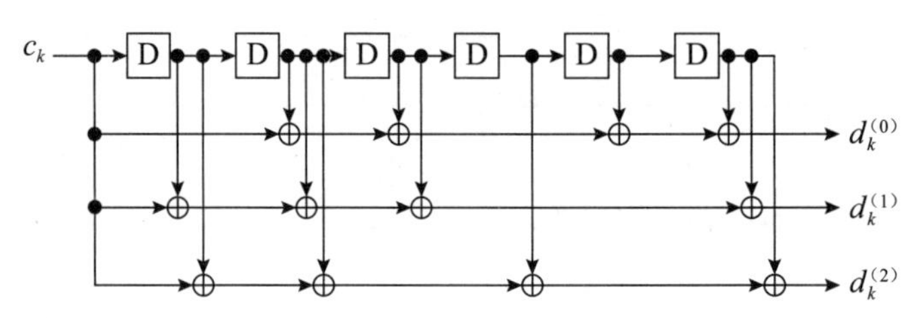

图 5-32 用于 LTE 系统的（3，1，7）卷积码

5.2 交织

交织和去交织是通过对寄存器按行写入按列读出实现的。

一、交织

信道编码后的码字逐行写入交织寄存器，再逐列读出并发送出去，如图 5-33 所示。

图 5-33 交织实现原理

二、去交织

接收到的数据逐行写入去交织寄存器，再逐列读出码字用于信道译码，如图 5-34 所示。

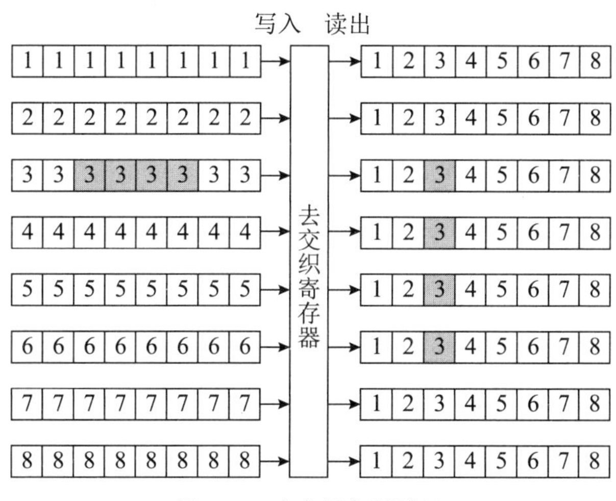

图 5-34　去交织实现原理

在信道传输过程中如果出现了如图 5-34 中所示的连续误码，去交织后，恢复出的第 3、第 4、第 5、第 6 码字的第 3 码元出错，对于出错的几个码字来讲，每个码字只是错了 1 个码元，信道译码时很容易纠错。

5.3　反馈重传

FEC 结合交织可以在一定程度上解决误码问题，但不能彻底解决，要想彻底解决误码问题，还要借助反馈重传技术。

一、ARQ

自动请求重传：发送端发送具有一定检错能力的码，接收端发现出错后，立即通知发送端重传，如果还是错，再次请求重传，直至接收正确为止，如图 5-35 所示。

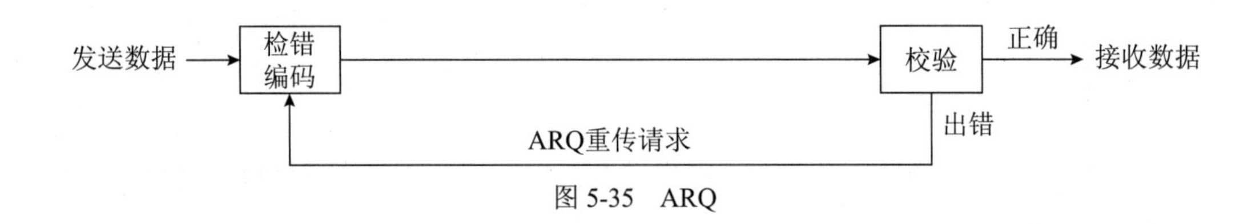

图 5-35 ARQ

二、HARQ

混合 ARQ：是 FEC 和 ARQ 的结合，发送端发送具有一定检错和纠错能力的 FEC 码，接收端发现出错后，尽其所能进行纠错，纠正不了，则立即通知发送端重传，如果还是接收错误，再次请求重传，直至接收正确为止，如图 5-36 所示。

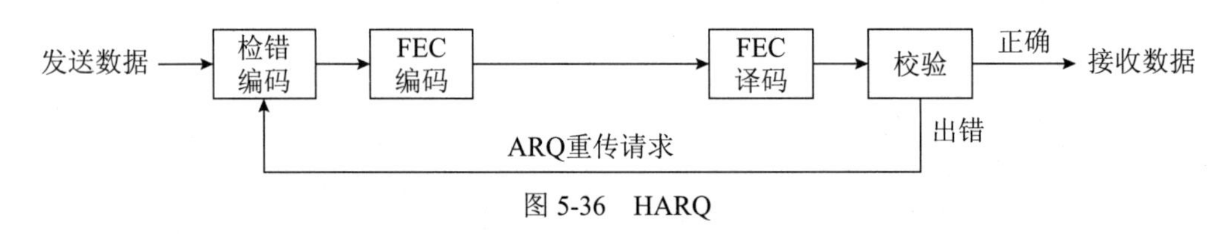

图 5-36 HARQ

三、HARQ+ARQ

很明显，HARQ 的性能是优于 ARQ 的，但如果单纯使用 HARQ 重传，会导致解调门限大大提高。这是因为：重传次数一般都要受到最大重传次数的限制，要满足最恶劣信道条件下在达到最大重传次数之前能将数据传输正确，对解调门限提出了很高的要求。为了降低对解调门限的要求，移动通信系统中一般将二者结合起来使用，如图 5-37 所示。

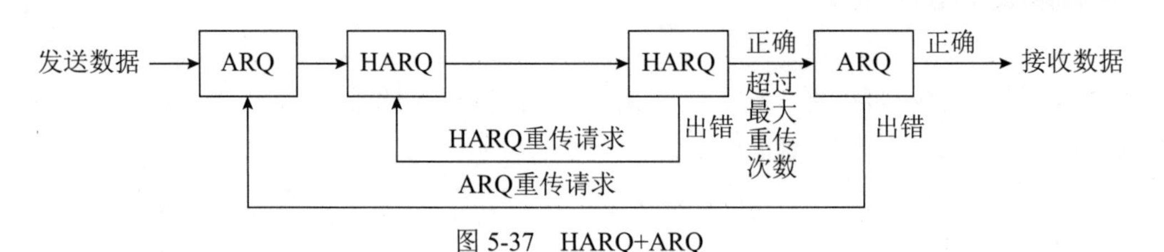

图 5-37 HARQ+ARQ

利用 HARQ 重传将误码控制在一定水平，残留一部分误码给 ARQ 进行重传，这样系统性能可以达到最优。

第6章 基带信号的发送和接收

基带信号的发送和接收在通信系统模型中的位置如图 6-1 所示。

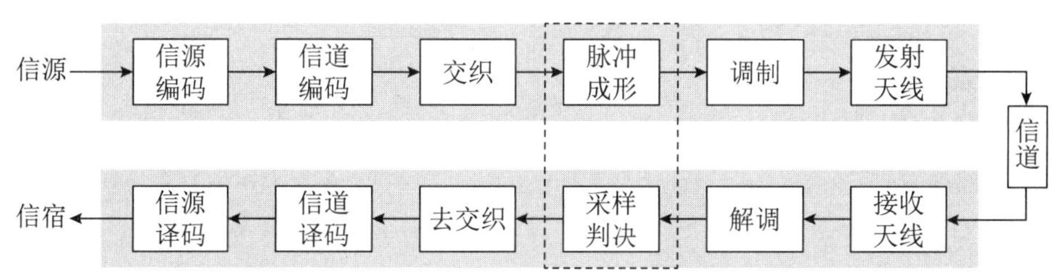

图 6-1　基带信号的发送和接收在通信系统模型中的位置

数字信号要想在信道中传输，必须在发射机的基带部分进行脉冲成形，将数字信号转换成脉冲信号；脉冲信号到达接收机后，在基带部分进行采样判决，将数字信号恢复出来。

6.1　脉冲成形

一、矩形脉冲

最容易想到的脉冲波形就是矩形脉冲。以数字信号 00010110 为例，0 映射为正脉冲，1 映射为负脉冲。发射机中脉冲成形如图 6-2 所示。接收机中采样判决如图 6-3 所示。采样时刻的信号电平为正，判决结果为 0；信号电平为负，判决结果为 1。

上面的分析有一个前提，那就是：矩形脉冲信号可以无失真地由发送端通过信道传输到接收端。实际上要做到无失真传输是不可能的，因为矩形脉冲信号的频谱带宽是无限的，如图 6-4 所示，而信道带宽总是有限的。

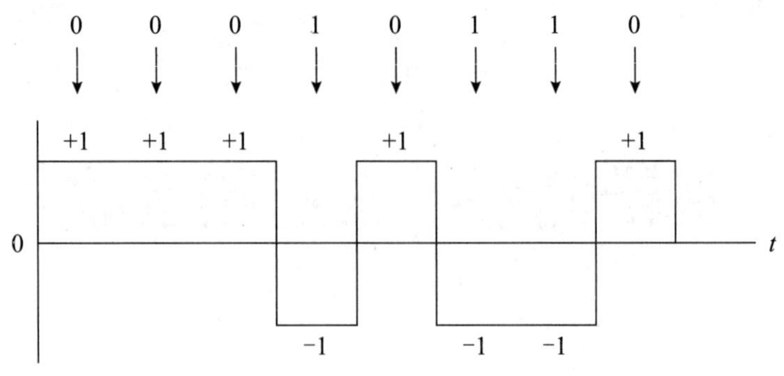

图 6-2　脉冲成形（矩形脉冲）

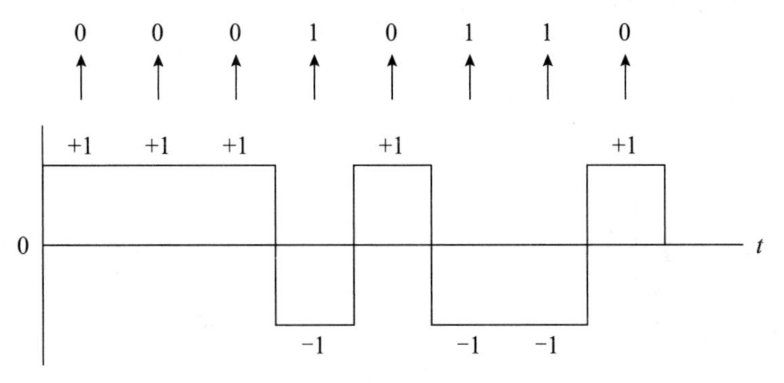

图 6-3　采样判决（矩形脉冲）

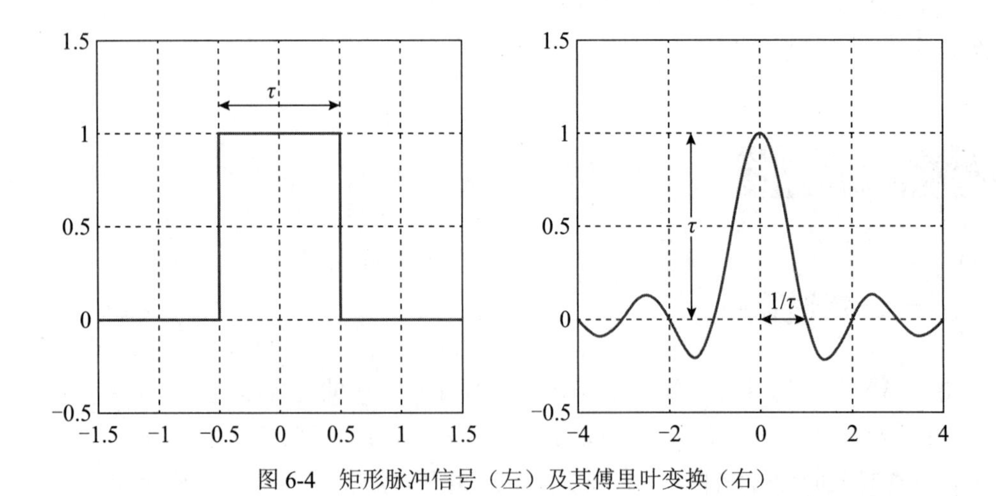

图 6-4　矩形脉冲信号（左）及其傅里叶变换（右）

带宽无限的信号通过带宽有限的信道进行传输时会发生失真，严重时可能导致采样判决出错，无法正确恢复出数字信号，如图 6-5 所示，0 被误判为 1。

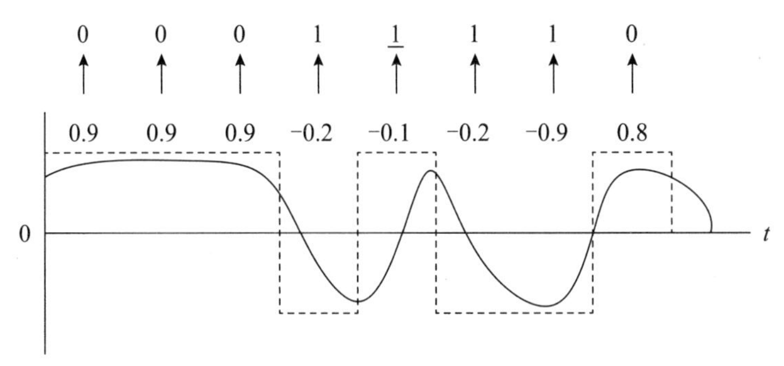

图 6-5　信号失真导致采样判决出错

显然脉冲成形使用矩形脉冲信号是不合适的，那使用什么样的脉冲信号更合适呢？答案是：sinc 脉冲信号。

二、sinc脉冲

使用 sinc 脉冲信号可以做到一举两得：

- sinc 信号的频谱带宽是有限的，如图 6-6 所示，经过带宽有限的信道进行传输时不会出现失真。

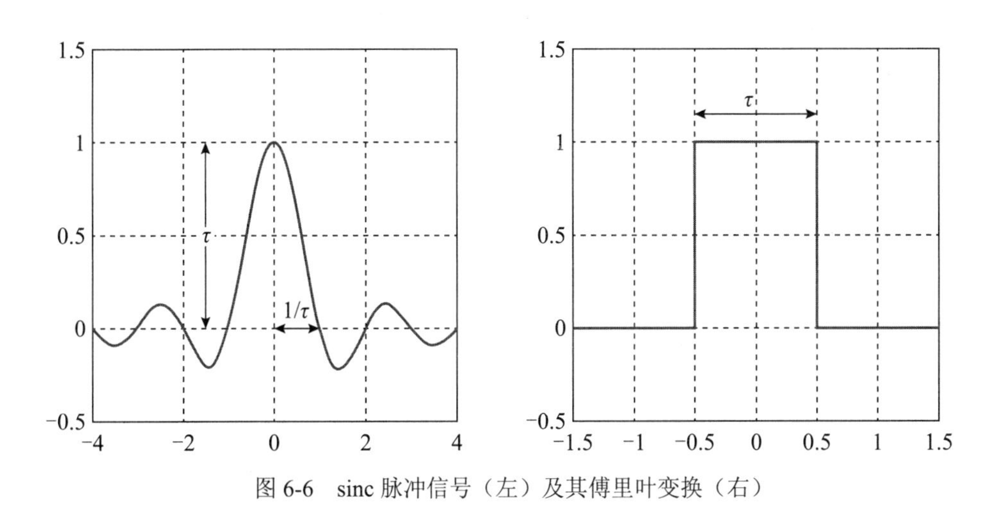

图 6-6　sinc 脉冲信号（左）及其傅里叶变换（右）

- 一个码元达到最大幅值时其他所有码元幅值刚好为零，码元之间不会相互影响，实现了无码间串扰。

还是以数字信号 00010110 为例，0 映射为正脉冲，1 映射为负脉冲。

发射机中脉冲成形如图 6-7 所示。

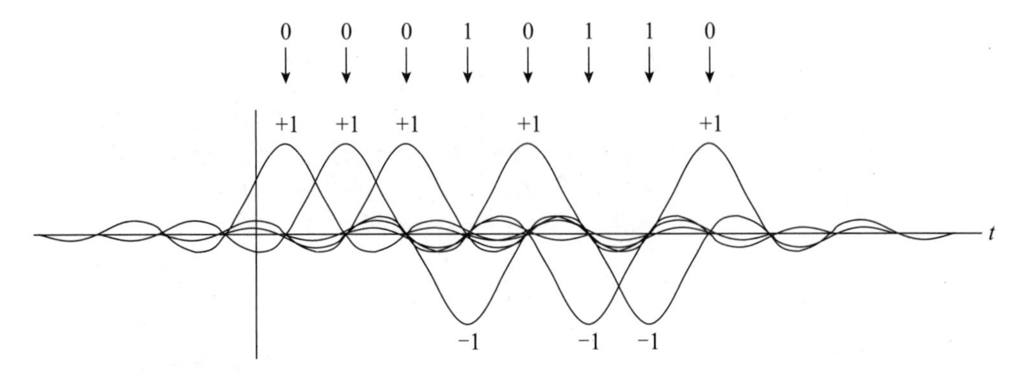

图 6-7　脉冲成形（sinc 脉冲）

接收机中采样判决如图 6-8 所示。

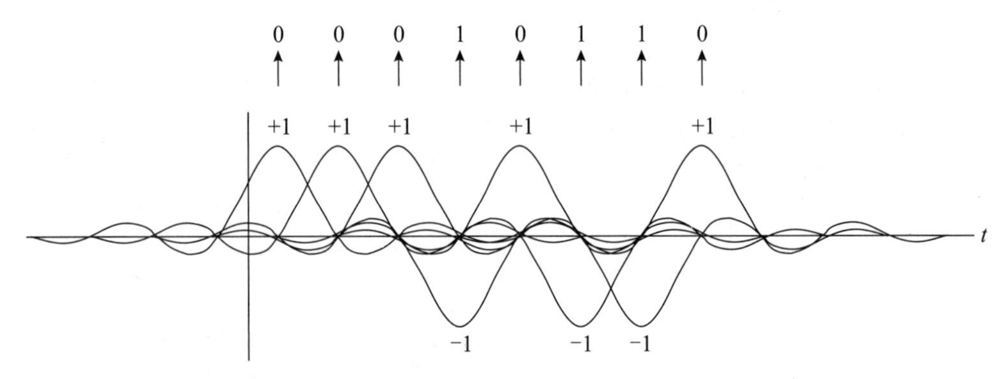

图 6-8　采样判决（sinc 脉冲）

6.2　基带滤波器

一般使用基带滤波器来实现脉冲成形。

一、理想低通滤波器

以脉冲波形采用 sinc 波形为例。

只要将单位冲激信号输入理想低通滤波器，即可得到 sinc 脉冲信号，如图 6-9 所示。

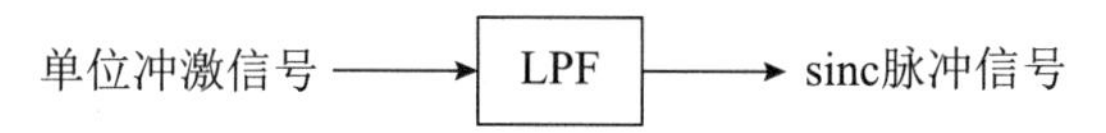

图 6-9　利用理想低通滤波器生成 sinc 脉冲信号

如果理想低通滤波器带宽为 B，则输出的 sinc 脉冲信号如图 6-10 所示。只要 sinc 脉冲信号发送间隔取 1/(2B)，也就是码元传输速率 R_B=2B，就可以实现无码间串扰。

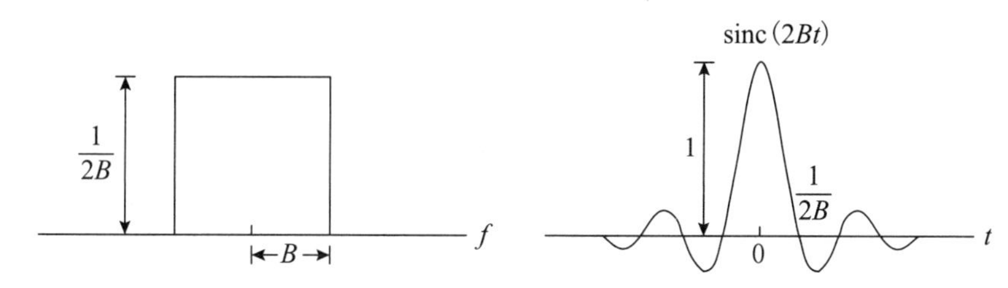

图 6-10　理想低通滤波器的频率响应（左）及其单位冲激响应（右）

二、升余弦滚降滤波器

采用理想低通滤波器对单位冲激信号进行滤波得到的 sinc 脉冲信号，拖尾振荡幅度比较大、衰减速度比较慢，当定时出现偏差时，码间串扰会比较大。考虑到实际的系统总是存在一定的定时误差，所以脉冲成形一般不采用理想低通滤波器，而是采用升余弦滚降滤波器，这种滤波器拖尾振幅小、衰减快，对于减小码间串扰和降低对定时的要求都有利。

升余弦滚降滤波器的频率响应为：

$$H(f)=\begin{cases}\dfrac{1}{2B},0\leqslant|f|<(1-\alpha)B\\ \dfrac{1}{4B}\left\{1+\cos\dfrac{\pi}{2B\alpha}\left[|f|-B(1-\alpha)\right]\right\},(1-\alpha)B\leqslant|f|<(1+\alpha)B\\ 0,|f|\geqslant(1+\alpha)B\end{cases}$$

其中，$B=R_B/2$。

升余弦滚降滤波器的频率响应曲线如图 6-11 所示。

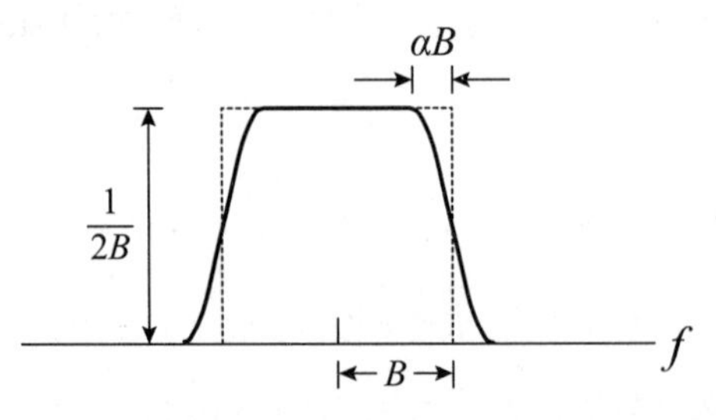

图 6-11　升余弦滚降滤波器

升余弦滚降滤波器的单位冲激响应：

$$h(t)=\mathscr{F}^{-1}\left[H(f)\right]=\operatorname{sinc}\left(2Bt\right)\frac{\cos\left(2\pi\alpha Bt\right)}{1-\left(4\alpha Bt\right)^{2}}$$

其中 α 是升余弦滚降滤波器的一个很重要的参数，叫滚降系数。

当 α=0 时，升余弦滚降滤波器的频率响应和单位冲激响应如图 6-12 所示。很明显，这种情况下升余弦滚降滤波器就是一个带宽为 B 的理想低通滤波器。

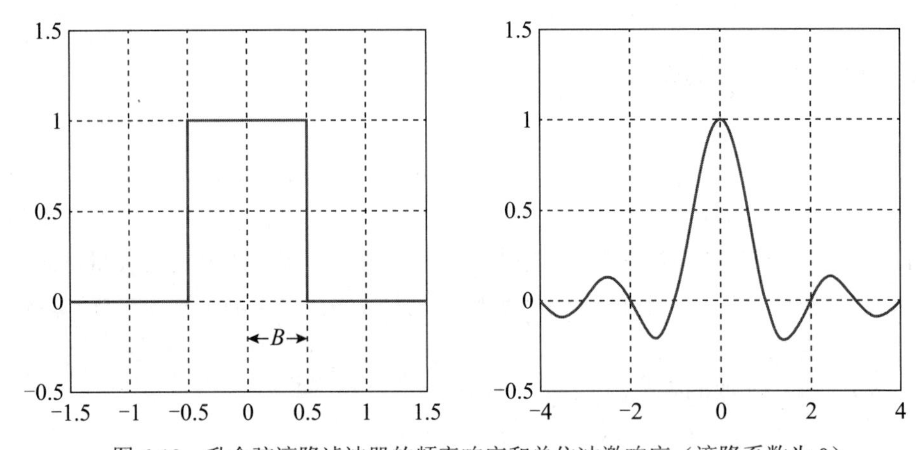

图 6-12　升余弦滚降滤波器的频率响应和单位冲激响应（滚降系数为 0）

当 α=0.5 时，升余弦滚降滤波器的频率响应和单位冲激响应如图 6-13 所示，滤波器的带宽为：$(1+\alpha)B=1.5B$。

当 α=1 时，升余弦滚降滤波器的频率响应和单位冲激响应如图 6-14 所示，滤波器的带宽为：$(1+\alpha)B=2B$。

下面以滚降系数 α=1 的升余弦滚降滤波器为例，看一下滤波器的输入和输出信号波形。

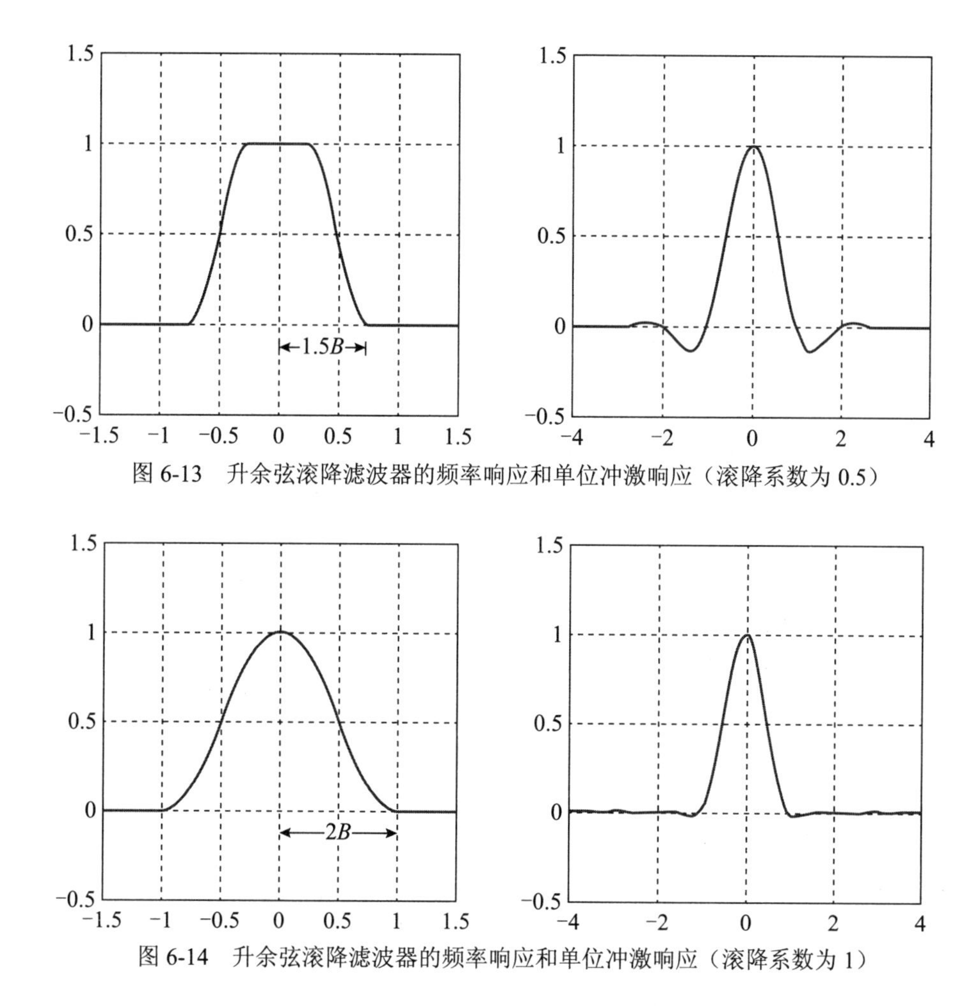

图 6-13 升余弦滚降滤波器的频率响应和单位冲激响应（滚降系数为 0.5）

图 6-14 升余弦滚降滤波器的频率响应和单位冲激响应（滚降系数为 1）

假定发送序列为：｛1，1，1，−1，1，−1，−1，1｝。发送序列、输入升余弦滚降滤波器的冲激信号、每个冲激对应的冲激响应、升余弦滚降滤波器的输出信号（所有冲激响应之和）如图 6-15 所示。

采用升余弦滚降滤波器进行脉冲成形时，要想实现无码间串扰，也就是一个脉冲信号的幅度达到最大时其他脉冲信号的幅度刚好为零，脉冲信号之间的时间间隔必须为$\frac{1}{2B}$，如图 6-16 所示。这也就意味着码元速率：$R_B=2B$。

升余弦滚降滤波器输出信号的频谱带宽与滚降系数有关，如图 6-17 所示。

当 $\alpha=0$ 时，频谱带宽为：$(1+\alpha)B=B$。

当 $\alpha=0.5$ 时，频谱带宽为：$(1+\alpha)B=1.5B$。

当 $\alpha=1$ 时，频谱带宽为：$(1+\alpha)B=2B$。

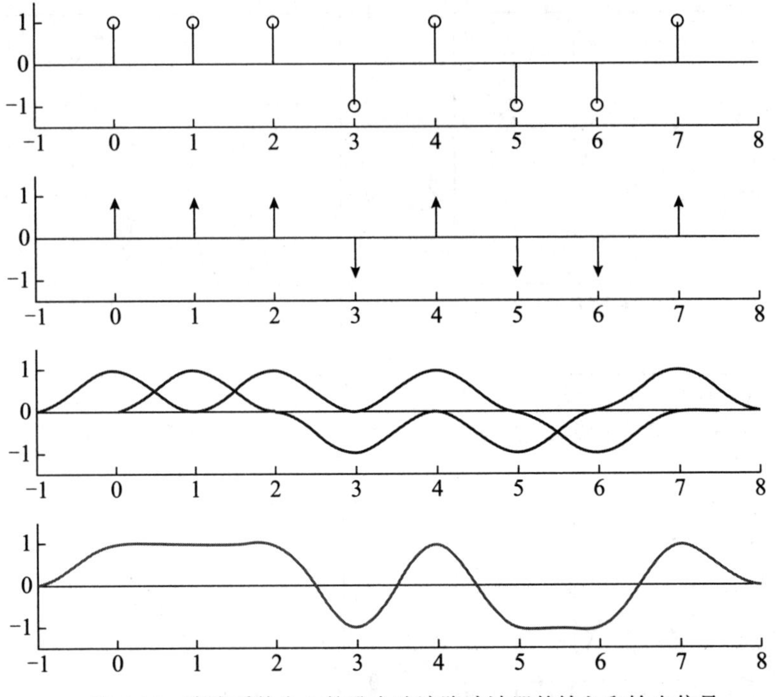

图 6-15　滚降系数为 1 的升余弦滚降滤波器的输入和输出信号

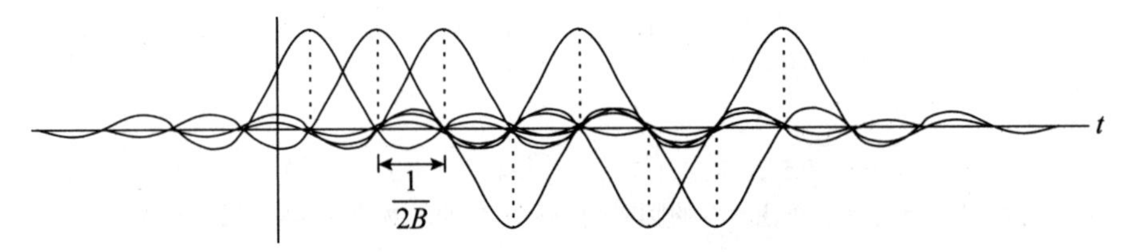

图 6-16　脉冲信号之间的时间间隔

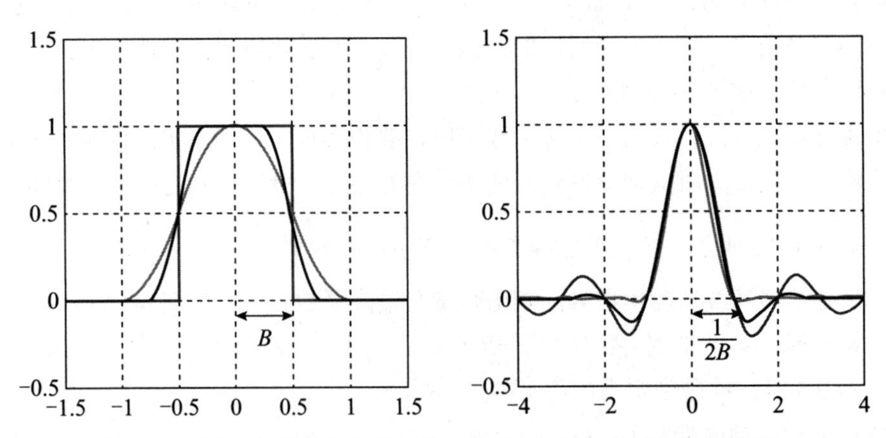

图 6-17　升余弦滚降滤波器的频率响应（左）和单位冲激响应（右）

很明显，在给定码元传输速率 R 的情况下，基带信号频谱带宽为 $(1+\alpha)R/2$，当 $\alpha=0$ 时基带信号频谱带宽取到最小值 $R/2$；反之，在给定基带信号频谱带宽 B 的情况下，码元传输速率为 $2B/(1+\alpha)$，当 $\alpha=0$ 时码元传输速率取到最大值 $2B$。

6.3 眼图

如何评估一个实际系统的码间串扰情况呢？这就要用到眼图了。

一、什么是眼图

用示波器的余辉方式累积叠加显示串行基带信号的波形时，显示的图形看起来很像眼睛，因此称为眼图，如图 6-18 所示。

从“眼图”上可以观察出码间串扰和噪声的影响，从而估计系统优劣程度。

眼图的“眼睛”张开的大小反映着码间串扰的强弱：“眼睛”张得越大，且眼图越端正，表示码间串扰越小；反之表示码间串扰越大。

当存在噪声时，噪声将叠加在信号上，观察到的眼图的线迹会变得模糊不清。若同时存在码间串扰，“眼睛”将张开得更小。与无码间串扰时的眼图相比，原来清晰端正的细线迹，变成了比较模糊的带状线，而且不端正。噪声越大，线迹越宽，越模糊；码间串扰越大，眼图越不端正，如图 6-19 所示。

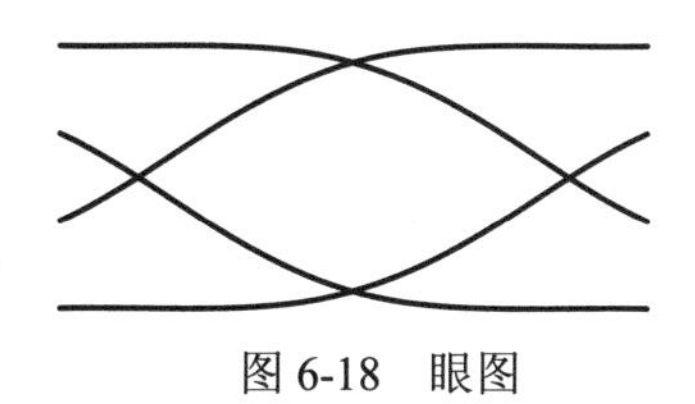

图 6-18　眼图

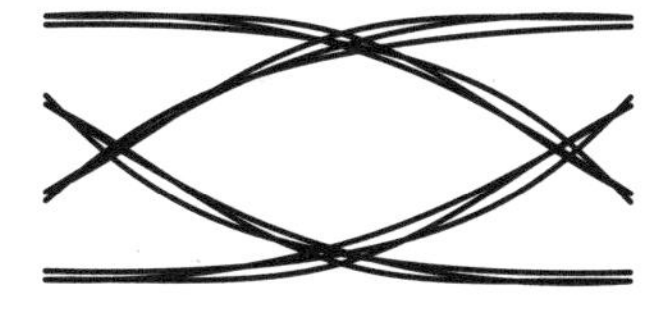

图 6-19　噪声和干扰对眼图的影响

二、眼图的生成原理

为什么串行的基带信号波形以余辉方式显示在示波器上会产生形如眼睛的眼图呢？

下面来看一下眼图的形成原理。

由图 6-15 很容易看出：当前码元的波形主要与前后两个码元有关。连续 3 个码元（前一码元、当前码元、后一码元）中，每个码元承载的比特都有两种可能取值：

0 或 1，这样共计有 8 种组合：000、001、010、101、011、111、110、100。

假定接收端接收到的基带信号波形承载的比特依次是：0001011100。这串二进制数据正好覆盖了上述 8 种组合，如图 6-20 所示。

0	0	0	1	0	1	1	1	0	0
0	0	0							
	0	0	1						
		0	1	0					
			1	0	1				
				0	1	1			
					1	1	1		
						1	1	0	
							1	0	0

图 6-20　三个码元的 8 种组合

下面看一下这串二进制数据脉冲成形后得到的基带波形在示波器中形成眼图的过程。

（1）输入 000，示波器上显示的波形轨迹如图 6-21 所示。

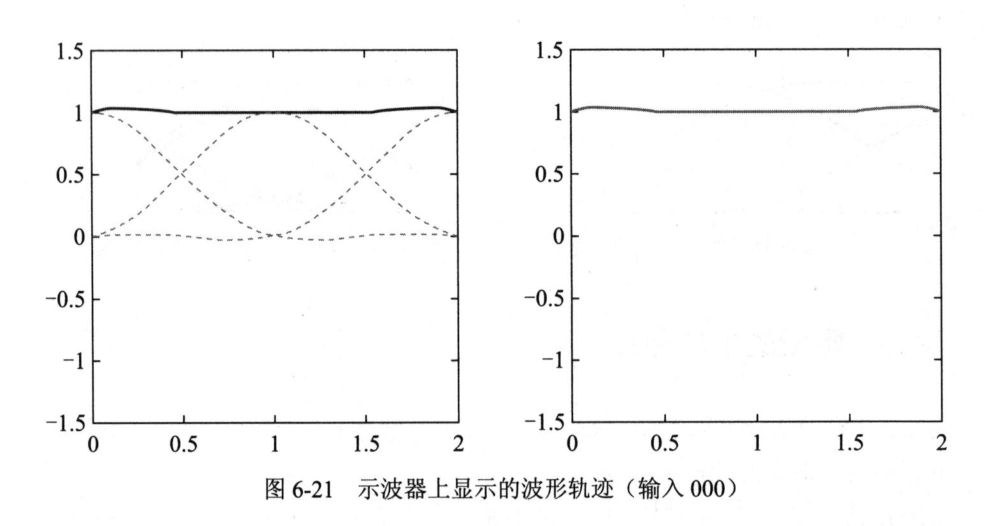

图 6-21　示波器上显示的波形轨迹（输入 000）

（2）输入 001，示波器上显示的波形轨迹如图 6-22 所示。

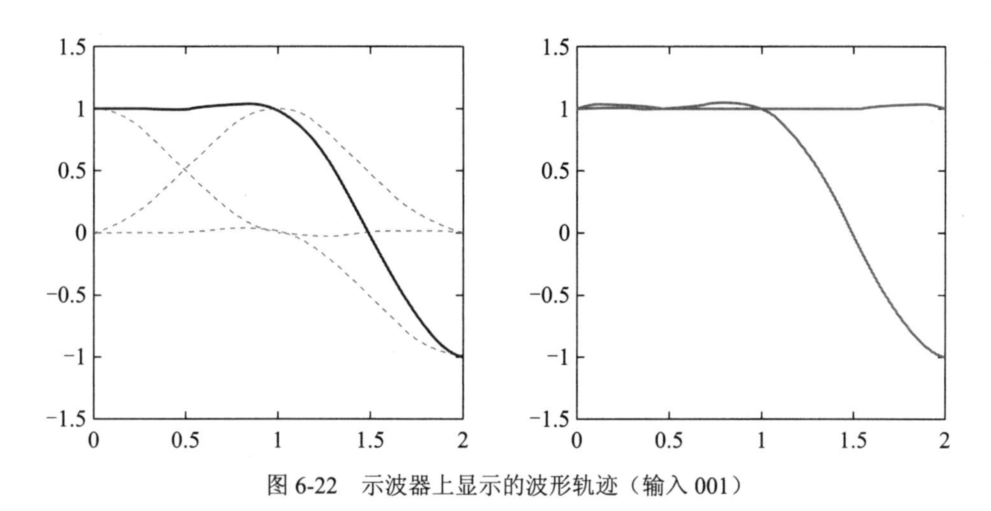

图 6-22　示波器上显示的波形轨迹（输入 001）

（3）输入 010，示波器上显示的波形轨迹如图 6-23 所示。

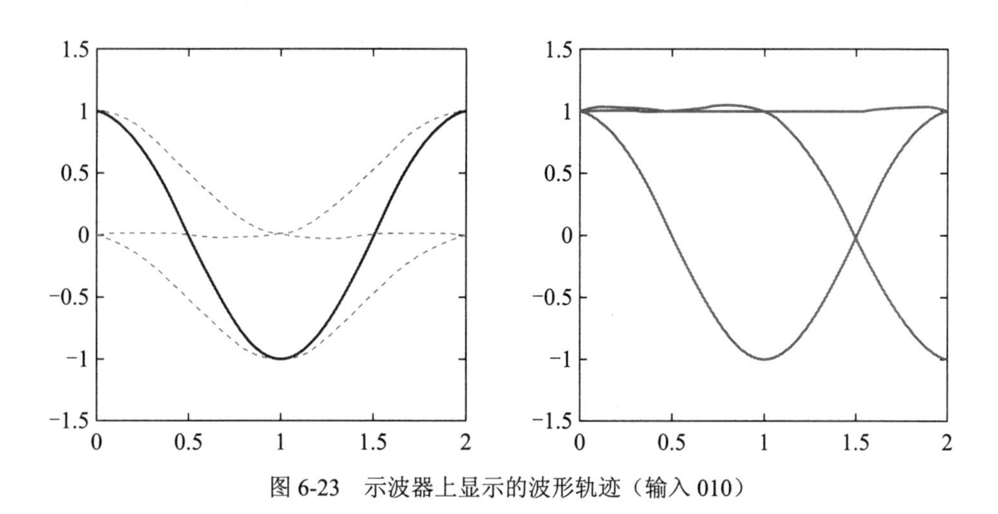

图 6-23　示波器上显示的波形轨迹（输入 010）

（4）输入 101，示波器上显示的波形轨迹如图 6-24 所示。

（5）输入 011，示波器上显示的波形轨迹如图 6-25 所示。

（6）输入 111，示波器上显示的波形轨迹如图 6-26 所示。

（7）输入 110，示波器上显示的波形轨迹如图 6-27 所示。

（8）输入 100，示波器上显示的波形轨迹如图 6-28 所示。

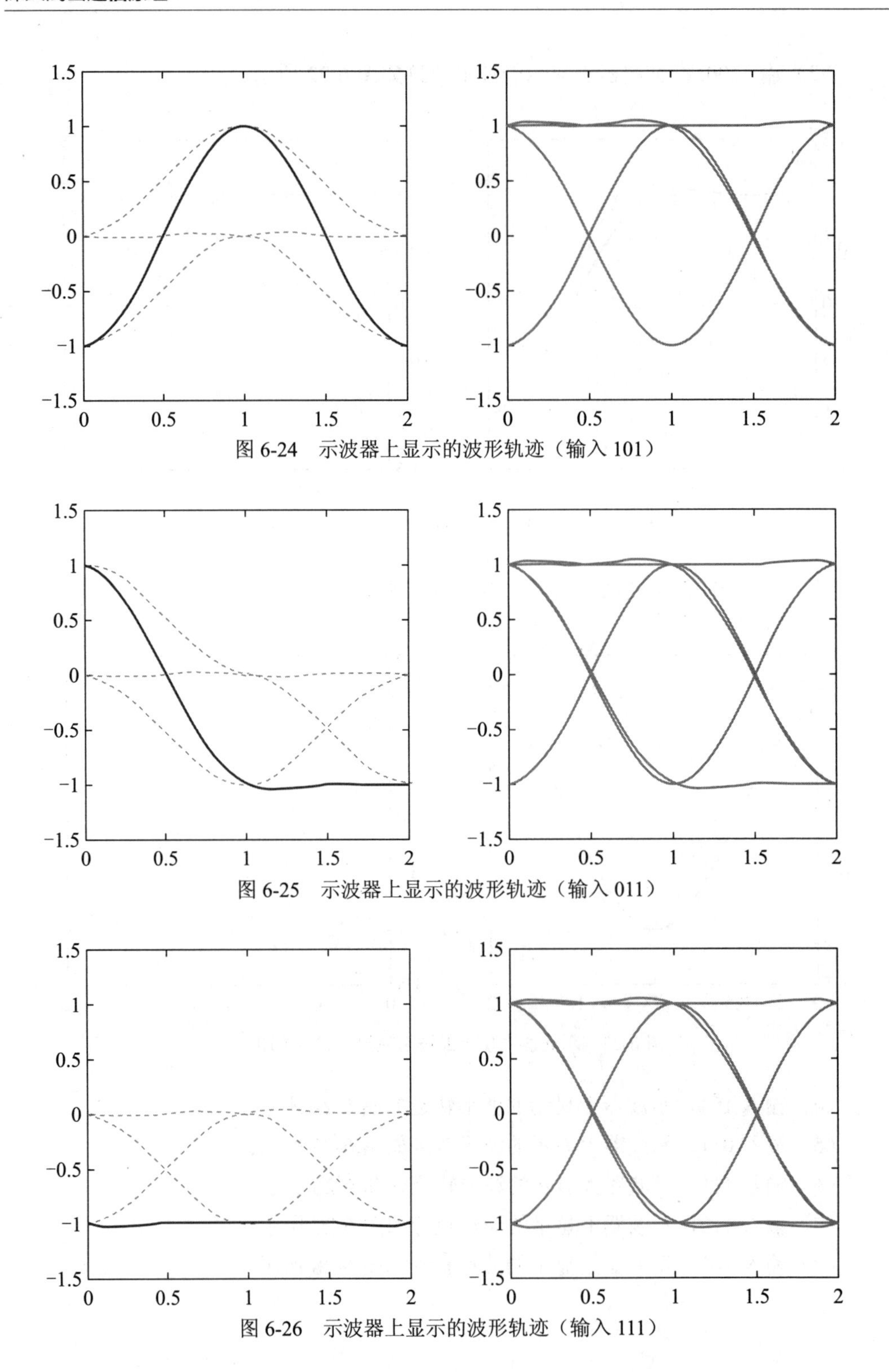

图 6-24　示波器上显示的波形轨迹（输入 101）

图 6-25　示波器上显示的波形轨迹（输入 011）

图 6-26　示波器上显示的波形轨迹（输入 111）

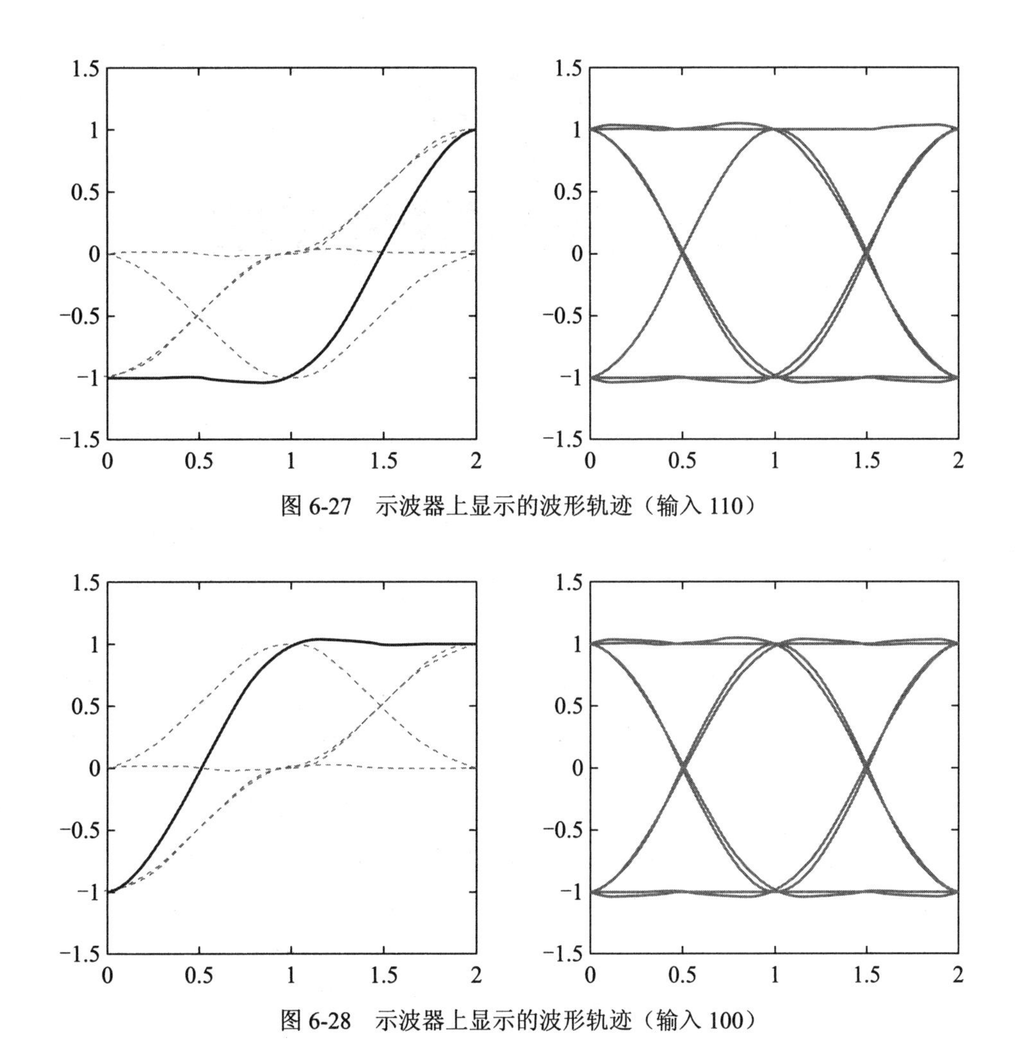

图 6-27　示波器上显示的波形轨迹（输入 110）

图 6-28　示波器上显示的波形轨迹（输入 100）

至此示波器上显示出了完整的眼图。

第7章 频带信号的发送和接收

频带信号的发送和接收在通信系统模型中的位置如图 7-1 所示。

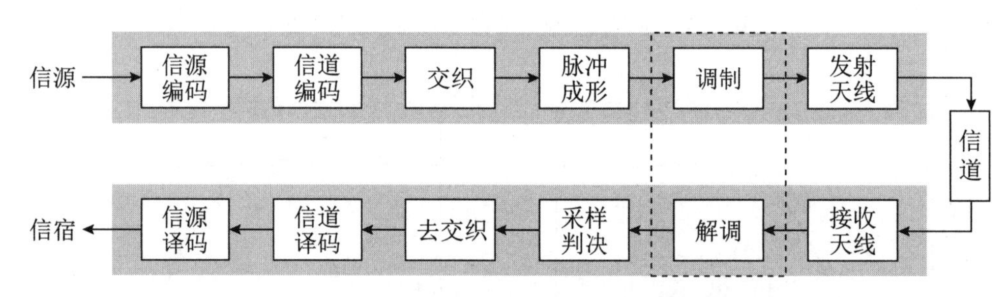

图 7-1　频带信号的发送和接收在通信系统模型中的位置

基带信号通过调制转换成频带信号。调制的基本思路就是发送端产生高频载波信号，让高频载波的幅度、频率或相位随着调制信号变化，接收端收到后，从中将调制信号恢复出来。

根据要调制的信号是模拟信号还是数字信号，调制分为：模拟调制和数字调制。

7.1　模拟调制

模拟调制是指要调制的信号是模拟信号。模拟调制一般分为三种：幅度调制、频率调制和相位调制。

幅度调制：用模拟信号去控制高频载波的幅度，又被称为调幅。

频率调制：用模拟信号去控制高频载波的频率，又被称为调频。

相位调制：用模拟信号去控制高频载波的相位，又被称为调相。

在移动通信系统中用的比较多的是调幅，因此重点讲解调幅。

一、标准幅度调制

幅度调制的基本思路是：用低频电信号去控制高频无线电信号的幅度，也就是在发送端让高频无线电信号的幅度随着低频电信号变化，到了接收端将高频无线电信号的幅度变化信息提取出来就可以恢复低频电信号。

幅度调制也分多种，标准幅度调制在无线电广播中用得比较多，先从标准幅度调制讲起。

以图 7-2 所示低频电信号调制到高频载波上为例，来看一下什么是标准幅度调制。

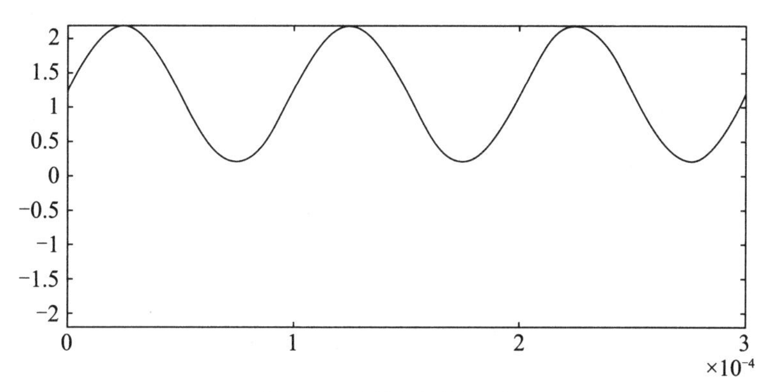

图 7-2　低频电信号波形

假定高频载波为 100kHz 的余弦信号，如图 7-3 所示。

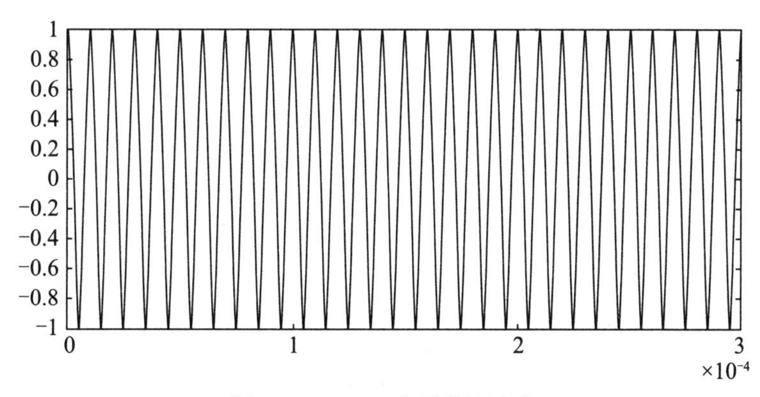

图 7-3　100kHz 高频载波波形

注：一般高频载波的频率都比这个高很多，这里为了看清楚相关波形，特意选取了 100kHz 的频率。

高频载波的幅度随低频电信号来变化，已调高频电信号的波形如图 7-4 所示。

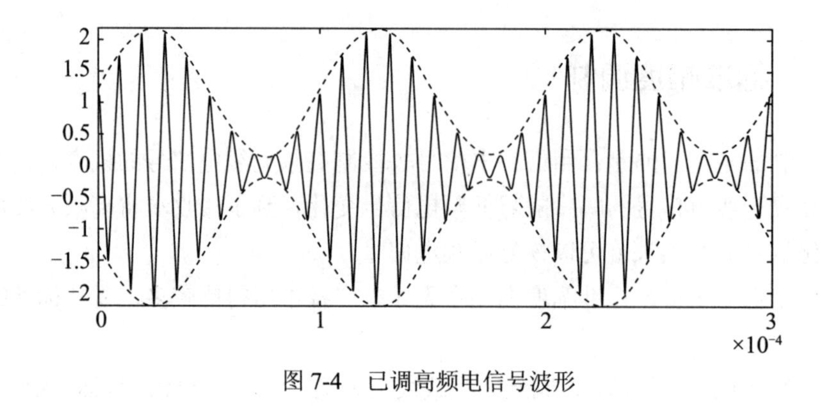

图 7-4　已调高频电信号波形

如何才能得到这样的高频已调信号呢？直接将低频电信号与高频载波信号相乘即可。

但是有一个前提条件，那就是：低频电信号的幅值必须恒大于零，否则高频载波信号的幅度不会完全按照低频电信号来变化。

下面看一个低频电信号不符合上述条件的例子。还是以 10kHz 单音信号为例，注意这个信号的幅度变化范围为 −1 ～ +1，如图 7-5 所示。

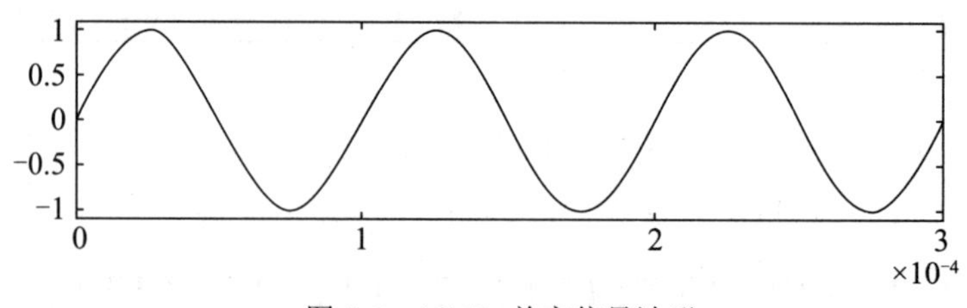

图 7-5　10kHz 单音信号波形

这个单音信号直接与高频载波相乘，得到已调高频信号波形如图 7-6 所示。

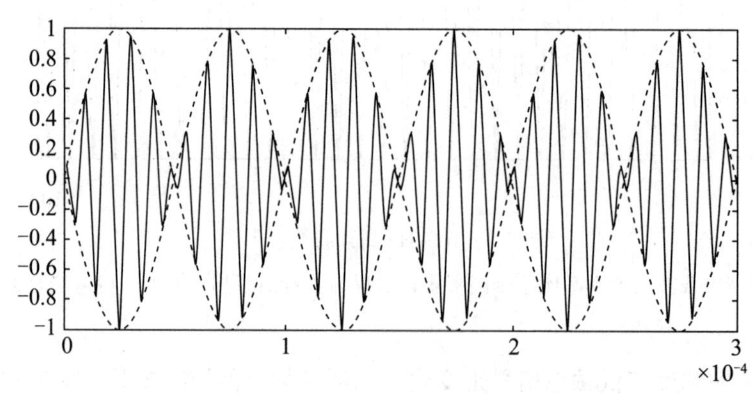

图 7-6　基带信号与高频载波直接相乘得到的信号波形

很显然，这并不是我们期望看到的波形。有没有什么办法可以解决这个问题呢？

答案是：有。方法很简单：将低频电信号 $f(t)$ 的电平抬高 A_0，使得 $f(t)+A_0$ 恒大于零，再与高频载波相乘，这样就可以得到我们所期望的已调信号波形。这就是标准幅度调制。

1. 调制原理

标准幅度调制的原理框图如图 7-7 所示。

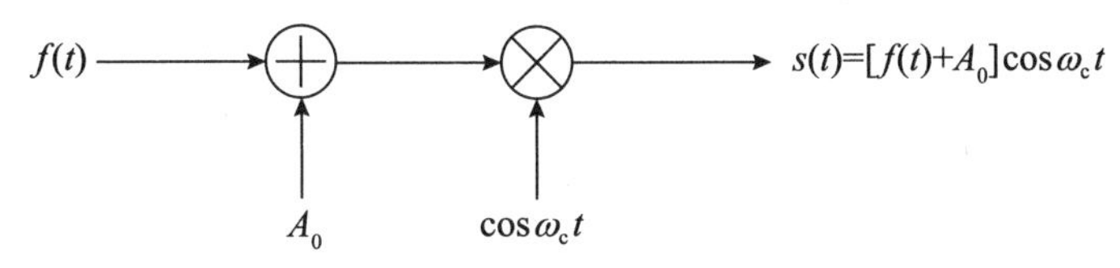

图 7-7　标准幅度调制原理框图

调制信号：$f(t)$；

载波信号：$\cos\omega_c t$；

已调信号：$s(t)=[f(t)+A_0]\cos\omega_c t$，其中：$A_0 > |f(t)|$。

2. 解调原理

调制的方法已经有了，如何解调呢？利用二极管的单向导通性和电容的高频旁路和隔直特性就可以实现解调，如图 7-8 所示。

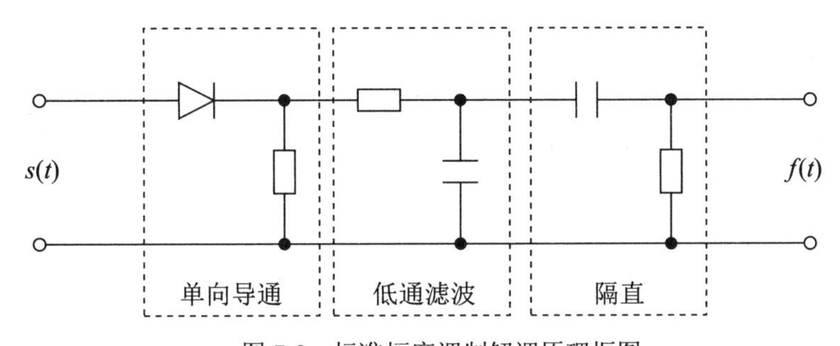

图 7-8　标准幅度调制解调原理框图

第一步：利用二极管的单向导通性对信号进行处理，得到的信号波形如图 7-9 所示。

第二步：利用电容的高频旁路特性进行低通滤波，得到的基带信号波形如图 7-10 所示。

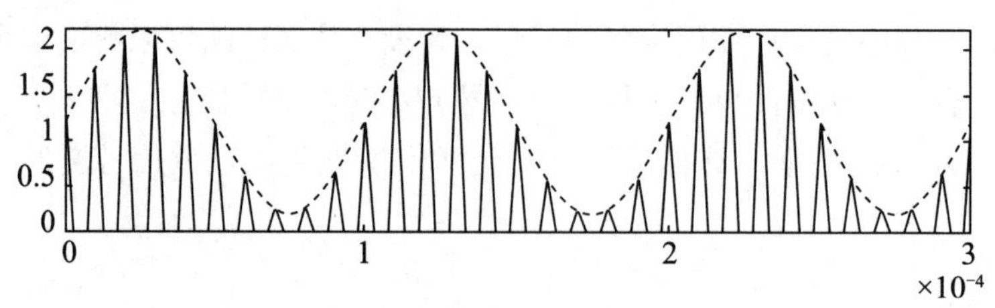

图 7-9　单向导通处理后得到的信号波形

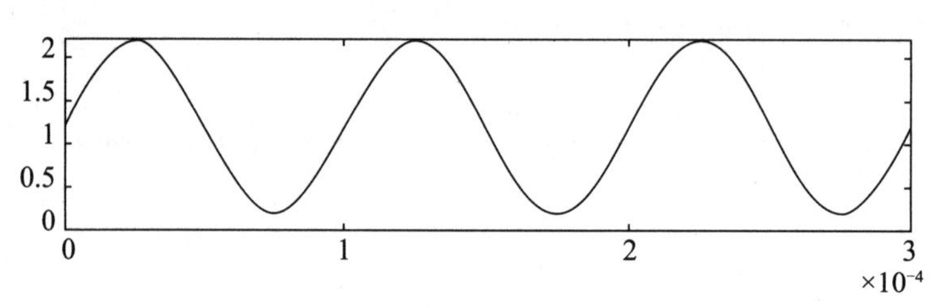

图 7-10　低通滤波后得到的信号波形

第三步：利用电容的隔直特性将基带信号搬回零电平附近，如图 7-11 所示。

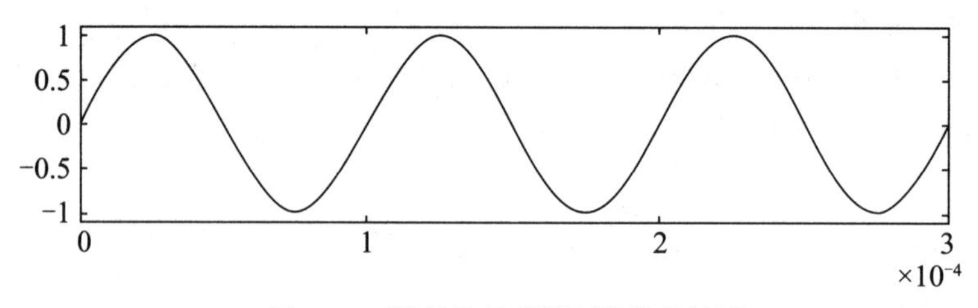

图 7-11　隔直处理后得到的信号波形

3. 频谱分析

标准调幅信号：$s(t)=[f(t)+A_0]\cos\omega_c t$

假定调制信号 $f(t)$ 的频谱如图 7-12 所示。

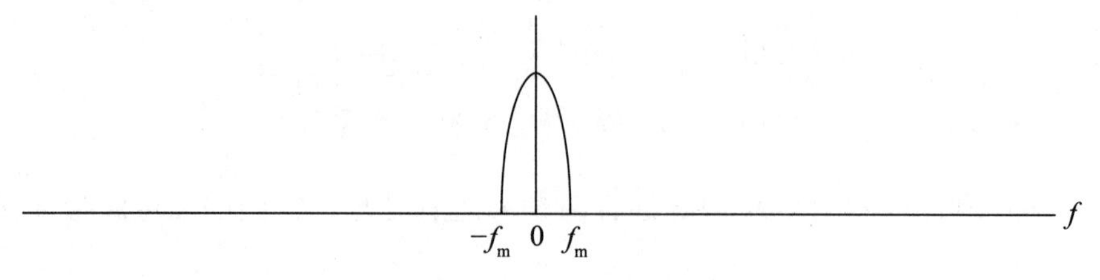

图 7-12　基带信号的频谱

余弦信号的频谱如图 7-13 所示。

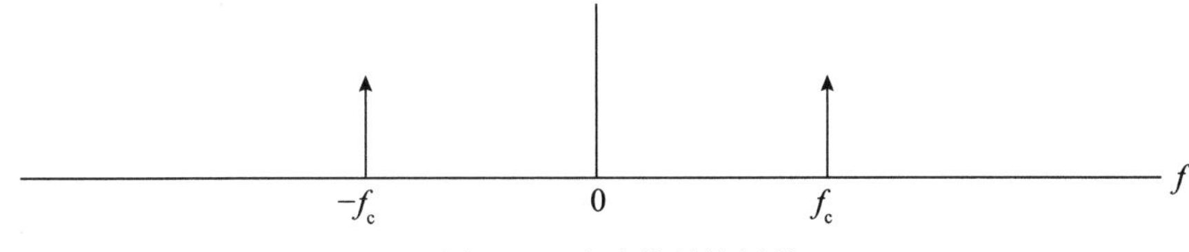

图 7-13　余弦信号的频谱

已调信号的频谱如图 7-14 所示。

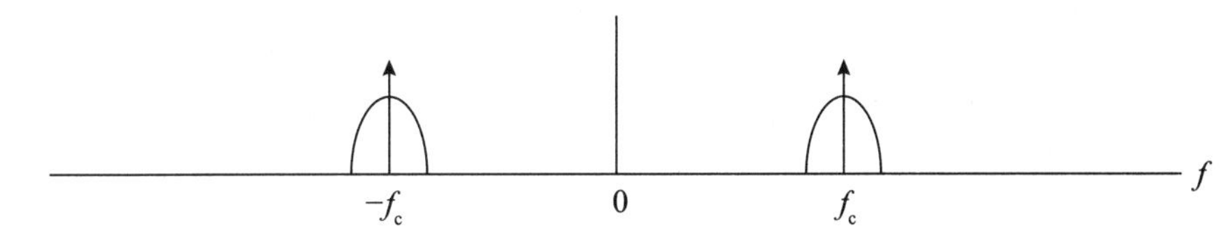

图 7-14　标准幅度调制信号的频谱

4. 调制效率

标准幅度调制和解调的实现都很简单，但是其调制效率很低。

$$s(t)=\left[f(t)+A_0\right]\cos\omega_c t=f(t)\cos\omega_c t+A_0\cos\omega_c t$$

由这个表达式可以看出：只有前面部分 $f(t)\cos\omega_c t$ 承载了有用信息 $f(t)$，后面部分 $A_0\cos\omega_c t$ 并没承载有用信息。

由于 $A_0 > |f(t)|$，标准幅度调制的效率低于 50%。

$$\eta=\frac{\overline{f^2(t)}}{\overline{f^2(t)}+A_0^2}<50\%$$

标准幅度调制由于接收机方案非常简单、成本低，因此被广泛应用于无线电广播中。但因其调制效率太低，在双向无线电通信中很少采用。

既然标准幅度调制因为发射了没有携带信息的空载波而导致调制效率低，那很容易想到：能不能不发送这个空载波呢？但如果不发送这个空载波，接收端能将信号解调出来吗？这就引出了双边带调制。

二、双边带调制

1. 调制原理

双边带调制的原理框图如图 7-15 所示。

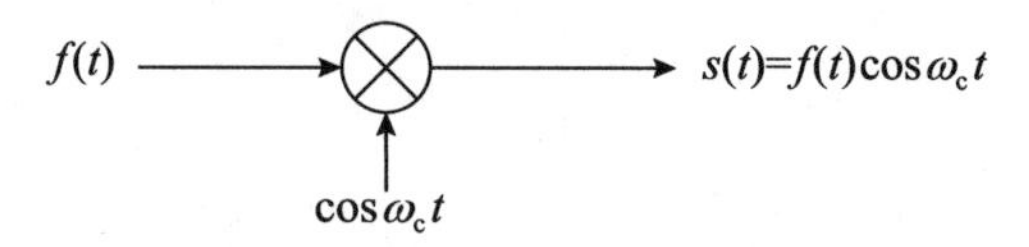

图 7-15　双边带调制原理框图

调制信号：$f(t)$；

载波信号：$\cos\omega_c t$；

已调信号：$f(t)\cos\omega_c t$。

下面还以 10kHz 的单音信号为例，看看双边带调制的相关信号波形。

将 10Hz 的正弦信号调制到 100Hz 高频载波上。调制的输入信号、载波信号、输出已调信号的波形如图 7-16 所示。

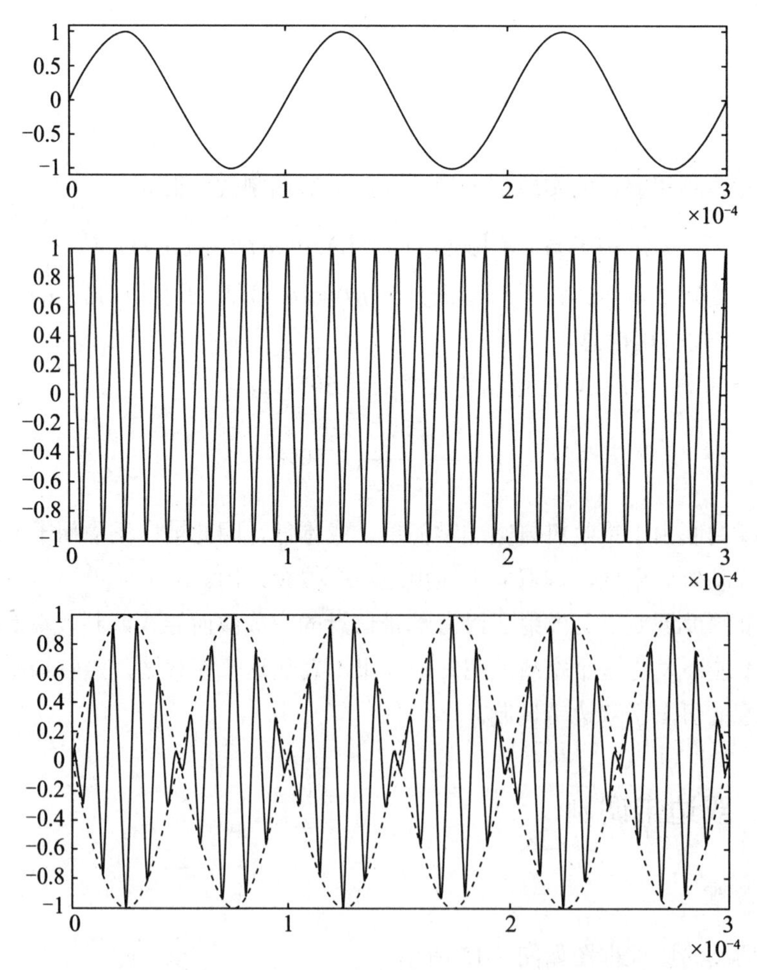

图 7-16　双边带调制的输入信号、载波信号和输出已调信号波形

2. 解调原理

接收端如何将调制信号解调出来呢？如果仍旧采用包络检波方法解调，信号会发生严重失真，如图 7-17 所示。

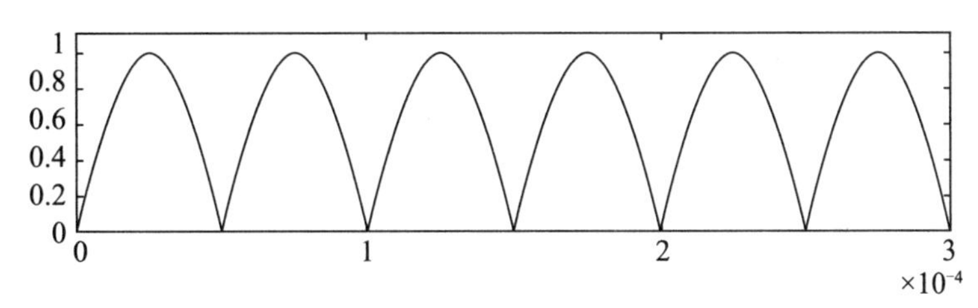

图 7-17　双边带调制信号用包络检波法得到的信号波形

很明显不能再用包络检波方法进行解调，那用什么方法进行解调呢？

答案是：相干解调。

相干解调的具体方法是：在接收端提取同步信息，产生一个与高频载波信号同频同相的本地载波，与接收信号相乘，再通过低通滤波，即可恢复出调制信号。

相干解调原理框图如图 7-18 所示。

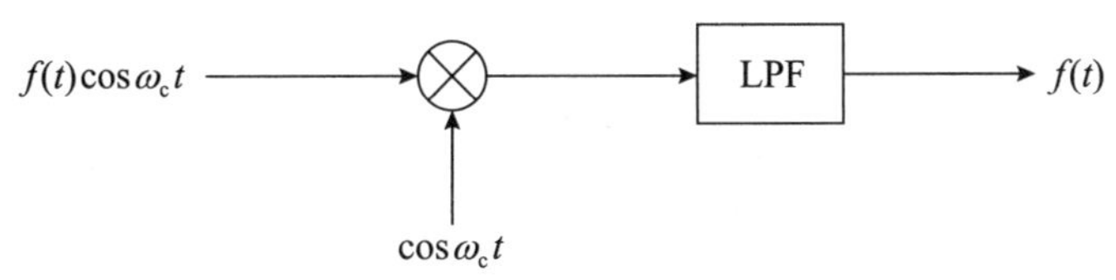

图 7-18　双边带调制相干解调原理框图

解调原理如下：

$$f(t)\cos\omega_c t\cos\omega_c t = f(t)\cos^2\omega_c t = \frac{1}{2}f(t) + \frac{1}{2}f(t)\cos 2\omega_c t$$

因为 $\cos 2\omega_c t$ 的频率远远高于 $f(t)$，所以可以利用低通滤波器 LPF 将 $f(t)$ 恢复出来。

3. 频谱分析

为了加深对双边带调制和解调的理解，对其做一下频谱分析。

假定 $f(t)$ 的频谱如图 7-19 所示。

余弦信号的频谱如图 7-20 所示。

双边带调制的已调信号频谱如图 7-21 所示。

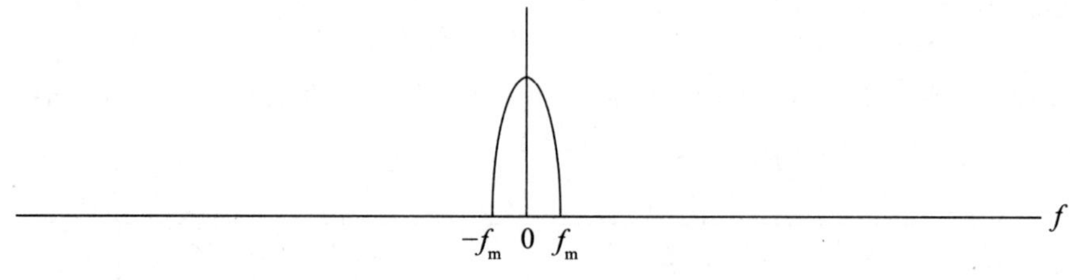

图 7-19　基带信号的频谱

图 7-20　余弦信号的频谱

图 7-21　双边带调制已调信号的频谱

接收信号与本地余弦载波相乘得到的信号频谱如图 7-22 所示。

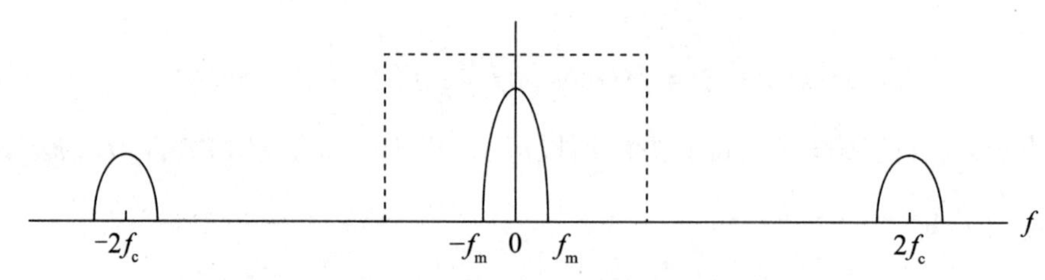

图 7-22　接收信号与本地余弦载波相乘所得的信号频谱

低通滤波后即可得到 $f(t)$ 的频谱，从中恢复出 $f(t)$。

一般将双边带调制信号频谱中 $|f|>f_c$ 部分称为上边带（Upper Side Band），$|f|<f_c$ 部分称为下边带（Lower Side Band），如图 7-23 所示。

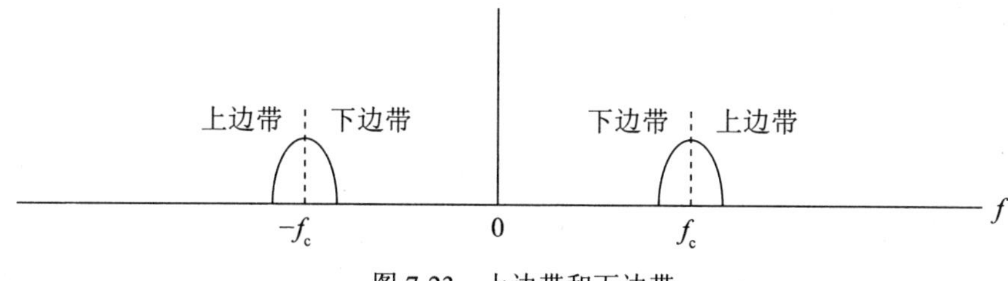

图 7-23　上边带和下边带

双边带调制信号频谱中上边带和下边带部分携带的信息是相同的。

为什么这么讲呢？

- 上边带的正频率部分是基带频谱的正频率部分向右搬移得到的，其负频率部分是基带频谱的负频率部分向左搬移得到的，如图 7-24 所示。

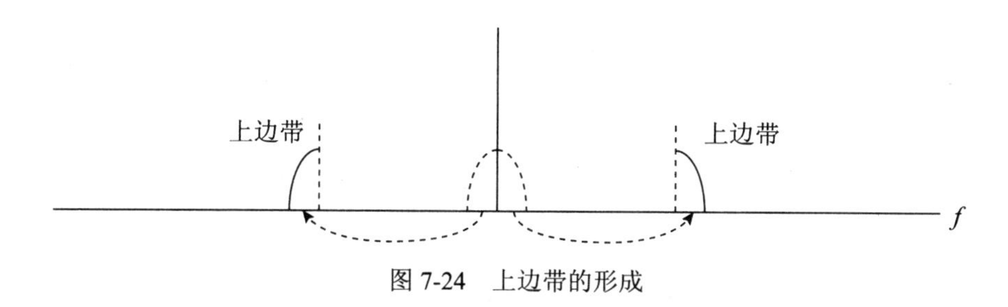

图 7-24　上边带的形成

- 下边带的正频率部分是基带频谱的负频率部分向右搬移得到的，其负频率部分是基带频谱的正频率部分向左搬移得到的，如图 7-25 所示。

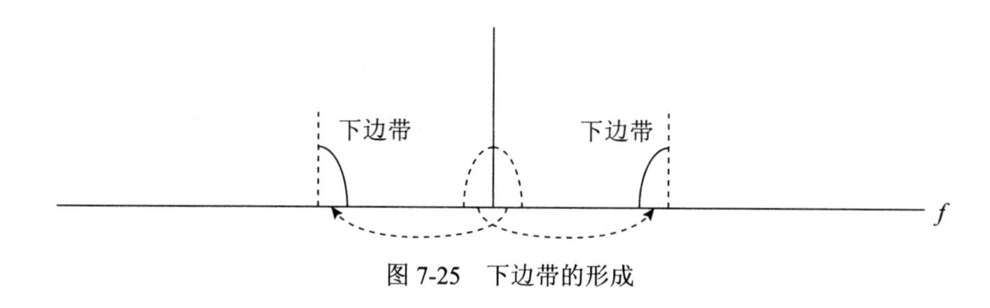

图 7-25　下边带的形成

很显然，上边带和下边带都来源于基带频谱，各自携带了基带信号的全部信息。

三、单边带调制

既然上边带和下边带携带了相同的信息，应该只发送其中一个边带就可以了，这样可以节省一半带宽，由此引出了单边带调制。

1. 调制原理

根据前面的描述，很容易画出单边带调制的原理框图，只要在双边带调制的基础上，用理想低通滤波器截取下边带或用理想高通滤波器截取上边带即可。

用理想低通滤波器截取下边带信号发射出去，这就是下边带调制，如图 7-26 所示。

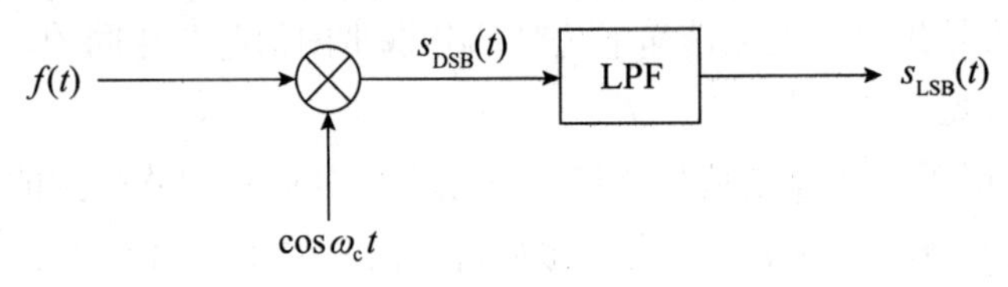

图 7-26　下边带调制

用理想高通滤波器截取上边带信号发射出去，这就是上边带调制，如图 7-27 所示。

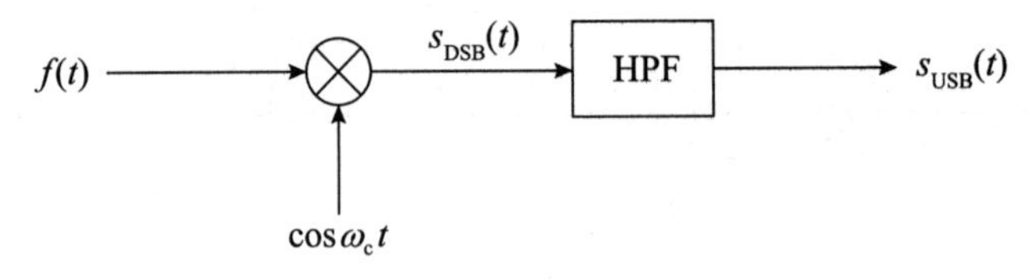

图 7-27　上边带调制

2. 解调原理

解调与双边带调制一样，也是采用相干解调：在接收端提取同步信息，产生一个与高频载波信号同频同相的本地载波，与接收信号相乘，再通过低通滤波，即可恢复出原来的信号，如图 7-28 所示。

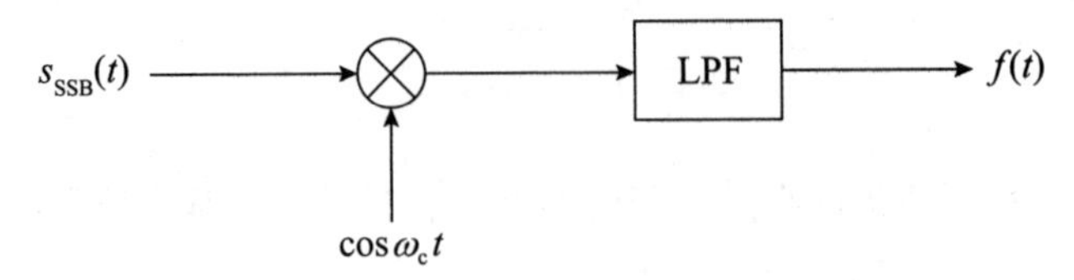

图 7-28　单边带调制相干解调原理框图

这样做能将调制信号解调出来吗？进行一下频谱分析就清楚了。

3. 频谱分析

双边带信号的频谱如图 7-29 所示。

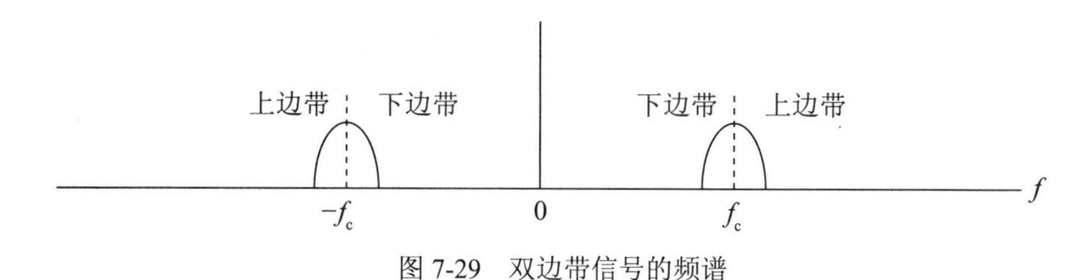

图 7-29　双边带信号的频谱

1）下边带调制的解调

低通滤波器的频率响应如图 7-30 所示。

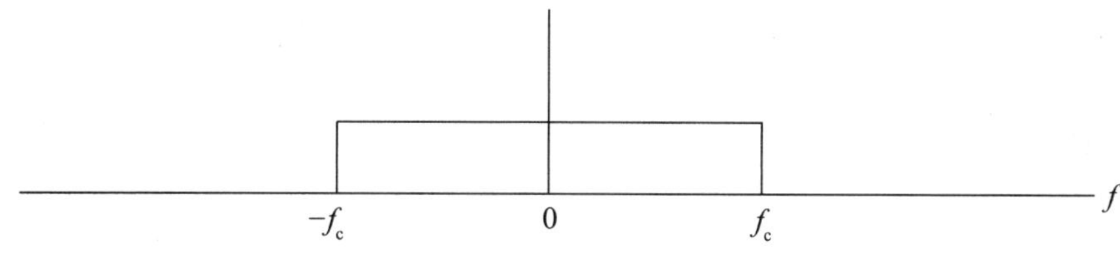

图 7-30　低通滤波器的频率响应

低通滤波器的频率响应与双边带信号频谱相乘即可得到下边带信号的频谱，如图 7-31 所示。

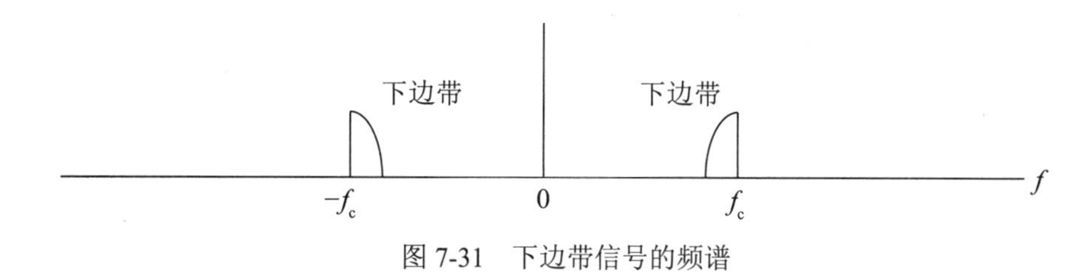

图 7-31　下边带信号的频谱

余弦信号的频谱如图 7-32 所示。

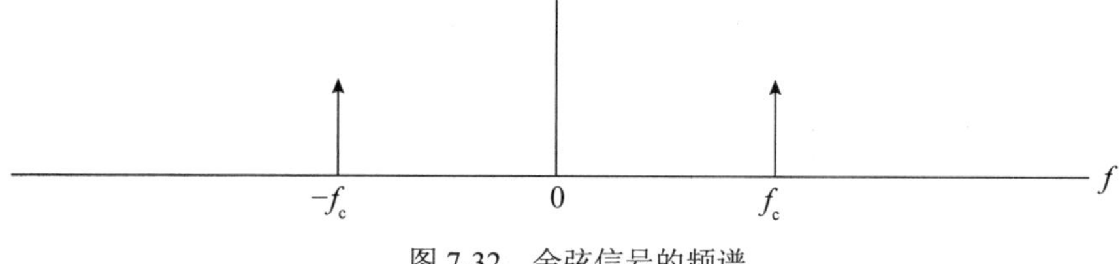

图 7-32　余弦信号的频谱

根据“时域相乘相当于频域卷积”，可得下边带信号与余弦信号相乘所得信号 $s_{LSB}\cos\omega_c t$ 的频谱，如图 7-33 所示。

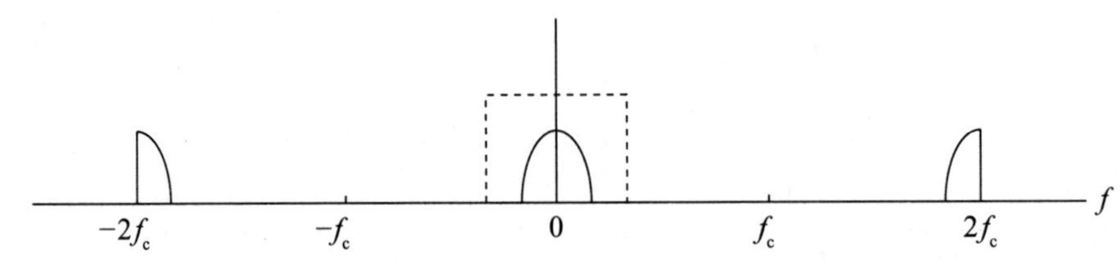

图 7-33　下边带信号与余弦信号相乘所得信号的频谱

很明显，只要低通滤波即可得到调制信号的频谱，恢复出 $f(t)$。

2）上边带调制的解调

高通滤波器的频率响应如图 7-34 所示。

高通滤波器的频率响应与双边带信号频谱相乘即可得到上边带信号的频谱，如图 7-35 所示。

余弦信号的频谱如图 7-36 所示。

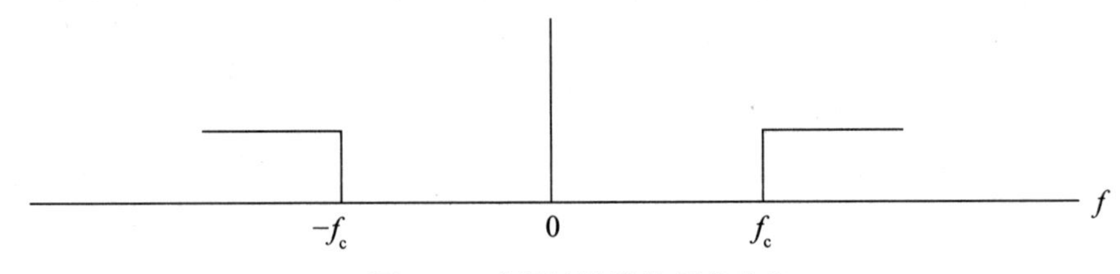

图 7-34　高通滤波器的频率响应

图 7-35　上边带信号的频谱

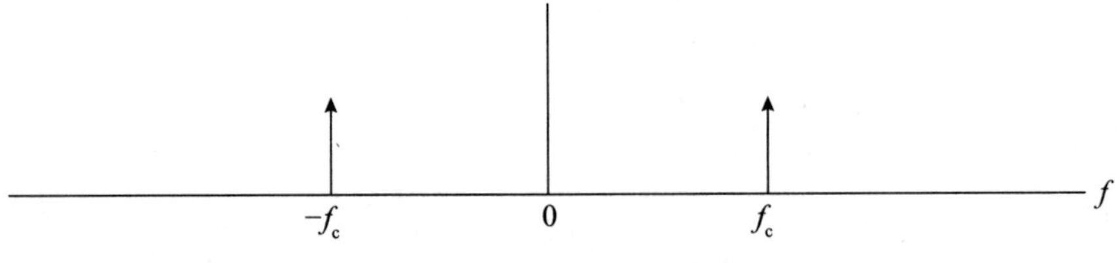

图 7-36　余弦信号的频谱

根据“时域相乘相当于频域卷积”，可得上边带信号与余弦信号相乘所得信号 $s_{USB}\cos\omega_c t$ 的频谱，如图 7-37 所示。

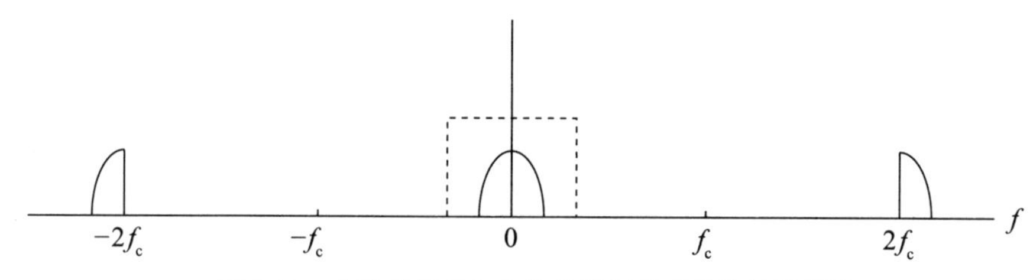

图 7-37　上边带信号与余弦信号相乘所得信号的频谱

很明显，只要低通滤波即可得到调制信号的频谱，恢复出 $f(t)$。

四、IQ调制

前面讲的双边带调制和单边带调制都是利用一路载波来传输一路信号。

如果采用两路载波，一路载波为 $\cos\omega_c t$，另外一路载波为 $-\sin\omega_c t$，则可以同时并行传输两路信号。这就是 IQ 调制，又叫正交调制。

1. 调制原理

IQ 调制原理如图 7-38 所示。

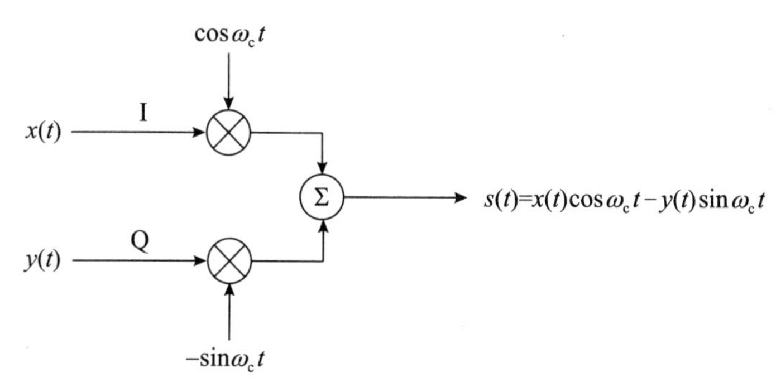

图 7-38　IQ 调制原理框图

调制信号：$x(t)$、$y(t)$

载波信号：$\cos\omega_c t$、$-\sin\omega_c t$

已调信号：$s(t)=x(t)\cos\omega_c t-y(t)\sin\omega_c t$

TIPS：IQ 调制为什么被称为正交调制

I 路输入信号为 $x(t)$，Q 路输入信号为 $y(t)$，则 IQ 调制过程可用旋转向量来表示，如图 7-39 所示。

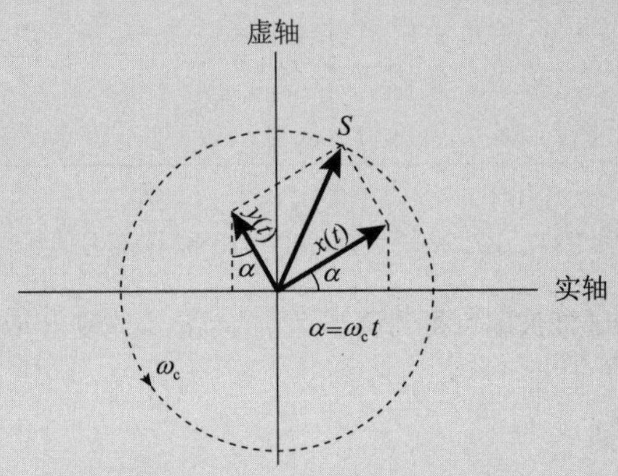

图 7-39　用旋转向量表示 IQ 调制

两个时刻保持垂直的向量长度分别为 $x(t)$ 和 $y(t)$，旋转角速度为 $\omega_c=2\pi f_c$，二者合成的向量为 S。

因为 $x(t)$ 和 $y(t)$ 都是随时间 t 变化的，所以向量 S 的长度在旋转过程中也是不断变化的，向量 S 在实轴上的投影就是 IQ 调制信号：$s(t)=x(t)\cos\omega_c t-y(t)\sin\omega_c t$。

因为长度分别为 $x(t)$ 和 $y(t)$ 的两个向量在旋转过程中一直保持垂直状态，所以 IQ 调制又被称为"正交调制"。

2. 解调原理

IQ 调制的解调方法与幅度调制类似，如图 7-40 所示。

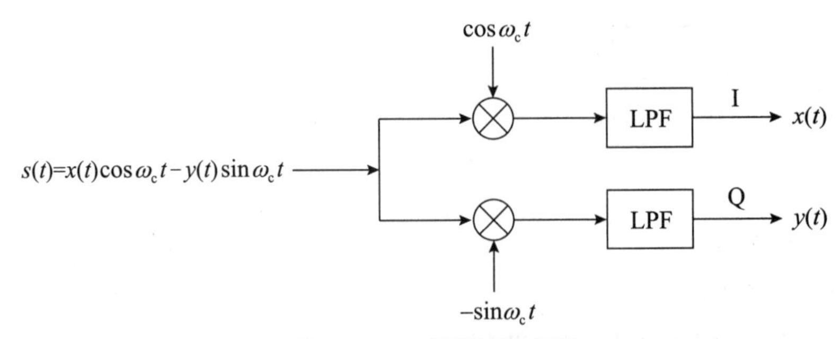

图 7-40　IQ 解调原理框图

解调原理如下：

$$
\begin{aligned}
s(t)\cos\omega_c t &= x(t)\cos^2\omega_c t - y(t)\sin\omega_c t\cos\omega_c t \\
&= \frac{1}{2}x(t) + \frac{1}{2}x(t)\cos 2\omega_c t - \frac{1}{2}y(t)\sin 2\omega_c t
\end{aligned}
$$

$$
\begin{aligned}
-s(t)\sin\omega_c t &= -x(t)\sin\omega_c t\cos\omega_c t + y(t)\sin^2\omega_c t \\
&= \frac{1}{2}y(t) - \frac{1}{2}x(t)\sin 2\omega_c t - \frac{1}{2}y(t)\cos 2\omega_c t
\end{aligned}
$$

很明显，通过低通滤波就可以将调制信号 $x(t)$、$y(t)$ 恢复出来。

3. 频谱分析

I 路输入信号 $x(t)$ 的频谱如图 7-41 所示。

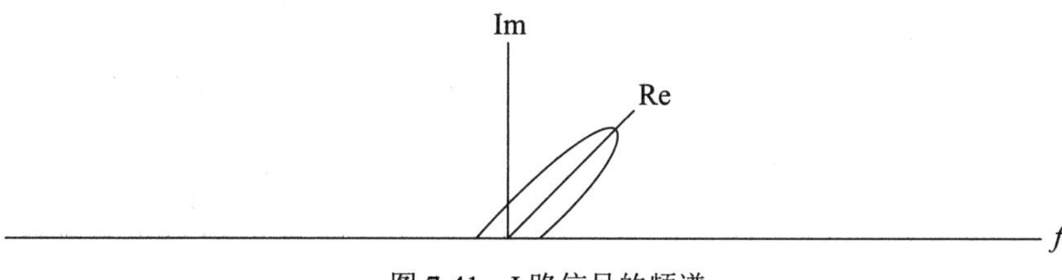

图 7-41　I 路信号的频谱

Q 路输入信号 $y(t)$ 的频谱如图 7-42 所示。

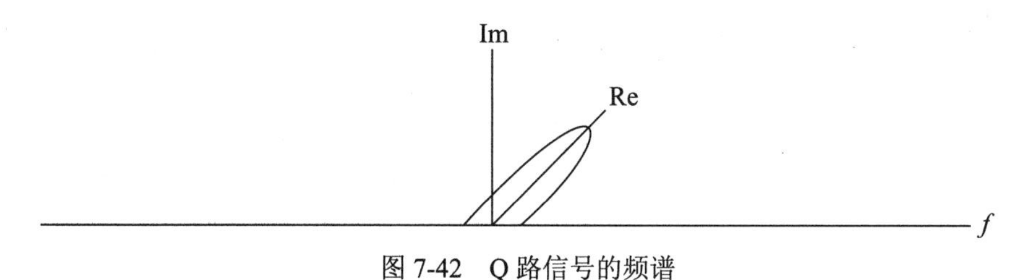

图 7-42　Q 路信号的频谱

$\cos\omega_c t$ 信号的频谱如图 7-43 所示。

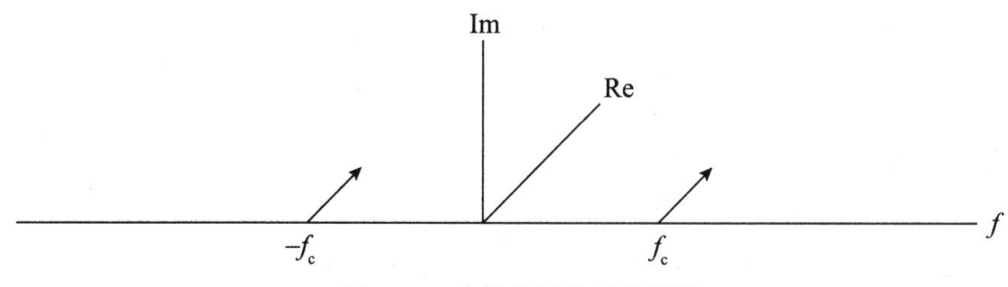

图 7-43　余弦载波信号的频谱

$-\sin\omega_c t$ 信号的频谱如图 7-44 所示。

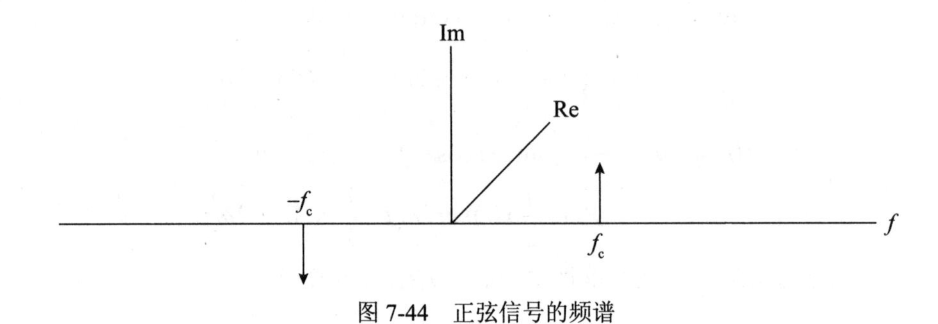

图 7-44　正弦信号的频谱

IQ 调制器输出信号 $s(t)$ 的频谱如图 7-45 所示。

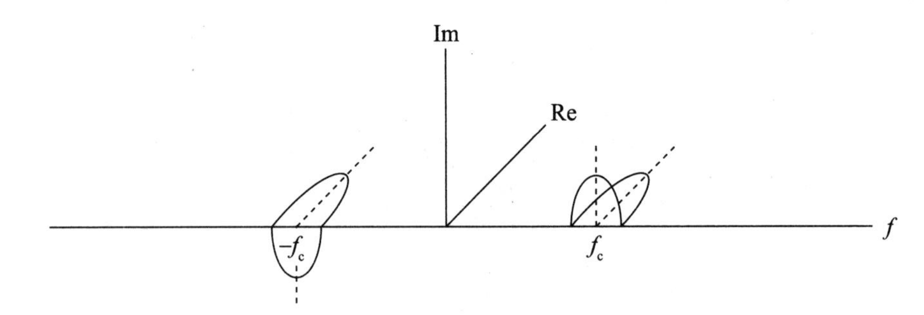

图 7-45　IQ 调制器输出信号的频谱

接收端 $s(t)\cos\omega_c t$ 的频谱如图 7-46 所示。

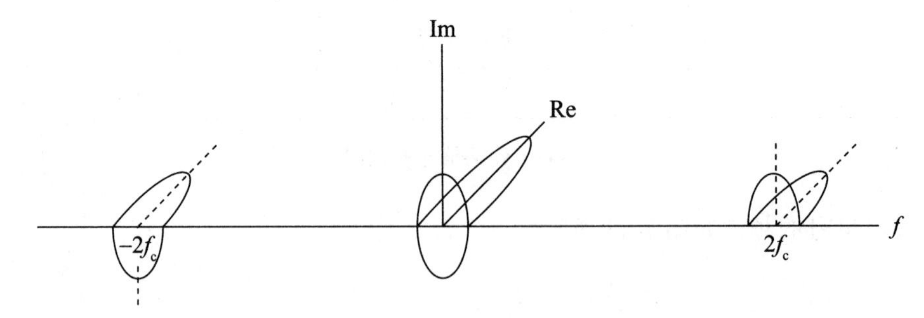

图 7-46　$s(t)$ 与余弦信号乘积的频谱

低通滤波之后即可得到 $x(t)$ 的频谱，从中恢复出 $x(t)$。

接收端 $-s(t)\sin\omega_c t$ 的频谱如图 7-47 所示。

低通滤波之后即可得到 $y(t)$ 的频谱，从中恢复出 $y(t)$。

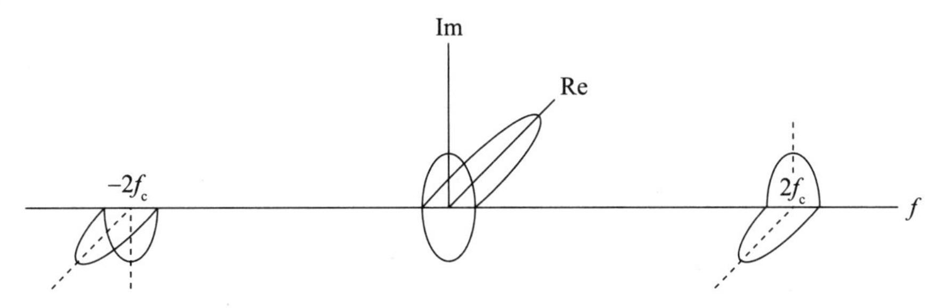

图 7-47　$s(t)$ 与正弦信号乘积的频谱

至此，发送端 IQ 调制器的输入信号 $x(t)$ 和 $y(t)$ 在接收端都被恢复出来。

7.2　数字调制

一、数字调制

前面讲的幅度调制和 IQ 调制都是模拟调制，用于传输模拟信号。如果要传输 0110001 这样的二进制数据怎么办？这就要用到数字调制了。

数字调制的思路与模拟调制类似，通过控制高频载波的幅度、频率或相位来实现数字信号的传输。PSK 调制和 QAM 调制是移动通信系统中最常见的两种数字调制。

二、PSK调制

PSK：相移键控，就是让高频载波的相位随着输入的数字信号变化。

1. BPSK

BPSK：二相相移键控，载波的相位有两种，分别代表 0 和 1，如图 7-48 所示。

2. QPSK

BPSK 利用载波的 2 个相位分别代表 0 和 1 进行数据传输，可不可以利用载波的 4 个相位来进行数据传输呢？答案是肯定的，这就是 QPSK，四相相移键控。载波的相位有 4 种，分别代表 00、01、11、10，如图 7-49 所示。

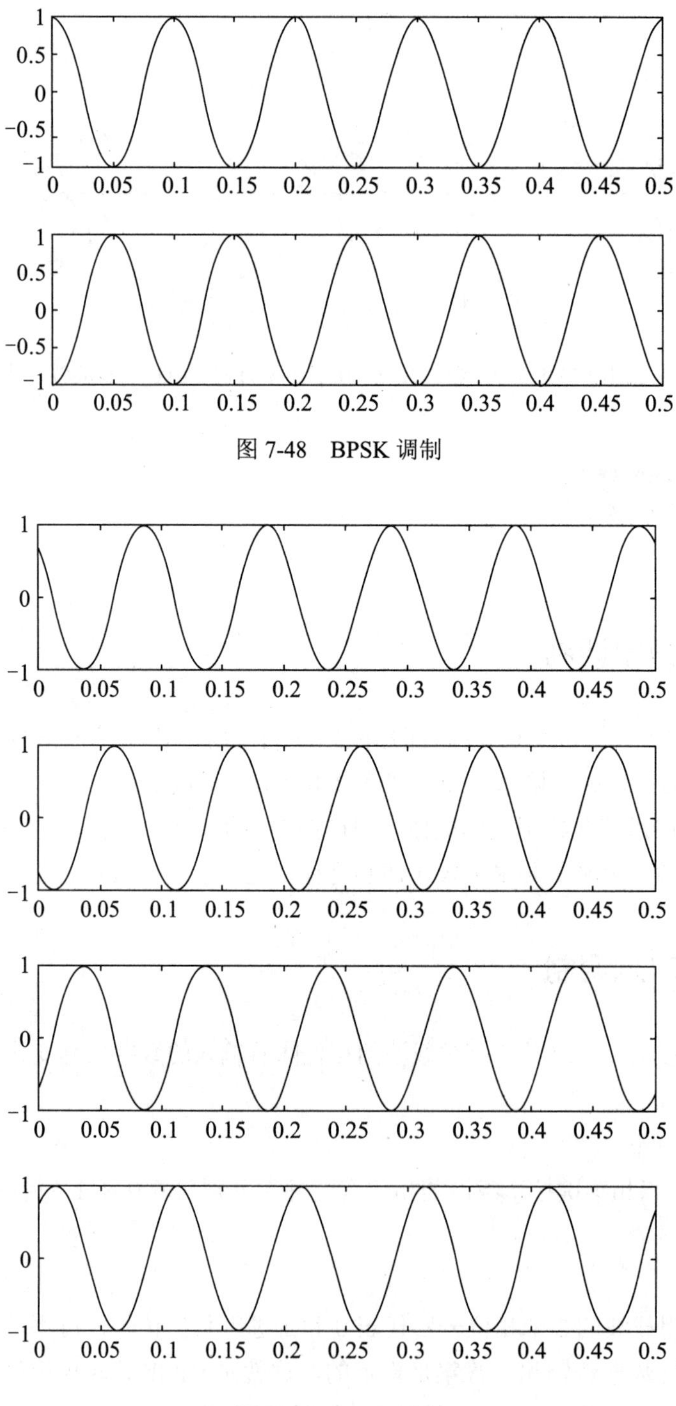

图 7-48　BPSK 调制

图 7-49　QPSK 调制

3. 8PSK

同理，也可以利用载波的 8 个相位来进行数据传输，这就是 8PSK，八相相移键控。载波的相位有 8 种，分别代表 000、001、011、010、110、111、101、100，如图 7-50 所示。

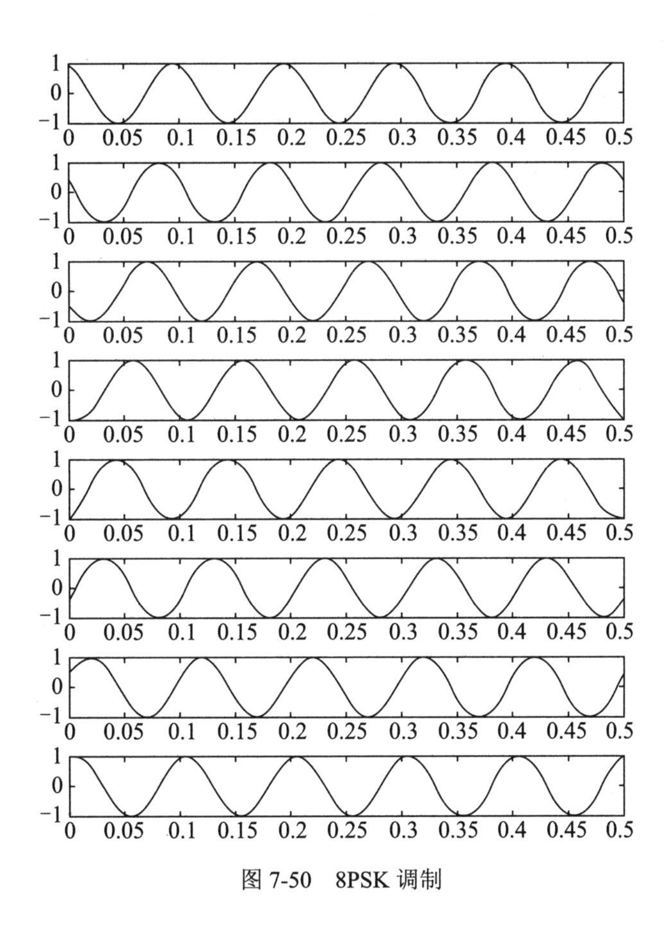

图 7-50　8PSK 调制

三、QAM调制

很明显，随着相位数的增加，一个码元可以传输的比特数也随之增加，相位数是不是可以无限制地一直增加下去呢？答案是否定的。因为随着相位数的增多，相邻相位之间的相位差减小，已调信号的抗干扰能力降低。

如果想进一步提高一个码元可以传输的比特数，怎么办？

PSK 调制时让载波的相位随着输入数据变化，载波的幅度没有变化，只要让载波的幅度和相位都随着输入数据变化就可以了，这就是 QAM 正交幅度调制。

16QAM：幅度和相位的组合共 16 种，分别表示 0000、0001、0011、0010、…、1001、1000，如图 7-51 所示。

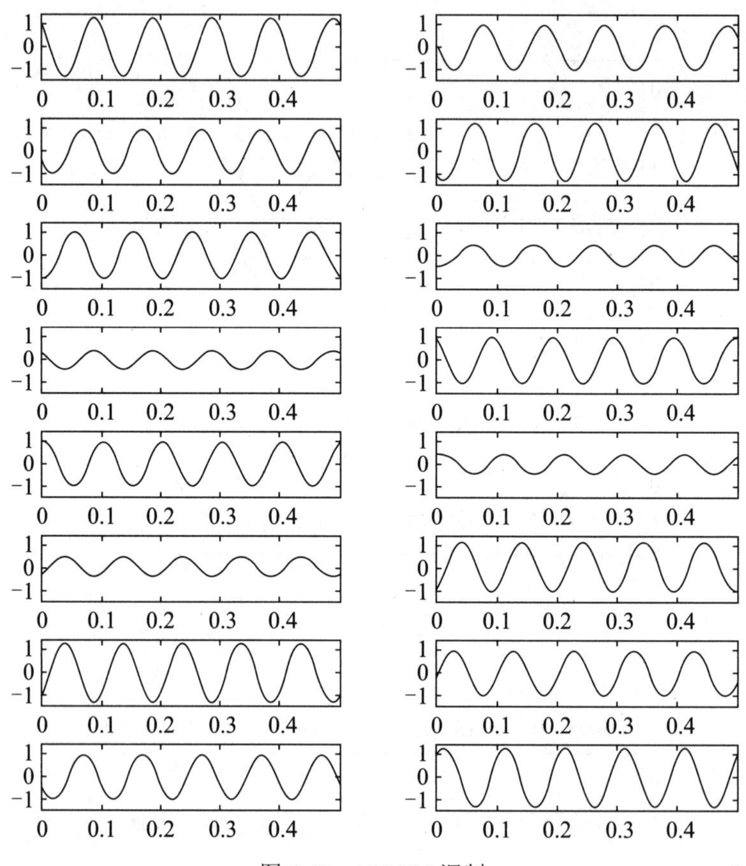

图 7-51　16QAM 调制

四、数字调制的实现

上面讲解了各种数字调制的概念，下面看一下如何实现数字调制。

1. BPSK

1）BPSK 调制

0 对应的载波相位为 0，已调信号为：$\cos\omega_c t$。

1 对应的载波相位为 π，已调信号为：$\cos(\omega_c t+\pi)=-\cos\omega_c t$。

两个已调信号中都有 $\cos\omega_c t$，完全可以采用幅度调制来实现，只要在幅度调制之前增加一个映射即可。BPSK 调制实现原理如图 7-52 所示。

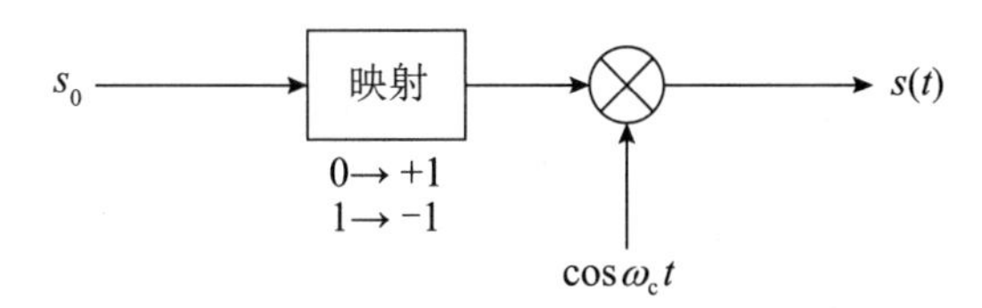

图 7-52　BPSK 调制原理框图

假定输入数据为：0110，对应的波形如图 7-53 所示。

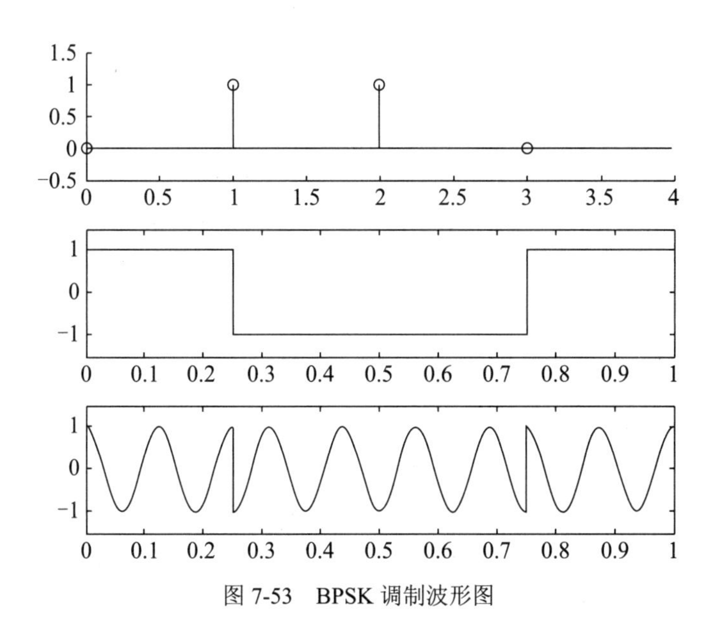

图 7-53　BPSK 调制波形图

2）BPSK 解调

BPSK 解调原理如图 7-54 所示。

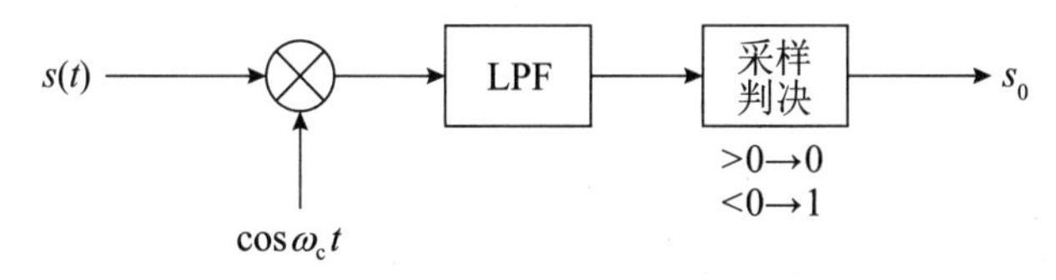

图 7-54　BPSK 解调原理框图

根据前面所讲幅度调制的解调原理，低通滤波后，映射后的电平可以被恢复出来，只要在每个码元的中间时刻进行采样判决，就可以恢复出数据，如图 7-55 所示。

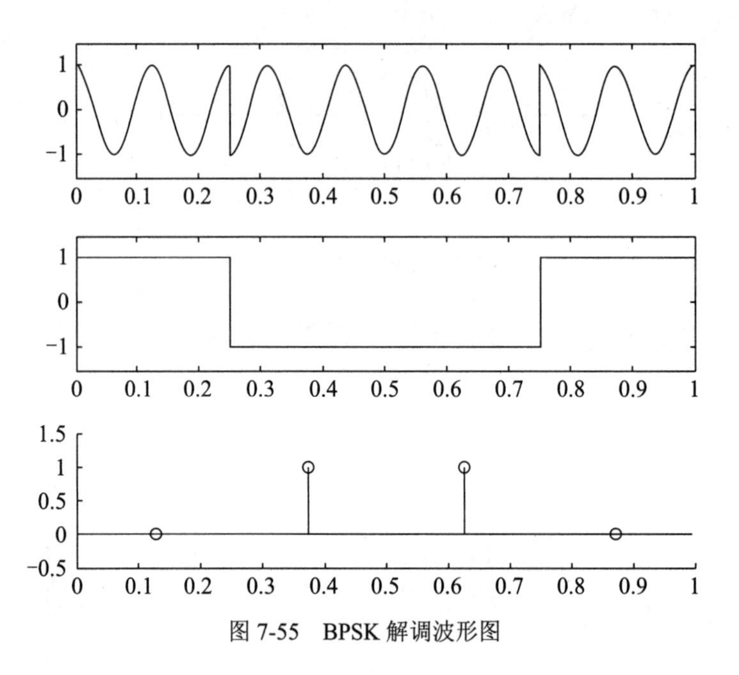

图 7-55　BPSK 解调波形图

2. QPSK

1）QPSK 调制

00 对应的载波相位为 $\frac{\pi}{4}$，已调信号为：$\cos\left(\omega_c t+\frac{\pi}{4}\right)=\frac{\sqrt{2}}{2}\cos\omega_c t-\frac{\sqrt{2}}{2}\sin\omega_c t$

01 对应的载波相位为 $\frac{3\pi}{4}$，已调信号为：$\cos\left(\omega_c t+\frac{3\pi}{4}\right)=-\frac{\sqrt{2}}{2}\cos\omega_c t-\frac{\sqrt{2}}{2}\sin\omega_c t$

11 对应的载波相位为 $\frac{5\pi}{4}$，已调信号为：$\cos\left(\omega_c t+\frac{5\pi}{4}\right)=-\frac{\sqrt{2}}{2}\cos\omega_c t+\frac{\sqrt{2}}{2}\sin\omega_c t$

10 对应的载波相位为 $\frac{7\pi}{4}$，已调信号为：$\cos\left(\omega_c t+\frac{7\pi}{4}\right)=\frac{\sqrt{2}}{2}\cos\omega_c t+\frac{\sqrt{2}}{2}\sin\omega_c t$

4 个已调信号中都有 $\cos\omega_c t$ 和 $\sin\omega_c t$，完全可以采用 IQ 调制来实现，只要在 IQ 调制之前增加一个映射即可。QPSK 调制实现原理如图 7-56 所示。

输入数据、IQ 数据和 4 个载波相位之间的映射关系如表 7-1 所示。

假定输入数据为： 01101100，对应的波形如图 7-57 所示。

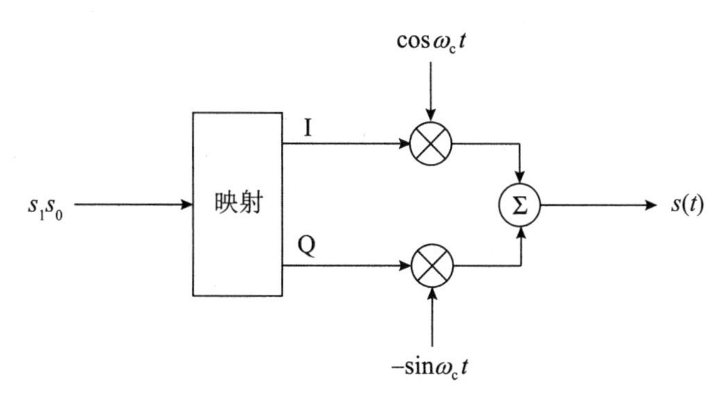

图 7-56　QPSK 调制原理框图

表 7-1　QPSK 调制映射关系

输入数据：s_1s_0	IQ 数据	输出信号相位
00	$+1/\sqrt{2}$，$+1/\sqrt{2}$	π/4
01	$-1/\sqrt{2}$，$+1/\sqrt{2}$	3π/4
11	$-1/\sqrt{2}$，$-1/\sqrt{2}$	5π/4
10	$+1/\sqrt{2}$，$-1/\sqrt{2}$	7π/4

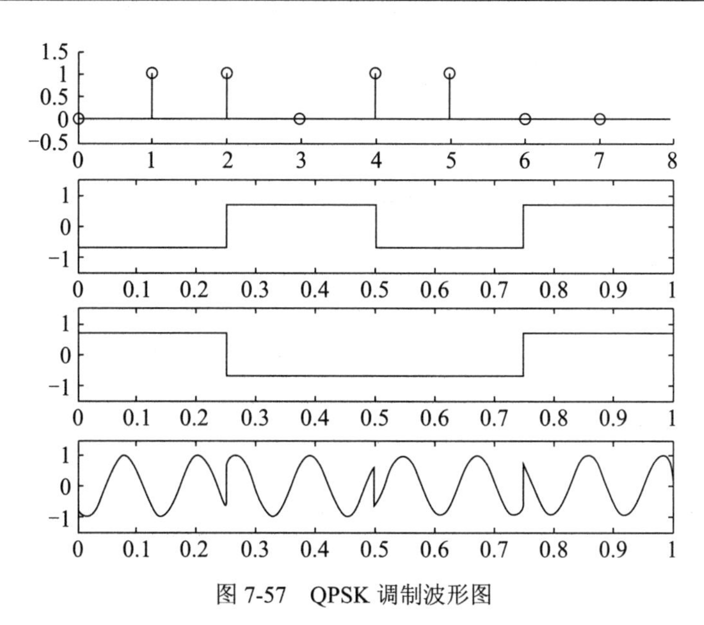

图 7-57　QPSK 调制波形图

2）QPSK 解调

QPSK 解调原理如图 7-58 所示。

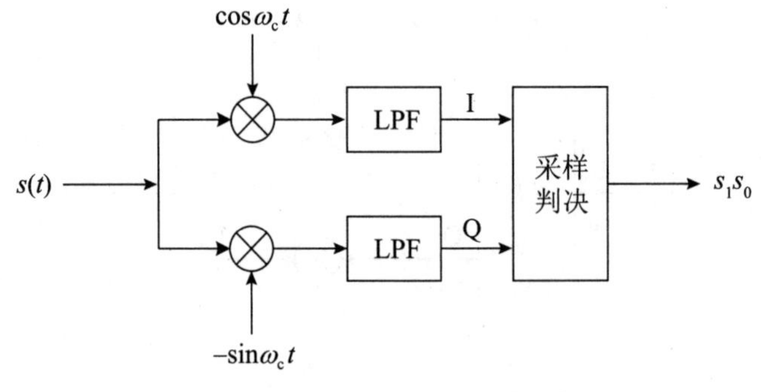

图 7-58　QPSK 解调原理框图

根据前面所讲 IQ 调制的解调原理，低通滤波后，IQ 信号波形就可以被恢复出来，只要在每个码元的中间时刻进行采样判决，就可以恢复出数据。

3. 8PSK

1）8PSK 调制

000 对应的载波相位为$\frac{\pi}{8}$，已调信号为：

$$\cos\left(\omega_c t+\frac{\pi}{8}\right)=\cos\frac{\pi}{8}\cos\omega_c t-\sin\frac{\pi}{8}\sin\omega_c t$$

001 对应的载波相位为$\frac{3\pi}{8}$，已调信号为：

$$\cos\left(\omega_c t+\frac{3\pi}{8}\right)=\cos\frac{3\pi}{8}\cos\omega_c t-\sin\frac{3\pi}{8}\sin\omega_c t=\sin\frac{\pi}{8}\cos\omega_c t-\cos\frac{\pi}{8}\sin\omega_c t$$

011 对应的载波相位为$\frac{5\pi}{8}$，已调信号为：

$$\cos\left(\omega_c t+\frac{5\pi}{8}\right)=\cos\frac{5\pi}{8}\cos\omega_c t-\sin\frac{5\pi}{8}\sin\omega_c t=-\sin\frac{\pi}{8}\cos\omega_c t-\cos\frac{\pi}{8}\sin\omega_c t$$

010 对应的载波相位为$\frac{7\pi}{8}$，已调信号为：

$$\cos\left(\omega_c t+\frac{7\pi}{8}\right)=\cos\frac{7\pi}{8}\cos\omega_c t-\sin\frac{7\pi}{8}\sin\omega_c t=-\cos\frac{\pi}{8}\cos\omega_c t-\sin\frac{\pi}{8}\sin\omega_c t$$

110 对应的载波相位为$\frac{9\pi}{8}$，已调信号为：

$$\cos\left(\omega_c t+\frac{9\pi}{8}\right)=\cos\frac{9\pi}{8}\cos\omega_c t-\sin\frac{9\pi}{8}\sin\omega_c t=-\cos\frac{\pi}{8}\cos\omega_c t+\sin\frac{\pi}{8}\sin\omega_c t$$

111 对应的载波相位为$\frac{11\pi}{8}$，已调信号为：

$$\cos\left(\omega_c t+\frac{11\pi}{8}\right)=\cos\frac{11\pi}{8}\cos\omega_c t-\sin\frac{11\pi}{8}\sin\omega_c t=-\sin\frac{\pi}{8}\cos\omega_c t+\cos\frac{\pi}{8}\sin\omega_c t$$

101 对应的载波相位为$\frac{13\pi}{8}$，已调信号为：

$$\cos\left(\omega_c t+\frac{13\pi}{8}\right)=\cos\frac{13\pi}{8}\cos\omega_c t-\sin\frac{13\pi}{8}\sin\omega_c t=\sin\frac{\pi}{8}\cos\omega_c t+\cos\frac{\pi}{8}\sin\omega_c t$$

100 对应的载波相位为$\frac{15\pi}{8}$，已调信号为：

$$\cos\left(\omega_c t+\frac{15\pi}{8}\right)=\cos\frac{15\pi}{8}\cos\omega_c t-\sin\frac{15\pi}{8}\sin\omega_c t=\cos\frac{\pi}{8}\cos\omega_c t+\sin\frac{\pi}{8}\sin\omega_c t$$

8 个已调信号中都有 $\cos\omega_c t$ 和 $\sin\omega_c t$，完全可以采用 IQ 调制来实现，只要在 IQ 调制之前增加一个映射即可。8PSK 调制原理如图 7-59 所示。

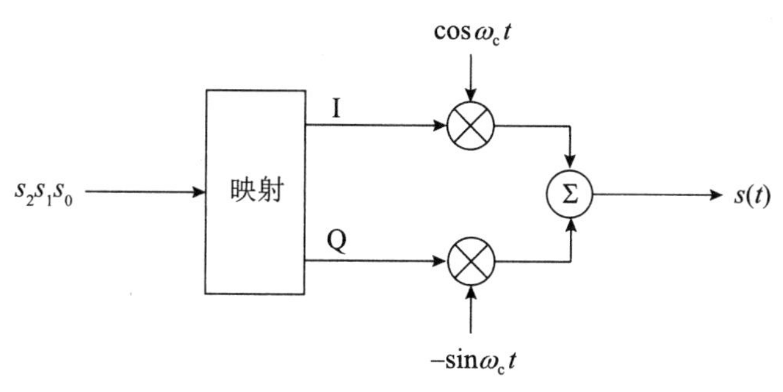

图 7-59　8PSK 调制原理框图

输入数据、IQ 数据和 8 个载波相位之间的映射关系如表 7-2 所示。

表 7-2　8PSK 调制映射关系

输入数据：$s_2s_1s_0$	IQ 数据	输出信号相位
000	$+C$，$+S$	π/8
001	$+S$，$+C$	3π/8
011	$-S$，$+C$	5π/8
010	$-C$，$+S$	7π/8
110	$-C$，$-S$	9π/8
111	$-S$，$-C$	11π/8
101	$+S$，$-C$	13π/8
100	$+C$，$-S$	15π/8

假定输入数据为：111010001100，对应的波形如图 7-60 所示。

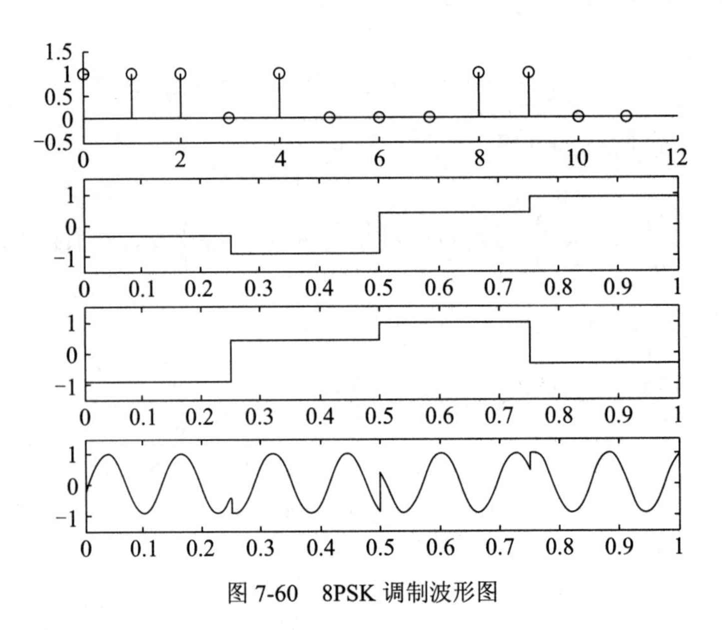

图 7-60　8PSK 调制波形图

2）8PSK 解调

8PSK 解调原理如图 7-61 所示。

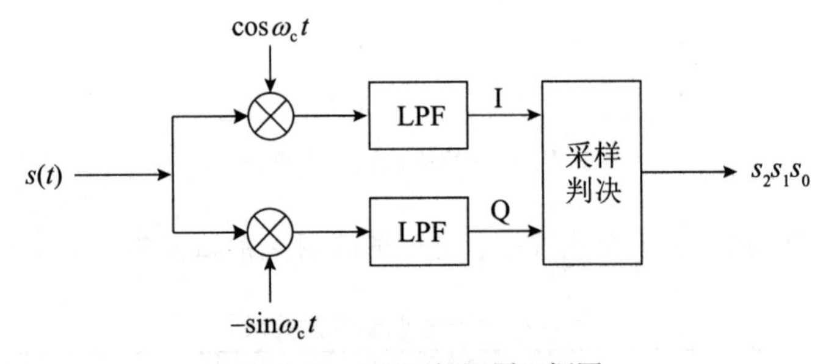

图 7-61　8PSK 解调原理框图

根据前面所讲 IQ 调制的解调原理，低通滤波后，IQ 信号波形就可以被恢复出来，只要在每个码元的中间时刻进行采样判决，就可以恢复出数据。

4. 16QAM

1）16QAM 调制

16QAM 调制原理如图 7-62 所示。

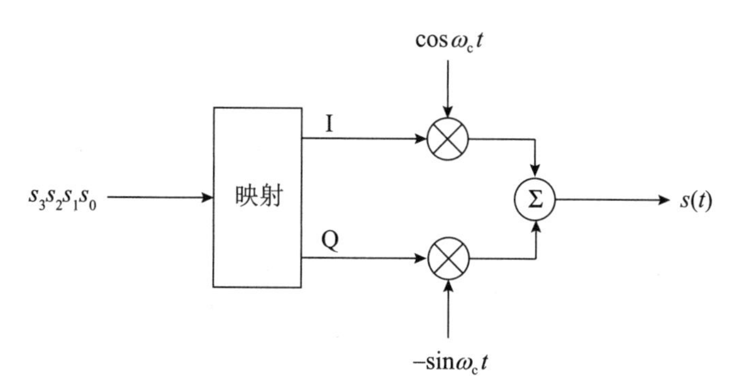

图 7-62　16QAM 调制原理框图

输入数据与 IQ 数据的映射关系如表 7-3 所示。

表 7-3　16QAM 调制映射关系

$s_3s_2s_1s_0$	IQ 数据
0000	$+3A$，$+3A$
0001	$+A$，$+3A$
0011	$-A$，$+3A$
0010	$-3A$，$+3A$
0110	$-3A$，$+A$
0111	$-A$，$+A$
0101	$+A$，$+A$
0100	$+3A$，$+A$
1100	$+3A$，$-A$
1101	$+A$，$-A$
1111	$-A$，$-A$
1110	$-3A$，$-A$
1010	$-3A$，$-3A$
1011	$-A$，$-3A$
1001	$+A$，$-3A$
1000	$+3A$，$-3A$

假定输入数据为：1110100011000101，对应的波形如图 7-63 所示。

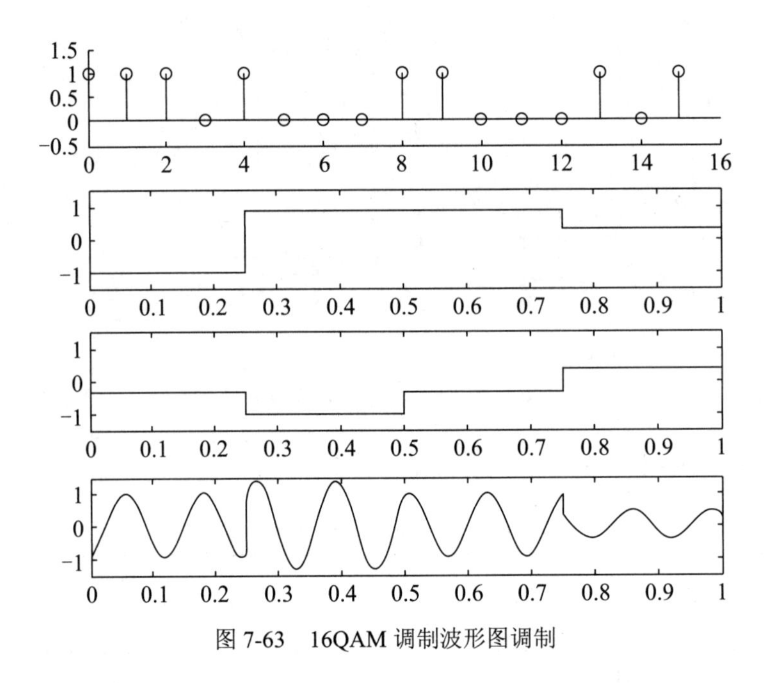

图 7-63　16QAM 调制波形图调制

2）16QAM 解调

16QAM 解调原理如图 7-64 所示。

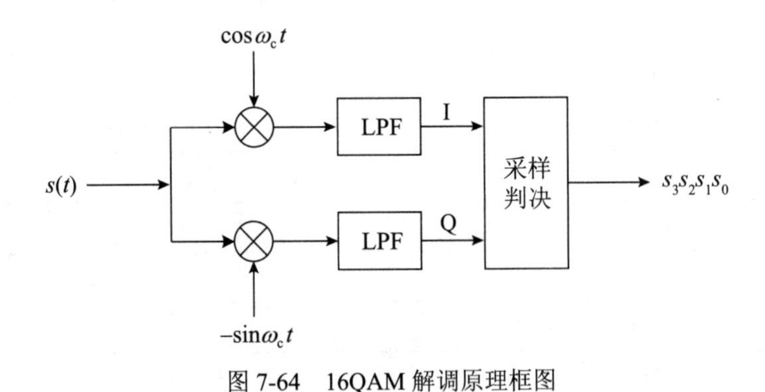

图 7-64　16QAM 解调原理框图

根据前面所讲 IQ 调制的解调原理，低通滤波后，IQ 信号波形就可以被恢复出来，只要在每个码元的中间时刻进行采样判决，就可以恢复出数据。

5. 总结

综上所述，数字调制和解调原理如图 7-65 所示。

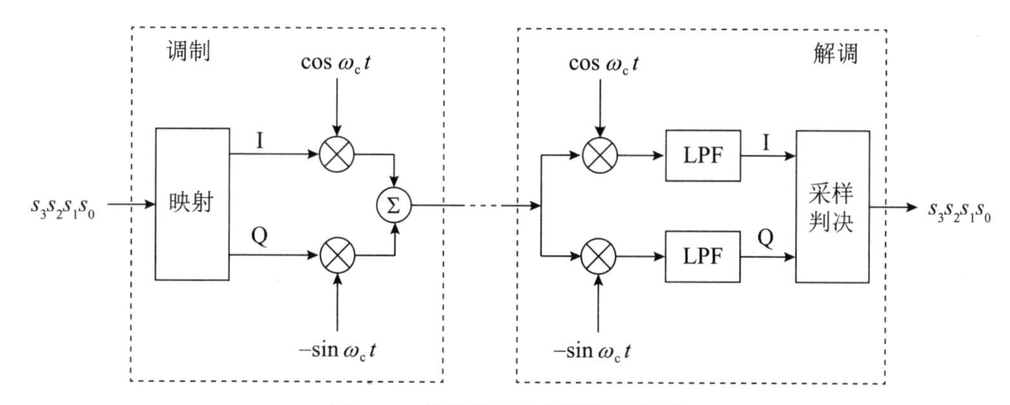

图 7-65　数字调制和解调原理框图

不同阶数的调制方式差别主要在映射和采样判决部分：

BPSK 调制：调制时，1 比特映射为 1 个 I 路数据，Q 路数据恒为 0 电平；解调时，采样得到的 1 个 I 路数据映射为 1 比特。

QPSK 调制：调制时，2 比特映射为 1 对 IQ 数据；解调时，采样得到的 1 对 IQ 数据映射为 2 比特。

8PSK 调制：调制时，3 比特映射为 1 对 IQ 数据；解调时，采样得到的 1 对 IQ 数据映射为 3 比特。

16QAM 调制：调制时，4 比特映射为 1 对 IQ 数据；解调时，采样得到的 1 对 IQ 数据映射为 4 比特。

五、星座图

输入数据、IQ 数据和载波相位 / 幅度三者之间的映射关系可以画到一张图中，这就是星座图。

由于星座图完整、清晰地表达了数字调制的映射关系，因此很多书中提到数字调制时经常只是画个星座图代表数字调制，数字调制也因此而经常被称为“星座调制”。

1. BPSK 调制星座图

BPSK 调制星座图如图 7-66 所示。

2 个星座点都位于复平面的单位圆上，每个星座点到原点的距离均为 1。

2 个星座点到原点距离的方均根为 1：

$$\sqrt{\frac{1}{2}\sum_{i=1}^{2}\left(I_i^2+Q_i^2\right)}=1$$

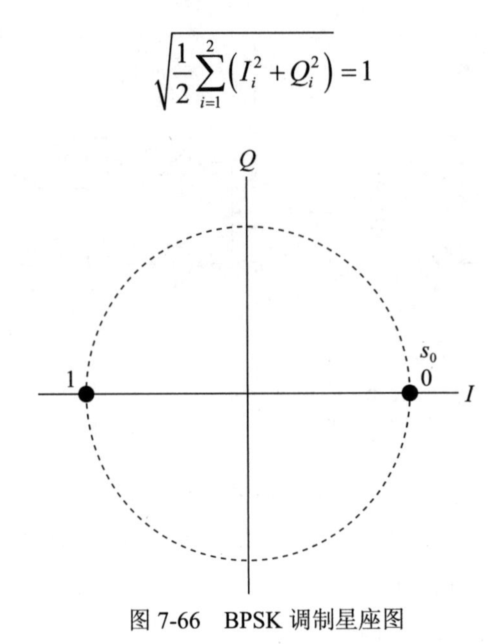

图 7-66　BPSK 调制星座图

2. QPSK 调制星座图

QPSK 调制星座图如图 7-67 所示。

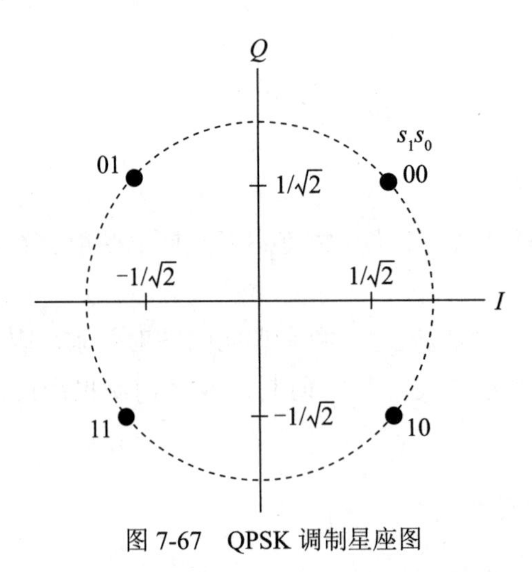

图 7-67　QPSK 调制星座图

4 个星座点都位于复平面的单位圆上，每个星座点到原点的距离均为 1。

4 个星座点到原点距离的方均根为 1：

$$\sqrt{\frac{1}{4}\sum_{i=1}^{4}\left(I_i^2+Q_i^2\right)}=1$$

3. 8PSK 调制星座图

8PSK 调制星座图如图 7-68 所示。

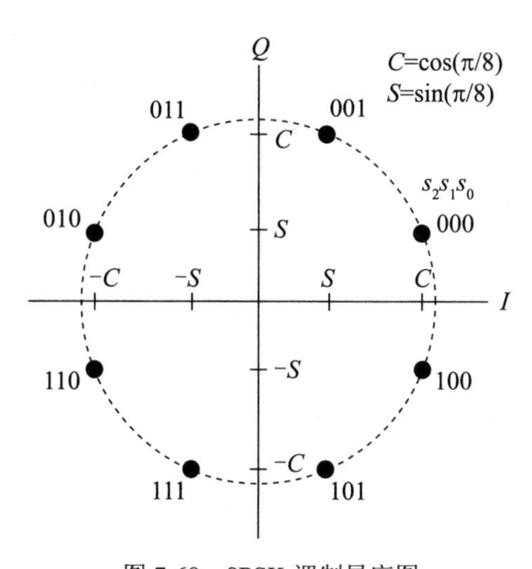

图 7-68　8PSK 调制星座图

8 个星座点都位于复平面的单位圆上，每个星座点到原点的距离均为 1。

8 个星座点到原点距离的方均根为 1：

$$\sqrt{\frac{1}{8}\sum_{i=1}^{8}\left(I_i^2+Q_i^2\right)}=1$$

4. 16QAM 星座图

16QAM 调制星座图如图 7-69 所示。

这 16 个星座点到原点距离的方均根为 1：

$$\sqrt{\frac{1}{16}\sum_{i=1}^{16}\left(I_i^2+Q_i^2\right)}=\sqrt{\frac{1}{16}\left(4\times\frac{1}{5}+8\times1+4\times\frac{9}{5}\right)}=1$$

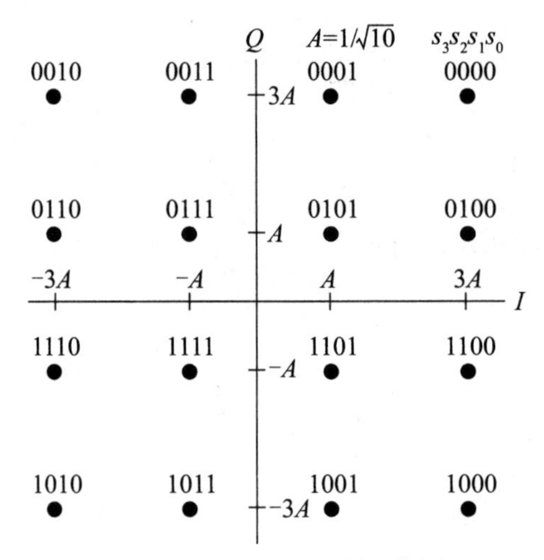

图 7-69　16QAM 调制星座图

六、数字调制的映射关系

仔细观察 QPSK 调制输入数据和载波相位的映射关系，可以发现：输入数据是按 00、01、11、10 顺序与 π/4、3π/4、5π/4、7π/4 进行一一映射的，为什么没有按 00、01、10、11 的顺序进行映射呢？这要从接收端的 QPSK 解调说起。

由于信道条件不是理想的，当 QPSK 调制后的 IQ 数据通过信道到达接收端解调时，得到的 IQ 数据不会正好位于星座图中 4 个点正中央的位置，而是分布在这 4 个点周边一定范围内，如图 7-70 所示。

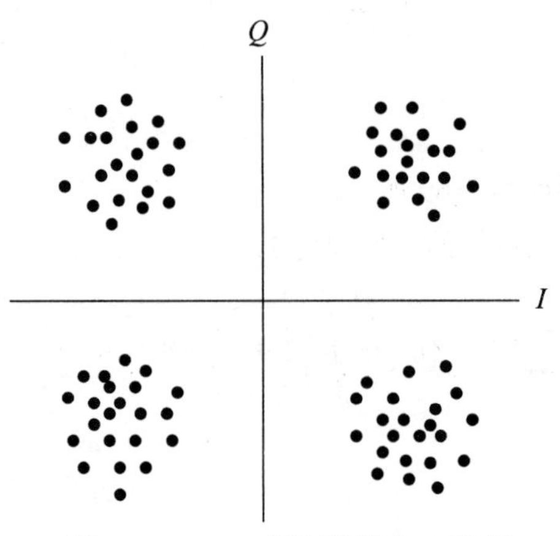

图 7-70　QPSK 解调得到的 IQ 数据

接收端如何判决解调得到的 IQ 数据是星座图中的哪个点呢？最简单的办法就是看距离 4 个点中的哪个点最近。

例如：假定 QPSK 解调得到的 IQ 数据（I_0，Q_0）位于 IQ 平面的第一象限，则判决接收到的数据为 00，如图 7-71 所示。

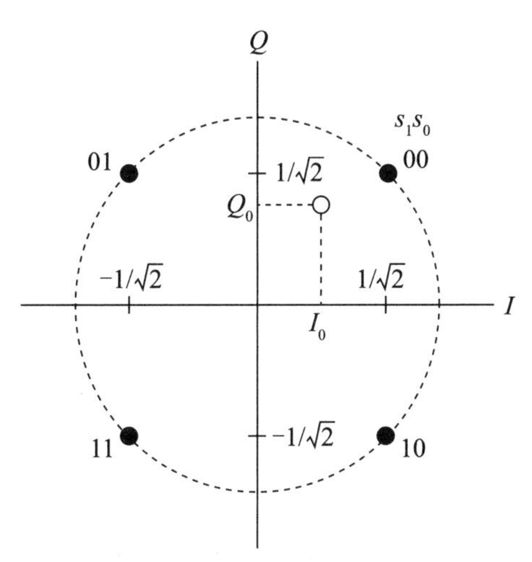

图 7-71　QPSK 解调得到的 IQ 数据位于第一象限

当信道质量比较差时，发送时 IQ 数据位于某个象限，接收时 IQ 数据有可能跑到别的象限去了。从概率的角度讲，接收时 IQ 数据跑到相邻象限的概率要高于非相邻象限。

还是以发送数据是 00 为例，发送时 IQ 数据位于第一象限，如果接收时 IQ 数据没出现在第一象限，那么出现在第二、四象限的概率要高于第三象限。按上述映射关系，接收数据误判为 01（错 1 比特）和 10（错 1 比特）的概率要高于误判为 11（错 2 比特）的概率，也就是说错 1 比特的概率要高于错 2 比特的概率。

如果将 QPSK 映射关系改为：按 00、01、10、11 顺序与 π/4、3π/4、5π/4、7π/4 进行一一映射，星座图如图 7-72 所示。

还以发送数据是 00 为例，接收数据误判为 01（错 1 比特）和 11（错 2 比特）的概率要高于误判为 10（错 1 比特）的概率，也就是说错 2 比特的概率增大了。

综上所述，在相同的信道条件下，QPSK 调制采用 $00\leftrightarrow\pi/4$、$01\leftrightarrow3\pi/4$、$10\leftrightarrow5\pi/4$、$11\leftrightarrow7\pi/4$ 映射关系的误比特率要高于采用 $00\leftrightarrow\pi/4$、$01\leftrightarrow3\pi/4$、$11\leftrightarrow5\pi/4$、$10\leftrightarrow7\pi/4$ 映射关系。

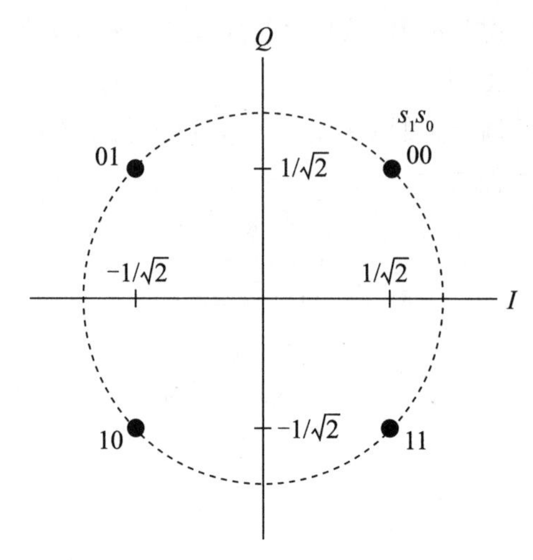

图 7-72　QPSK 调制星座图（更改映射关系）

像 00、01、11、10 这样，相邻的两个码之间只有 1 位数字不同的编码叫作格雷码，如表 7-4 所示。

表 7-4　格雷码与自然二进制码

十进制数	自然二进制码	格雷码
0	0000	0000
1	0001	0001
2	0010	0011
3	0011	0010
4	0100	0110
5	0101	0111
6	0110	0101
7	0111	0100
8	1000	1100
9	1001	1101
10	1010	1111
11	1011	1110
12	1100	1010
13	1101	1011
14	1110	1001
15	1111	1000

很明显，数字调制中使用的就是格雷码。

七、调制效率

不同阶数数字调制的调制效率不同。相同码元速率情况下，数字调制的阶数越高，每个码元承载的比特数越多，调制效率越高，比特速率也就越高。

假定某数字调制对应的码元有 N 种，则每个码元承载的比特数为 $\log_2 N$。

常见的几种数字调制方式每个码元承载的比特数如表 7-5 所示。

表 7-5　不同数字调制方式下每个码元承载的比特数

调制方式	每个码元承载的比特数
BPSK	1bit
QPSK	2bit
8PSK	3bit
16QAM	4bit
64QAM	6bit

随着数字调制阶数的提高，星座图中点间距变小，数字调制的抗干扰能力变差，对信道质量的要求也变高。

TIPS：什么是码元

码元又称为“符号”，即“Symbol”。

这是维基百科上对码元所做的解释：A symbol is a state or significant condition of the communication channel that persists for a fixed period of time. A sending device places symbols on the channel at a fixed and known symbol rate，and the receiving device has the job of detecting the sequence of symbols in order to reconstruct the transmitted data.

“持续一段固定时间的通信信道有效状态就是码元。”感觉解释得也不是非常清楚。

到底码元的物理意义是什么？感觉这样理解比较合适：在通信信道中持续固定时间，具有一定相位或幅值的一段余弦载波，就是码元。

按这种理解：

BPSK 调制有 2 种码元，对应 2 种相位的余弦波。

QPSK 调制有 4 种码元，对应 4 种相位的余弦波。

16QAM 调制有 16 种码元，对应 16 种不同幅度和相位的余弦波。

以 QPSK 调制为例，如图 7–73 所示，每个虚线框中都是一个码元。

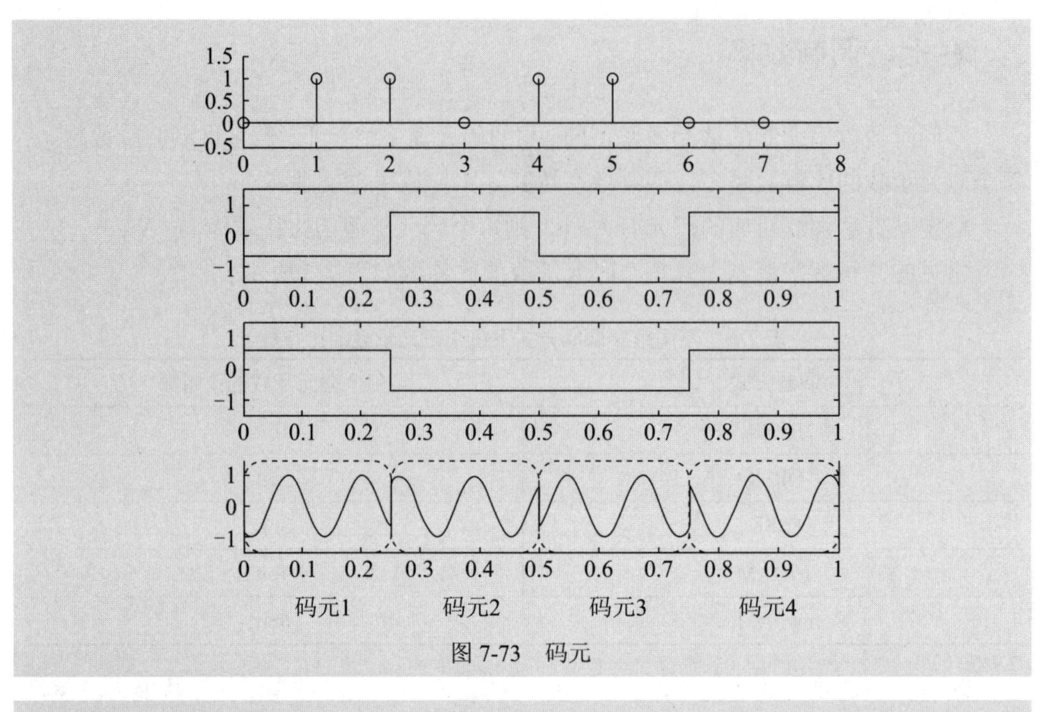

图 7-73　码元

TIPS：什么是波特率

单位时间内传输的码元个数称为波特率，单位为：Baud

例如：每秒传输 100 个码元，对应的波特率为 100 Baud。

注意区分信息传输速率，也就是比特速率。

采用 16QAM 调制时，每个码元可以传输 4 比特，如果波特率为 100 Baud，则比特速率为 100×4=400bit/s。

7.3　变频技术

一、直接变频

前面讲解数字调制原理时，直接利用 IQ 调制将基带信号变换为频带信号，这种频率变换一般被称为直接上变频；解调时，直接利用 IQ 解调，将频带信号变换回基带信号，这种频率变换一般被称为直接下变频。直接上变频和直接下变频统称直接变频。

在采用直接变频的情况下，假定基带 IQ 信号的波形如图 7-74 所示，则射频信号的波形如图 7-75 所示。

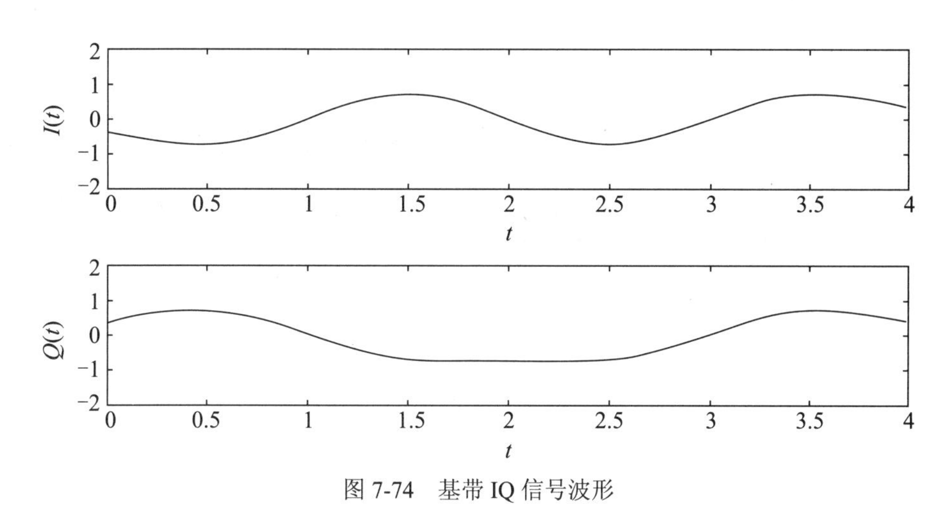

图 7-74　基带 IQ 信号波形

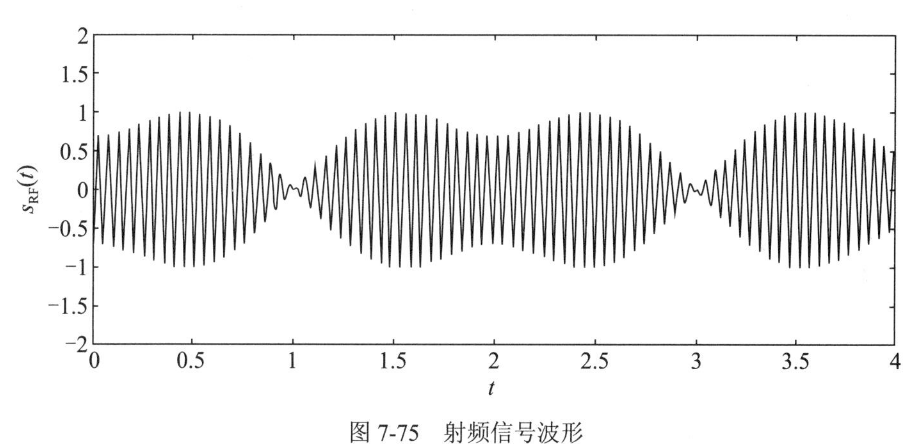

图 7-75　射频信号波形

直接上变频的原理如图 7-76 所示，直接下变频的原理如图 7-77 所示。

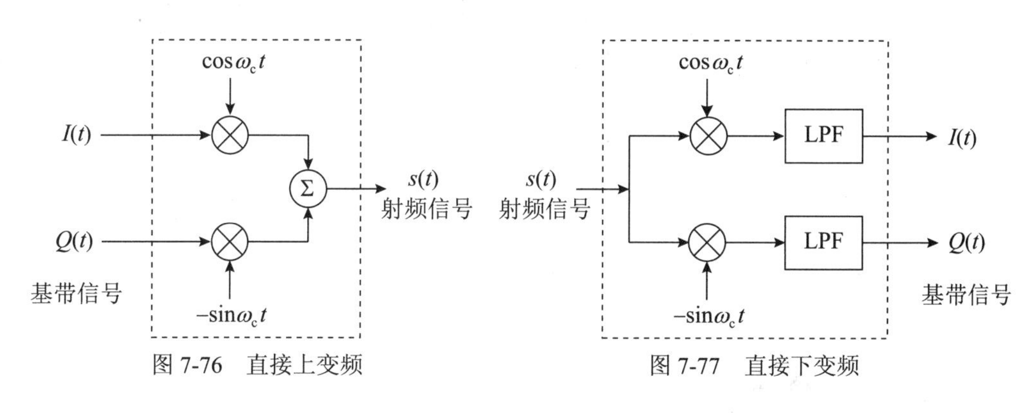

图 7-76　直接上变频　　　　图 7-77　直接下变频

二、间接变频

通信系统中，考虑到实现难度等因素，有时候不将基带信号直接变换为射频信号，或者将射频信号直接变换为基带信号，而是先将基带信号变换到中频，再从中频变换到射频，这被称为间接上变频；反之，先将射频信号变换到中频，再从中频变换到基带，这被称为间接下变频。间接上变频和间接下变频统称间接变频。

在采用间接变频的情况下，假定基带IQ信号的波形如图7-78所示，则中频信号的波形如图7-79所示，射频信号的波形如图7-80所示。

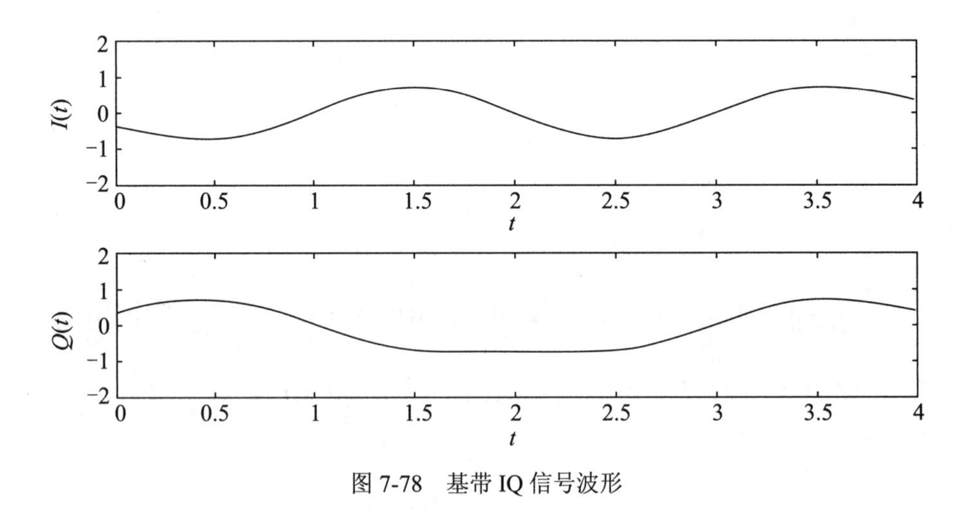

图7-78　基带IQ信号波形

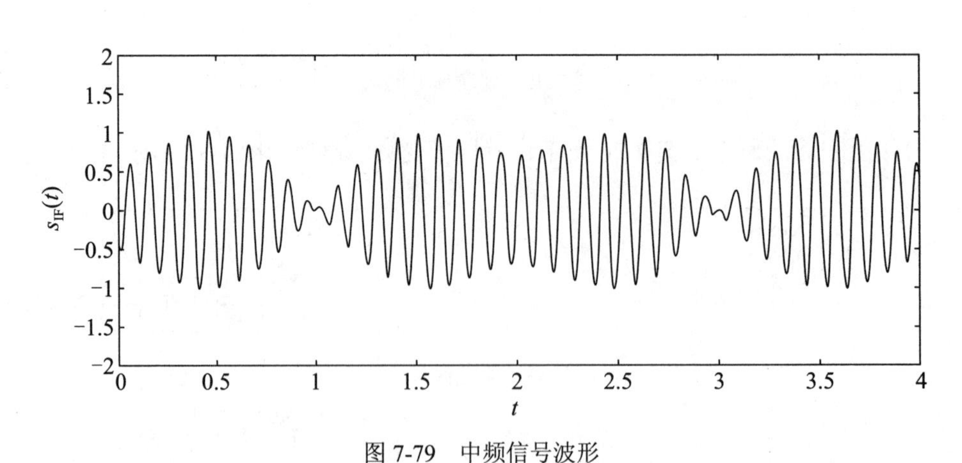

图7-79　中频信号波形

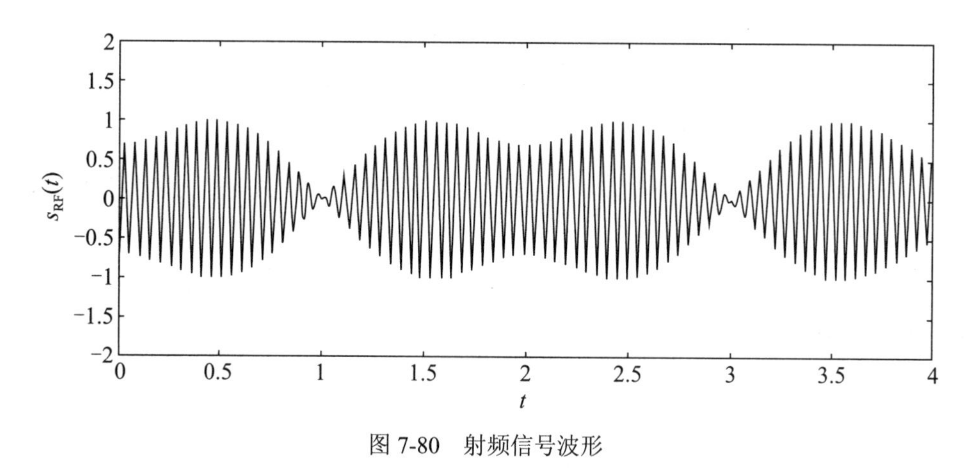

图 7-80　射频信号波形

1. 间接上变频

将基带信号调制到中频载波上，再将中频载波变换为射频载波的过程，就是间接上变频，如图 7-81 所示。

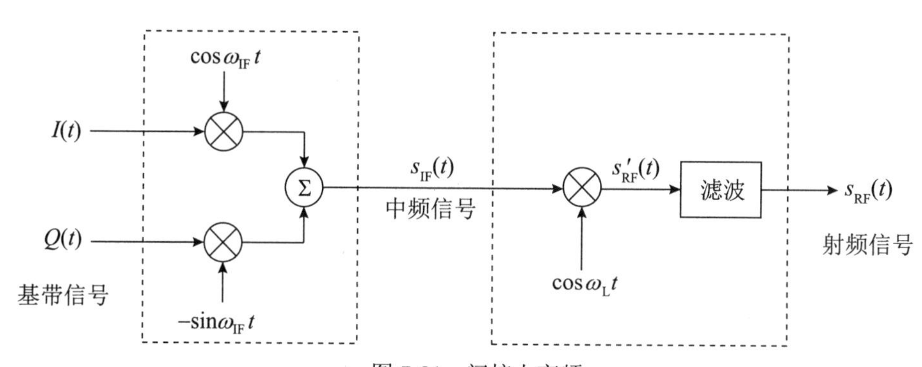

图 7-81　间接上变频

1）基带变换到中频

$$s_{IF}(t)=I(t)\cos\omega_{IF}t-Q(t)\sin\omega_{IF}t$$

这个变换过程实质上就是 IQ 调制的过程，只不过载波的频率是中频而已。

2）中频变换到射频

$$\begin{aligned}s'_{RF}(t)&=\left[I(t)\cos\omega_{IF}t-Q(t)\sin\omega_{IF}t\right]\cos\omega_{L}t\\&=I(t)\cos\omega_{IF}t\cos\omega_{L}t-Q(t)\sin\omega_{IF}t\cos\omega_{L}t\\&=\frac{1}{2}I(t)\left[\cos(\omega_{L}+\omega_{IF})t+\cos(\omega_{L}-\omega_{IF})t\right]\\&-\frac{1}{2}Q(t)\left[\sin(\omega_{L}+\omega_{IF})t-\sin(\omega_{L}-\omega_{IF})t\right]\end{aligned}$$

通过滤波器滤除低频成分：

$$s_{\mathrm{RF}}(t)=I(t)\cos(\omega_{\mathrm{L}}+\omega_{\mathrm{IF}})t-Q(t)\sin(\omega_{\mathrm{L}}+\omega_{\mathrm{IF}})t=I(t)\cos\omega_{\mathrm{RF}}t-Q(t)\sin\omega_{\mathrm{RF}}t$$

其中 $\omega_{\mathrm{RF}}=\omega_{\mathrm{L}}+\omega_{\mathrm{IF}}$。

这个过程实质上就是一个混频的过程，将载波频率由中频变换为射频。

2. 间接下变频

将射频载波变换为中频载波，再从中频信号解调出基带信号的过程，就是间接下变频，如图 7-82 所示。

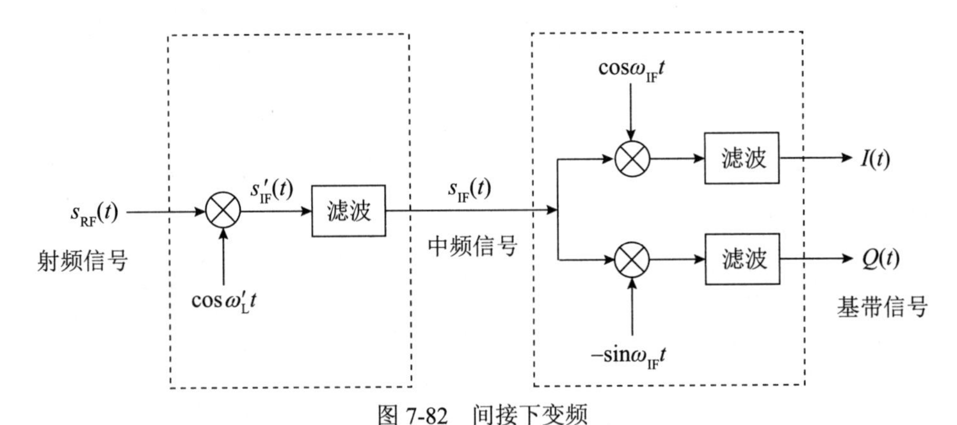

图 7-82　间接下变频

1）射频变换到中频

$$\begin{aligned}s'_{\mathrm{IF}}(t)&=\left[I(t)\cos\omega_{\mathrm{RF}}t-Q(t)\sin\omega_{\mathrm{RF}}t\right]\cos\omega'_{\mathrm{L}}t\\&=I(t)\cos\omega_{\mathrm{RF}}t\cos\omega'_{\mathrm{L}}t-Q(t)\sin\omega_{\mathrm{RF}}t\cos\omega'_{\mathrm{L}}t\\&=\frac{1}{2}I(t)\left[\cos(\omega_{\mathrm{RF}}+\omega'_{\mathrm{L}})t+\cos(\omega_{\mathrm{RF}}-\omega'_{\mathrm{L}})t\right]\\&\quad-\frac{1}{2}Q(t)\left[\sin(\omega_{\mathrm{RF}}+\omega'_{\mathrm{L}})t+\sin(\omega_{\mathrm{RF}}-\omega'_{\mathrm{L}})t\right]\end{aligned}$$

通过滤波器滤除高频成分：

$$s_{\mathrm{IF}}(t)=I(t)\cos(\omega_{\mathrm{RF}}-\omega'_{\mathrm{L}})t-Q(t)\sin(\omega_{\mathrm{RF}}-\omega'_{\mathrm{L}})t=I(t)\cos\omega_{\mathrm{IF}}t-Q(t)\sin\omega_{\mathrm{IF}}t$$

其中 $\omega_{\mathrm{IF}}=\omega_{\mathrm{RF}}-\omega'_{\mathrm{L}}$

这个过程实质上就是一个混频的过程，将载波频率由射频变换为中频。

2）中频变换到基带

$$s_{\mathrm{IF}}(t)=I(t)\cos\omega_{\mathrm{IF}}t-Q(t)\sin\omega_{\mathrm{IF}}t$$

$$
\begin{aligned}
s_{\mathrm{IF}}(t)\cos\omega_{\mathrm{IF}}t &= I(t)\cos\omega_{\mathrm{IF}}t\cos\omega_{\mathrm{IF}}t - Q(t)\sin\omega_{\mathrm{IF}}t\cos\omega_{\mathrm{IF}}t \\
&= I(t)\frac{1}{2}\left[1+\cos 2\omega_{\mathrm{IF}}t\right] - Q(t)\frac{1}{2}\sin 2\omega_{\mathrm{IF}}t \\
&= \frac{1}{2}I(t) + \frac{1}{2}I(t)\cos 2\omega_{\mathrm{IF}}t - \frac{1}{2}Q(t)\sin 2\omega_{\mathrm{IF}}t
\end{aligned}
$$

通过滤波器滤除高频成分，即可得到 $I(t)$。

$$
\begin{aligned}
s_{\mathrm{IF}}(t)(-\sin\omega_{\mathrm{IF}}t) &= -I(t)\cos\omega_{\mathrm{IF}}t\sin\omega_{\mathrm{IF}}t + Q(t)\sin\omega_{\mathrm{IF}}t\sin\omega_{\mathrm{IF}}t \\
&= -I(t)\frac{1}{2}\sin 2\omega_{\mathrm{IF}}t + \frac{1}{2}Q(t)\left[1-\cos 2\omega_{\mathrm{IF}}t\right] \\
&= \frac{1}{2}Q(t) - \frac{1}{2}I(t)\sin 2\omega_{\mathrm{IF}}t - \frac{1}{2}Q(t)\cos 2\omega_{\mathrm{IF}}t
\end{aligned}
$$

通过滤波器滤除高频成分，即可得到 $Q(t)$。

这个过程实质上就是 IQ 解调的过程，只不过已调信号的载波频率是中频而已。

三、数字变频

一般基带信号都是数字信号，中频处理也是数字化的，因此基带和中频之间的上变频和下变频一般都是通过数字信号处理来实现。

1. 数字上变频

DUC：Digital Up Converter，数字上变频器，通过数字信号处理实现上变频功能，如图 7-83 所示。

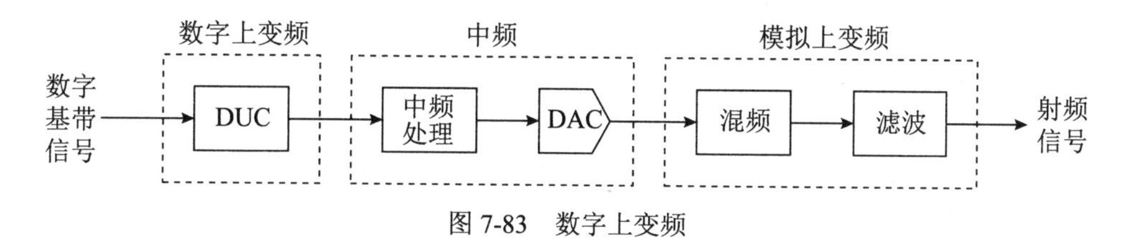

图 7-83　数字上变频

2. 数字下变频

DDC：Digital Down Converter，数字下变频器，通过数字信号处理实现下变频功能，如图 7-84 所示。

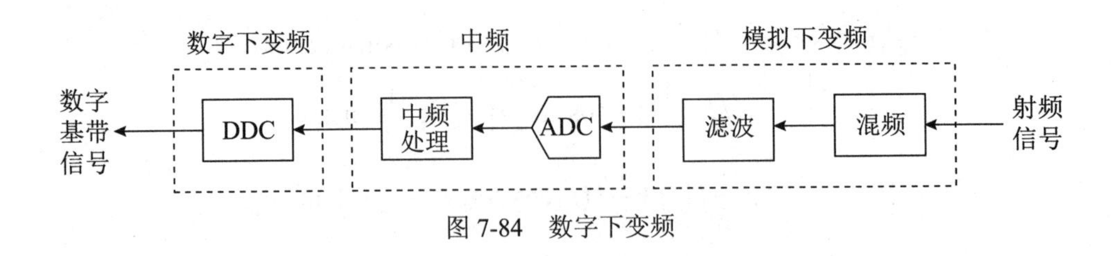

图 7-84　数字下变频

四、带通采样

模拟下变频得到的模拟中频信号，需要进行模数转换，才能进行后续的数字信号处理。

模数转换涉及采样。前面所讲的奈奎斯特采样定理（也被称为低通信号采样定理）是针对基带信号讲的，而这里的采样是针对带通信号讲的。

1. 什么是带通信号

基带信号经过载波调制后得到的已调信号被称为频带信号，也称为带通信号。直接变频得到的射频信号、间接变频得到的中频信号和射频信号都是带通信号。

如果根据前面讲的采样定理，以大于 2 倍最高频率的采样频率对带通信号进行采样，肯定可以从抽样信号中恢复出带通信号，这是毫无疑问的。但由于一般带通信号的载波频率都比较高，动辄几十、几百 MHz，如果使用大于 2 倍最高频率的采样频率，对 ADC 的处理能力要求很高。按目前 ADC 器件的处理能力，能达到几百 MSPS（Million Samples Per Second）采样频率的 ADC 就算是处理能力比较强的了，而且支持如此高采样频率的 ADC 价格很高。

能不能用低一些的采样频率对带通信号进行采样呢？这就引出了带通信号采样定理。

2. 带通信号采样定理

中心频率为 f_0、带宽为 B 的带通信号，其高、低截止频率分别为：$f_H=f_0+B/2$ 和 $f_L=f_0-B/2$，其频谱如图 7-85 所示。

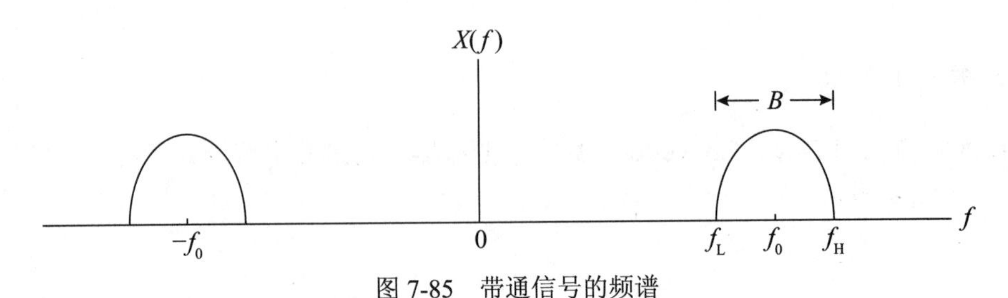

图 7-85　带通信号的频谱

以采样频率 f_s 对带通信号进行采样，从采样值中无失真地恢复出带通信号的充要条件是：

采样频率 f_s 满足：$\frac{2f_H}{m} \leqslant f_s \leqslant \frac{2f_L}{m-1}$

其中：m=1，2，…，m_{max}，m_{max} 是指不大于于 f_H/B 的最大整数。

这就是带通采样定理。

3. 带通采样定理的推导过程

虽然带通采样定理的结论看起来不像低通信号采样定理那样简洁，但是它们的推导方法类似，都是从避免抽样信号频谱发生混叠的角度推导出来的。唯一需要注意的是：对带通信号进行采样，相当于对其频谱进行周期性拓展，在对频谱进行周期性拓展时，正频率部分和负频率部分要一起拓展。

假定带通信号的频谱如图 7-86 所示，其截止频率：f_L=2B，f_H=3B

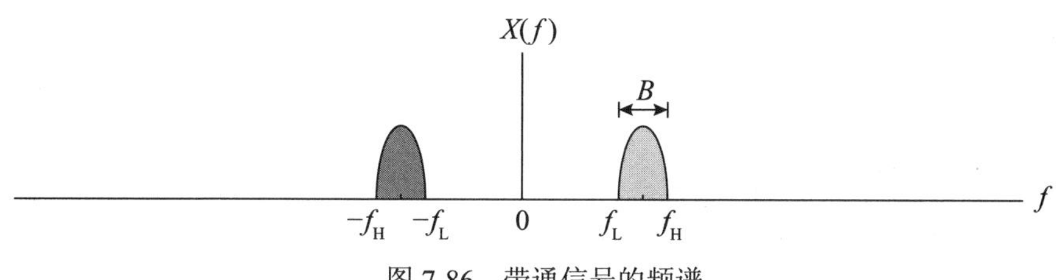

图 7-86　带通信号的频谱

以采样频率 f_s 对该信号进行采样时，频谱将会以 f_s 为间隔进行周期性拓展。

（1）当采样频率很高时，很明显，周期拓展的频谱之间不会发生混叠，如图 7-87 所示。

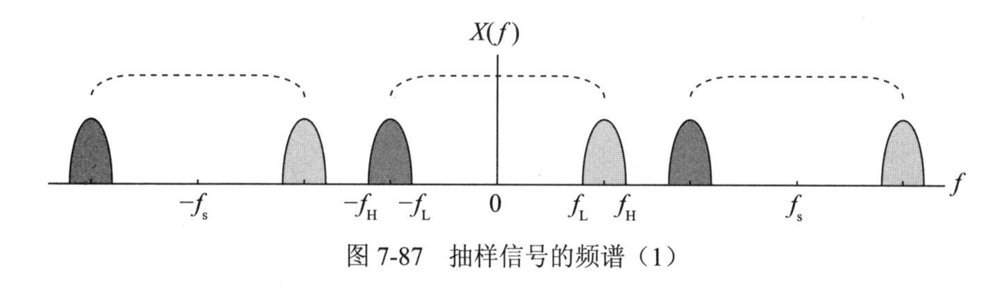

图 7-87　抽样信号的频谱（1）

减小 f_s，右边的频谱将向左挪，左边的频谱将向右挪，如图 7-88 所示。

直至和原频谱刚好挨上为止，此时 f_s=2f_H，如图 7-89 所示。

（2）如果继续减小 f_s，频谱就会发生混叠了，必须跳过一段频率，到达如图 7-90 所示位置才不会发生混叠，此时刚好 f_s=2f_L。

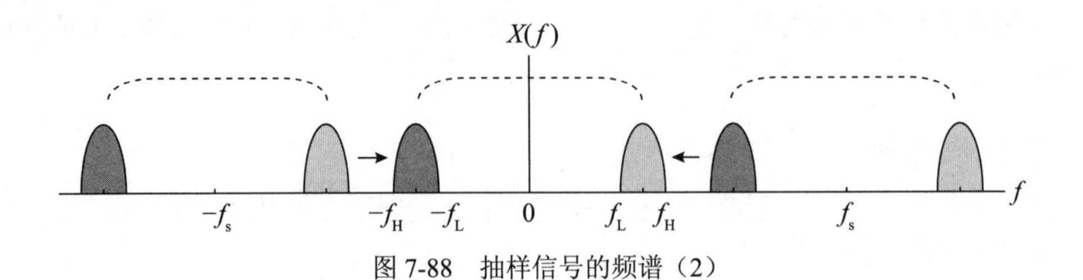

图 7-88　抽样信号的频谱（2）

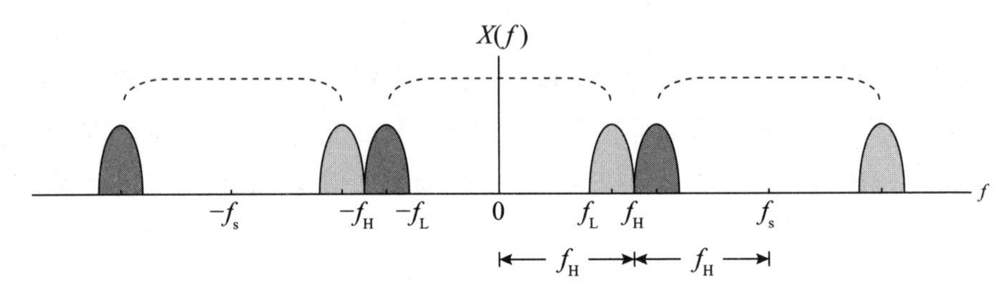

图 7-89　抽样信号的频谱（3）

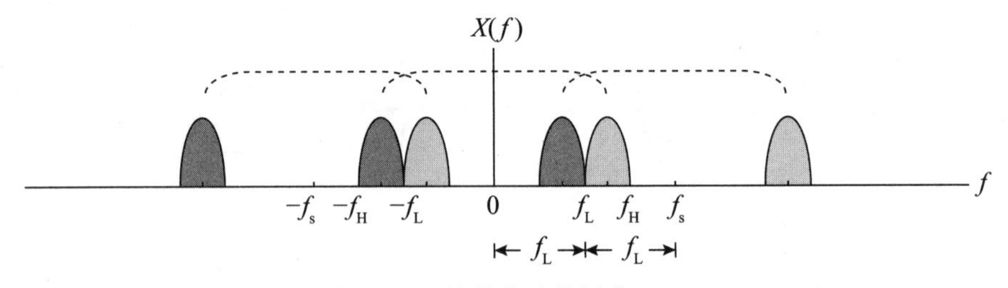

图 7-90　抽样信号的频谱（4）

继续减小 f_s，右边的频谱将向左挪，左边的频谱将向右挪，如图 7-91 所示。

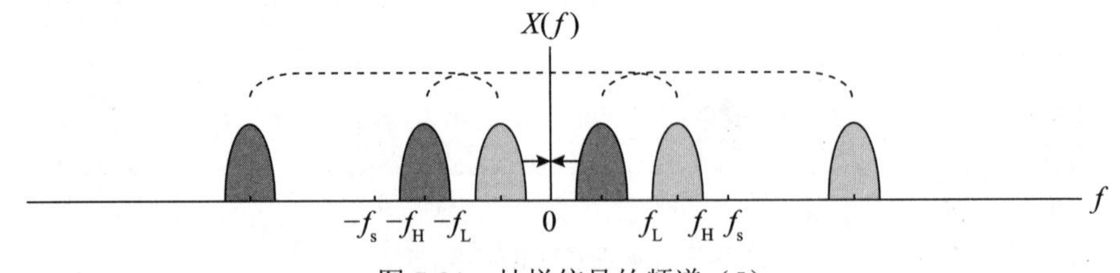

图 7-91　抽样信号的频谱（5）

直至频谱刚好挨上为止，此时 f_s=f_H，如图 7-92 所示。

（3）如果继续减小 f_s，频谱就会发生混叠了，必须跳过一段频率，到达如图 7-93 所示位置才不会发生混叠，此时刚好 $f_s = f_L = 2B$。

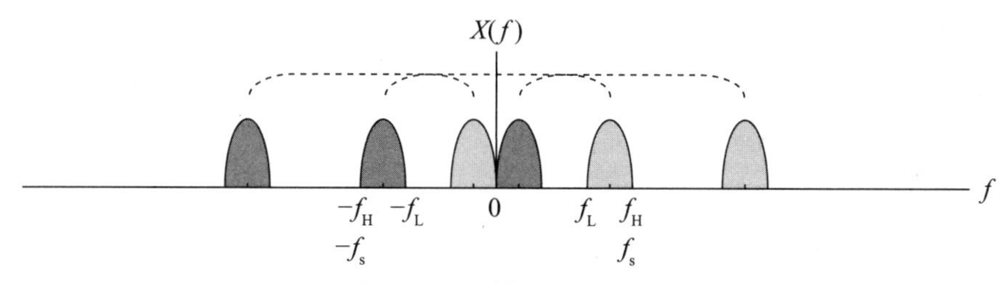

图 7-92　抽样信号的频谱（6）

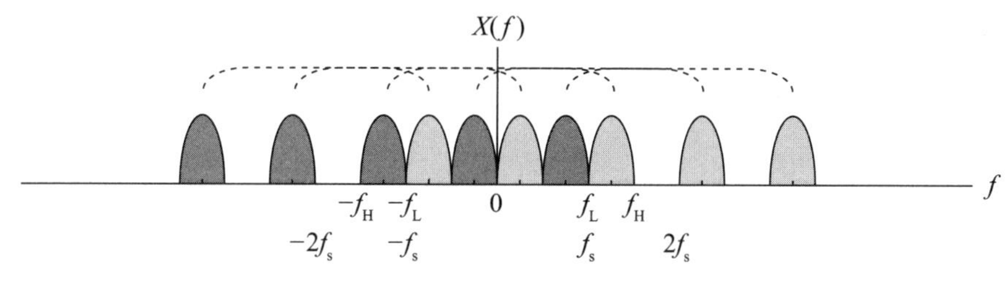

图 7-93　抽样信号的频谱（7）

注意：这时候 f_s 不能再进一步减小了，否则就发生混叠了。

综上所述，以 $f_s \geqslant 2f_H$、$f_H \leqslant f_s \leqslant 2f_L$、$f_s=f_L$ 的采样频率对 $f_L=2B$、$f_H=3B$ 的带通信号进行采样，不会发生频谱混叠。

下面对比一下带通采样定理给出的结论。

由 $f_H=3B$，得 $m_{max}=3$，也就是说：m=1，2，3。

根据带通采样定理，以满足下面条件的采样频率 f_s 对带通信号进行采样，都可以将带通信号无失真地恢复出来：

$$\frac{2f_H}{m} \leqslant f_s \leqslant \frac{2f_L}{m-1}$$

满足条件的采样频率 f_s 由高到低被分成了 3 个部分：

$m=1$ 时，$f_s \geqslant 2f_H$；

$m=2$ 时，$f_H \leqslant f_s \leqslant 2f_L$；

$m=3$ 时，$\dfrac{2}{3}f_H \leqslant f_s \leqslant f_L$，在 $f_L=2B$、$f_H=3B$ 的情况下，就是 $f_s=2B=f_L$。

对比一下前面推导得到的结论，可以发现二者是完全相同的。

再来看一个简单而且 f_H 不是 B 的整数倍的情况：f_H=1.5B，如图 7-94 所示。

当 $f_s=2f_H$ 时，抽样信号的频谱如图 7-95 所示。

很明显：

当 $f_s < 2f_H$ 时，频谱必定会发生混叠。

当$f_s \geqslant 2f_H$时，频谱不会发生混叠。

这个结论与带通采样定理给出的结论：$m_{max}=1$，$f_s \geqslant 2f_H$是完全一致的。

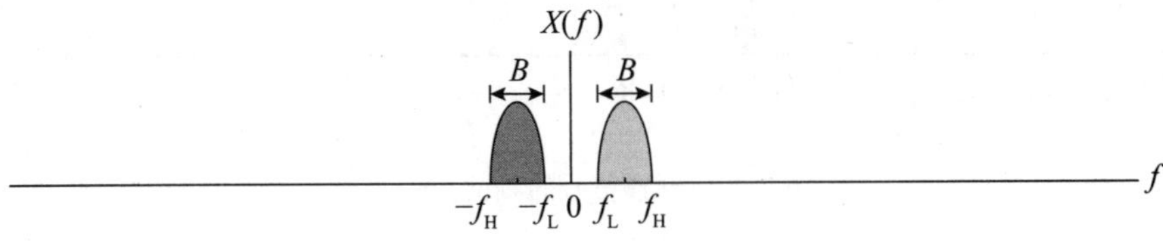

图 7-94　带通信号的频谱

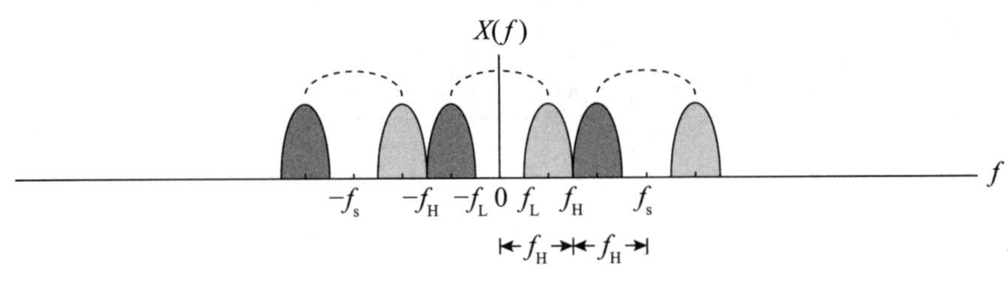

图 7-95　抽样信号的频谱

上面举了$f_H=3B$和$f_H=1.5B$两个例子，对于f_H取其他值的情况，也可以用同样的方法推导出不会使抽样信号频谱发生混叠的采样频率f_s。

4. 图解满足带通采样定理的采样频率

为了更清楚地认识带通采样定理中采样频率f_s和最高信号频率f_H的关系，我们以f_H为横轴，以f_s为纵轴，把满足带通采样定理的采样频率画在一张图中，如图 7-96 所示。

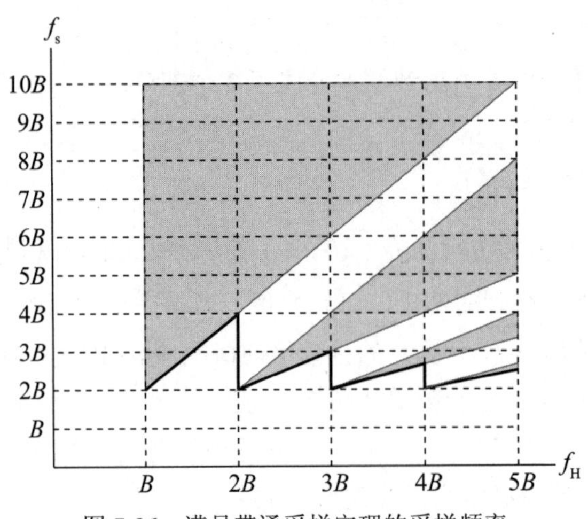

图 7-96　满足带通采样定理的采样频率

- 图中灰色区域表示满足带通采样定理的采样频率范围。

还是以 $f_H = 3B$ 为例，采样频率范围为：$f_s = 2B$，$3B \leqslant f_s \leqslant 4B$，$f_s \geqslant 6B$。

- 黑线所示为满足带通采样定理的最低采样频率：

当 $B \leqslant f_H < 2B$ 时，最低采样频率为：$2f_H$；

当 $2B \leqslant f_H < 3B$ 时，最低采样频率为：f_H；

当 $3B \leqslant f_H < 4B$ 时，最低采样频率为：$\frac{2}{3}f_H$；

当 $4B \leqslant f_H < 5B$ 时，最低采样频率为：$\frac{1}{2}f_H$。

也就是说：

当 $mB \leqslant f_H < (m+1)B$ 时，最低采样频率为：$\frac{2}{m}f_H$。

- 随着带通信号最高频率的增大，黑色斜线的斜率越来越小，当带通信号的最高频率远远大于信号带宽时，黑色斜线将趋近于一条水平线，只要以略大于 2 倍信号带宽的采样频率对带通信号采样即可，如图 7-97 所示。

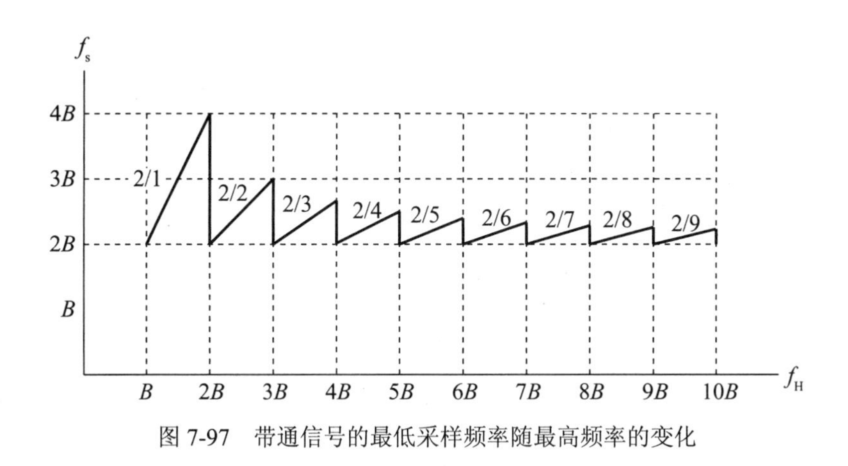

图 7-97　带通信号的最低采样频率随最高频率的变化

- 当带通信号的最高频率（f_H）正好是信号带宽（B）的整数倍时，满足带通采样定理的最低采样频率正好是带宽的 2 倍。其他情况采样频率都大于信号带宽的 2 倍。

为了用最低的采样频率（$f_s = 2B$）对带通信号进行采样，在设计带通信号时，一般将带通信号的最高频率设计成带宽的整数倍（$f_H = kB$），如图 7-98 所示。

5. 带通采样定理和奈奎斯特采样定理的关系

带通信号采样定理中，令 $f_H = B$，则 $m_{max} = 1$。对应的带通信号频谱如图 7-99 所示。

这种信号一般被称为低通信号。

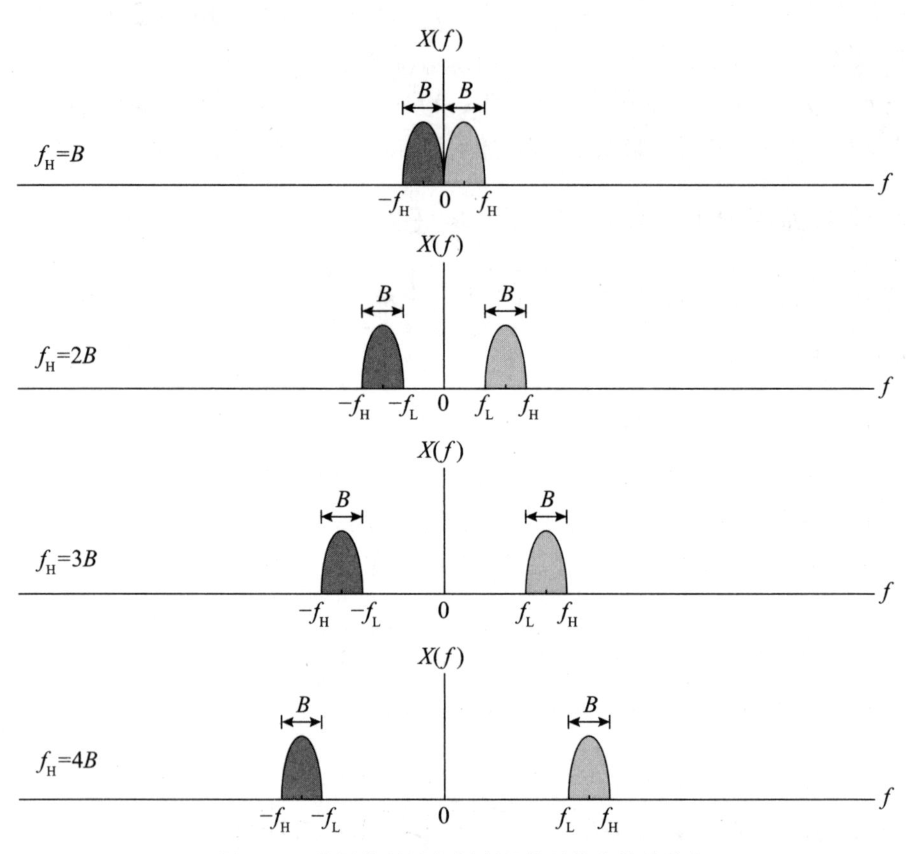

图 7-98　带通信号最高频率是信号带宽的整数倍

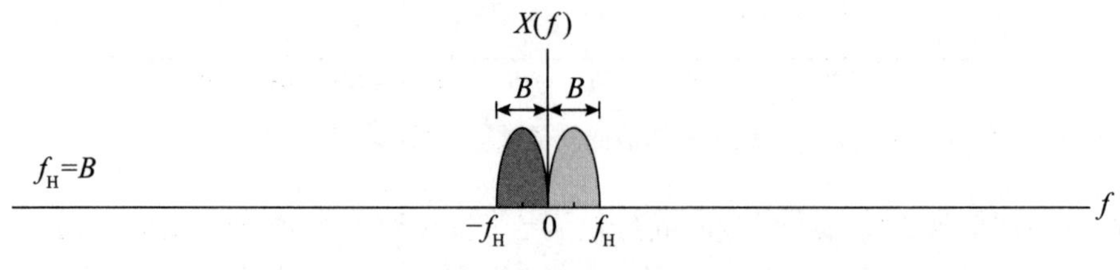

图 7-99　低通信号的频谱

根据带通信号采样定理，采样频率 f_s 应满足：

$$f_s \geqslant \frac{2f_H}{m} = 2B$$

这就是奈奎斯特采样定理。

TIPS：过采样和欠采样

过采样和欠采样是相对于信号最高频率来讲的，如图 7-100 所示。

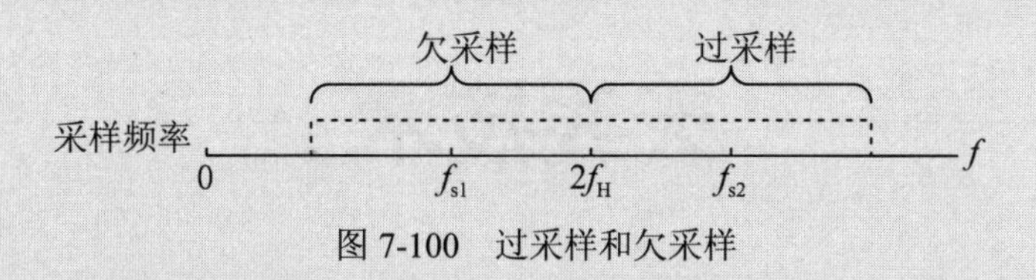

图 7-100　过采样和欠采样

过采样：采样频率高于信号最高频率的两倍。

欠采样：采样频率低于信号最高频率的两倍。

根据奈奎斯特采样定理，对基带信号进行欠采样是无法从采样信号中恢复出原始基带信号的，因此基带信号的采样都是过采样，如图 7-101 所示。

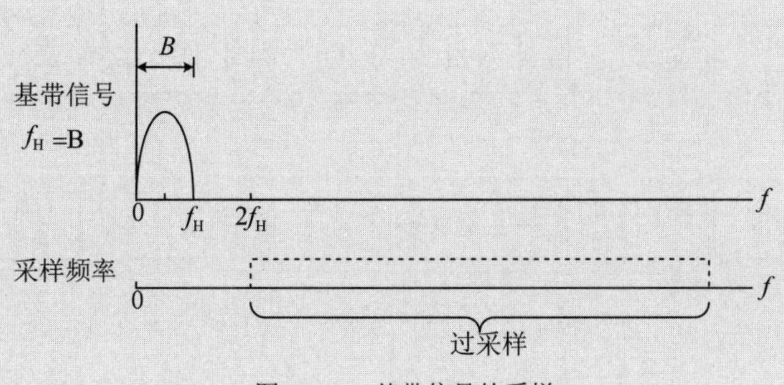

图 7-101　基带信号的采样

对带通（频带）信号进行采样可以是过采样，也可以是欠采样。以 $f_H=3B$ 的频带信号为例：当采样频率大于 $6B$ 时为过采样，当采样频率取值为 $2B$ 或 $3B$~$4B$ 之间的值时为欠采样，如图 7-102 所示。

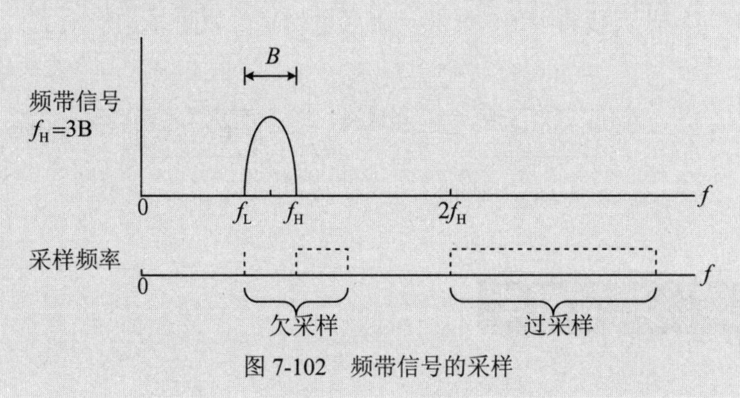

图 7-102　频带信号的采样

第8章 天线技术

无线通信系统中，需要天线来完成射频电信号和电磁波之间的转换。

天线在通信系统模型中的位置如图 8-1 所示。

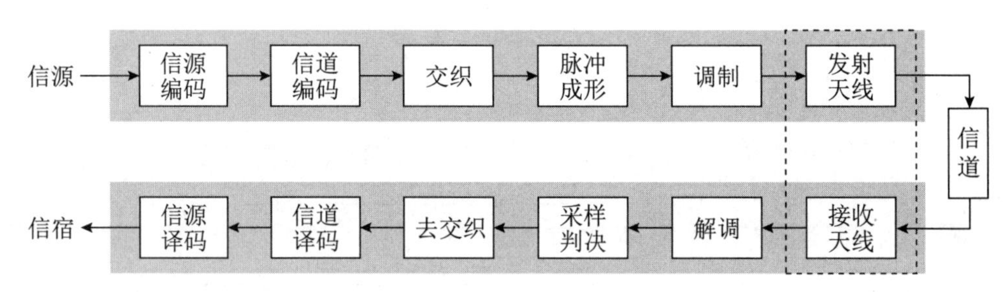

图 8-1　天线在通信系统模型中的位置

8.1　天线的功能

在发送端通过发射天线将射频电信号转换成电磁波在自由空间中进行传输，相应地在接收端通过接收天线将电磁波转换回射频电信号，如图 8-2 所示。

图 8-2　天线的功能

8.2　电磁波辐射原理

导线上有交变电流流动时，就会发生电磁波的辐射，辐射能力与导线的形状和长度有关。

一、辐射能力与导线形状的关系

如果两导线平行而且距离很近，电场会被束缚在两导线之间，辐射很微弱；如果将两导线张开，电场就会被散播到周围空间，因而辐射增强，如图 8-3 所示。

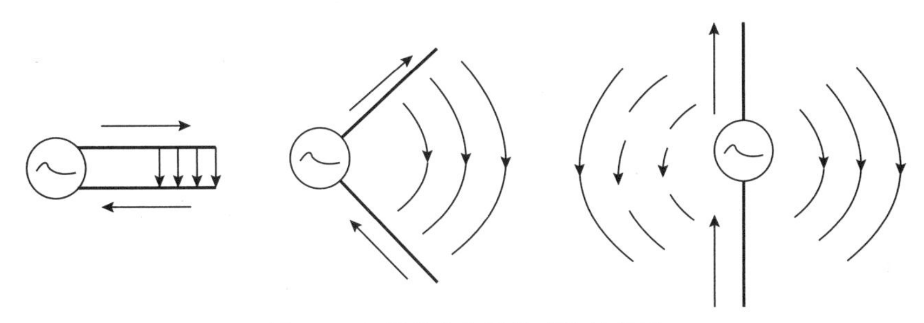

图 8-3　辐射能力与导线形状的关系

二、辐射能力与导线长度的关系

当导线长度 L 远小于波长时，辐射很微弱；当导线长度 L 增大到可与波长相比拟时，导线上的电流将大大增加，因而能形成较强的辐射。

8.3　半波对称振子

半波对称振子是指两臂长度均为 1/4 波长，全长为 1/2 波长的振子，如图 8-4 所示。

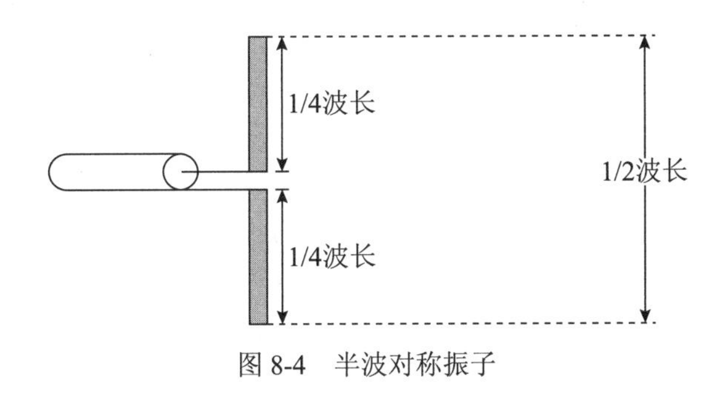

图 8-4　半波对称振子

方向图反映了天线增益与空间角度的关系。垂直放置的半波对称振子具有平放的“面包圈”形状的立体方向图，如图 8-5 所示。

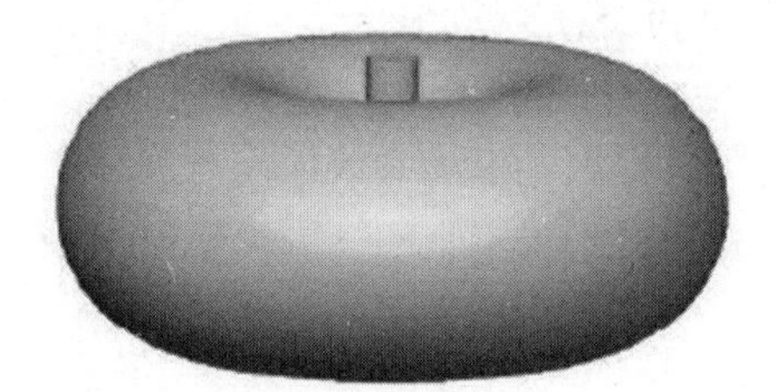

图 8-5　半波对称振子的立体方向图

从其垂直方向图来看，在振子的轴线方向上辐射为零，最大辐射方向在水平方向上；从其水平方向图来看，各个方向上的辐射相同，如图 8-6 所示。

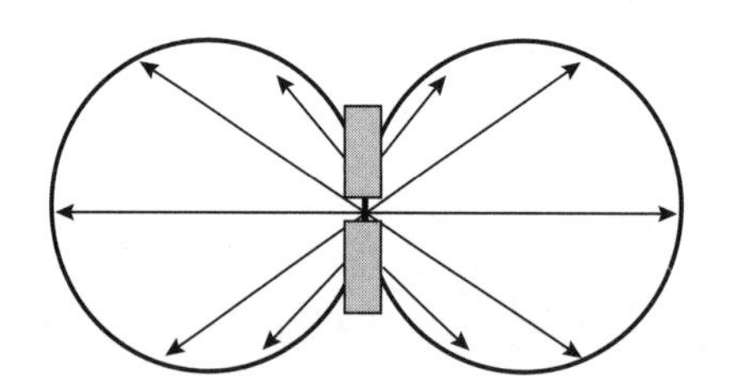

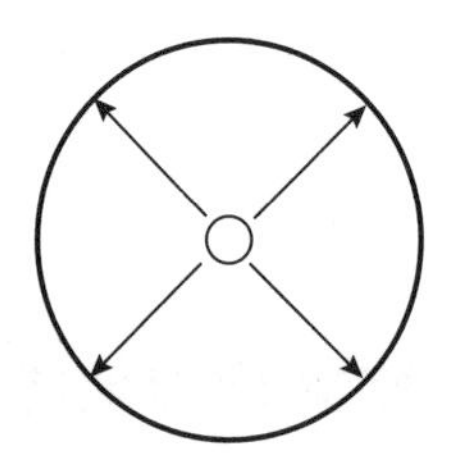

图 8-6　半波对称振子的垂直方向图（左）和水平方向图（右）

半波对称振子是构成其他多种天线的基本单元，应用非常广泛。

8.4　全向天线

全向天线具有如下特点。

- 在水平方向图上表现为 360° 都均匀辐射，也就是平常所说的无方向性。
- 在垂直方向图上表现为有一定宽度的波束，一般情况下波瓣宽度越小，增益越大。

半波对称振子本身就是一个全向天线，但其波瓣宽度比较大，增益较小，为了提高增益，可以使用多个半波对称振子组成一个阵列。例如，使用 4 个半波对称振子沿垂线上下排列成一个垂直四元阵列，可以把信号进一步集中到水平方向上，其立体方向图如图 8-7 所示，垂直方向图如图 8-8 所示。

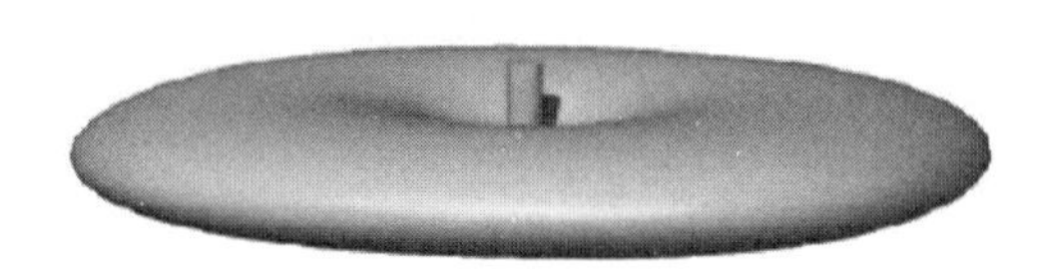

图 8-7　垂直四元天线阵列立体方向图

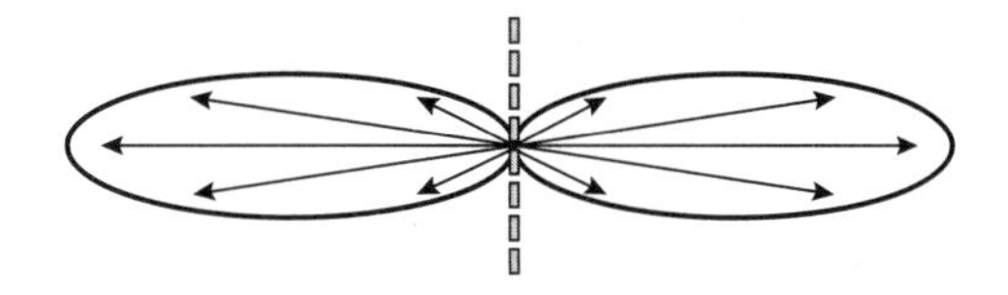

图 8-8　垂直四元天线阵列垂直方向图

8.5　定向天线

定向天线具有如下特点：

- 在水平方向图上表现为一定角度范围辐射，也就是平常所说的有方向性。
- 在垂直方向图上表现为有一定宽度的波束，波瓣宽度越小，增益越大。

可以在全向天线的基础上，利用反射板把辐射控制到单侧方向，构成一个覆盖扇形区域的定向天线，如图 8-9 所示。

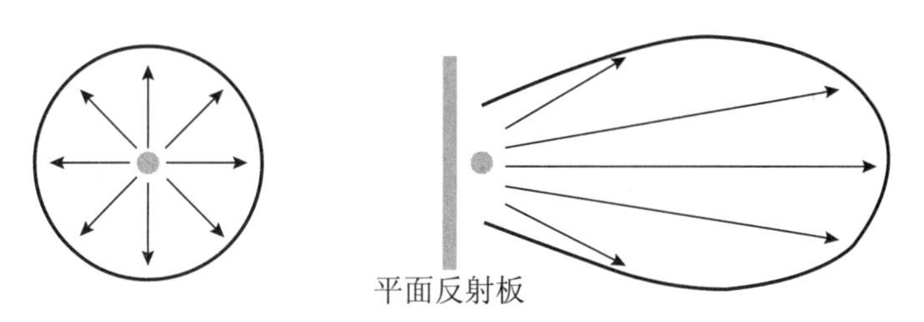

图 8-9　垂直四元天线阵列水平方向图：无反射板（左），有反射板（右）

8.6　多天线技术

一般情况下发射机和接收机各采用一根天线就可以进行通信了。如果发射机和/或接收机采用多天线，可以实现一些单根天线做不到的功能。

一、分集技术

无线信道是存在衰落的，如果发射机只用一根天线发送已调信号，接收机只用一根天线进行接收，当发生深度衰落时，接收机很可能会解调失败。

如果接收机采用2根天线来接收信号，而且2根天线的间距较大，如图8-10所示。

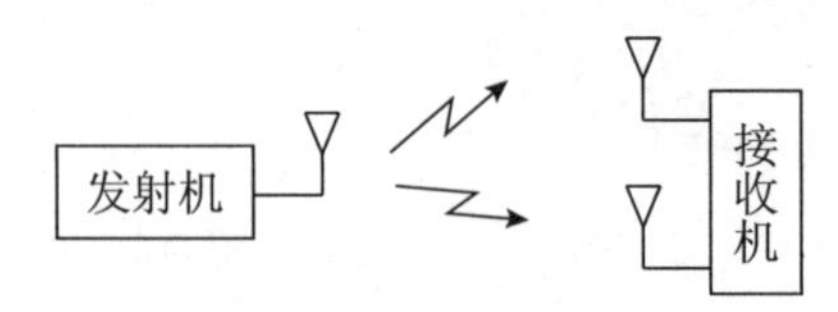

图 8-10　分集接收

则到达接收机的2路信号同时发生深度衰落的概率会大大降低，接收机只要对2路信号进行合并，很有可能解调成功。如图8-11所示。

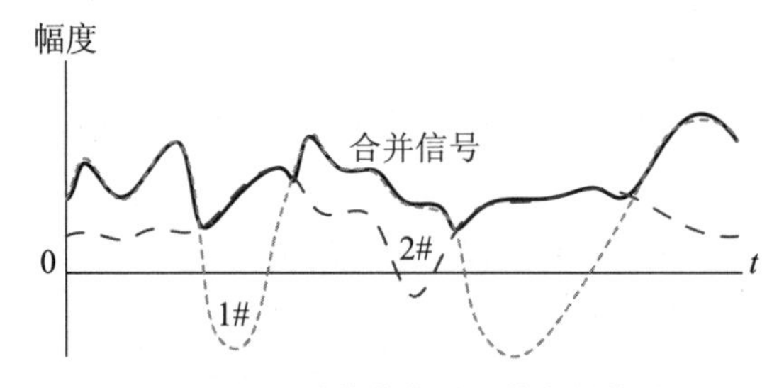

图 8-11　两路接收信号及其合并信号

这就是分集接收技术。所谓的分集，就是“分开传输，集中处理”，发射机将同一个信号分成多路进行传输，到了接收机再集中进行合并。分集技术可以在不增加发射功率和带宽的前提下，改善无线信道的传输质量。

常用的合并算法包括：选择合并、最大比合并、等增益合并等。

分集接收技术在移动通信系统中应用很广泛。GSM通信系统中的基站经常采用3根天线：1根发射天线，2根接收天线，如图8-12所示。

图 8-12　基站接收分集

二、MIMO

单根发射天线和单根接收天线之间的信道容量受限于香农公式，要想在相同的频谱带宽下进一步提高信道容量，要采用多天线技术。

1. 什么是 MIMO

MIMO：Multiple-Input Multiple-Output，即多入多出系统。这里的入和出是相对于发射天线和接收天线构成的天线系统来讲的。

常见的通信系统都是一根发射天线和一根接收天线，如图 8-13 所示。

单个输入、单个输出，这就是单入单出系统 SISO：Single-Input Single-Output。

采用了接收分集技术的系统，一根发射天线，多根接收天线，如图 8-14 所示。

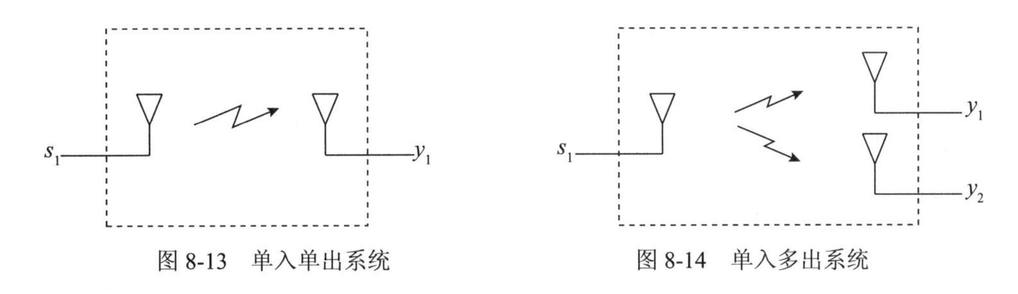

图 8-13　单入单出系统　　图 8-14　单入多出系统

单个输入、多个输出，这就是单入多出系统 SIMO：Single-Input Multiple-Output。

如果发射天线和接收天线都采用多根，如图 8-15 所示。

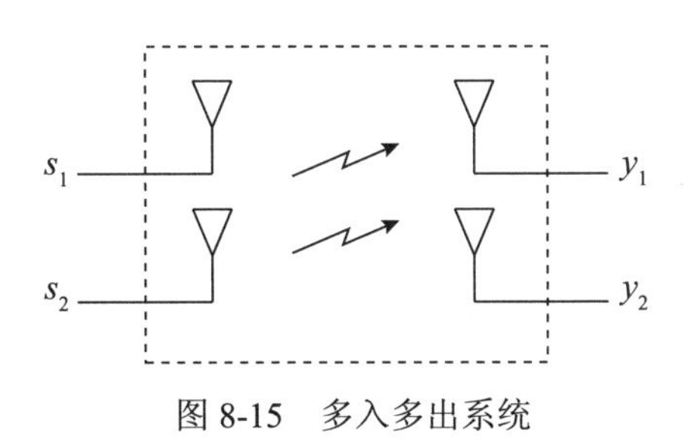

图 8-15　多入多出系统

多个输入、多个输出，这就构成了多入多出系统 MIMO。

2. SISO 系统信息传输速率受限于香农容量

香农公式给出了在高斯白噪声干扰的、带宽受限的信道上实现无差错传输的信息速率的最大值，也就是信道容量。

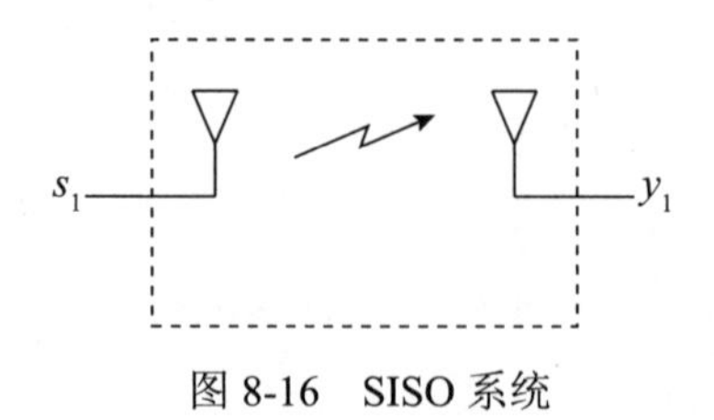

图 8-16　SISO 系统

对于如图 8-16 所示的 SISI 系统，在带宽和信噪比确定的情况下，能够达到的最大传输速率会受限于信道容量：

$$C = B\log_2\left(1+\frac{S}{N}\right)$$

要想进一步提高传输速率，需要在发射机和接收机之间使用多对天线。

3. 为什么 MIMO 能提高传输速率

考虑一种极端的情况。如图 8-17 所示，将 2 对收发天线拆掉，直接用 2 根射频电缆将发射机和接收机连起来。

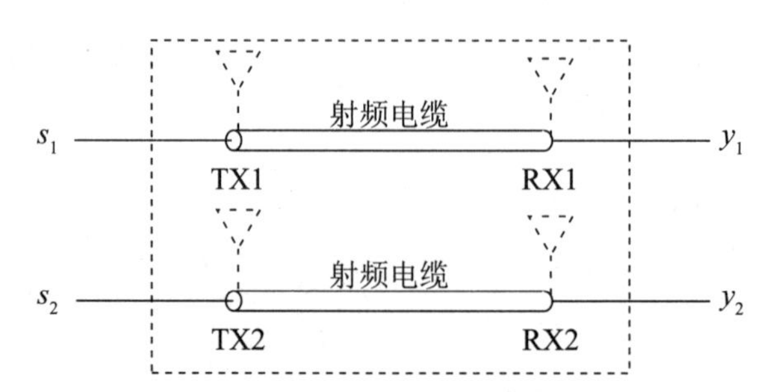

图 8-17　用 2 根射频电缆代替 2 对天线

两根射频电缆可以互不干扰地并行传送两路数据，发射机和接收机之间的信道容量整整提高了一倍。很明显，如果用 N 根射频电缆并行传送 N 路数据，信道容量可以提高到单根射频电缆的 N 倍。

如果不用射频电缆，而是用 N 对天线发送和接收，信道容量能够提高到一对天线的 N 倍吗？直观来看，是有可能的，前提是每对收发天线和其他天线对的距离要足够远。

如图 8-18 所示，只要 TX1 与 TX2 距离足够远，而且 RX1 与 RX2 距离足够远，TX1 向 RX1 发送信号、TX2 向 RX2 发送信号，二者就会互不相干，容量就可以提高一倍。

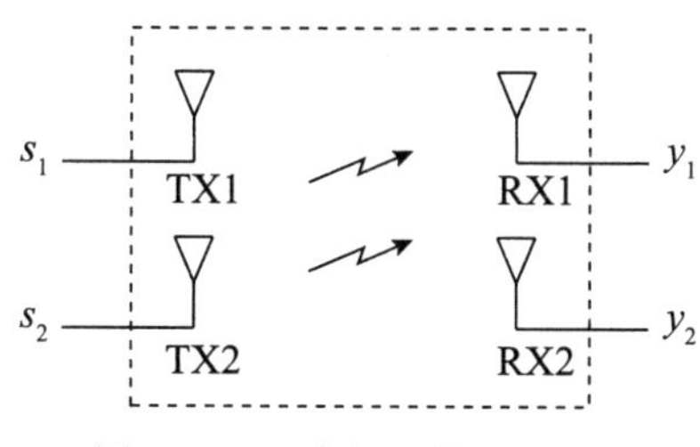

图 8-18　距离很远的 2 对天线

4. MIMO 信道建模

前面讲的场景比较极端，两对天线距离要足够远，各自收发数据互不相干，因此容量可以提高一倍。实际上，受限于发射机和接收机的尺寸，两对天线之间的距离不可能很远，特别是终端尺寸一般都很小，天线间的距离自然也很小，这种情况下还可能利用 MIMO 来提升容量吗？要解答这个问题，需要为 MIMO 信道建模进行深入分析。

1）双入双出

以比较简单的双入双出系统为例，如图 8-19 所示。

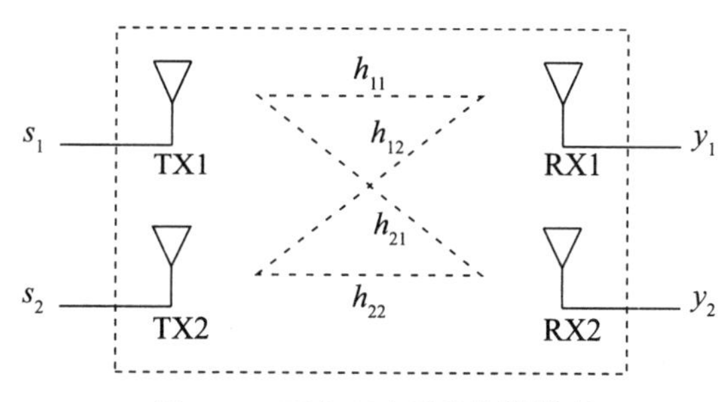

图 8-19　双入双出系统信道模型

其中，

h_{mn}：信道增益，下标中 m 是接收天线的序号，n 是发射天线的序号。

s_m：发送的基带数据，一般为用复数表示的 IQ 数据。

y_n：接收的基带数据，一般为用复数表示的 IQ 数据。

天线的输入信号和输出信号应该都是射频信号，为什么这里却注明是基带数据呢？

这与信道模型中隐含了 IQ 调制和解调有关，如图 8-20 所示。

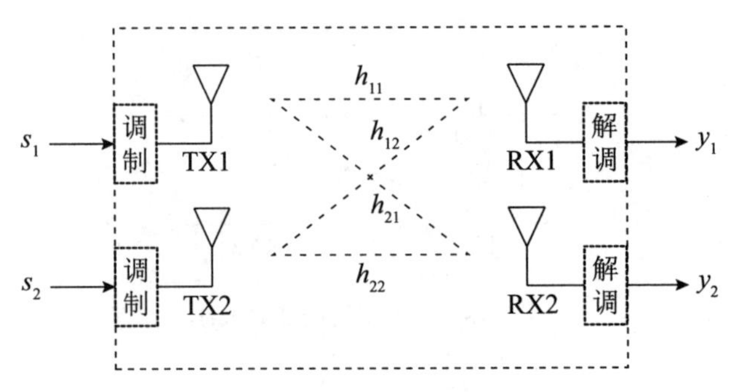

图 8-20　双入双出系统信道模型（完整）

在 2 对收发天线之间存在 4 条传输通道，信道增益如表 8-1 所示。

表 8-1　四条传输通道的信道增益

接收天线 - 发射天线	信道增益
RX1-TX1	h_{11}
RX1-TX2	h_{12}
RX2-TX1	h_{21}
RX2-TX2	h_{22}

假定输入两个发射天线的基带数据分别为 s_1 和 s_2，从两个接收天线输出的基带数据分别为 y_1 和 y_2，则通过信道模型图很容易得到输出基带数据与输入基带数据和信道增益的关系：

$$\begin{cases} y_1 = s_1 h_{11} + s_2 h_{12} \\ y_2 = s_1 h_{21} + s_2 h_{22} \end{cases}$$

为了简洁起见，一般用矩阵来表示信道增益、输入和输出基带数据。

输入和输出基带数据构成输入矩阵 *S* 和输出矩阵 *Y*，信道增益构成信道矩阵 *H*：

$$S = \begin{bmatrix} s_1 \\ s_2 \end{bmatrix} \quad Y = \begin{bmatrix} y_1 \\ y_2 \end{bmatrix} \quad H = \begin{bmatrix} h_{11} & h_{12} \\ h_{21} & h_{22} \end{bmatrix}$$

由输出基带数据与输入基带数据和信道增益的关系，很容易得到输出矩阵与输入矩阵和信道矩阵的关系：$Y = HS$。

2）多入多出

在前面对双入双出系统的分析基础上，再来看一下 N_t 入 N_r 出的 MIMO 系统信道模型，如图 8-21 所示。

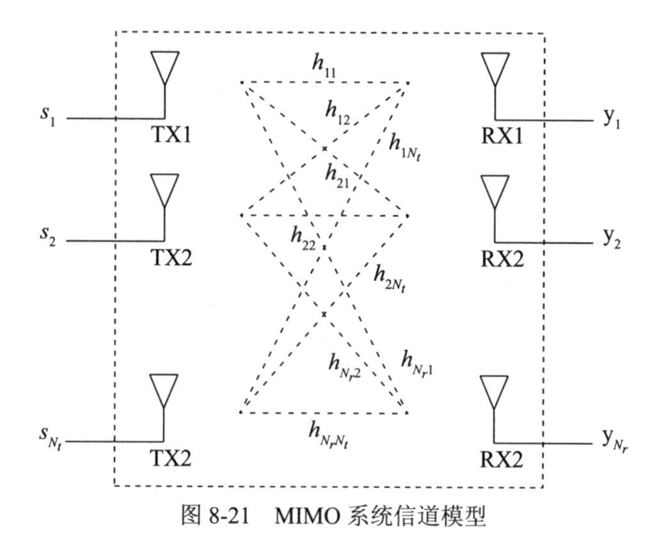

图 8-21　MIMO 系统信道模型

通过信道模型图很容易得到输出基带数据与输入基带数据和信道增益的关系：

$$\begin{cases} y_1 = h_{11}s_1 + h_{12}s_2 + \cdots + h_{1N_t}s_{N_t} \\ y_2 = h_{21}s_1 + h_{22}s_2 + \cdots + h_{2N_t}s_{N_t} \\ \quad\vdots \\ y_{N_r} = h_{N_r1}s_1 + h_{N_r2}s_2 + \cdots + h_{N_rN_t}s_{N_t} \end{cases}$$

为了简洁起见，一般用矩阵来表示信道增益、输入和输出基带数据。

输入和输出基带数据构成输入矩阵 S 和输出矩阵 Y，信道增益构成信道矩阵 H：

$$S = \begin{bmatrix} s_1 \\ s_2 \\ \vdots \\ s_{N_t} \end{bmatrix} \quad Y = \begin{bmatrix} y_1 \\ y_2 \\ \vdots \\ y_{N_r} \end{bmatrix} \quad H = \begin{bmatrix} h_{11} & h_{12} & \cdots h_{1N_t} \\ h_{21} & h_{22} & \cdots h_{2N_t} \\ \vdots & \vdots & \vdots \\ h_{N_r1} & h_{N_r2} & \cdots h_{N_rN_t} \end{bmatrix}$$

注：信道矩阵的行数 = 接收天线的个数 N_r，列数 = 发送天线的个数 N_t。

由输出基带数据与输入基带数据和信道增益的关系，很容易得到输出矩阵与输入矩阵和信道矩阵的关系：$Y = HS$。

5. MIMO 信道矩阵

MIMO 信道矩阵：

$$H=\begin{bmatrix} h_{11} & h_{12} & \cdots h_{1N_t} \\ h_{21} & h_{22} & \cdots h_{2N_t} \\ \vdots & \vdots & \vdots \\ h_{N_r1} & h_{N_r2} & \cdots h_{N_rN_t} \end{bmatrix}$$

信道矩阵是由信道增益组成的：

第 1 行：由第 1、2、3、⋯、N_t 根发射天线到第 1 根接收天线之间的信道增益组成。

第 2 行：由第 1、2、3、⋯、N_t 根发射天线到第 2 根接收天线之间的信道增益组成。

……

第 N_r 行：由第 1、2、3、⋯、N_t 根发射天线到第 N_r 根接收天线之间的信道增益组成。

信道矩阵在 MIMO 系统扮演了重要角色，下来对信道矩阵在各种场景下的特征进行分析。

1）天线间距非常大

天线间距足够大时，相当于使用射频电缆将 N 对发射天线和接收天线用直连起来，让接收天线 n 只能接收来自于发射天线 n 的信号，屏蔽了来自其他发射天线的信号，如图 8-22 所示。

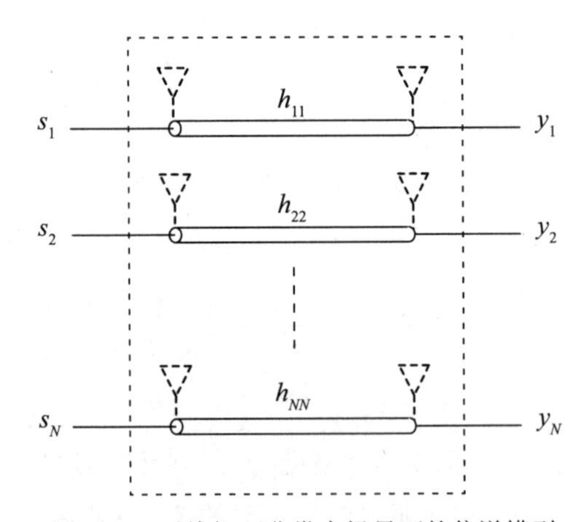

图 8-22　天线间距非常大场景下的信道模型

信道增益中除了 h_{11}、h_{22}、h_{33}、⋯、h_{NN} 外，其他的 h_{mn} 都等于零，即：

$$\begin{cases} h_{mn}\neq 0, m=n \\ h_{mn}=0, m\neq n \end{cases}$$

很明显输出基带数据和输入基带数据及信道增益的关系如下：

$$\begin{cases} y_1 = s_1 h_{11} \\ y_2 = s_2 h_{22} \\ \quad\vdots \\ y_N = s_N h_{NN} \end{cases}$$

在已知输出基带数据和信道增益的情况下，很容易得到输入基带数据：

$$\begin{cases} s_1 = y_1 / h_{11} \\ s_2 = y_2 / h_{22} \\ \quad\vdots \\ s_N = y_N / h_{NN} \end{cases}$$

下面利用矩阵来进行分析。

这种场景下的信道矩阵 H 是一个对角阵：

$$H = \begin{bmatrix} h_{11} & 0 \cdots 0 \\ 0 & h_{22} \cdots 0 \\ \vdots & \vdots \quad \vdots \\ 0 & 0 \cdots h_{NN} \end{bmatrix}$$

输出矩阵 Y 与输入矩阵 S 及信道矩阵 H 的关系是：$Y = HS$，即：

$$\begin{bmatrix} y_1 \\ y_2 \\ \vdots \\ y_N \end{bmatrix} = \begin{bmatrix} h_{11} & 0 \cdots 0 \\ 0 & h_{22} \cdots 0 \\ \vdots & \vdots \quad \vdots \\ 0 & 0 \cdots h_{NN} \end{bmatrix} \begin{bmatrix} s_1 \\ s_2 \\ \vdots \\ s_N \end{bmatrix}$$

已知输出矩阵 Y 和信道矩阵 H 的情况下，可以得到输入矩阵：$S = H^{-1}Y$

注：H^{-1} 是 H 的逆矩阵。

即：

$$\begin{bmatrix} s_1 \\ s_2 \\ \vdots \\ s_N \end{bmatrix} = \begin{bmatrix} 1/h_{11} & 0 & \cdots & 0 \\ 0 & 1/h_{22} & \cdots & 0 \\ \vdots & \vdots & & \vdots \\ 0 & 0 & \cdots & 1/h_{NN} \end{bmatrix} \begin{bmatrix} y_1 \\ y_2 \\ \vdots \\ y_N \end{bmatrix}$$

2）接收天线间距非常小

因为：接收天线的间距非常小，如图 8-23 所示。

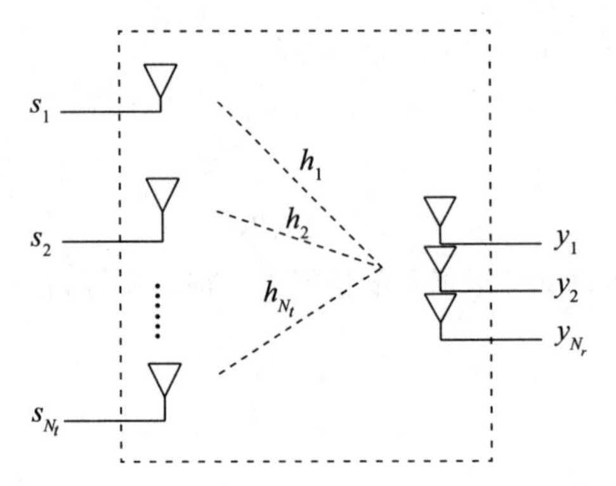

图 8-23　接收天线间距非常小场景下的信道模型

所以，同一发射天线到所有接收天线之间的信道增益都是相同的。

$$\begin{cases} h_{11} = h_{21} = \cdots = h_{N_r1} = h_1 \\ h_{12} = h_{22} = \cdots = h_{N_r2} = h_2 \\ \vdots \\ h_{1N_t} = h_{2N_t} = \cdots = h_{N_rN_t} = h_{N_t} \end{cases}$$

输出基带数据和输入基带数据及信道增益的关系如下：

$$\begin{cases} y_1 = s_1h_1 + s_2h_2 + \cdots + s_{N_t}h_{N_t} \\ y_2 = s_1h_1 + s_2h_2 + \cdots + s_{N_t}h_{N_t} \\ \vdots \\ y_{N_r} = s_1h_1 + s_2h_2 + \cdots + s_{N_t}h_{N_t} \end{cases}$$

通过上面的方程组，我们除了得到 $y_1=y_2=\cdots=y_{N_r}=S_1h_1+S_2h_2+\cdots+S_{N_t}h_{N_t}$ 外，无法从中解出输入基带数据 s_1、s_2 等。

这种场景下信道矩阵有什么特征呢？

$$H = \begin{bmatrix} h_1 & h_2 & \cdots h_{N_t} \\ h_1 & h_2 & \cdots h_{N_t} \\ \vdots & \vdots & \vdots \\ h_1 & h_2 & \cdots h_{N_t} \end{bmatrix}$$

很明显同一列的元素都相同。

3）发射天线间距非常小

因为：发射天线的间距非常小，如图 8-24 所示。

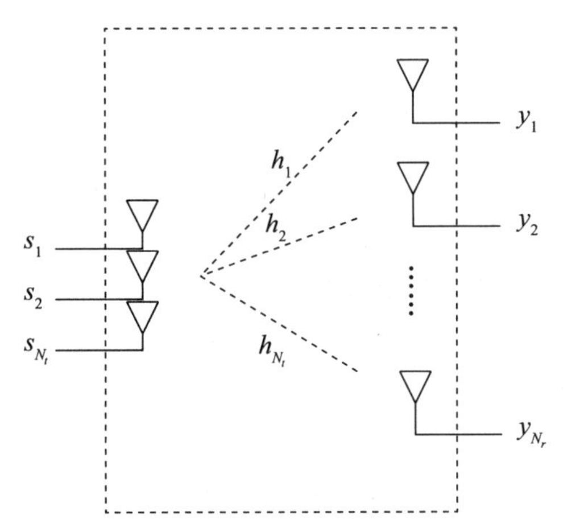

图 8-24　发射天线间距非常小场景下的信道模型

所以，所有发射天线到同一接收天线之间的信道增益都是相同的。

$$\begin{cases} h_{11} = h_{12} = \cdots = h_{1N_t} = h_1 \\ h_{21} = h_{22} = \cdots = h_{2N_t} = h_2 \\ \vdots \\ h_{N_r1} = h_{N_r2} = \cdots = h_{N_rN_t} = h_{N_r} \end{cases}$$

输出基带数据和输入基带数据及信道增益的关系如下：

$$\begin{cases} y_1 = s_1h_1 + s_2h_1 + \cdots + s_{N_t}h_1 = \left(s_1 + s_2 + \cdots + s_{N_t}\right)h_1 \\ y_2 = s_1h_2 + s_2h_2 + \cdots + s_{N_t}h_2 = \left(s_1 + s_2 + \cdots + s_{N_t}\right)h_2 \\ \vdots \\ y_{N_r} = s_1h_{N_r} + s_2h_{N_r} + \cdots + s_{N_t}h_{N_r} = \left(s_1 + s_2 + \cdots + s_{N_t}\right)h_{N_r} \end{cases}$$

通过上面的方程组，我们除了得到$\frac{y_1}{h_1} = \frac{y_2}{h_2} = \cdots = \frac{y_{N_r}}{h_{N_r}} = s_1 + s_2 + \cdots + s_{N_t}$外，无法从中解出输入基带数据 s_1、s_2 等。

这种场景下信道矩阵有什么特征呢？

$$\boldsymbol{H} = \begin{bmatrix} h_1 & h_1 & \cdots h_1 \\ h_2 & h_2 & \cdots h_2 \\ \vdots & \vdots & \vdots \\ h_{N_r} & h_{N_r} & \cdots h_{N_r} \end{bmatrix}$$

很明显同一行的元素都相同。

6. MIMO 系统可以并行传输几路数据

前面讲的这三种场景比较极端，可以很容易判断出来可以并行传输几路数据。

- 收发天线间距非常大：可以并行传送 N 路数据。
- 接收天线间距非常小：只能传送 1 路数据。
- 发射天线间距非常小：只能传送 1 路数据。

对于一般场景，如何判断可以并行传送几路数据呢？

1）双入双出系统

先看一下最简单的双入双出系统，即 MIMO 2×2，如图 8-25 所示。

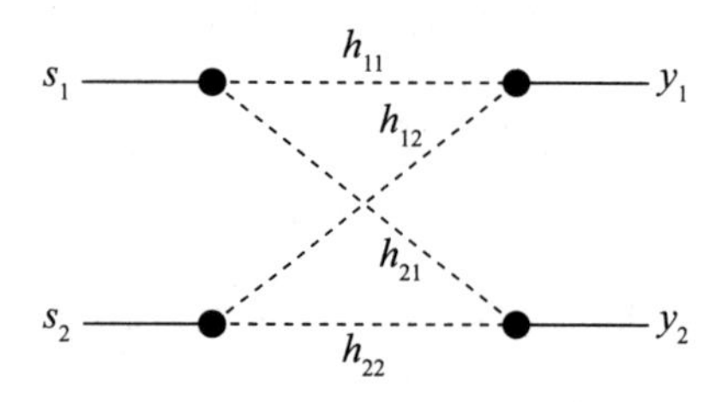

图 8-25　MIMO 2×2

输出和输入的关系：

$$\begin{cases} y_1 = s_1h_{11} + s_2h_{12} \\ y_2 = s_1h_{21} + s_2h_{22} \end{cases}$$

这个方程组中输出基带数据（y_1、y_2）和信道增益（h_{11}、h_{12}、h_{21}、h_{22}）是已知的，输入基带数据（s_1、s_2）是未知的。

- 如果：$\dfrac{h_{11}}{h_{21}} = \dfrac{h_{12}}{h_{22}} = a$

则：$y_1 = s_1h_{11} + s_2h_{12} = as_1h_{21} + as_2h_{22} = ay_2$

原来的方程组化为：

$$\begin{cases} y_1 = a\left(s_1h_{21} + s_2h_{22}\right) \\ y_2 = s_1h_{21} + s_2h_{22} \end{cases}$$

这个方程组是解不出 s_1 和 s_2 的，因此这种情况下系统只能传送 1 路数据。

例如：

$$h_{11} = 0.6; h_{12} = 0.8$$
$$h_{21} = 0.3; h_{22} = 0.4$$

对应的方程组：

$$\begin{cases} y_1 = 0.6s_1 + 0.8s_2 \\ y_2 = 0.3s_1 + 0.4s_2 \end{cases}$$

是无法解出 s_1 和 s_2 的，因此这种情况下系统只能传送 1 路数据。

- 在 $\frac{h_{11}}{h_{21}} \neq \frac{h_{12}}{h_{22}}$ 的情况下，前述方程组是可以解出 s_1 和 s_2 的，因此这种情况下系统是可以并行传送 2 路数据的。

例如：

$$h_{11}=0.6;\ h_{12}=0.4$$
$$h_{21}=0.3;\ h_{22}=0.8$$

对应的方程组：

$$\begin{cases} y_1 = 0.6s_1 + 0.4s_2 \\ y_2 = 0.3s_1 + 0.8s_2 \end{cases}$$

是可以解出 s_1 和 s_2 的，因此这种情况下系统是可以并行传送 2 路数据的。

2）四入四出系统

再看一下四入四出系统，即 MIMO 4×4，如图 8-26 所示。

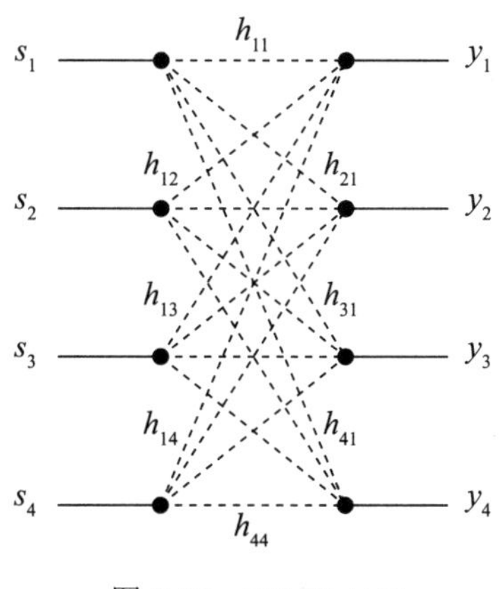

图 8-26　MIMO 4×4

输出和输入的关系：

$$\begin{cases} y_1 = s_1h_{11} + s_2h_{12} + s_3h_{13} + s_4h_{14} \\ y_2 = s_1h_{21} + s_2h_{22} + s_3h_{23} + s_4h_{24} \\ y_3 = s_1h_{31} + s_2h_{32} + s_3h_{33} + s_4h_{34} \\ y_4 = s_1h_{41} + s_2h_{42} + s_3h_{43} + s_4h_{44} \end{cases}$$

这个方程组中输出基带数据（y_1、y_2、y_3、y_4）和信道增益（h_{11}、h_{12}、h_{13}、h_{14} 等）是已知的，输入基带数据（s_1、s_2、s_3、s_4）是未知的。

- 直接解这个方程组有点复杂，下面举例子来看。

$$\begin{aligned} &h_{11} = 0.9; h_{12} = 0.8; h_{13} = 0.5; h_{14} = 0.5 \\ &h_{21} = 0.6; h_{22} = 0.7; h_{23} = 0.8; h_{24} = 0.2 \\ &h_{31} = 0.3; h_{32} = 0.5; h_{33} = 0.1; h_{34} = 0.9 \\ &h_{41} = 0.8; h_{42} = 0.3; h_{43} = 0.2; h_{44} = 0.6 \end{aligned}$$

对应的方程组：

$$\begin{cases} y_1 = 0.9s_1 + 0.8s_2 + 0.5s_3 + 0.5s_4 \\ y_2 = 0.6s_1 + 0.7s_2 + 0.8s_3 + 0.2s_4 \\ y_3 = 0.3s_1 + 0.5s_2 + 0.1s_3 + 0.9s_4 \\ y_4 = 0.8s_1 + 0.3s_2 + 0.2s_3 + 0.6s_4 \end{cases}$$

四个方程，四个未知数，s_1、s_2、s_3、s_4 是可以解出来的，因此这种情况下系统是可以并行传送 4 路数据的。

- 再来看一个例子。

$$\begin{aligned} &h_{11} = 0.9; h_{12} = 0.8; h_{13} = 0.5; h_{14} = 0.5 \\ &h_{21} = 0.6; h_{22} = 0.7; h_{23} = 0.8; h_{24} = 0.2 \\ &h_{31} = 0.3; h_{32} = 0.35; h_{33} = 0.4; h_{34} = 0.1 \\ &h_{41} = 0.8; h_{42} = 0.3; h_{43} = 0.2; h_{44} = 0.6 \end{aligned}$$

对应的方程组：

$$\begin{cases} y_1 = 0.9s_1 + 0.8s_2 + 0.5s_3 + 0.5s_4 & (8\text{-}1) \\ y_2 = 0.6s_1 + 0.7s_2 + 0.8s_3 + 0.2s_4 & (8\text{-}2) \\ y_3 = 0.3s_1 + 0.35s_2 + 0.4s_3 + 0.1s_4 & (8\text{-}3) \\ y_4 = 0.8s_1 + 0.3s_2 + 0.2s_3 + 0.6s_4 & (8\text{-}4) \end{cases}$$

其中方程（8-2）的系数正好是方程（8-3）的 2 倍，也就是 $y_2 = 2\,y_3$，这两个方程是等价的，换句话说上面的方程组实质上只包含 3 个方程，未知数却有 4 个，是不可能解出 s_1、s_2、s_3、s_4 的。

如果减少一个未知数，例如：令 $s_4=s_3$，得

$$\begin{cases} y_1 = 0.9s_1 + 0.8s_2 + 0.5s_3 + 0.5s_3 = 0.9s_1 + 0.8s_2 + 1.0s_3 \\ y_2 = 0.6s_1 + 0.7s_2 + 0.8s_3 + 0.2s_3 = 0.6s_1 + 0.7s_2 + 1.0s_3 \\ y_3 = 0.3s_1 + 0.35s_2 + 0.4s_3 + 0.1s_3 = 0.3s_1 + 0.35s_2 + 0.5s_3 \\ y_4 = 0.8s_1 + 0.3s_2 + 0.2s_3 + 0.6s_3 = 0.8s_1 + 0.3s_2 + 0.8s_3 \end{cases}$$

去掉其中第 3 个方程，得

$$\begin{cases} y_1 = 0.9s_1 + 0.8s_2 + 1.0s_3 \\ y_2 = 0.6s_1 + 0.7s_2 + 1.0s_3 \\ y_4 = 0.8s_1 + 0.3s_2 + 0.8s_3 \end{cases}$$

三个方程，三个未知数，s_1、s_2、s_3 是可以解出来的，因此这种情况下系统是可以并行传送 3 路数据的。

- 再看一个更复杂的例子。

$$h_{11} = 0.60; h_{12} = 0.70; h_{13} = 0.80; h_{14} = 0.20$$
$$h_{21} = 0.30; h_{22} = 0.50; h_{23} = 0.10; h_{24} = 0.90$$
$$h_{31} = 0.00; h_{32} = 0.15; h_{33} = -0.3; h_{34} = 0.80$$
$$h_{41} = 0.48; h_{42} = 0.50; h_{43} = 0.76; h_{44} = -0.16$$

对应的方程组：

$$\begin{cases} y_1 = 0.6s_1 + 0.7s_2 + 0.8s_3 + 0.2s_4 & (8\text{-}5) \\ y_2 = 0.3s_1 + 0.5s_2 + 0.1s_3 + 0.9s_4 & (8\text{-}6) \\ y_3 = 0.0s_1 + 0.15s_2 - 0.3s_3 + 0.8s_4 & (8\text{-}7) \\ y_4 = 0.48s_1 + 0.5s_2 + 0.76s_3 - 0.16s_4 & (8\text{-}8) \end{cases}$$

其中：

$$2y_2 = 0.6s_1 + 1.0s_2 + 0.2s_3 + 1.8s_4$$

$$2y_2 - y_1 = 0.0s_1 + 0.3s_2 - 0.6s_3 + 1.6s_4 = 2y_3$$

也就是方程（8-7）可以由前两个方程（8-5）和（8-6）推导出来。

$$2y_1 = 1.2s_1 + 1.4s_2 + 1.6s_3 + 0.4s_4$$

$$2y_1 - y_3 = 1.2s_1 + 1.25s_2 + 1.9s_3 - 0.4s_4 = 2.5y_4$$

也就是方程（8-8）可以由方程（8-5）和（8-7）推导出来，而第3个方程（8-7）又可以由前两个方程（8-5）和（8-6）推导出来，所以这个方程组中有效的方程实质上只有前面2个。

只要减少2个未知数，例如：令 $s_3 = s_1$，$s_4 = s_2$，可得：

$$\begin{cases} y_1 = 0.6s_1 + 0.7s_2 + 0.8s_1 + 0.2s_2 = 1.4s_1 + 0.9s_2 \\ y_2 = 0.3s_1 + 0.5s_2 + 0.1s_1 + 0.9s_2 = 0.4s_1 + 1.4s_2 \\ y_3 = 0.0s_1 + 0.15s_2 - 0.3s_1 + 0.8s_2 = -0.3s_1 + 0.95s_2 \\ y_4 = 0.48s_1 + 0.5s_2 + 0.76s_1 - 0.16s_2 = 1.24s_1 + 0.34s_2 \end{cases}$$

根据前面的分析，利用前面的2个方程就可以解出 s_1 和 s_2。

$$\begin{cases} y_1 = 1.4s_1 + 0.9s_2 \\ y_2 = 0.4s_1 + 1.4s_2 \end{cases}$$

因此这种情况下系统只可以并行传送2路数据。

7. 信道矩阵的秩

通过上面的分析，可以得知：先根据MIMO系统输出基带数据与输入基带数据（未知数）和信道增益的关系列出方程组：

$$\begin{cases} y_1 \; = h_{11}s_1 + h_{12}s_2 + \cdots + h_{1N_t}s_{N_t} \\ y_2 \; = h_{21}s_1 + h_{22}s_2 + \cdots + h_{2N_t}s_{N_t} \\ \qquad\qquad \vdots \\ y_{N_r} = h_{N_r1}s_1 + h_{N_r2}s_2 + \cdots + h_{N_rN_t}s_{N_t} \end{cases}$$

再找出方程组中有效的方程个数，就可以知道MIMO系统可以并行传送几路数据了。

对于有 N_t 个未知数、N_r 个方程的方程组，有效方程个数最大不会超过 $\min\{N_t, N_r\}$。

找出方程组中有效方程的个数，这个计算过程很麻烦，有没有什么更好的办法呢？

找出方程组中有效方程个数的过程，实质上就是分析组成方程组的各方程之间的关系，如果某方程可以由其他方程经过线性运算得到，这个方程就是无效方程，找出所有的无效方程，剩下的就是有效方程。

而方程之间的关系与方程中未知数前面的系数密切相关，只要搞清楚各方程系数之间的关系，就可以找出有效方程。

方程中未知数是输入基带数据，未知数前面的系数是什么？信道增益！

前面讲过：如果将 MIMO 系统输出基带数据、输入基带数据、信道增益分别用矩阵 Y、S、H 来表示，则 MIMO 系统输出与输入和信道增益的关系可以表示为：$Y=HS$。

其中：

$$Y=\begin{bmatrix} y_1 \\ y_2 \\ \vdots \\ y_{N_r} \end{bmatrix} \quad H=\begin{bmatrix} h_{11} & h_{12} & \cdots & h_{1N_t} \\ h_{21} & h_{22} & \cdots & h_{2N_t} \\ \vdots & \vdots & & \vdots \\ h_{N_r1} & h_{N_r2} & \cdots & h_{N_rN_t} \end{bmatrix} \quad S=\begin{bmatrix} s_1 \\ s_2 \\ \vdots \\ s_{N_t} \end{bmatrix}$$

要研究方程组中各方程的关系，只要研究信道矩阵 H 就可以了。

如果信道矩阵 H 的某一行可以用其他行的线性运算得到，那这一行对应的那个方程就是无效的。因此我们可以对信道矩阵 H 进行线性变换，将可以用其他行的线性运算得到的那些行变换为零，剩下的非零行数就是有效方程的个数，也就是 MIMO 系统可以并行传送的数据路数。

事实上，上述计算过程就是求矩阵 H 的秩的过程。因此，MIMO 系统可以并行传送的数据路数可以通过求矩阵 H 的秩得到。

看一下前面这个例子：

$$h_{11}=0.60; h_{12}=0.70; h_{13}=0.80; h_{14}=0.20$$
$$h_{21}=0.30; h_{22}=0.50; h_{23}=0.10; h_{24}=0.90$$
$$h_{31}=0.00; h_{32}=0.15; h_{33}=-0.3; h_{34}=0.80$$
$$h_{41}=0.48; h_{42}=0.50; h_{43}=0.76; h_{44}=-0.16$$

对应的信道矩阵：

$$H=\begin{bmatrix} h_{11} & h_{12} & h_{13} & h_{14} \\ h_{21} & h_{22} & h_{23} & h_{24} \\ h_{31} & h_{32} & h_{33} & h_{34} \\ h_{41} & h_{42} & h_{43} & h_{44} \end{bmatrix}=\begin{bmatrix} 0.60 & 0.70 & 0.80 & 0.20 \\ 0.30 & 0.50 & 0.10 & 0.90 \\ 0.00 & 0.15 & -0.3 & 0.80 \\ 0.48 & 0.50 & 0.76 & -0.16 \end{bmatrix}$$

对此矩阵进行线性变换：

$$\begin{bmatrix} 0.60 & 0.70 & 0.80 & 0.20 \\ 0.30 & 0.50 & 0.10 & 0.90 \\ 0.00 & 0.15 & -0.3 & 0.80 \\ 0.48 & 0.50 & 0.76 & -0.16 \end{bmatrix}$$

$$\xrightarrow{\substack{R2\times 2\\R3\times 2}}\begin{bmatrix}0.60 & 0.70 & 0.80 & 0.20\\0.60 & 1.00 & 0.20 & 1.80\\0.00 & 0.30 & -0.6 & 1.60\\0.48 & 0.50 & 0.76 & -0.16\end{bmatrix}$$

$$\xrightarrow{R3+R1-R2}\begin{bmatrix}0.60 & 0.70 & 0.80 & 0.20\\0.60 & 1.00 & 0.20 & 1.80\\0.00 & 0.00 & 0.00 & 0.00\\0.48 & 0.50 & 0.76 & -0.16\end{bmatrix}$$

$$\xrightarrow{\substack{R1\times 5\\R4\times 5}}\begin{bmatrix}3.00 & 3.50 & 4.00 & 1.00\\0.60 & 1.00 & 0.20 & 1.80\\0.00 & 0.00 & 0.00 & 0.00\\2.40 & 2.50 & 3.80 & -0.8\end{bmatrix}$$

$$\xrightarrow{R4+R2-R1}\begin{bmatrix}3.00 & 3.50 & 4.00 & 1.00\\0.60 & 1.00 & 0.20 & 1.80\\0.00 & 0.00 & 0.00 & 0.00\\0.00 & 0.00 & 0.00 & 0.00\end{bmatrix}$$

非零行数为 2，该矩阵的秩为 2，因此系统可以并行传送 2 路数据，这与前面得出的结论是相同的。

下来看一下信道矩阵的秩的含义。

信道矩阵 $\boldsymbol{H}$ 是一个 $N_r \times N_t$ 矩阵，行数为 N_r，列数为 N_t。

$$\boldsymbol{H}=\underbrace{\begin{bmatrix}h_{11} & h_{12} & \cdots h_{1N_t}\\h_{21} & h_{22} & \cdots h_{2N_t}\\\vdots & \vdots & \vdots\\h_{N_r1} & h_{N_r2} & \cdots h_{N_rN_t}\end{bmatrix}}_{N_t\text{列}}\Bigg\}N_r\text{行}$$

每一行的 N_t 个元素组成一个 N_t 维行向量，信道矩阵 $\boldsymbol{H}$ 可以看作是由 N_r 个 N_t 维行向量构成的向量组。

如果向量组中至少有一个行向量可以表示为其他行向量的线性组合，则称这个向量组是线性相关的；否则称这个向量组是线性无关的。

从向量组中挑出 m 个向量组成一个线性无关的向量组，如果 m 的最大取值为 r，则将这个由 r 个向量组成的线性无关向量组称为原向量组的一个最大线性无关向量组，同时将 r 称为原向量组的秩。

> 矩阵的秩就等于构成矩阵的行向量组的秩，也就是构成矩阵的行向量组的最大线性无关向量组所含的向量个数。

从矩阵的秩的定义很容易得出：信道矩阵的秩不可能超过信道矩阵的行数 N_r。

另外，信道矩阵的秩也不可能超过信道矩阵的列数 N_t，这是因为：信道矩阵的列数 N_t 反映了方程组中未知数的个数，信道矩阵的行数 N_r 反映了方程组中方程的个数，当方程的个数超过未知数的个数时，其中一定有（N_r-N_t）个方程是可以表示为其他方程的线性组合，换句话说信道矩阵 $\boldsymbol{H}$ 中一定有（N_r-N_t）个行向量可以表示为其他行向量的线性组合，线性无关的行向量个数最多只有 N_t 个。

由此我们得到：

> 对于具有 N_t 根发射天线、N_r 根接收天线的 MIMO 系统，信道矩阵的秩最大为：$r=\min\{N_t, N_r\}$，最多可以并行传送 r 路数据。

8. 空间复用和发送分集

MIMO 系统中利用多根发射天线和多根接收天线来并行发送多路数据。并行发送的多路数据可以是不同的数据，也可以是相同的数据。

1）空间复用

SM：Spacial Multiplexing，空间复用

如果无线信道质量比较好，并且信道矩阵的秩大于 1，并行发送多路不同的数据，可以提高数据传输的吞吐量，这就是空间复用，如图 8-27 所示。

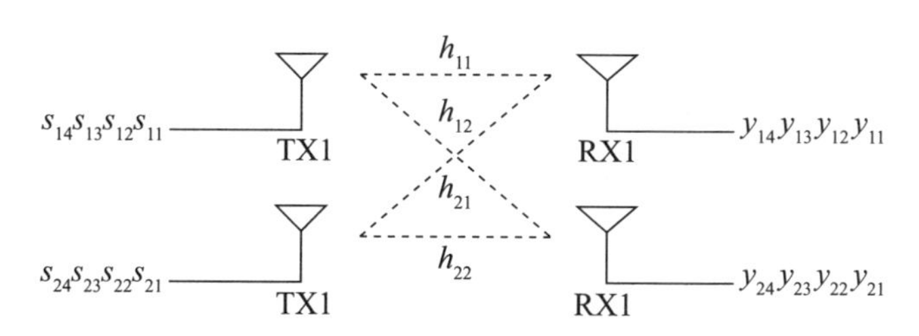

图 8-27　空间复用

2）发送分集

TD：Transmit Diversity，发送分集

接收机只有 1 根接收天线，发射机并行发送多路相同的数据，可以提高数据传输的可靠性，这就是发送分集。2T1R 发送分集如图 8-28 所示。

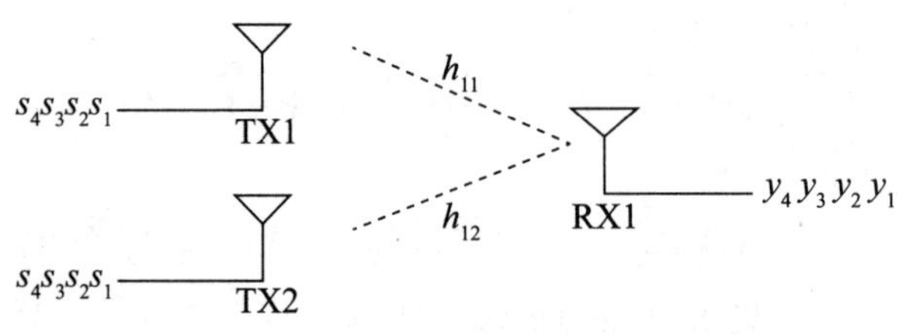

图 8-28　发送分集

三、波束赋形

多天线系统除了可以通过空间复用技术提高系统容量、通过分集技术改善无线信道的传输质量以外，还可以利用波束赋形技术将天线方向图的主瓣对准目标，改善无线覆盖和无线信道传输质量，提高频谱利用率。

1. 什么是波束赋形

BF：Beam Forming，波束赋形。

波束赋形顾名思义就是赋予波束一定的形状，让波束的主瓣方向对准目标。

发射机采用多天线进行波束赋形，如图 8-29 所示。

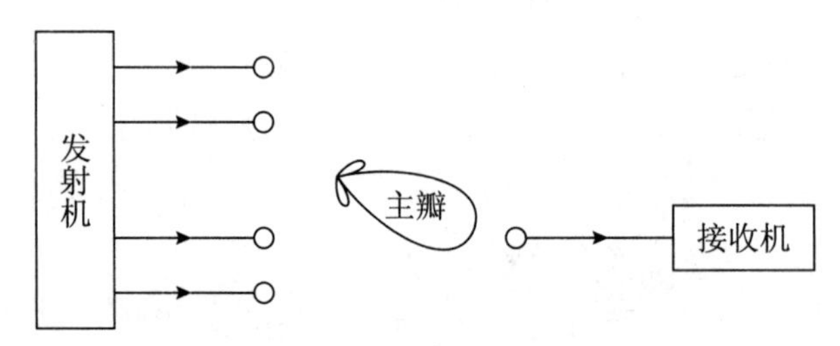

图 8-29　波束赋形（发射机）

接收机采用多天线进行波束赋形，如图 8-30 所示。

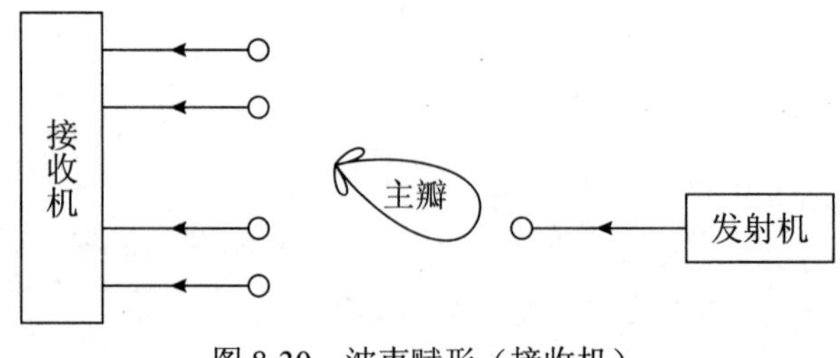

图 8-30　波束赋形（接收机）

2. 波束赋形原理

前面讲过波的干涉原理：P1 点与波源 A 的距离为 8 个波长，与波源 B 的距离为 6 个波长， 如图 8-31 所示。

波源 A 和 B 发出同频同相的正弦波，这两列波到达 P1 点时，刚好是同频同相的，合成的正弦波幅度是来自 2 个波源的正弦波幅度之和，这就是波的相涨干涉。

实际上，波束赋形就是应用了波的相涨干涉原理。以发射机的多天线波束赋形为例，就是控制从各发射天线发出的同频信号相位，让这些同频信号到达接收天线时刚好同相。

下面看一个例子。P2 到波源 A 的距离：d_1=6.5λ，到波源 B 的距离：d_2 = 2λ，如图 8-32 所示。

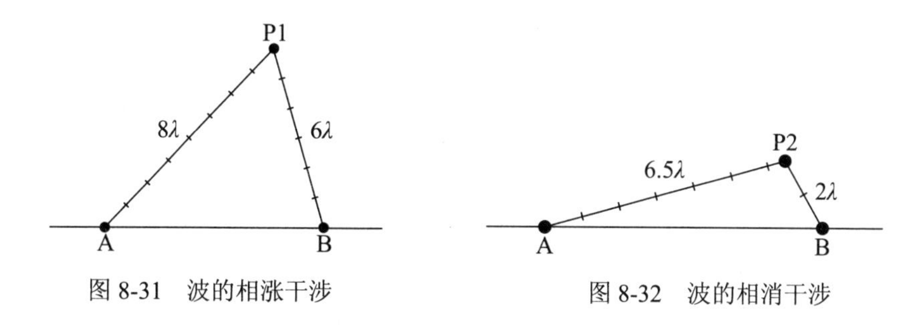

图 8-31　波的相涨干涉　　　图 8-32　波的相消干涉

如果波源 A 和 B 发出同频同相的正弦波，这两列波到达 P2 点时，刚好是同频反相的，合成的正弦波的幅度将是来自 2 个波源的正弦波幅度之差，这就是波的相消干涉。

很明显，这种情况不是我们希望看到的，我们希望看到两列波在 P2 点相涨干涉。

如何做才能让两列波在 P2 点相涨干涉呢？只要波源 B 延迟半个周期再将正弦波发送出去即可。

一般的移动通信系统中，发射机和接收机之间的距离远大于发射机天线间距，因此可以近似认为发射机的多根发射天线到接收天线之间的路径是平行的，与发射天线阵列法线的夹角为 θ，如图 8-33 所示。

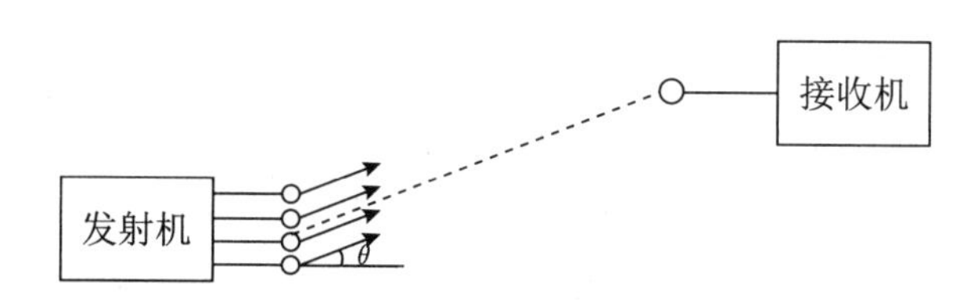

图 8-33　发射机和接收机之间的距离远大于发射机天线间距

一般称夹角 θ 为电波传播方向角。

各发射天线到接收天线之间的路程不同，如果各发射天线发出的正弦波是同频同相的，这些正弦波到达接收天线时的相位将会各不相同，如图 8-34 所示。

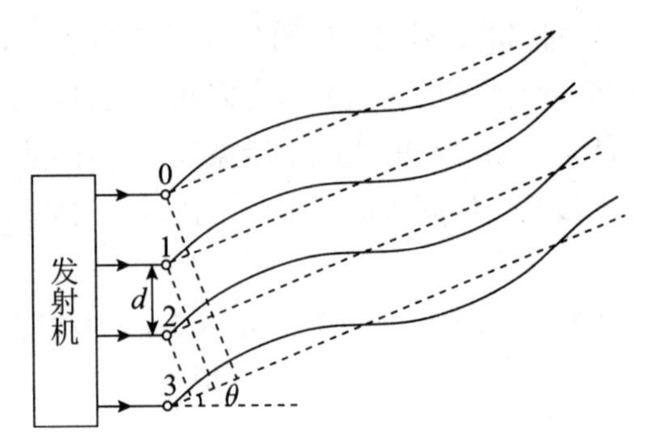

图 8-34　各发射天线发出同频同相的正弦波

假定：天线间距为 d，正弦波频率为 f，电磁波的传播速度为 c，也就是光速。

相邻发射天线发出的同频同相正弦波到达接收天线时的相位差：

$$\Delta\varphi = \frac{2\pi d\sin\theta}{\lambda}$$

其中正弦波的波长：

$$\lambda = \frac{c}{f}$$

代入上式，得到相位差的表达式：

$$\Delta\varphi = \frac{2\pi fd\sin\theta}{c}$$

例如：天线间距 $d = 3\text{cm}$，电波传播方向角 $\theta = 30°$，信号频率 $f = 2.5\text{GHz}$，信号波长：

$$\lambda = \frac{c}{f} = \frac{3\times10^8}{2.5\times10^9} = 0.12\text{m} = 12\text{cm}$$

相邻发射天线发出的同频同相正弦波到达接收天线时的相位差：

$$\Delta\varphi = \frac{2\pi d\sin\theta}{\lambda} = \frac{2\pi 3\sin 30^o}{12} = \frac{\pi}{4}$$

只要适当调整各发射天线发出的正弦波的相位，就可以让这些正弦波到达接收机时相位完全相同，叠加后达到相涨干涉的效果，如图 8-35 所示。

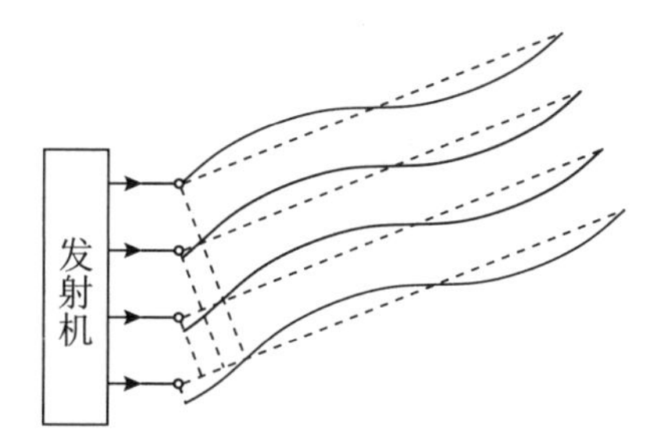

图 8-35　各发射天线发出一定相位差的同频正弦波

通过控制各发射天线发出的射频信号的延迟，如图 8-36 所示，使得各射频信号到达接收天线时相位相同，叠加后信号得以增强。这就是发射天线波束赋形的基本原理。

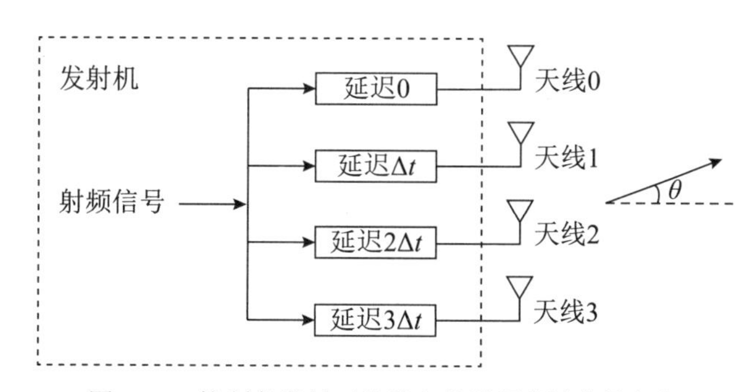

图 8-36　控制各发射天线发出的射频载波信号相位

信号延迟：

$$\Delta t=\frac{d\sin\theta}{c}$$

其中：d 为天线间距，c 为电磁波的传播速度，θ 为电波传播方向角。

同理，如果是多根接收天线，只要适当调整各接收天线收到的正弦波的相位，就可以让这些正弦波的相位完全相同，叠加后达到相涨干涉的效果，如图 8-37 所示。

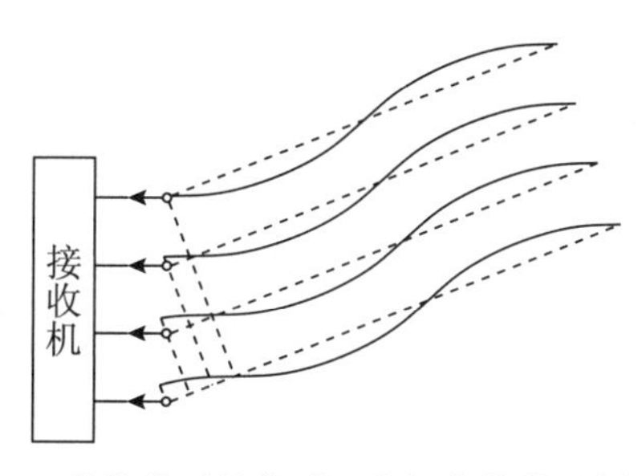

图 8-37　各接收天线收到一定相位差的同频正弦波

通过调整各接收天线收到的射频信号的延迟，如图 8-38 所示，使得各射频信号的相位相同，叠加后信号得以增强。这就是接收天线波束赋形的基本原理。

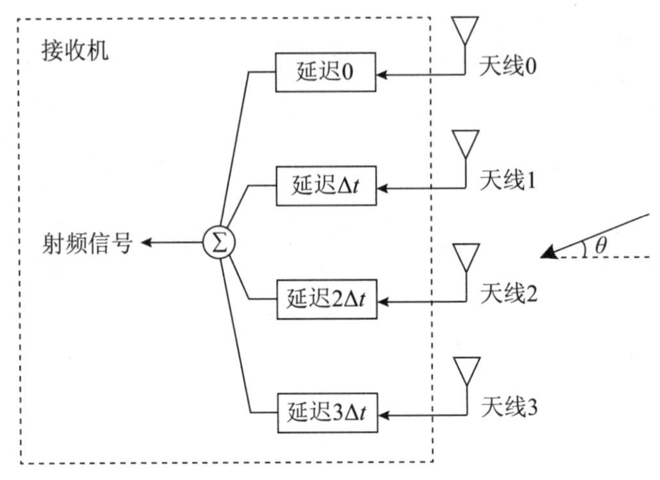

图 8-38　调整各接收天线收到的射频载波信号相位

信号延迟：

$$\Delta t = \frac{d\sin\theta}{c}$$

其中：d 为天线间距，c 为电磁波的传播速度，θ 为电波传播方向角。

3. 如何实现波束赋形

通过前面的讲解可以知道：通过控制天线阵列各天线发射信号或接收信号的相位，就可以增强电波传播方向上的信号强度，实现波束赋形。利用这种方法实现波束赋形的天线阵列被称为相位控制阵列，简称相控阵列。

相控阵雷达采用的天线阵列就是相控阵列，如图 8-39 所示。

图 8-39　相控阵雷达

相控阵列只控制信号的相位，为了增强主瓣、降低旁瓣，达到更好的波束赋形效果，一般的天线阵列会同时控制信号的相位和幅度。

发射机的波束赋形实现原理如图 8-40 所示。

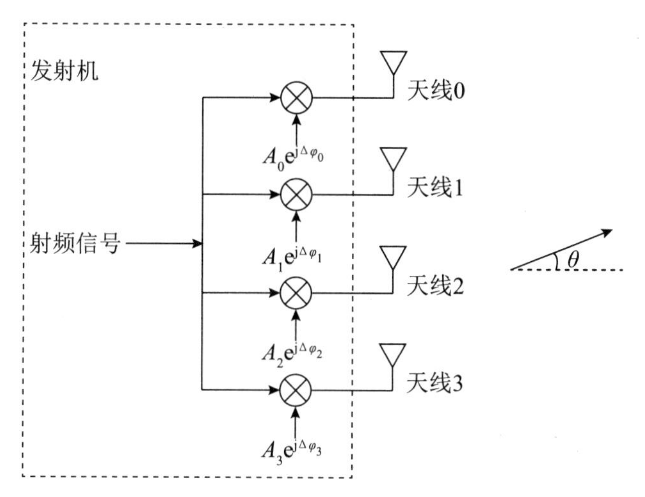

图 8-40　发射机波束赋形实现原理框图

接收机的波束赋形实现原理如图 8-41 所示。

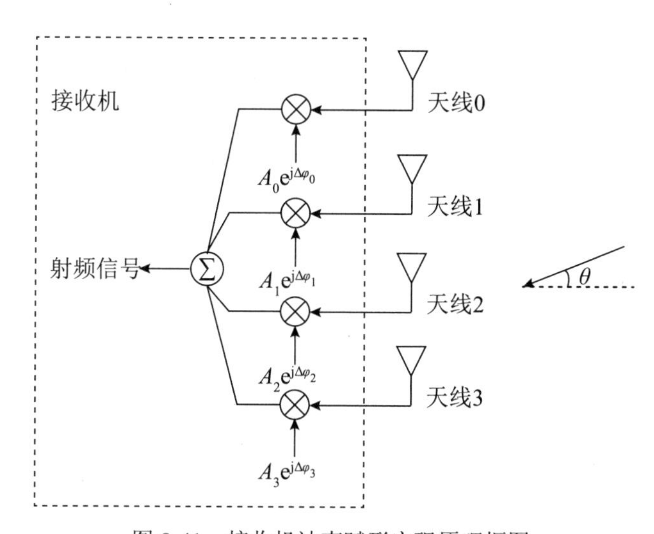

图 8-41　接收机波束赋形实现原理框图

第9章 复用和多址技术

9.1 TDM/TDMA

一、概念

1. 什么是TDM

按时间将信道划分为N个时隙，并行传输N路数据，这就是时分复用TDM，如图9-1所示。

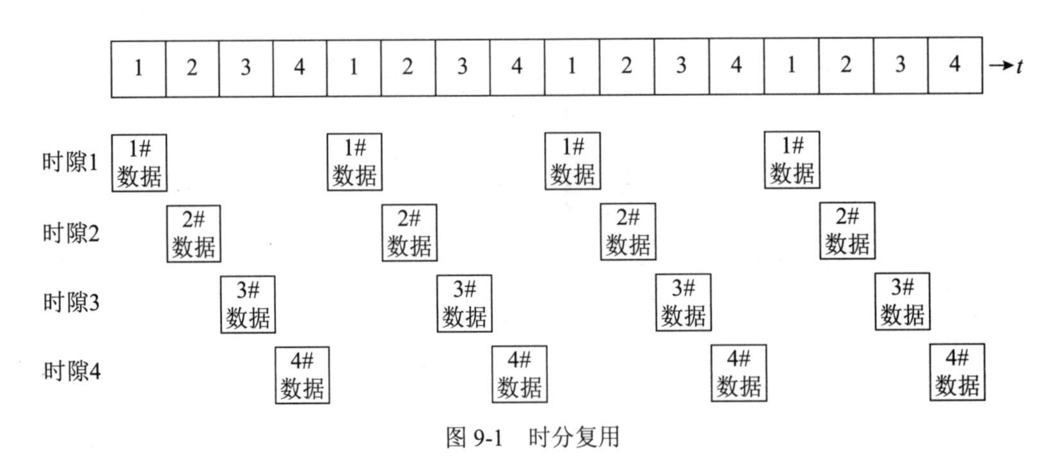

图9-1　时分复用

2. 什么是TDMA

将N个时隙动态分配给多个用户使用，就是时分多址TDMA，如图9-2所示。

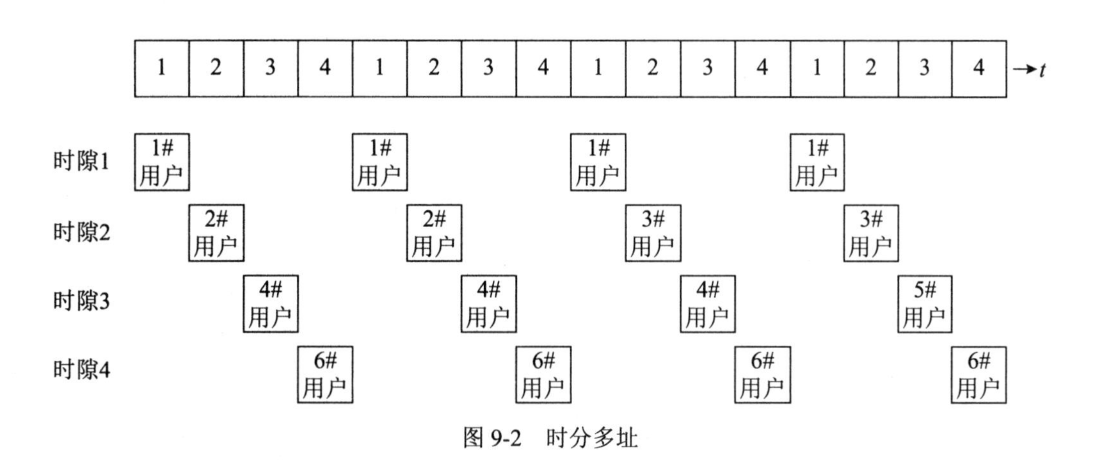

图 9-2　时分多址

二、实现

无线通信系统中 TDM/TDMA 的实现原理如图 9-3 所示。

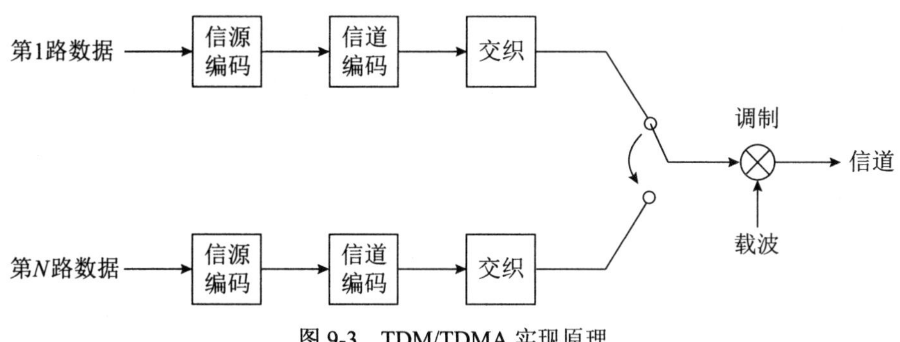

图 9-3　TDM/TDMA 实现原理

经过信源编码、信道编码、交织等处理的多路数据按照一定的时序关系对载波进行调制，即可实现 TDM/TDMA。

三、应用

1. E1 接口中的应用

电路交换网络中 E1 接口很常见。例如：PSTN 电话交换网中程控交换机之间、GSM 网络中 MSC 和 BSC 之间，采用的都是 E1 接口，如图 9-4 所示。

图 9-4　电路交换网中的 E1 接口

E1 接口使用了 TDM 技术：将传输电路分成 32 个时隙，第 0 时隙用于传输同步和控制信息，其他 31 个时隙并行传输 31 路数据，如图 9-5 所示。

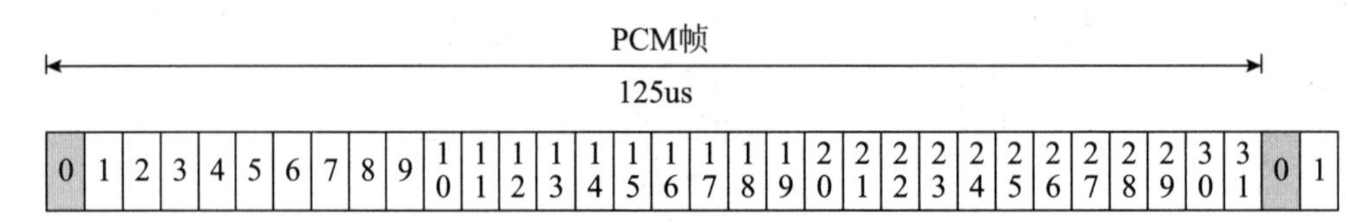

图 9-5　PCM 帧结构

每个时隙在 125μs 的时间内可以传输 8bit 数据，数据传输速率为：8bit/125μs=64kbit/s，刚好可以传输 1 路 PCM 编码语音数据：8kHz 采样频率，每个样点 8bit 编码。

E1 接口 32 个时隙的总传输速率为：64×32=2.048Mbit/s。

2. GSM 系统中的应用

GSM 空中接口使用了 TDM/TDMA 技术：将 1 个载波资源分成 8 个时隙，最多分配给 8 个用户同时使用，如图 9-6 所示。

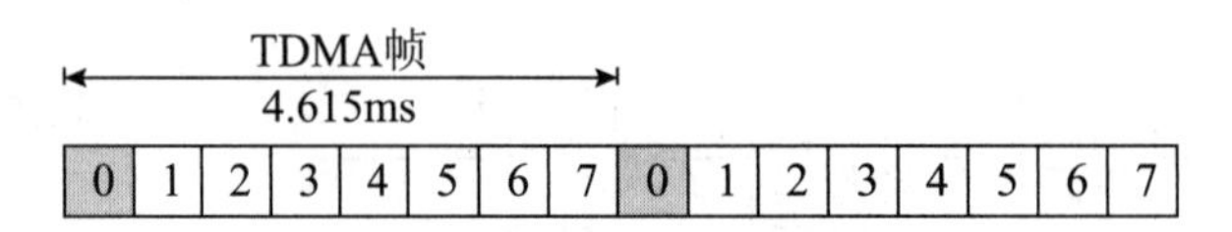

图 9-6　GSM 的 TDMA 帧结构

9.2　FDM/FDMA

一、概念

1. 什么是 FDM

按频率将信道划分为 N 个载波，并行传输 N 路数据，这就是频分复用 FDM，如图 9-7 所示。

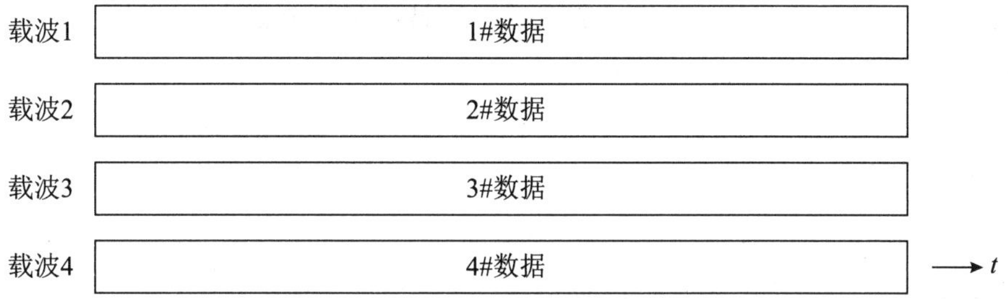

载波1
1#数据
载波2
2#数据
载波3
3#数据
载波4
4#数据
t

图 9-7　频分复用

2. 什么是 FDMA

将 N 个载波动态分配给多个用户使用，就是频分多址 FDMA，如图 9-8 所示。

载波1
1#用户
载波2
2#用户
3#用户
载波3
4#用户
5#用户
载波4
6#用户
t

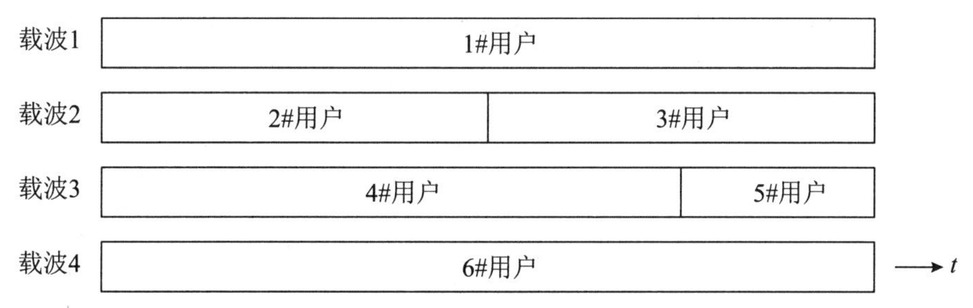

图 9-8　频分多址

二、实现

无线通信系统中 FDM/FDMA 的实现原理如图 9-9 所示。

载波1
数据
信源
编码
信道
编码
交织
调制
载波1
信道
载波N
数据
信源
编码
信道
编码
交织
调制
载波N

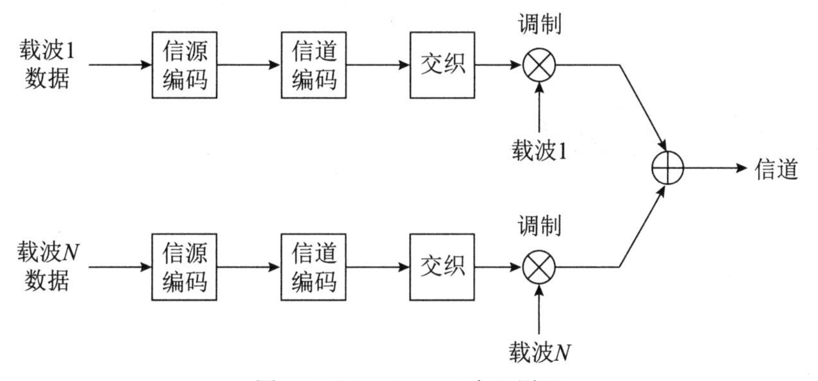

图 9-9　FDM/FDMA 实现原理

利用调制技术，将多个用户的多路数据分别调制到多个载波上，即可实现 FDM/FDMA。

三、应用

FDM/FDMA 在 GSM 系统中的应用

当小区中的用户比较多，1 个载波不够用时，就需要使用多个不同频率的载波，例如 2 个载波、3 个载波甚至 6 个载波，这就用到了 FDM/FDMA 技术。

以三扇区组网为例，如图 9-10 所示。

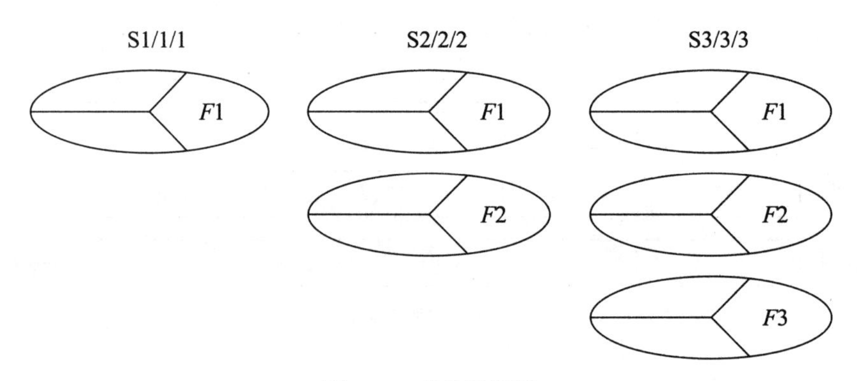

图 9-10　多载波组网

S1/1/1：每个扇区中使用 1 个载波，频率为 $F1$。

S2/2/2：每个扇区中使用 2 个载波，频率分别为 $F1$ 和 $F2$。

S3/3/3：每个扇区中使用 3 个载波，频率分别为 $F1$、$F2$ 和 $F3$。

9.3　OFDM/OFDMA

一、概念

1. 什么是 OFDM

OFDM：正交频分复用。从字面来看，很明显 OFDM 系统中采用了 FDM 技术，可为什么在 FDM 前面还加了正交两字呢？

一般的 FDM，为了避免载波之间相互干扰，增加了保护带宽，造成了频谱浪费，导致频谱利用率低，如图 9-11 所示。

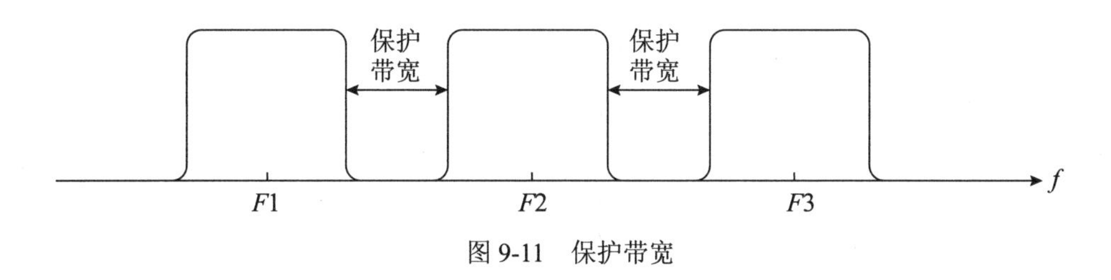

图 9-11　保护带宽

OFDM 为了提高频谱利用率，采用了相互正交的子载波，子载波间不需要增加保护带宽，如图 9-12 所示。

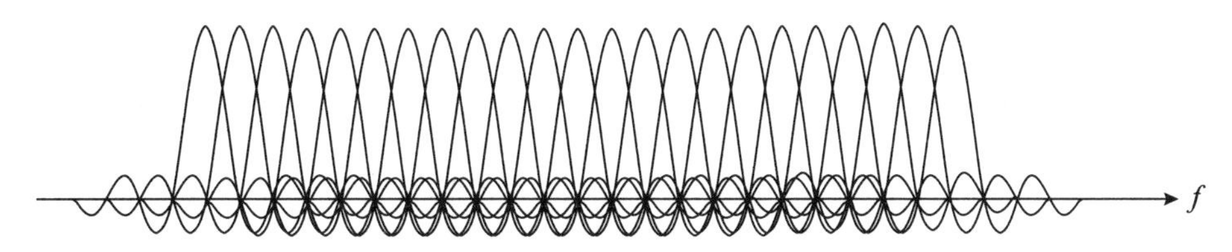

图 9-12　OFDM 相互正交的子载波

2. 什么是 OFDMA

将 N 个子载波和 M 个符号动态分配给多个用户使用，这就是 OFDMA，如图 9-13 所示。

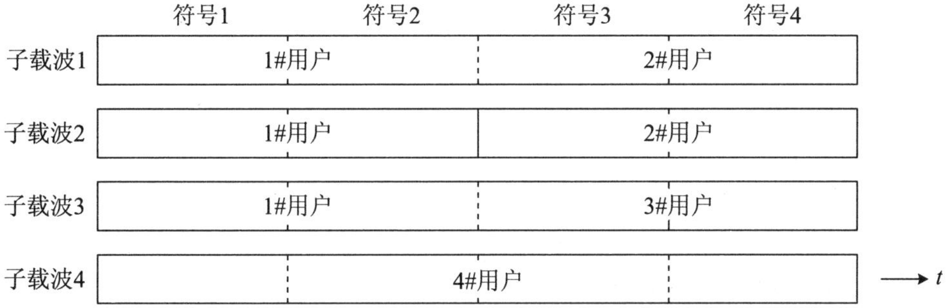

	符号1	符号2	符号3	符号4
子载波1	1#用户		2#用户	
子载波2	1#用户		2#用户	
子载波3	1#用户		3#用户	
子载波4	4#用户			

→ t

图 9-13　OFDMA

二、实现

OFDM 的本质就是发送端用待调制的数据对一系列复指数信号进行加权，合成一个复信号，利用 IQ 调制发送出去，接收端通过 IQ 解调恢复出复信号，求出加权系数，也就是傅里叶系数，就得到了调制数据。

在实际的通信系统中，一般使用 IDFT 来实现基带 OFDM 调制，使用 DFT 来实现基带 OFDM 解调。

1. OFDM 调制原理

将 4 路星座映射后得到的 IQ 数据用 4 个复数表示，分别与 4 个复指数子载波相乘，合成一个复信号，然后利用 IQ 调制分别将复信号的实部和虚部发送出去，如图 9-14 所示。

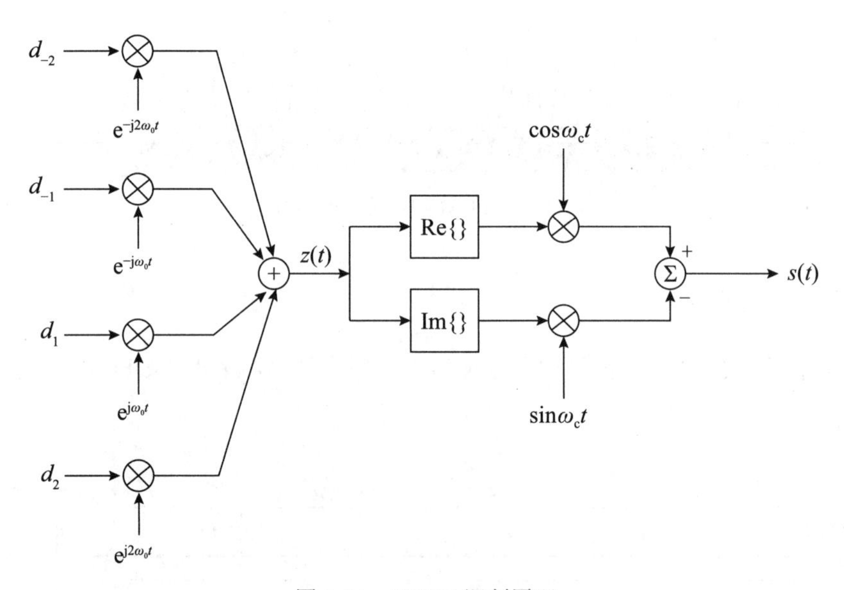

图 9-14　OFDM 调制原理

如果子载波频率间隔：$\Delta f=f_0$，则最低频率的子载波（也就是基波）频率为 f_0，4 个子载波情况下，其他 3 个子载波频率分别为：$-f_0$、$2f_0$、$-2f_0$。

OFDM 符号时长等于最低频率的子载波的周期，也就是子载波频率间隔的倒数：

$$T_s=\frac{1}{\Delta f}=\frac{1}{f_0}$$

1）基带信号表达式

OFDM 基带信号是个复信号：

$$z(t)=\sum_{k=-N/2}^{N/2} d_k \mathrm{e}^{\mathrm{j}k\omega_0 t}$$

其中的 d_k 也是个复信号：

$$d_k = a_k + \mathrm{j}b_k$$

代入上式，得

$$\begin{aligned} z(t) &= \sum_{k=-N/2}^{N/2} d_k \mathrm{e}^{\mathrm{j}k\omega_0 t} \\ &= \sum_{k=-N/2}^{N/2} (a_k + \mathrm{j}b_k)(\cos k\omega_0 t + \mathrm{j}\sin k\omega_0 t) \\ &= \sum_{k=-N/2}^{N/2} \left[(a_k \cos k\omega_0 t - b_k \sin k\omega_0 t) + \mathrm{j}(a_k \sin k\omega_0 t + b_k \cos k\omega_0 t)\right] \end{aligned}$$

OFDM 基带信号的实部和虚部：

$$\mathrm{Re}\{z(t)\} = \sum_{k=-N/2}^{N/2} (a_k \cos k\omega_0 t - b_k \sin k\omega_0 t)$$

$$\mathrm{Im}\{z(t)\} = \sum_{k=-N/2}^{N/2} (a_k \sin k\omega_0 t + b_k \cos k\omega_0 t)$$

2）射频信号表达式

$$s(t) = \mathrm{Re}\{z(t)\}\cos\omega_{\mathrm{c}} t - \mathrm{Im}\{z(t)\}\sin\omega_{\mathrm{c}} t$$

将 OFDM 基带信号的实部和虚部代入，得

$$\begin{aligned} s(t) &= \sum_{k=-N/2}^{N/2} \left[(a_k \cos k\omega_0 t - b_k \sin k\omega_0 t)\cos\omega_{\mathrm{c}} t - (a_k \sin k\omega_0 t + b_k \cos k\omega_0 t)\sin\omega_{\mathrm{c}} t\right] \\ &= \sum_{k=-N/2}^{N/2} \left[a_k(\cos k\omega_0 t \cos\omega_{\mathrm{c}} t - \sin k\omega_0 t \sin\omega_{\mathrm{c}} t) - b_k(\sin k\omega_0 t \cos\omega_{\mathrm{c}} t + \cos k\omega_0 t \sin\omega_{\mathrm{c}} t)\right] \\ &= \sum_{k=-N/2}^{N/2} \left[a_k \cos(k\omega_0 + \omega_{\mathrm{c}})t - b_k \sin(k\omega_0 + \omega_{\mathrm{c}})t\right] \end{aligned}$$

即：$s(t) = \sum_{k=-N/2}^{N/2} \left[a_k \cos(k\omega_0 + \omega_{\mathrm{c}})t - b_k \sin(k\omega_0 + \omega_{\mathrm{c}})t\right]$

令：$s_k(t) = a_k \cos(\omega_c + k\omega_0)t - b_k \sin(\omega_c + k\omega_0)t$

则：$s(t) = \sum_{k=-N/2}^{N/2} s_k(t)$

也就是说，OFDM 射频信号是由 N 个这样的信号组成的：

$$s_k(t) = a_k \cos(\omega_c + k\omega_0)t - b_k \sin(\omega_c + k\omega_0)t$$

其中：$k=-N/2 \sim N/2$，但 $k \neq 0$。

对比一下利用 IQ 调制实现的数字调制表达式：

$$s(t) = a\cos\omega_c t - b\sin\omega_c t$$

二者形式上完全相同，只是 IQ 数据要由 a、b 换成第 k 个子载波对应的 a_k、b_k，IQ 调制的载波频率要由 ω_c 换成 $\omega_c+k\omega_0$，如图 9-15 所示。

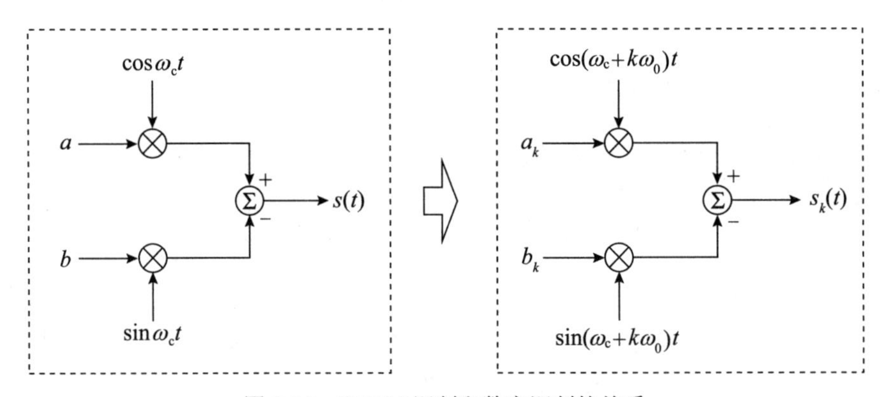

图 9-15　OFDM 调制和数字调制的关系

综上所述，OFDM 调制实际上就是由 N 个 IQ 调制叠加的结果，输入的 IQ 数据分别为：a_k、b_k，IQ 调制的载波频率分别为：$\omega_c+k\omega_0$，如图 9-16 所示。

3）射频信号的另外一种表达式

有的书中给出的 OFDM 射频信号的表达式是这样的：

$$s(t) = \mathrm{Re}\left\{\sum_{k=-N/2}^{N/2} d_k \mathrm{e}^{\mathrm{j}(\omega_c + k\omega_0)t}\right\}$$

下面推导一下这个式子。

在推导过程中要用到一个结论：一个复数分别取实部和虚部去做 IQ 调制等价于直接用这个复数去调制复指数载波再取实部，如图 9-17 所示。

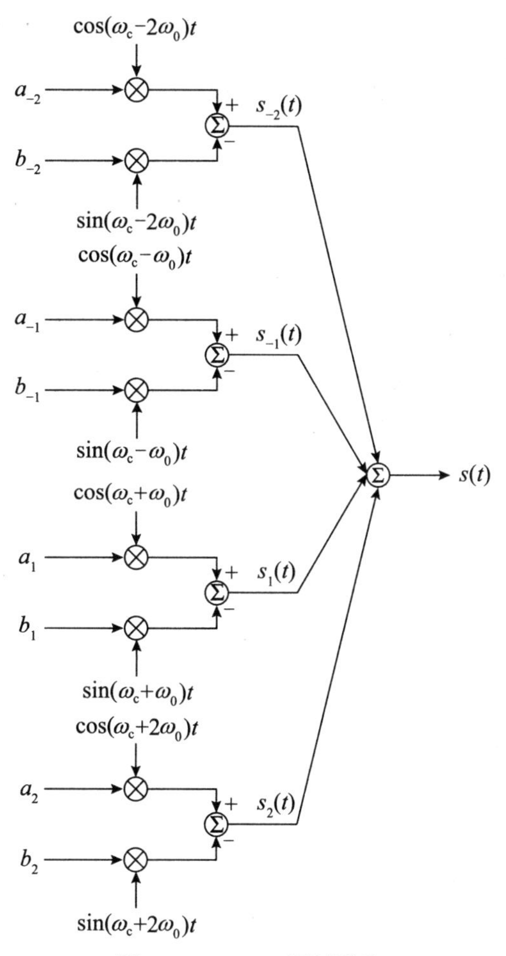

图 9-16　OFDM 调制原理

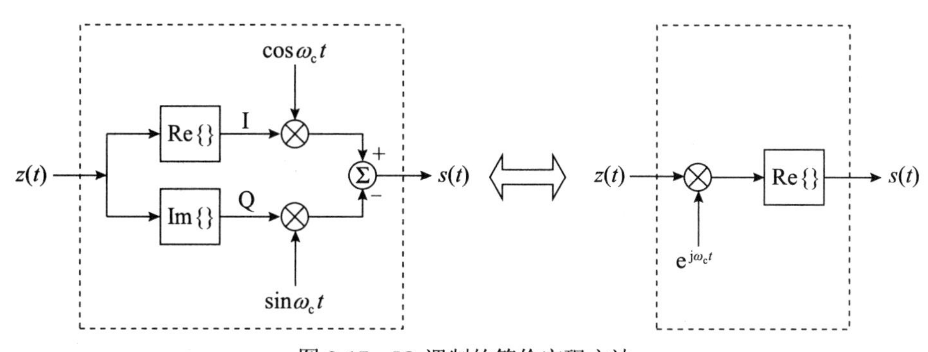

图 9-17　IQ 调制的等价实现方法

下面来证明一下这个结论。

$$
\begin{aligned}
z(t)\mathrm{e}^{\mathrm{j}\omega_c t} &= [\mathrm{Re}\{z(t)\} + \mathrm{j}\,\mathrm{Im}\{z(t)\}](\cos\omega_c t + \mathrm{j}\sin\omega_c t) \\
&= \mathrm{Re}\{z(t)\}\cos\omega_c t - \mathrm{Im}\{z(t)\}\sin\omega_c t + \mathrm{j}[\mathrm{Re}\{z(t)\}\sin\omega_c t + \mathrm{Im}\{z(t)\}\cos\omega_c t]
\end{aligned}
$$

取实部：

$$
\mathrm{Re}\left[z(t)\mathrm{e}^{\mathrm{j}\omega_c t}\right] = \mathrm{Re}\{z(t)\}\cos\omega_c t - \mathrm{Im}\{z(t)\}\sin\omega_c t
$$

很明显，与 IQ 调制的输出是完全相同的：

$$
s(t) = \mathrm{Re}\{z(t)\}\cos\omega_c t - \mathrm{Im}\{z(t)\}\sin\omega_c t
$$

下面用这个结论来推导 OFDM 射频信号的表达式。

OFDM 基带信号：

$$
z(t) = \sum_{k=-N/2}^{N/2} d_k \mathrm{e}^{\mathrm{j}k\omega_0 t}
$$

$z(t)$ 分别取实部和虚部去做 IQ 调制，等价于 $z(t)$ 与 $\mathrm{e}^{\mathrm{j}\omega_c t}$ 的乘积取实部。

$z(t)$ 与 $\mathrm{e}^{\mathrm{j}\omega_c t}$ 的乘积：

$$
z(t)\mathrm{e}^{\mathrm{j}\omega_c t} = \sum_{k=-N/2}^{N/2} d_k \mathrm{e}^{\mathrm{j}k\omega_0 t}\mathrm{e}^{\mathrm{j}\omega_c t} = \sum_{k=-N/2}^{N/2} d_k \mathrm{e}^{\mathrm{j}(\omega_c + k\omega_0)t}
$$

取实部，得 OFDM 射频信号表达式：

$$
\mathrm{Re}\left[z(t)\mathrm{e}^{\mathrm{j}\omega_c t}\right] = \mathrm{Re}\left[\sum_{k=-N/2}^{N/2} d_k \mathrm{e}^{\mathrm{j}(\omega_c + k\omega_0)t}\right]
$$

这个 OFDM 射频信号表达式对应的 OFDM 调制原理如图 9-18 所示。

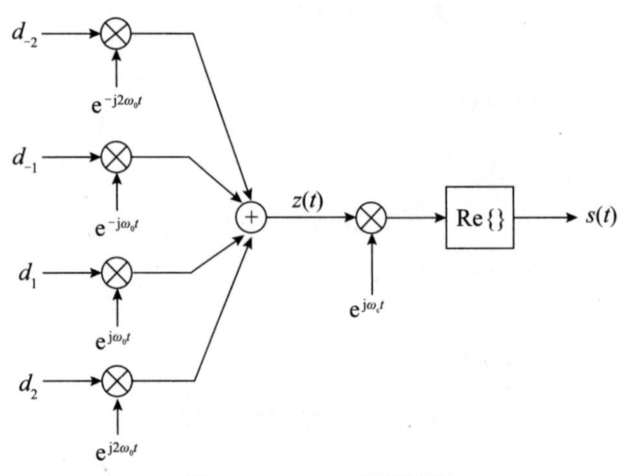

图 9-18　OFDM 调制原理

2. OFDM 解调原理

通过 IQ 解调恢复出实部和虚部，合成复信号，分别与 4 路复指数子载波（与发送端的对应复指数子载波共轭）相乘，在基波周期内积分，即可恢复出各子载波上调制的数据，如图 9-19 所示。由前面所讲的复指数信号的正交特性，很容易得出这个结论。

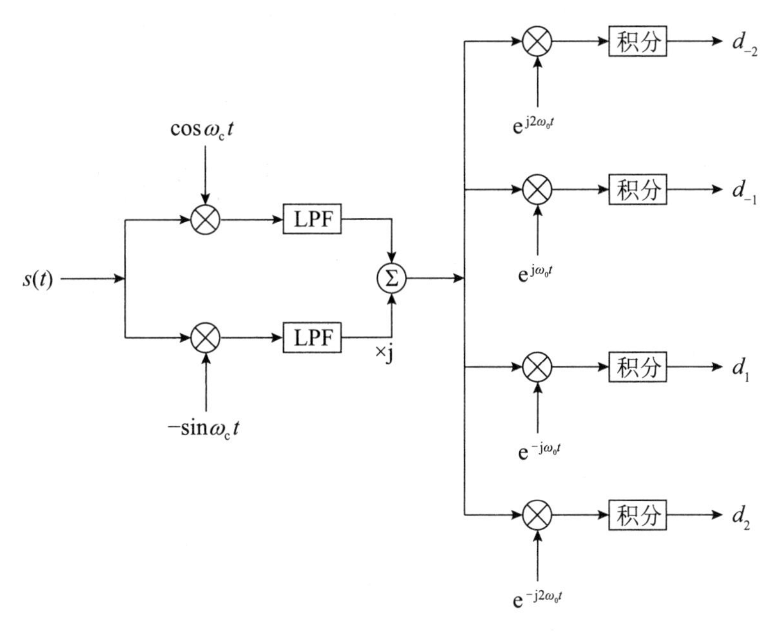

图 9-19　OFDM 解调原理

3. OFDM 频谱分析

以 8 个子载波的 OFDM 调制为例。

频率为 $4f_0$ 的基带子载波经 OFDM 调制得到的射频信号频谱如图 9-20 所示。

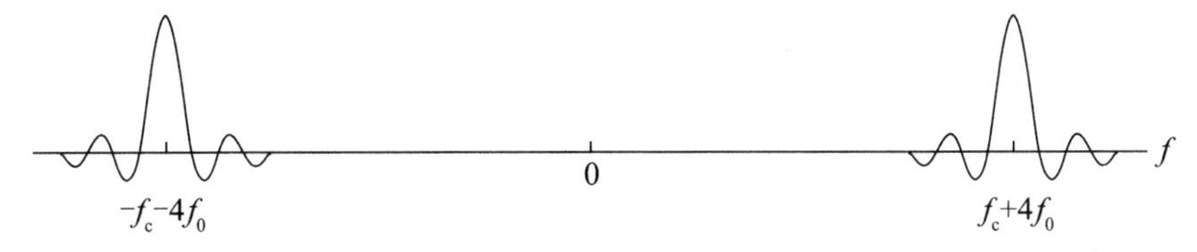

图 9-20　1 个 OFDM 基带子载波对应的射频信号频谱（1）

频率为 $-4f_0$ 的基带子载波经 OFDM 调制得到的射频信号频谱如图 9-21 所示。

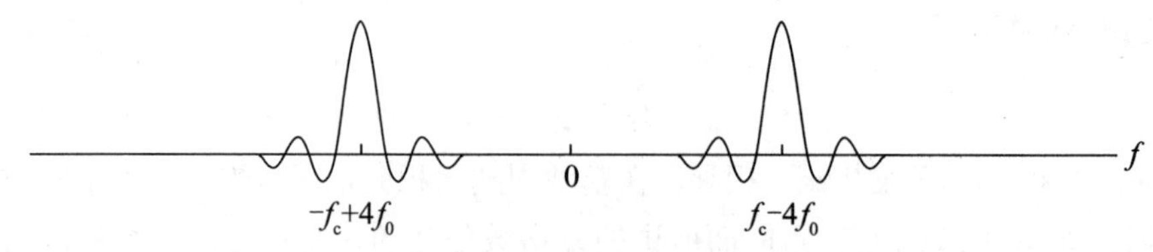

图 9-21　1 个 OFDM 基带子载波对应的射频信号频谱（2）

8 个基带子载波经 OFDM 调制得到的射频信号频谱如图 9-22 所示。

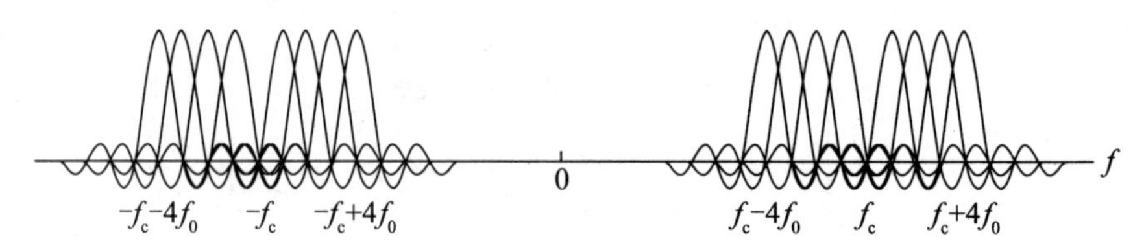

图 9-22　8 个 OFDM 基带子载波对应的射频信号频谱

4. 利用 IDFT 实现 OFDM 调制

N 个星座映射后的数据分别调制到 N 路正交的子载波上，再叠加起来，就得到了 OFDM 基带调制信号，最后利用 IQ 调制将实部和虚部调制到射频载波上，如图 9-23 所示。

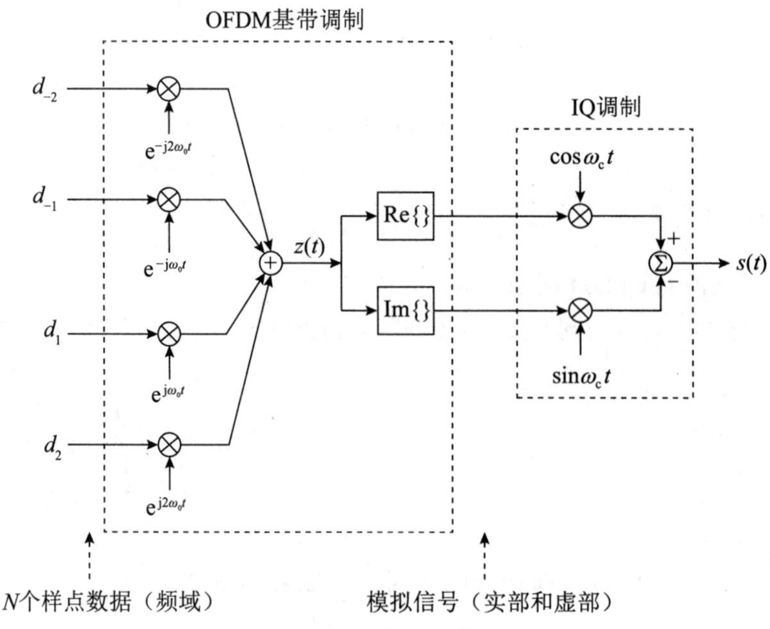

图 9-23　OFDM 调制实现原理（1）

一般使用 IDFT 来实现基带 OFDM 调制：通过 IDFT 将并行的 N 个频域样点数据变换为并行的 N 个时域样点数据，再通过并 / 串转换、数 / 模转换，得到 OFDM 基带调制信号，最后利用 IQ 调制将实部和虚部调制到射频载波上，如图 9-24 所示。

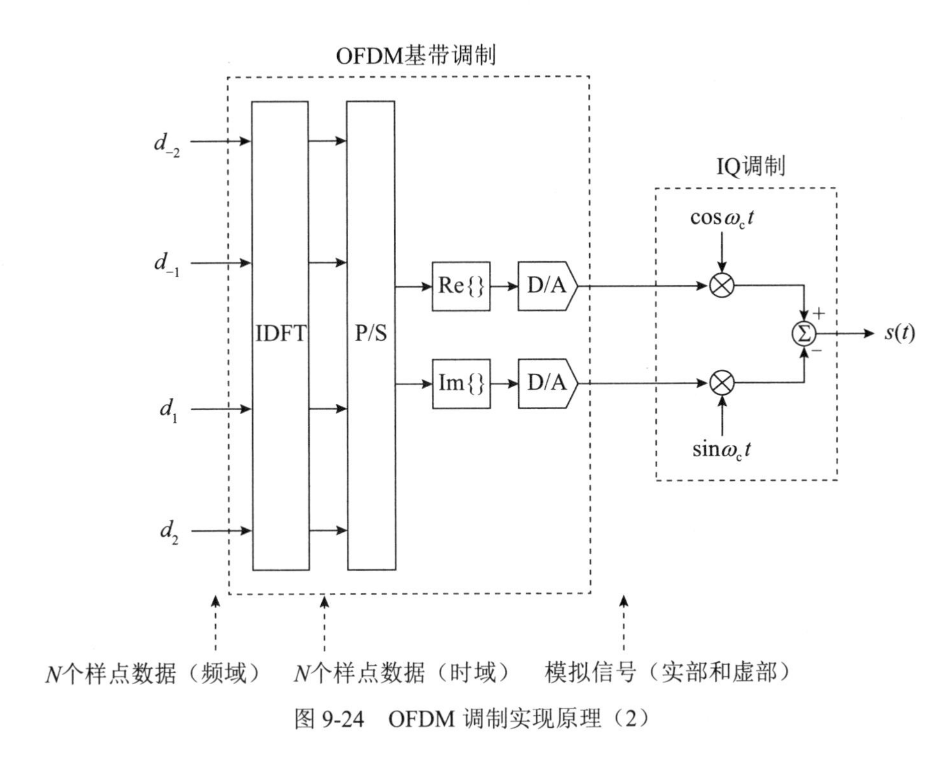

图 9-24　OFDM 调制实现原理（2）

5. 利用 DFT 实现 OFDM 解调

通过 IQ 解调从射频信号中恢复出 OFDM 基带信号的实部和虚部，合成复信号，分别与 N 路复指数子载波（与发送端的对应复指数子载波共轭）相乘，在基波周期内积分，即可恢复出 N 路子载波上调制的数据，如图 9-25 所示。

一般使用 DFT 来实现基带 OFDM 解调：通过 IQ 解调从射频信号中恢复出 OFDM 基带信号的实部和虚部，经模 / 数转换后合成数字复信号，再进行串 / 并转换，最后通过 DFT 将并行的 N 个时域样点数据变换为并行的 N 个频域样点数据，完成 OFDM 基带解调，如图 9-26 所示。

值得注意的是：A/D 转换的采样频率要满足采样定理的要求。

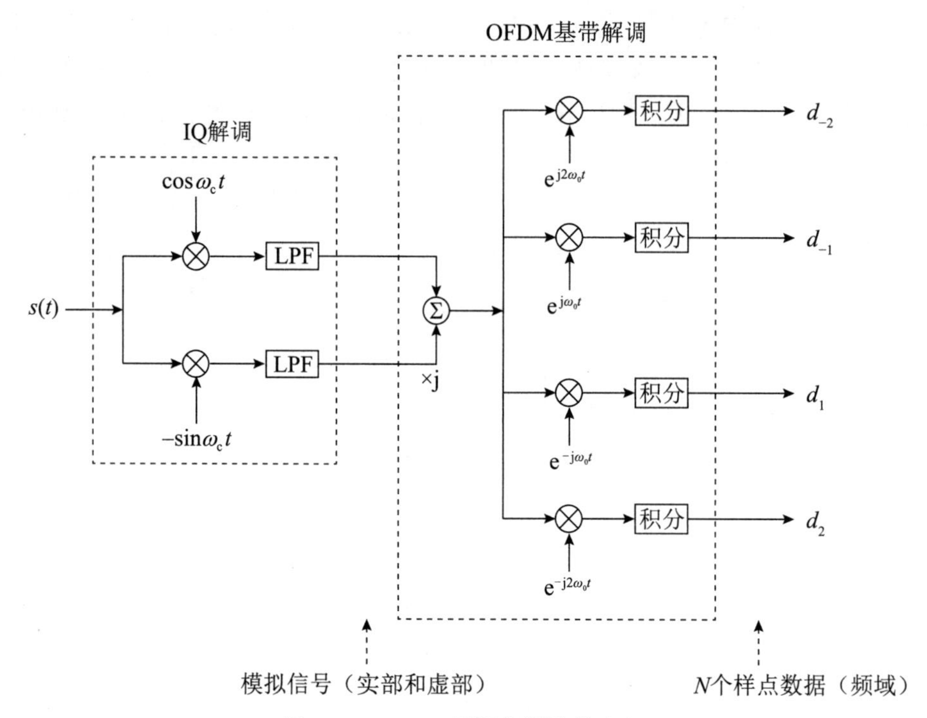

图 9-25　OFDM 解调实现原理（1）

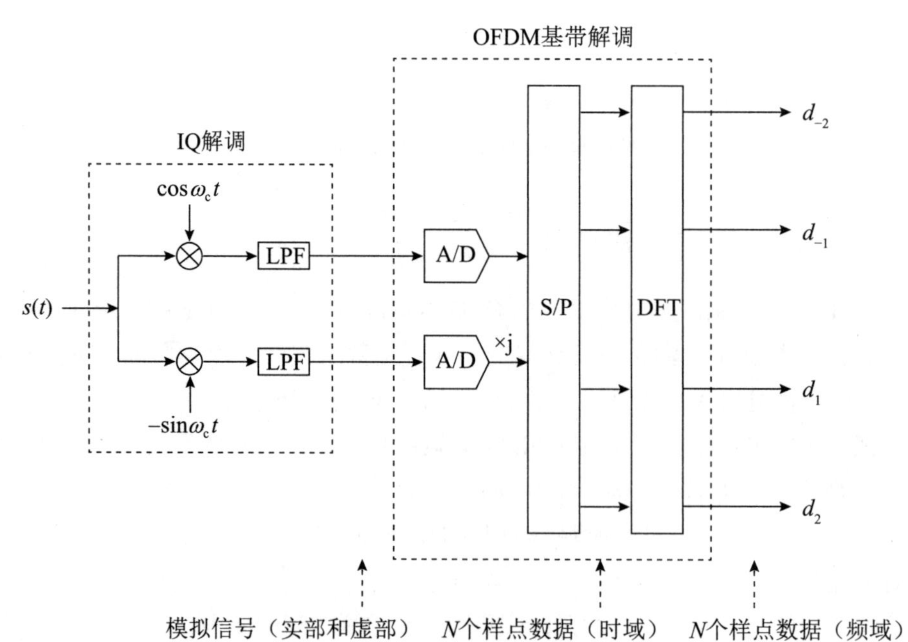

图 9-26　OFDM 解调实现原理（2）

三、应用

OFDM 在 LTE 系统中的应用

LTE 中使用了 OFDM 技术。

子载波间隔：$\Delta f = 15$ kHz。

OFDM 符号时长：$T_s = \frac{1}{\Delta f} = 66.67\mu s$。

LTE 可以工作在多种带宽下，不同带宽的 LTE 采样频率如表 9-1 所示。

表 9-1　LTE 采样频率

带宽（MHz）	1.4	3	5	10	15	20
采样频率（MHz）	1.92	3.84	7.68	15.36	23.04	30.72

注意：LTE 的采样频率指的是 OFDM 基带信号的采样频率。OFDM 基带信号是个复信号，对复信号进行采样实际上就是分别对实部和虚部进行采样。

下面以 20M 带宽为例，分析一下 OFDM 基带信号的采样频率。

在 20M 带宽情况下，子载波为 2 048 个，DFT/IDFT 的点数：N=2 048。

从 OFDM 基带信号实部和虚部的表达式来看，频率最高的子载波频率是：

$$\frac{N}{2} f_0 = 1\,024 \times 15\,\text{kHz} = 15.36\,\text{MHz}$$

根据采样定理，采样频率应高于 2×15.36MHz = 30.72MHz。

为什么 LTE 在 20M 带宽下的采样频率取了 30.72MHz 呢？

表面上看 30.72MHz 刚好是最高频率 15.36MHz 的 2 倍，但实际上 OFDM 调制时 2 048 个子载波中只有 1200 个子载波上调制有数据，其他子载波上并没有调制数据，因此实际占用的基带带宽只有：15×1 200/2= 9 000kHz = 9MHz，所以采样频率（30.72MHz）是大于最高频率（9MHz）的 2 倍的。

9.4　CDM/CDMA

一、概念

1. 什么是 CDM

按码字将信道划分为 N 个码道，并行传输 N 路数据，这就是码分复用 CDM，如图 9-27 所示。

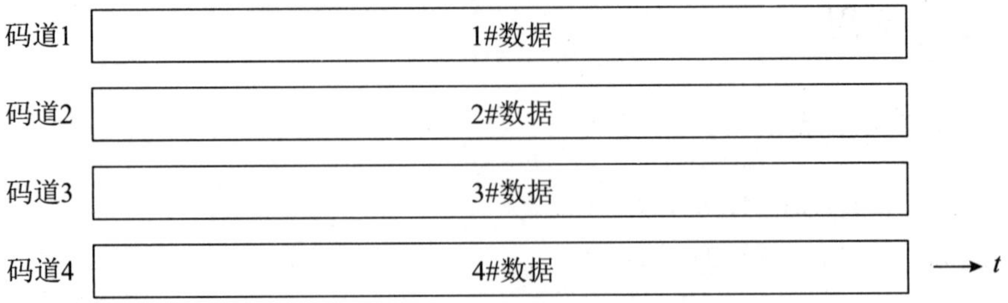

码道1 1#数据

码道2 2#数据

码道3 3#数据

码道4 4#数据 → t

图 9-27 码分复用

2. 什么是 CDMA

将 N 个码道动态分配给多个用户使用，就是码分多址 CDMA，如图 9-28 所示。

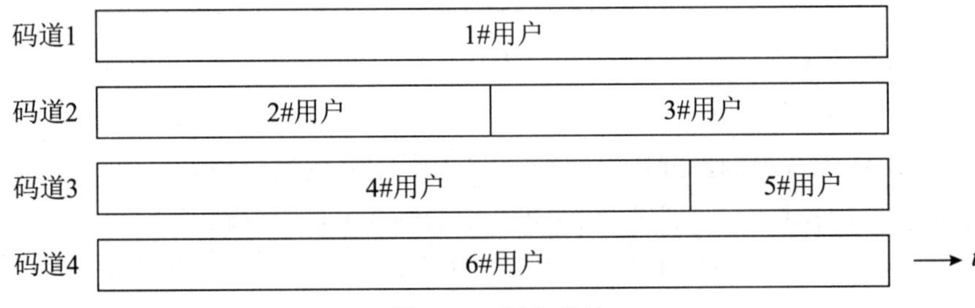

图 9-28 码分多址

二、实现

无线通信系统中 CDM/CDMA 的实现原理，如图 9-29 所示。

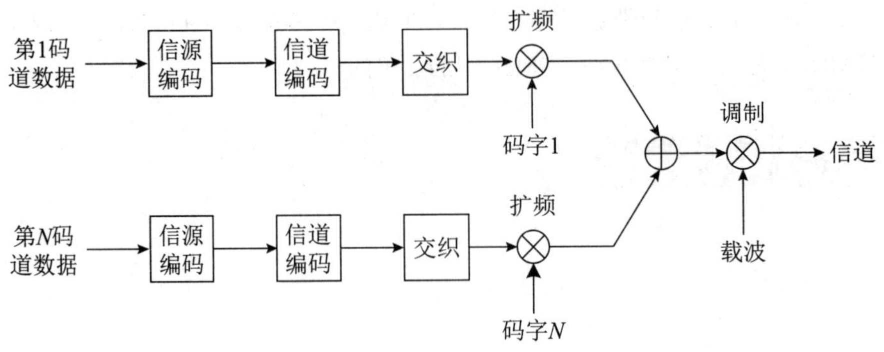

图 9-29 CDM/CDMA 实现原理

利用扩频技术，对多个用户的多路数据用不同码字进行扩频处理，即可实现 CDM/CDMA。

1. 什么是扩频

扩频就是指频谱扩展，顾名思义就是扩大信号的频谱带宽。

根据香农公式：

$$C=B\log_2\left(1+\frac{S}{N}\right)$$

增大带宽 B，可以在不改变信道容量的前提下降低对信噪比的要求。通过扩频可以在信号发射功率很低的情况下实现正常通信，便于隐藏自己，因此扩频通信最初被用于军事通信。

2. 如何实现扩频和解扩

扩频：输入码流与扩频码相乘，将低速码流转换成高速码片流。

解扩：高速码片流与解扩码（与扩频码相同）相乘，求和，结果为正判决为 0，结果为负判决为 1，即可恢复出原始码流，如图 9-30 所示。

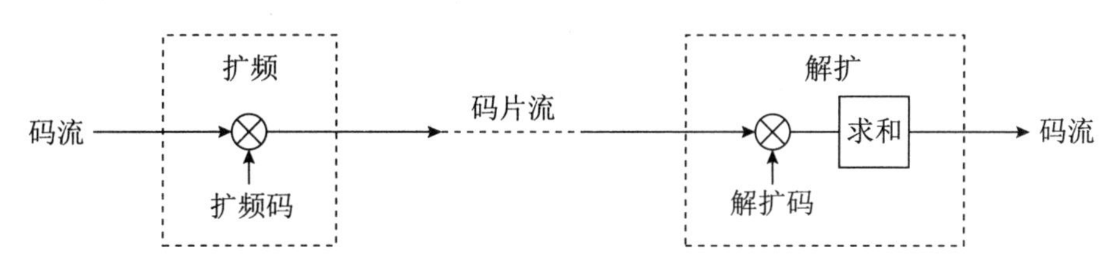

图 9-30　扩频和解扩原理

输入码流为 0110，扩频码为 0101，将 0 映射为 +1，1 映射成 −1。扩频输入和输出信号波形如图 9-31 所示。

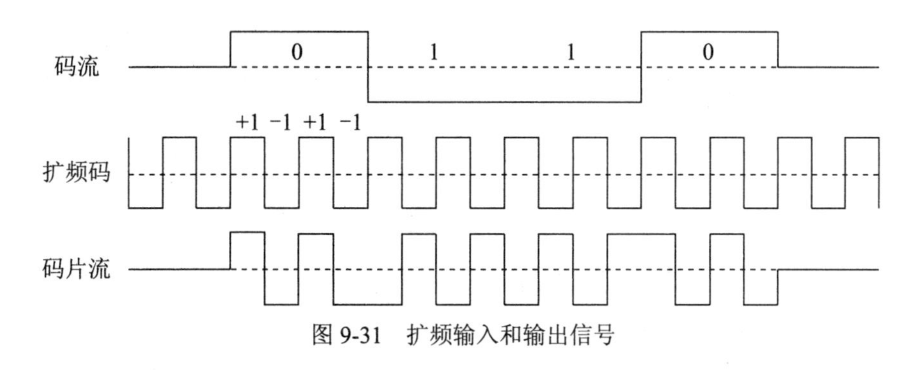

图 9-31　扩频输入和输出信号

采用 0101 扩频码进行解扩，+4 映射为 0，−4 映射为 1，解扩输出：0110，如图 9-32 所示。

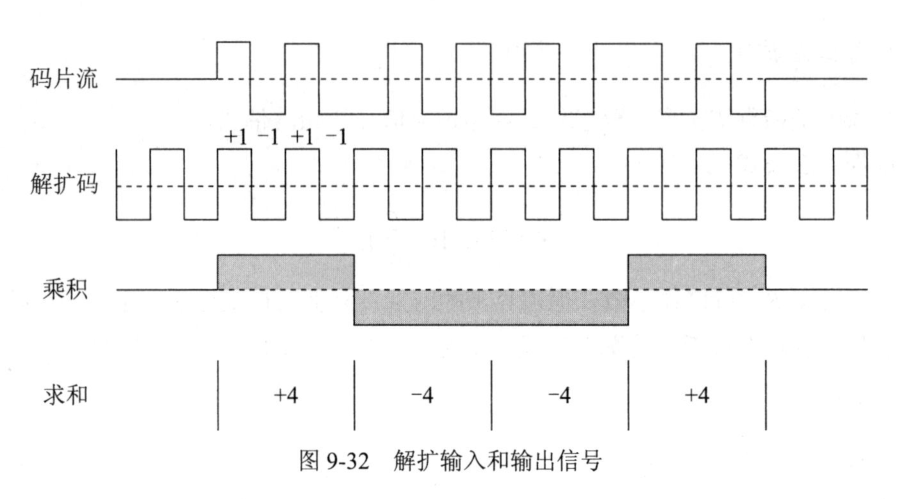

图 9-32　解扩输入和输出信号

3. 如何实现码分多址

为不同用户分配相互正交的扩频码，用户数据与各自的扩频码相乘再叠加，将低速码流转换成高速码片流，到了接收端通过解扩将各自的数据恢复出来，如图 9-33 所示。

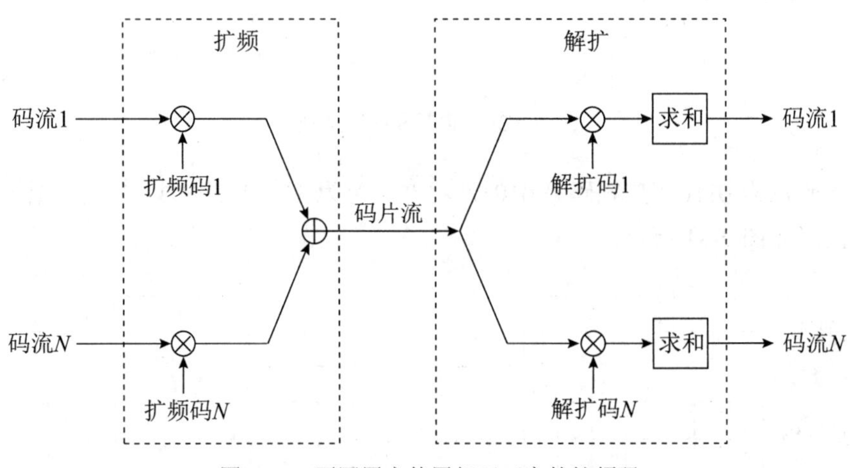

图 9-33　不同用户使用相互正交的扩频码

接着前面的例子，发送端使用用户 A 的扩频码 0101 对码流 0110 进行扩频。扩频输入和输出信号波形如图 9-34 所示。

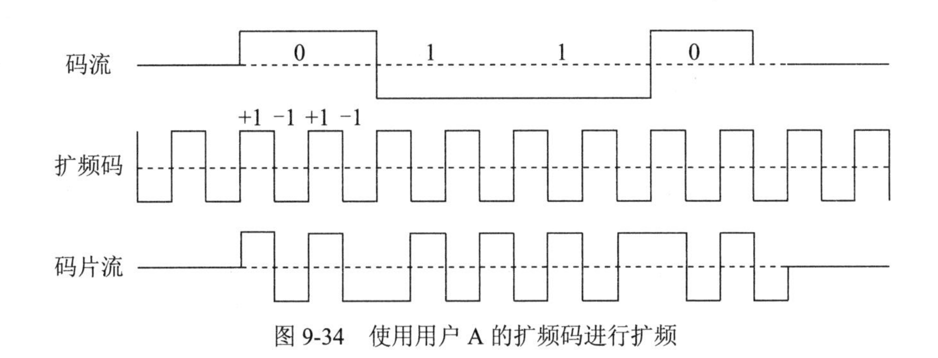

图 9-34　使用用户 A 的扩频码进行扩频

用户 B 接收到码片流后，使用自己的解扩码 0011 进行解扩。求和结果为 0，用户 B 解扩无输出，如图 9-35 所示。

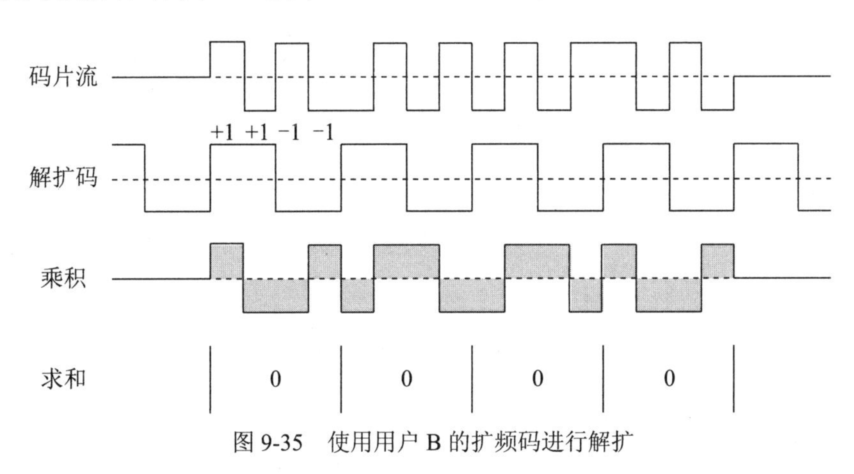

图 9-35　使用用户 B 的扩频码进行解扩

如果发送端同时使用用户 B 的扩频码 0011 对码流 1101 进行扩频。扩频输入和输出信号波形如图 9-36 所示。

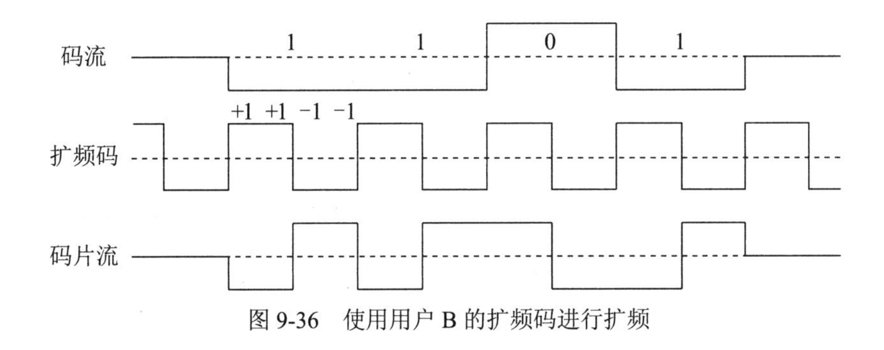

图 9-36　使用用户 B 的扩频码进行扩频

用户 A 和 B 的码片流叠加结果如图 9-37 所示。

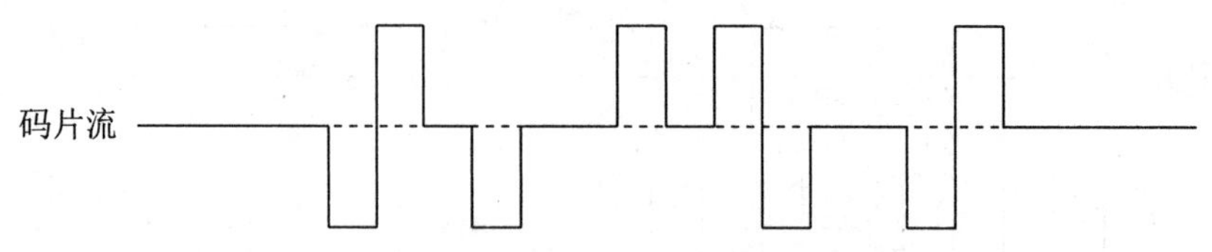

图 9-37　用户 A 和 B 的码片流叠加结果

用户 A 解扩：输出 0110，如图 9-38 所示。

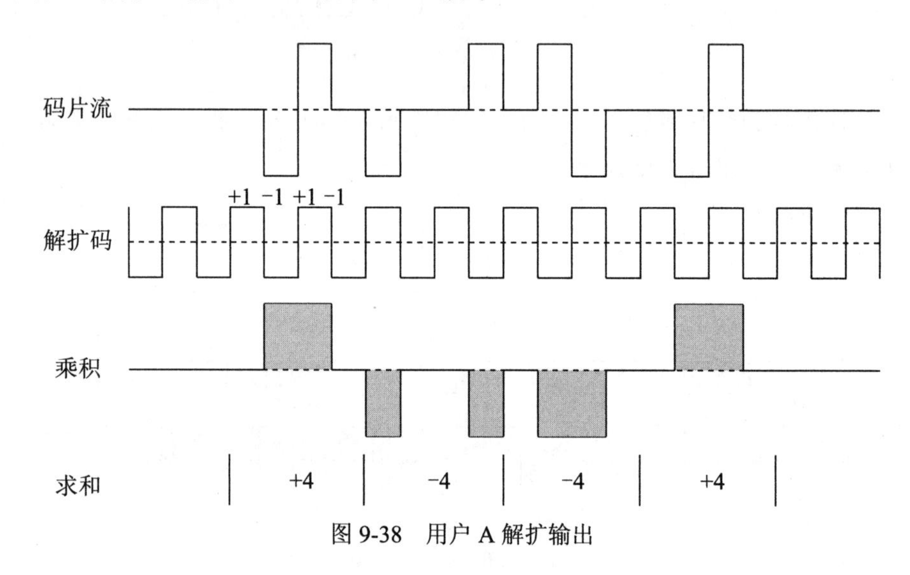

图 9-38　用户 A 解扩输出

用户 B 解扩：输出 1101，如图 9-39 所示。

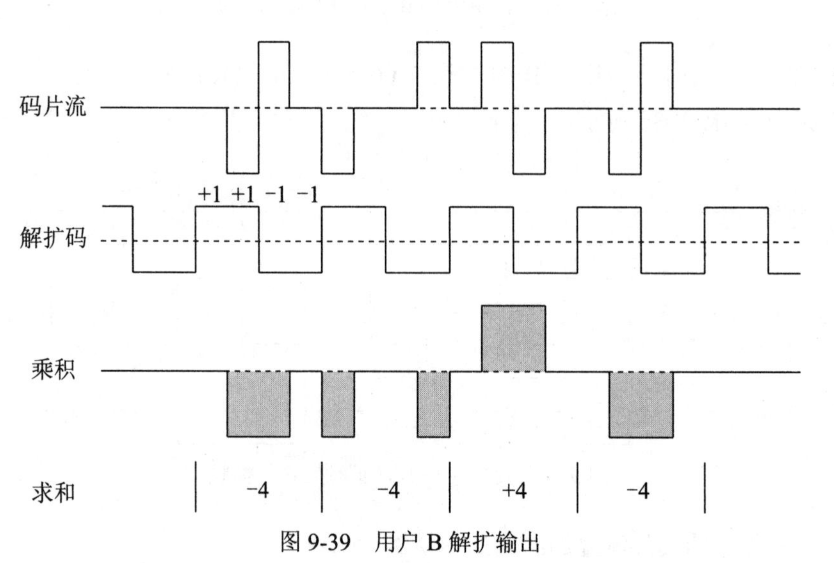

图 9-39　用户 B 解扩输出

4. Walsh 码的正交性

Walsh 码的正交性体现在如下两方面：

- 两个相同的 N 阶 Walsh 码相乘，再求和，结果为 N；
- 两个不同的 N 阶 Walsh 码相乘，再求和，结果为 0。

正是因为 Walsh 码的正交性，才使得：用自身的扩频码可以解扩出信号，而用其他的扩频码无法解扩出信号。

以 4 阶 Walsh 码为例：

$W_0^4=[+1\quad +1\quad +1\quad +1]$

$W_1^4=[+1\quad -1\quad +1\quad -1]$

$W_2^4=[+1\quad +1\quad -1\quad -1]$

$W_3^4=[+1\quad -1\quad -1\quad +1]$

很明显符合正交性的特征。

5. Walsh 码的生成方法

1）哈达玛矩阵

如图 9-40 所示，通过哈达玛矩阵可以很容易地由 N 阶 Walsh 码得到 $2N$ 阶 Walsh 码。

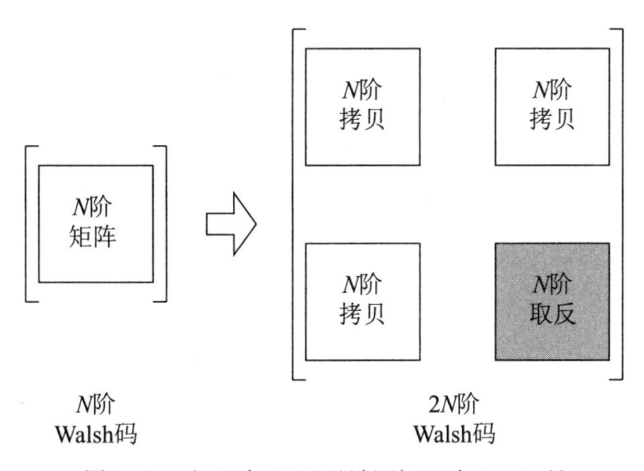

图 9-40　由 N 阶 Walsh 码得到 $2N$ 阶 Walsh 码

1 阶哈达玛矩阵只有 1 个元素：0。由 1 阶哈达玛矩阵很容易得到 2 阶哈达玛矩阵：左上角、左下角、右上角都是 0，右下角取反为 1。用同样的方法可以得到 4 阶、8 阶等哈达玛矩阵，如图 9-41 所示。

$$
[0] \rightarrow \begin{bmatrix} 0 & 0 \\ 0 & 1 \end{bmatrix} \rightarrow \begin{bmatrix} 0 & 0 & 0 & 0 \\ 0 & 1 & 0 & 1 \\ 0 & 0 & 1 & 1 \\ 0 & 1 & 1 & 0 \end{bmatrix} \rightarrow \begin{bmatrix} 0 & 0 & 0 & 0 & 0 & 0 & 0 & 0 \\ 0 & 1 & 0 & 1 & 0 & 1 & 0 & 1 \\ 0 & 0 & 1 & 1 & 0 & 0 & 1 & 1 \\ 0 & 1 & 1 & 0 & 0 & 1 & 1 & 0 \\ 0 & 0 & 0 & 0 & 1 & 1 & 1 & 1 \\ 0 & 1 & 0 & 1 & 1 & 0 & 1 & 0 \\ 0 & 0 & 1 & 1 & 1 & 1 & 0 & 0 \\ 0 & 1 & 1 & 0 & 1 & 0 & 0 & 1 \end{bmatrix} \begin{matrix} W_0 \\ W_1 \\ W_2 \\ W_3 \\ W_4 \\ W_5 \\ W_6 \\ W_7 \end{matrix}
$$

图 9-41　由 1 阶 Walsh 码得到 2 阶、4 阶、8 阶 Walsh 码

2）Walsh 码树

Walsh 码树中不同分支的 Walsh 码，不论阶数是否相同，都互相正交，如图 9-42 所示。

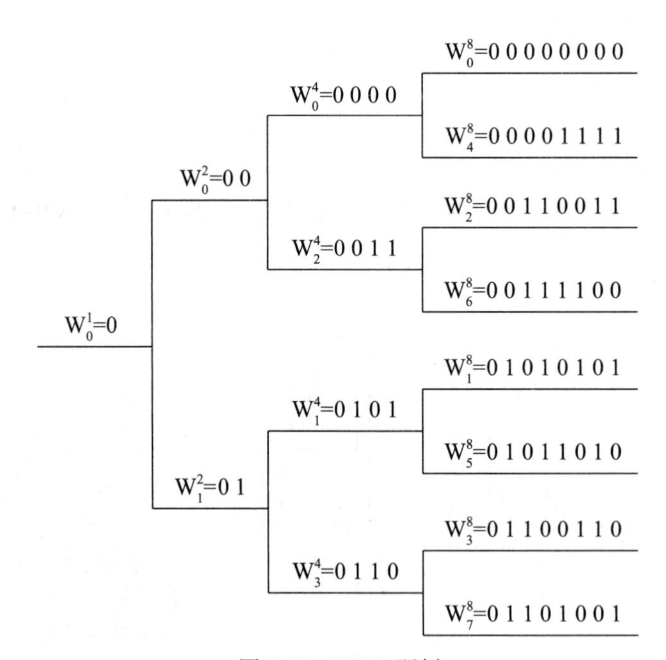

图 9-42　Walsh 码树

利用 Walsh 码树的上述特点，可以方便地实现不同阶数 Walsh 码的灵活分配。

例如：可以将 W_0^2、W_1^4、W_3^8 和 W_7^8 同时分配给 4 个用户，如图 9-43 所示。

很明显，分配了 W_3^8、W_7^8 的用户 1 和用户 2 数据传输速率相同，假定为 R，分配了 W_1^4 的用户 3 数据传输速率可以达到 $2R$，而分配了 W_0^2 的用户 4 数据传输速率可以达到 $4R$。

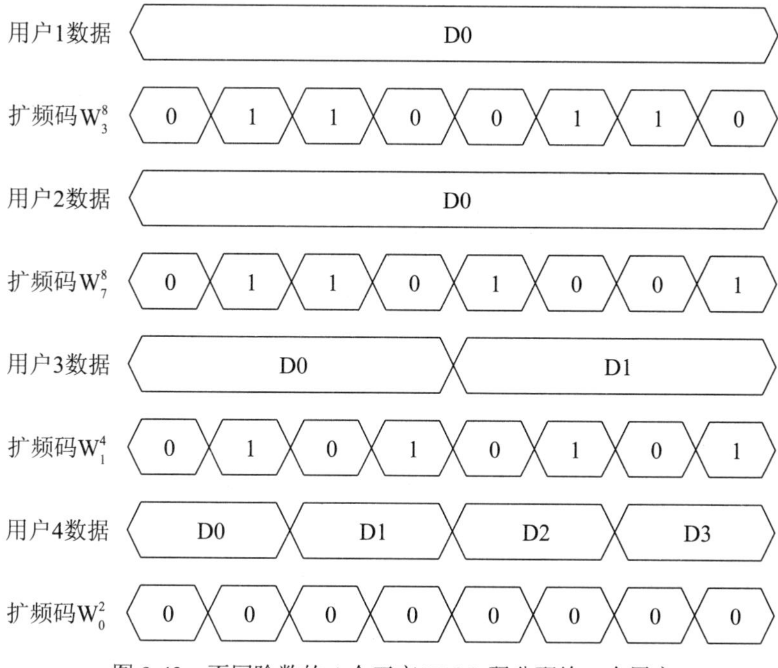

图 9-43　不同阶数的 4 个正交 Walsh 码分配给 4 个用户

6. 如何实现码同步

Walsh 码的正交性有个前提：码必须是同步的，否则正交性无从谈起。

如何实现码同步呢？一般使用 PN 码来实现。

1）PN 码

PN 码，即伪随机码。

m 序列是由 n 级线性移位寄存器产生的周期为 2^n-1 的码序列，是最长线性移位寄存器序列的简称。m 序列具有很好的自相关性，一般使用 m 序列作为 PN 码。

以 n=3 为例，m 序列的产生电路如图 9-44 所示。

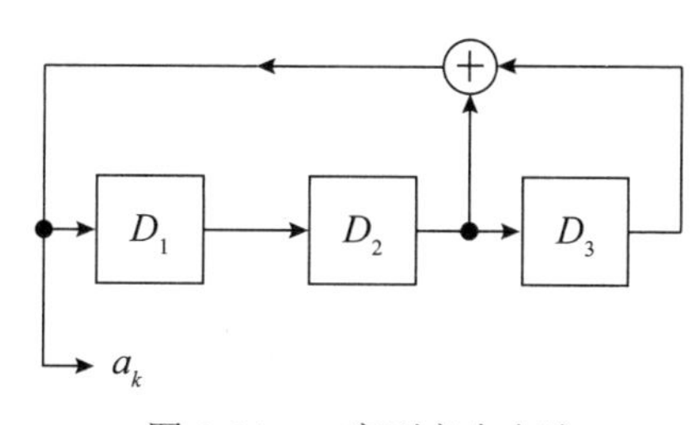

图 9-44　m 序列产生电路

假定寄存器的初始状态为：$D_1=0$，$D_2=0$，$D_3=1$，输出 $a_1=1$。

第 1 个时钟脉冲到来后，状态演变为：$D_1=1$，$D_2=0$，$D_3=0$，输出 $a_2=0$。

第 2 个时钟脉冲到来后，状态演变为：$D_1=0$，$D_2=1$，$D_3=0$，输出 $a_3=1$。

依次节拍状态如表 9-2 所示。

表 9-2　寄存器状态

节拍	D_1 D_2 D_3	a_k
0	0　0　1	1
1	1　0　0	0
2	0　1　0	1
3	1　0　1	1
4	1　1　0	1
5	1　1　1	0
6	0　1　1	0
7	0　0　1	1

第 7 个状态又回到移位寄存器的初始状态，并不断循环。

很明显，该 m 序列的周期为 $2^3-1=7$，一个周期的序列为：1011100。

2）同步原理

m 序列具有很好的自相关特性，可以用来实现同步。

自相关运算过程如下：

①本地产生一个 m 序列。

②移动 1 位，与接收到的 m 序列逐位相乘再求和。

③移动 2 位，与接收到的 m 序列逐位相乘再求和。

④依此类推，即可得到自相关运算结果。

注：计算之前要将 0 映射为 +1，将 1 映射为 −1。

接着 $n=3$ 的 m 序列的例子。

如果本地产生的序列与接收序列刚好对齐，逐位相乘再求和的结果为 7，如图 9-45 所示。

−1	+1	−1	−1	−1	+1	+1
−1	+1	−1	−1	−1	+1	+1
+1	+1	+1	+1	+1	+1	+1

图 9-45　本地序列与接收序列对齐

如果本地产生的序列与接收序列错开 1 位，逐位相乘再求和结果为 −1，如图 9-46 所示。

−1	+1	−1	−1	−1	+1	+1
+1	−1	+1	−1	−1	−1	+1
−1	−1	−1	+1	+1	−1	+1

图 9-46　本地序列与接收序列错开 1 位

如果本地产生的序列与接收序列错开 2 位，逐位相乘再求和结果为 −1，如图 9-47 所示。

−1	+1	−1	−1	−1	+1	+1
+1	+1	−1	+1	−1	−1	−1
−1	+1	+1	−1	+1	−1	−1

图 9-47　本地序列与接收序列错开 2 位

依此类推。将所有的计算结果画到一张图中，如图 9-48 所示。

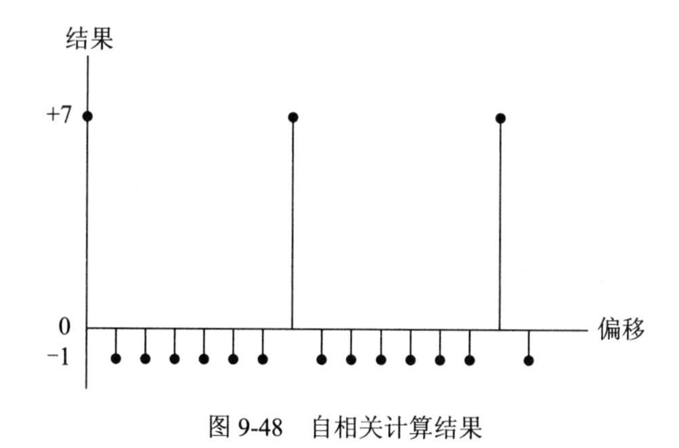

图 9-48　自相关计算结果

可以发现如下规律：

如果本地产生的序列与接收到的序列刚好对齐，逐位相乘再求和的结果为：7。

如果本地产生的序列与接收到的序列没有对齐，逐位相乘再求和的结果为：−1。

根据 m 序列的自相关性，很容易实现 m 序列的同步，有了这个做基础，Walsh 码的同步就不成问题了。

三、应用

Walsh码和PN码在CDMA系统中的应用

1）Walsh码

CDMA系统前向信道采用了64阶Walsh码，也就是64个64位的Walsh码，分配给导频信道、同步信道、寻呼信道、业务信道使用，如图9-49所示。

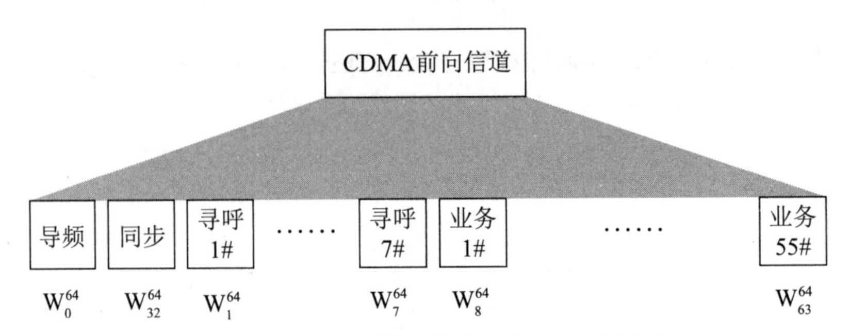

图9-49 CDMA系统前向信道的Walsh码分配

W_0^{64}：用于导频信道的扩频；

W_{32}^{64}：用于同步信道的扩频；

W_1^{64} ～ W_7^{64}：用于寻呼信道的扩频，可改作业务信道使用；

其余Walsh码：用于前向FCH和SCH信道的扩频。

CDMA系统中的码片速率为1.228 8Mchip/s。

2）PN码

CDMA系统中用到了周期为$2^{15}-1=32\ 767$的m序列，又称短PN序列。

导频信道的实现原理如图9-50所示。

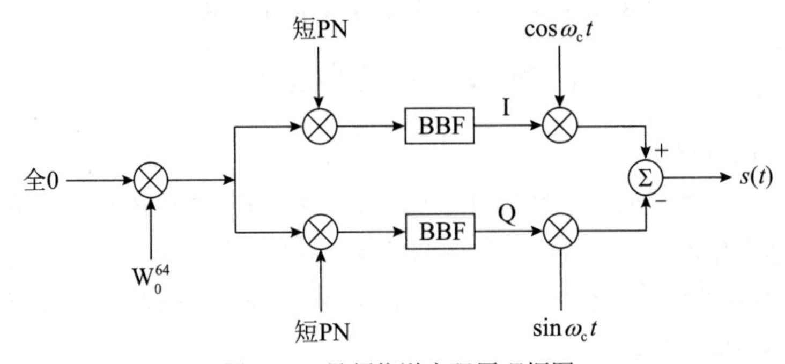

图9-50 导频信道实现原理框图

注：导频信道上调制的数据是全 0，W_0^{64} 也是全 0，映射后都是 +1。

从中可以看出导频信道的 I 路和 Q 路传输的数据都是短 PN 码。

- 通过导频信道发送短 PN 序列实现终端和小区的码同步。
- 以 64 为间隔，得到 512 个 PN 偏置，用于区分不同小区。

第10章 通信系统性能评估

通信系统性能指标是评估一个通信系统优劣的标准。

10.1 通信系统性能指标

通信系统的作用就是进行信息传输，评价其优劣一般从有效性和可靠性两个方面来考虑，如图 10-1 所示。

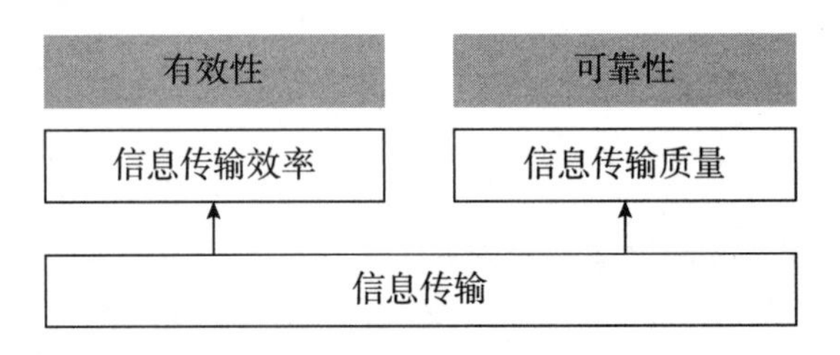

图 10-1 通信系统性能指标

有效性：关注的是通信系统的信息传输效率。传输一定信息所需的频谱带宽越小、时间越短，有效性越好；反之，所需频谱带宽越大、时间越长，有效性越差。

可靠性：关注的是通信系统的信息传输质量。信息在传输过程中的失真越小，可靠性越高；反之，失真越大，可靠性越低。

10.2 模拟通信系统

模拟通信系统的有效性一般用频谱带宽来衡量，可靠性一般用信噪比来衡量。

一、概述

模拟信号经模拟调制转换为频带信号，如图 10-2 所示。

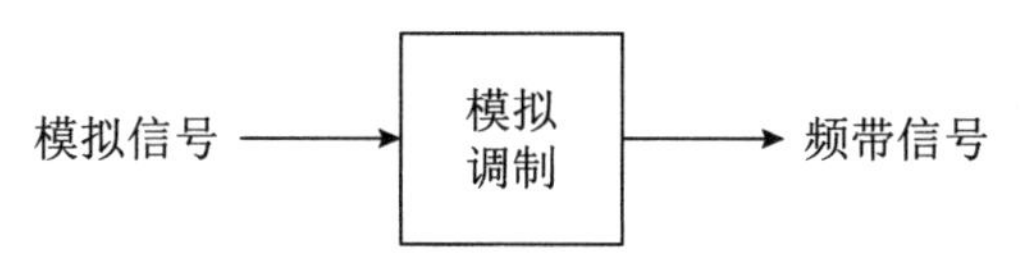

图 10-2　模拟信号转换为频带信号

如何对模拟通信系统的性能进行评估呢？下面从有效性和可靠性两个方面来做一下分析。

二、有效性

对模拟通信系统来讲，如果传输的信息相同，传输时间也相同，则有效性只与频谱带宽有关：频谱带宽越窄，有效性越好；反之，频谱带宽越宽，有效性越差。

以调幅（AM）广播和调频（FM）广播为例。调幅广播和调频广播传输的信息都是语音。一般中波调幅广播每个频道占用的带宽略小于 9kHz，而一般调频广播每个频道占用的带宽略小于 200kHz。从有效性来看，调频广播的有效性要低于调幅广播。

三、可靠性

对模拟通信系统来讲，可靠性主要与信噪比有关：信噪比越高，信息失真越小，可靠性越高；反之，信噪比越低，信息失真越大，可靠性越低。

还是以调幅（AM）广播和调频（FM）广播为例。

对于调幅广播来讲，叠加在已调信号波形上的干扰信号会导致接收机解调得到的语音失真，信噪比低，可靠性比较差。

对于调频广播来讲，接收机通过限幅器将叠加在已调信号波形上的干扰信号削去即可，干扰不会导致接收机解调得到的语音失真，因此调频广播的信噪比很高，可靠性也就很高。

10.3 数字通信系统

数字通信系统的有效性一般用频谱资源利用率来衡量，可靠性一般用误比特率来衡量。

一、概述

信息比特经信道编码转换为编码码元、经数字调制（数字映射）转换为调制码元、经脉冲成形转换为基带信号、经模拟调制转换为频带信号的过程如图 10-3 所示。

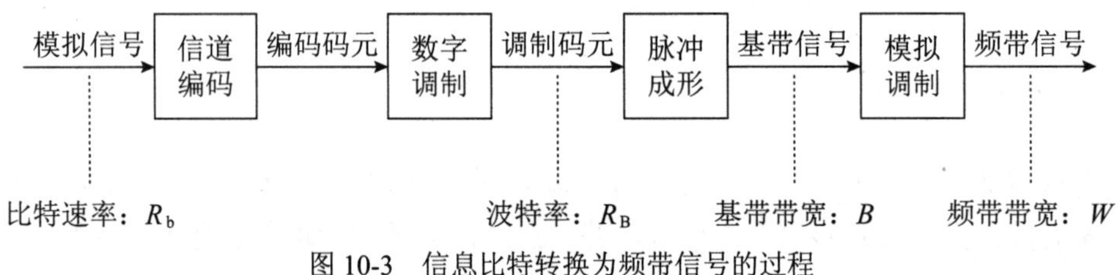

图 10-3 信息比特转换为频带信号的过程

信道带宽决定了频带信号的带宽，如果信道带宽为 W，则频带信号的带宽最大为 W，如图 10-4 所示。

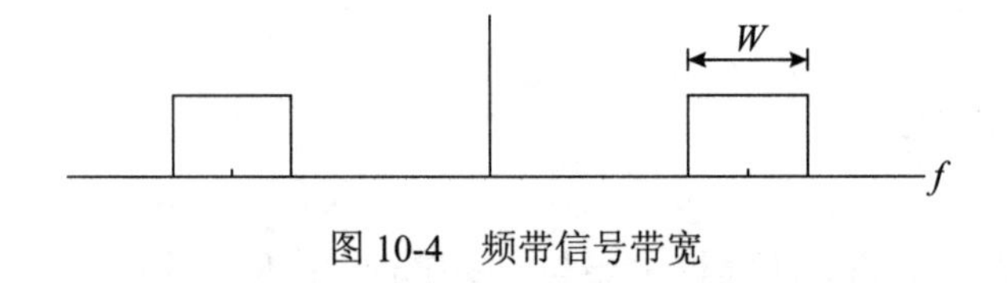

图 10-4 频带信号带宽

如果模拟调制采用双边带调制，则基带信号带宽：$B=W/2$，如图 10-5 所示。

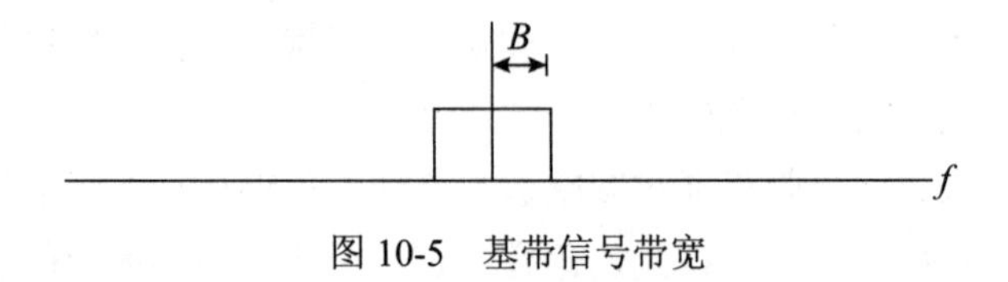

图 10-5 基带信号带宽

如果脉冲成形滤波器采用理想低通滤波器，脉冲波形采用 sinc 脉冲，如图 10-6 所示，则调制码元的波特率：$R_B=2B=W$。

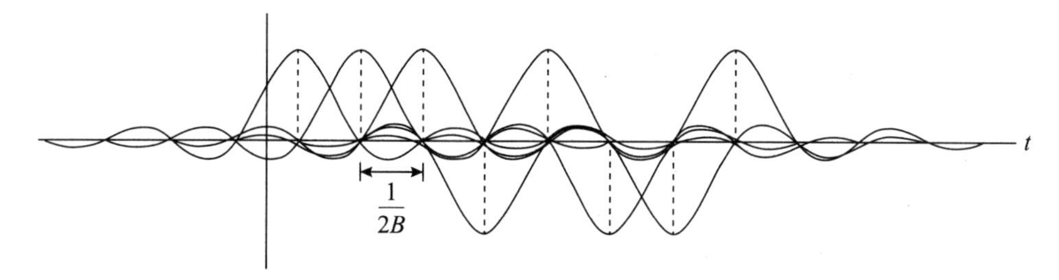

图 10-6　sinc 脉冲

也就是说，在模拟调制方式和脉冲成形滤波器确定的情况下，给定了信道带宽，就意味着调制码元的波特率也确定了。

在调制码元波特率确定的情况下，信息传输速率能达到多少呢？主要取决于所采用的数字调制和信道编码方式。

暂不考虑信道编码，假定直接对信息比特进行数字调制。

对于 MPSK 和 MQAM 调制，信息传输速率和码元波特率的关系为：$R_b=R_B \log_2 M$。

如果数字调制采用 QPSK，则一个调制码元可以承载 2 个信息比特，$R_b=2R_B$。

如果数字调制采用 8PSK，则一个调制码元可以承载 3 个信息比特，$R_b=3R_B$。

如果数字调制采用 16QAM，则一个调制码元可以承载 4 个信息比特，$R_b=4R_B$。

很明显：不考虑信道编码，在给定调制码元波特率的情况下，信息传输速率随着数字调制阶数的增加而增大。

是不是只要无限提高数字调制阶数，就可以无限提高信息传输速率呢？

答案是否定的，随着数字调制阶数的提高，星座图中点间距变小，如图 10-7 所示，这意味着抗干扰能力变差，信息传输出错的概率（误比特率）会提高。

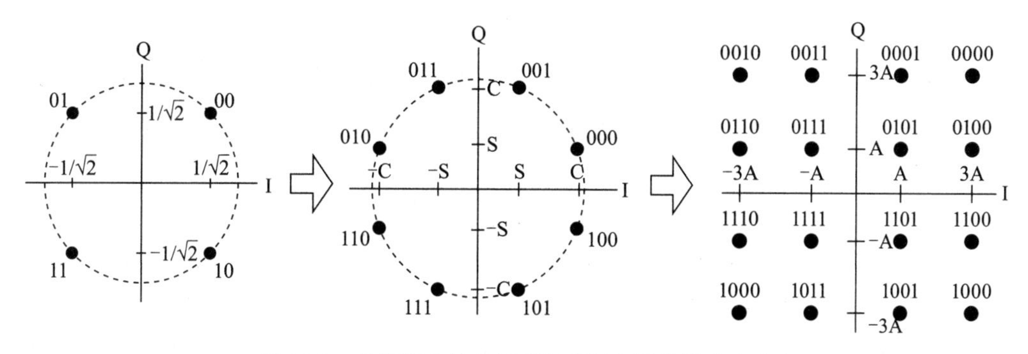

图 10-7　星座图中的点间距随着调制阶数提高而变小

要想改善误比特率，有 2 个办法：提高信噪比和增加信道编译码。

1）提高信噪比

通过增大信号发射功率来提高信噪比。需要注意的是：因为信号发射功率不可能无限提高，所以信噪比总是有限的。

在模拟通信系统中，信噪比一般用 S/N 来表示；而在数字通信系统中信噪比一般用 E_b/N_0 来表示。

下面看一下数字通信系统中 S/N 和 E_b/N_0 之间的关系。

信号功率：$S=E_b \cdot R_b$，其中：E_b 是每比特的能量，R_b 是信息传输速率。

噪声功率：$N=N_0 \cdot B$，其中：N_0 是噪声功率谱密度，B 是信道带宽，注意：这里的信道带宽是指基带带宽。

信噪比：$\dfrac{S}{N}=\dfrac{E_b}{N_0}\cdot\dfrac{R_b}{B}$。

两边取以 10 为底的对数，再乘以 10：

$$10\log_{10}\left(\frac{S}{N}\right)=10\log_{10}\left(\frac{E_b}{N_0}\right)+10\log_{10}\left(\frac{R_b}{B}\right)$$

即：$\dfrac{S}{N}(\text{dB})=\dfrac{E_b}{N_0}(\text{dB})+\dfrac{R_b}{B}(\text{dB})$。

在数字调制方式和脉冲成形滤波器确定的情况下，R_b/B 是个固定值，因此以 dB 表示的 S/N 和 E_b/N_0 之间只是差个常数而已。

为什么说 R_b/B 是个固定值呢？

假定数字调制采用 MPSK 或 MQAM，则：$R_b=R_B\log_2 M$。

再假定脉冲成形滤波器采用理想低通滤波器，则：$R_B=2B$。

综上可得：$R_b/B=2\log_2 M$。

2）增加信道编译码

在数字调制之前增加信道编码，在解调之后增加信道译码，利用信道编码时增加的冗余信息来实现纠错。因为信道编码增加了冗余信息，所以码元的波特率、信号频谱带宽也随之提高。

以图 10-8 所示的（2,1,3）卷积码为例。

编码器输入一个信息比特，输出 2 个编码码元，如果信息传输速率 R_b 不变，原来的波特率：$R_B=R_b/\log_2 M$，增加信道编码后的波特率 R_B 将提高到原来的 2 倍：$R_B=2R_b/\log_2 M$，对应的信号频谱带宽也将提高到原来的 2 倍。

前面对数字通信系统进行信息传输的过程做了简要梳理。

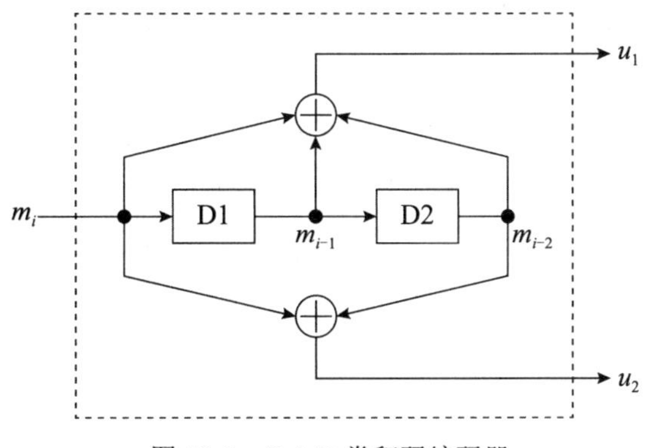

图 10-8　(2,1,3) 卷积码编码器

对于采用确定信道编码和数字调制方式的数字通信系统，如何对其性能进行评估呢？下面分别从有效性和可靠性两个方面来做一下分析。

二、有效性

数字通信系统的有效性一般用频谱资源利用率来衡量。

1. 频谱资源利用率的定义

$$\text{频谱资源利用率}=\frac{\text{信息量}}{\text{传输时间}\times\text{信道带宽}}=\frac{\text{信息传输速率}}{\text{信道带宽}}$$

其中信道带宽有可能是基带带宽，也可能是频带带宽。

将基带带宽 B 作为信道带宽代入，得到：基带频谱资源利用率 $=\frac{R_b}{B}$。

将频带带宽 W 作为信道带宽代入，得到：频带频谱资源利用率 $=\frac{R_b}{W}$。

在采用双边带调制的情况下，频带带宽 W 是基带带宽 B 的 2 倍：W=2B，因此频带频谱资源利用率是基带频谱资源利用率的 1/2。

2. 频谱资源利用率的最大值

在比特速率 R_b 和 E_b/N_0 一定的前提下，只要调制编码方式确定，频谱资源利用率就确定了。

注：这里隐含了基带滤波参数确定的条件。

如果维持比特速率 R_b 和 E_b/N_0 不变，通过优化调制编码方式，可以提高频谱资

源利用率 R_b/B，但不可能无限制地提高。通过香农公式可以推导出给定 E_b/N_0 情况下的基带频谱资源利用率的最大值 C/B。

当信息传输速率达到信道容量时，$R_b=C$。

代入：$\frac{S}{N}=\frac{E_b}{N_0}\cdot\frac{R_b}{B}$

得：$\frac{S}{N}=\frac{E_b}{N_0}\cdot\frac{C}{B}$。

代入香农公式：$C=B\log_2(1+S/N)$

得到：

$$\frac{C}{B}=\log_2\left(1+\frac{E_b}{N_0}\cdot\frac{C}{B}\right)$$

从上式可以很容易得到 E_b/N_0 随 C/B 变化的表达式：

$$\frac{E_b}{N_0}=\frac{2^{C/B}-1}{C/B}$$

两边取以 10 为底的对数，再乘以 10：

$$10\log_{10}\left(\frac{E_b}{N_0}\right)=10\log_{10}\left[\frac{2^{C/B}-1}{C/B}\right]$$

得：

$$\frac{E_b}{N_0}(\text{dB})=10\log_{10}\left[\frac{2^{C/B}-1}{C/B}\right]$$

通过上式可以计算得到不同 C/B 对应的 E_b/N_0。

以 E_b/N_0 为横坐标，C/B 为纵坐标，画出 C/B 随 E_b/N_0 变化的曲线，如图 10-9 所示。

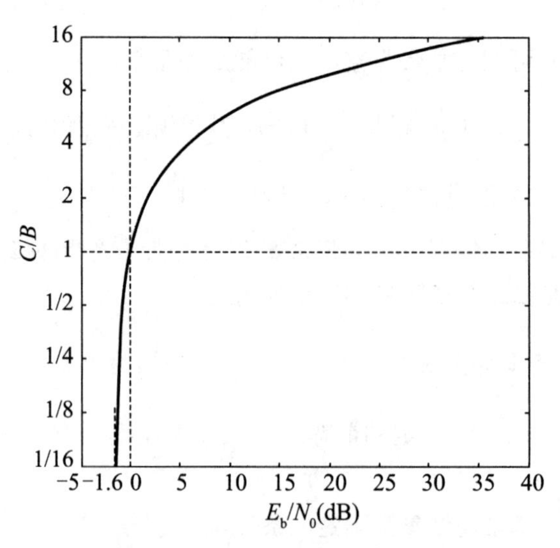

图 10-9　C/B 关于 E_b/N_0 的变化曲线

注：纵坐标采用了以 2 为底的对数坐标。

通过这条曲线可以看出：

- C/B 的大小只取决于 E_b/N_0，换句话说就是：E_b/N_0 决定了频谱资源利用率的最大值。

例如：当 $\frac{E_b}{N_0}=15\text{dB}$ 时，基带频谱资源利用率最高可以达到：C/B=8bit/s/Hz，如果采用双边带调制，对应的频带频谱资源利用率为：C/W=4bit/s/Hz。

- C/B 随 E_b/N_0 的增大而增大，但由于信号发射功率不可能无限大，所以频谱资源利用率也不可能无限大。
- C/B 随 E_b/N_0 的减小而减小，当 E_b/N_0 从 0dB 逐渐趋近 −1.6dB 时，C/B 趋于 0，但只要 $E_b/N_0>-1.6\text{dB}$，就可以实现无差错的数据传输，只是频谱资源利用率会很低；如果 $E_b/N_0<-1.6\text{dB}$，则不可能实现无差错的数据传输。$E_b/N_0=-1.6\text{dB}$ 被称为香农极限。

三、可靠性

数字通信系统的可靠性一般用误比特率来衡量。

1. 误比特率随 E_b/N_0 的变化

误比特率的大小与 E_b/N_0 密切相关：在比特速率一定、调制编码方式确定的情况下，误比特率 P_B 随 E_b/N_0 的增大而降低，如图 10-10 所示。

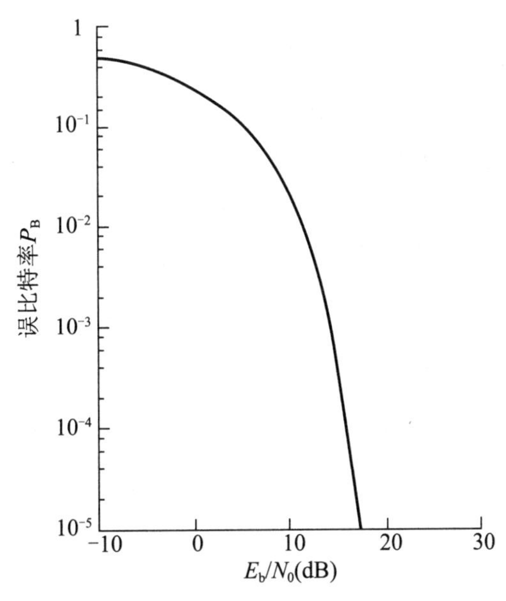

图 10-10　误比特率关于 E_b/N_0 的变化曲线

2. 调制方式对误比特率的影响

对于无编码系统，在比特速率一定的情况下，不同调制方式的误比特率随 E_b/N_0 的变化会有什么不同呢？

下面以 MPSK 为例，对比一下误比特率 P_B 随 E_b/N_0 的变化情况，如图 10-11 所示。

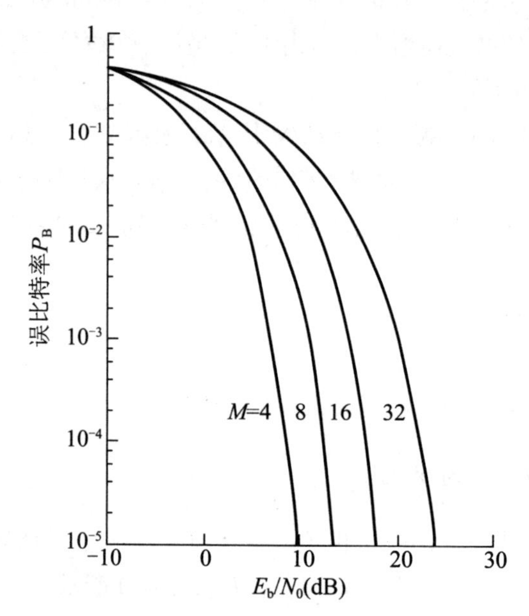

图 10-11　调制方式对误比特率的影响

很明显，随着 M 的增大，可靠性降低了：

- 维持误比特率 P_B 不变：M 越大，所需的 E_b/N_0 也越大。
- 维持 E_b/N_0 不变：M 越大，误比特率 P_B 越大。

既然高阶调制的可靠性低，那为什么还要采用高阶调制方式呢？

这是因为在相同比特速率的情况下，高阶调制的码元速率低，所需的频谱带宽小，频谱资源利用率高，有效性好。

3. 信道编码对误比特率的影响

在比特速率一定、调制方式确定的情况下，对无编码系统和有编码系统的误比特率 P_B 随 E_b/N_0 的变化情况做一下对比，如图 10-12 所示。

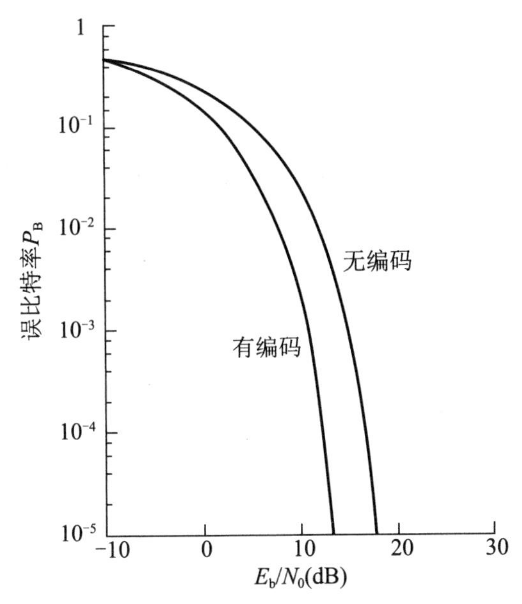

图 10-12　信道编码对误比特率的影响

很明显，有编码系统的可靠性提高了：

- 维持误比特率 P_B 不变：有编码系统所需的 E_b/N_0 要小。
- 维持 E_b/N_0 不变：有编码系统的误比特率 P_B 要低。

有编码系统具有可靠性高的优点，有没有什么缺点呢？

在比特速率不变的情况下，信道编码增加冗余信息会导致码元速率的提高，最终导致频谱带宽的增加。

参考文献

[1] 樊昌信，詹道庸，徐炳祥，吴成柯 . 通信原理（第 4 版）[M]. 北京：国防工业出版社，1995.

[2] 周炯槃，庞沁华，续大我，吴伟陵，杨鸿文 . 通信原理（第 3 版）[M]. 北京：北京邮电大学出版社，2008.

[3] （美）Bernard Sklar. 数字通信——基础与应用（第二版）[M]. 徐平平，等，译 . 北京：电子工业出版社，2002.

[4] （美）John G. Proakis. 数字通信（第四版）[M]. 张力军，等，译 . 北京：电子工业出版社，2010.

[5] 郑君里，杨为理，应启珩 . 信号与系统 [M]. 北京：高等教育出版社，1981.

[6] （美）A. V. 奥本海姆 . 信号与系统 [M]. 刘树棠，译 . 西安：西安交通大学出版社，1985.

[7] 张昱，周绮敏 . 信号与系统实验教程 [M]. 北京：人民邮电出版社，2005.

[8] 姜宇柏，游思晴 . 软件无线电原理与工程应用 [M]. 北京：机械工业出版社，2007.

[9] （英）Mark Owen. 实用信号处理 [M]. 邱天爽，等，译 . 北京：电子工业出版社，2009.

[10] （美）James H. McClellan，Ronald W. Schafer，Mark A. Yoder. 信号处理引论 [M]. 周利清，等，译 . 北京：电子工业出版社，2005.

[11] （美）Richard G Lyons. 数字信号处理（原书第 2 版）[M]. 朱光明，等，译 . 北京：机械工业出版社，2006.

[12] 姚剑清 . 简明数字信号处理 [M]. 北京：人民邮电出版社，2009.

[13] 余成波，陶红艳，杨菁，杨如民 . 数字信号处理及 MATLAB 实现（第二版）[M]. 北京：清华大学出版社，2008.

[14]（日）雨宫好文，佐藤幸男．信号处理入门 [M]. 宋伟刚，译．北京：科学出版社，2000.

[15]（美）保罗 • J. 纳欣．虚数的故事 [M]. 朱惠霖，译．上海：上海教育出版社，2008.

[16]（德）Jurgen Freudenberger. 编码理论——算法、结构和应用 [M]. 张宗橙，译．北京：人民邮电出版社，2009.

[17] 田日才．扩频通信 [M]. 北京：清华大学出版社，2007.

[18] 王文博，郑侃．宽带无线通信 OFDM 技术（第二版）[M]. 北京：人民邮电出版社，2007.

[19] 汪裕民．OFDM 关键技术与应用 [M]. 北京：机械工业出版社，2007.

[20]（意）Stefania Sesia，（摩洛哥）Issam Toufik，（英）Matthew Baker. LTE——UMTS 长期演进理论与实践 [M]. 马霓，等译．北京：人民邮电出版社，2009.

[21] 王映民，孙韶辉．TD-LTE 技术原理与系统设计 [M]. 北京：人民邮电出版社，2010.

[22] 徐明远，邵玉斌．MATLAB 仿真在通信与电子工程中的应用 [M]. 西安：西安电子科技大学出版社，2005.

[23] 邵玉斌．Matlab/Simulink 通信系统建模与仿真实例分析 [M]. 北京：清华大学出版社，2008.

[24] 赵静，张瑾．基于 MATLAB 的通信系统仿真 [M]. 北京：北京航空航天大学出版社，2007.

[25] 邵佳，董辰辉．MATLAB/Simulink 通信系统建模与仿真实例精讲 [M]. 北京：电子工业出版社，2009.

[26] 刘学勇．详解 MATLAB/Simulink 通信系统建模与仿真（配视频教程）[M]. 北京：电子工业出版社，2011.

[27] 西瑞克斯（北京）通信设备有限公司．无线通信的 MATLAB 和 FPGA 实现 [M]. 北京：人民邮电出版社，2009.

[28] 周建兴，岂兴明，矫津毅，常春藤．MATLAB 从入门到精通 [M]. 北京：人民邮电出版社，2008.